Dipl.-Ing. Peter Zastrow

Rechenbuch
der Elektronik

für gewerbliche Berufs- und Fachschulen,
für die Fort- und Weiterbildung
und für das Selbststudium

5. vollständig überarbeitete Auflage

Mit 1250 Aufgaben,
312 Bildern
und 54 Tabellen

1994

FRANKFURTER FACHVERLAG

CIP-Kurztitelaufnahme der Deutschen Bibliothek

Zastrow, Peter

Rechenbuch der Elektronik: für gewerbl. Berufs- u.
Fachsch., für d. Fort- u. Weiterbildung u. für d.
Selbstunterricht / von Peter Zastrow. — Frankfurt
am Main: Frankfurter Fachverlag
   Erg. bildet: Zastrow, Peter: Formeln der Elektronik

[Hauptbd.]. — 5. völlig überarb. Aufl. — 1988.
   ISBN 3—87234—124—3

korrigierter Nachdruck 1994

© Frankfurter Fachverlag 1988
ISBN 3—87234—124—3
Satz: Stephan Fotosatz, Frankfurt/Main-Höchst
Druck: Roco-Druck GmbH, Wolfenbüttel

Vorwort zur 1. Auflage

Wer sich mit der Elektronik beschäftigt oder sogar Elektroniker werden will, kommt um das Fachrechnen nicht herum. Elektrotechnik und weitergehend die Elektronik ist nicht nur das Verstehen und Begreifen der Funktionsweise einer elektronischen Schaltung, sondern man muß auch in der Lage sein, eine Schaltung zu dimensionieren. Ebenfalls benötigt man zum Abschätzen und Auswerten der in einer Schaltung gemessenen Spannungs- und Stromwerte elementare Kenntnisse des Fachrechnens, um die Funktionsfähigkeit einer Schaltung zu erkennen.

Mit diesem Rechenbuch für Elektroniker wird nicht nur dem Lernenden, sondern auch dem in der Praxis stehenden Elektroniker, eine Hilfe gegeben, sich einerseits in die Elektronik einzuarbeiten und sich zum anderen schneller und leichter Klarheit über die Funktion von Elektronik-Schaltungen zu verschaffen. Dieses Buch ist nämlich so angelegt, daß zunächst in klarer und knapper Form beschrieben wird, woher die formelmäßigen Zusammenhänge kommen. Ein sich anschließendes durchgerechnetes Beispiel gibt dem Lernenden die Möglichkeit, den Praxisbezug zum Fachrechnen zu finden und gleichzeitig eine Anleitung, wie die folgenden zahlreichen Übungsaufgaben zu lösen sind. Gerade die Aufgaben mit unterschiedlichem Schwierigkeitsgrad helfen besonders dem Lernenden, Sicherheit im Fachrechnen zu erlangen. Hier werden Aufgaben gestellt, die nicht durch „blindes" Einsetzen in die vorgegebene Formel zu lösen sind, sondern das Verstehen und Begreifen der Schaltungsfunktion ist Voraussetzung, um einen Lösungsweg zu finden, der zum richtigen Ergebnis führt.

Weil dieses Buch seiner Anlage nach nicht nur für den Frontalunterricht, sondern auch für das Selbststudium besonders gut geeignet sein sollte, mußte das gesamte Stoffgebiet in viele Kapitel und Abschnitte unterteilt werden, um ausreichend kleine Lehrschritte zu erhalten. Am Ende einer jeweiligen Lerneinheit findet man auch folgerichtig eine angemessene und ausreichende Anzahl Übungsaufgaben. Aus grundsätzlichen didaktischen Erwägungen heraus wurde auf eine breite Behandlung des allgemeinen Rechnens, der Algebra und der Geometrie verzichtet, um das Schwergewicht gerade auf die Berechnung elektronischer Schaltungen zu legen. Besonders viel Wert wurde bei der Abfassung des Manuskriptes auf eine sinnvolle didaktische Reduktion gelegt, um zu erreichen, daß bei komplizierten Schaltungen nicht in die höhere Mathematik ausgewichen werden muß. Zum Verständnis des Buches sind keine Kenntnisse der höheren Mathematik erforderlich.

Methodisch und inhaltlich ist dieses Fachrechenbuch so angelegt, daß es im wesentlichen die Stoffpläne, Lernziele und Qualifikationen des Elektronik-Passes des Handwerks vom Heinz-Piest-Institut, die Empfehlungen des ZVEI für die Berufsfortbildung in der Industrie, des Deutschen Volkshochschulverbandes für das Elektronik-Zertifikat sowie die Anforderungen der Berufsschulen, Berufsfachschulen, Technischen Gymnasien und Technikerschulen berücksichtigt.

Bad Segeberg   Peter Zastrow

Vorwort zur 4. und 5. Auflage

Die fortschreitende Technik machte es erforderlich, dieses Rechenbuch der Elektronik grundlegend zu überarbeiten und zu erweitern. So wurden die mathematischen Grundlagen auf den Umgang mit dem elektronischen Taschenrechner bezogen. Ebenfalls in den Vordergrund gerückt wurde die Handhabung der grafischen Darstellungen, weil ein Praktiker heute stets mit Kennlinien und Diagrammen umgehen muß.

Heute ist es für einen Elektroniker unumgänglich, physikalische Grundbegriffe zu kennen, so wurde in diese Neuauflage das Kapitel physikalische Grundlagen aufgenommen. Ebenfalls neu aufgenommen wurden Fotohalbleiter, Nichtlineare Widerstände und Mehrschichtbauelemente. Weil sich die integrierten Schaltungen immer mehr durchsetzen, wurden sie u. a. bei den Netzgeräten, bei den elektronischen Schaltern, bei den Kippstufen und bei den Signalgeneratoren mit einbezogen.

Neu aufgenommen wurden die integrierten Leistungsverstärker, die logischen Schaltungen mit ihrer Analyse, Synthese und Vereinfachung. Im Kapitel Zahlensysteme werden die Umwandlungen und das Rechnen mit Dual- und Hexadezimalzahlen behandelt.

Bei der gesamten Überarbeitung wurde jedoch die alte didaktische Konzeption der vorhergehenden Auflagen beibehalten. Nur beim Durchrechnen der Beispiele wird in dieser Auflage der Taschenrechner in der Form mit einbezogen, daß die Eingabe und die Anzeige mit angegeben sind. Auch in dieser Neuauflage sind einige Aufgaben mit einem roten Punkt gekennzeichnet. Diese Markierung weist darauf hin, daß diese Aufgabe einen höheren Schwierigkeitsgrad besitzt als die anderen Aufgaben dieses Abschnittes.

So hoffe ich, daß es mir gelungen sein möge, mit dieser vollständig überarbeiteten und erweiterten 5. Auflage allen, die sich mit der Elektronik befassen, ein gutes und aktuelles Lehrbuch in die Hand gegeben zu haben.

Es bleibt mir noch die angenehme Pflicht, dem Verlag zu danken, der diese Neuauflage möglich machte, auf meine vielen Wünsche bereitwillig einging und sie so sorgfältig ausgestattet hat.

Bad Segeberg   Peter Zastrow

Inhaltsverzeichnis

8

1. Mathematische Grundlagen

1.1 Rechenoperationen

In der Mathematik gibt es folgende Rechenverfahren **(Tabelle 1.0)**:

		Tabelle 1.0: Rechenoperationen	
1. Stufe		Durch das Zusammenzählen von Ziffern entsteht die Addition 1 1 + 1 = 2 2 + 1 = 3	
	Grund-rechen-art	**Addition**	3 + 5 = 8 Summand Summand Summe
	Umkeh-rung	**Subtraktion**	8 − 5 = 3 Minuend Subtrahend Differenz
2. Stufe		Die wiederholte Addition gleicher Summanden ergibt die Multiplikation $3 + 3 + 3 + 3 = 4 \cdot 3 = 12$	
	Grund-rechen-art	**Multiplikation**	4 · 3 = 12 Faktor Faktor Produkt
	Umkeh-rung	**Division**	12 : 3 = 4 Dividend Divisor Quotient
3. Stufe		Die wiederholte Multiplikation gleicher Faktoren ergibt das Potenzieren $2 \cdot 2 \cdot 2 = 2^3 = 8$	
	Grund-rechen-art	**Potenzieren**	$2^3 = 8$ Basis Potenzwert Exponent (lies 2 hoch 3)
	1. Um-kehrung	**Radizieren**	Wurzelexponent $\sqrt[3]{8} = 2$ Radikant Wurzelwert (lies: 3. Wurzel aus 8)
	2. Um-kehrung	**Logarithmieren**	$\log_2 8 = 3$ Logarithmus Basis Numerus (Lies: Logarithmus von 8 zur Basis 2)

1.2 Rechnen mit Größen

In der Technik hat man es ständig mit physikalischen Größen zu tun. Bei den physikalischen Größen gehört zu der reinen Zahl stets die Einheit, z. B. Spannung $U = 10$ Volt

$$\boxed{\text{Größenwert} = \text{Zahlenwert} \cdot \text{Einheit}}$$

Für alle physikalischen Größen benutzt man Abkürzungen, die **Formelzeichen**. Auch für die Einheiten benutzt man Abkürzungen, die **Einheitenkurzzeichen**.
Die in der **Tabelle 1.1** genannten Größen mit ihren Einheiten sind die heute international eingeführten Grundeinheiten des MKSAKC-Systems, auch SI-Einheitensystem genannt (SI = Système International des Unités). Abgeleitete MKSAKC-Einheiten siehe Anhang.

Tabelle 1.1: SI-Basiseinheiten			
Basisgröße	Formel-zeichen	SI-Basis-einheit	Einheiten-kurzzeichen
Länge	*l*	Meter	m
Masse	*m*	Kilogramm	kg
Zeit	*t*	Sekunde	s
elektrische Stromstärke	*I*	Ampere	A
thermodynamische Temperatur	*T*	Kelvin	K
Stoffmenge	*n*	Mol	mol
Lichtstärke	*I*	Candela	cd

Aus diesen Grundeinheiten werden alle anderen Einheiten der Technik abgeleitet.

Gerade in der Elektrotechnik kommt man nicht mit den Grundeinheiten bzw. den abgeleiteten Grundeinheiten aus, so daß man die Vorsätze für dezimale Vielfache und Teile genormt hat (nach DIN 1301), die in der **Tabelle 1.2** aufgeführt sind.

Tabelle 1.2: International festgelegte Vorsätze				
Zahl	Zehner-potenz	Bezeich-nung	Abkür-zung	Beispiel
1 000 000 000 000 000 000 = 1 Trillion	$= 10^{18}$	Exa	E	10^{18} As $= 1$ EAs
1 000 000 000 000 000 = 1 Billiarde	$= 10^{15}$	Peta	P	10^{15} C $= 1$ PC
1 000 000 000 000 = 1 Billion	$= 10^{12}$	Tera	T	10^{12} Ω $= 1$ TΩ
1 000 000 000 = 1 Milliarde	$= 10^{9}$	Giga	G	10^{9} Hz $= 1$ GHz
1 000 000 = 1 Million	$= 10^{6}$	Mega	M	10^{6} Ω $= 1$ MΩ
1 000 = 1 Tausend	$= 10^{3}$	Kilo	k	10^{3} g $= 1$ kg
100 = 1 Hundert	$= 10^{2}$	Hekto	h	10^{2} l $= 1$ hl
10 = 1 Zehn	$= 10^{1}$	Deka	da	10^{1} g $= 1$ dag
1 = 1 Eins	$= 10^{0}$			
1/10 = 1 Zehntel	$= 10^{-1}$	Dezi	d	10^{-1} m $= 1$ dm
1/100 = 1 Hundertstel	$= 10^{-2}$	Zenti	c	10^{-2} m $= 1$ cm
1/1 000 = 1 Tausendstel	$= 10^{-3}$	Milli	m	10^{-3} S $= 1$ mS
1/1 000 000 = 1 Millionstel	$= 10^{-6}$	Mikro	μ	10^{-6} V $= 1$ μV
1/1 000 000 000 = 1 Milliardstel	$= 10^{-9}$	Nano	n	10^{-9} A $= 1$ nA
1/1 000 000 000 000 = 1 Billionstel	$= 10^{-12}$	Pico	p	10^{-12} F $= 1$ pF
1/1 000 000 000 000 000 = 1 Billiardstel	$= 10^{-15}$	Femto	f	10^{-15} H $= 1$ fH
1/1 000 000 000 000 000 000 = 1 Trillionstel	$= 10^{-18}$	Atto	a	10^{-18} C $= 1$ aC

Beim Rechnen mit Größen sind folgende Rechenregeln zu beachten:

Addieren und Subtrahieren

Regel	Beispiel
Physikalische Größen werden addiert bzw. subtrahiert, indem man ihre Zahlenwerte addiert bzw. subtrahiert und dem Ergebnis die gemeinsame Maßeinheit hinzufügt. Nur gleichartige Einheiten dürfen addiert bzw. subtrahiert werden.	$I = 5\,\text{mA} + 6000\,\mu\text{A} - 0{,}003\,\text{A}$ $I = 5 \cdot 10^{-3}\,\text{A} + 6 \cdot 10^{3} \cdot 10^{-6}\,\text{A} - 3 \cdot 10^{-3}\,\text{A}$ $I = 5 \cdot 10^{-3}\,\text{A} + 6 \cdot 10^{-3}\,\text{A} - 3 \cdot 10^{-3}\,\text{A}$ $I = 8\,\text{mA}$

Multiplizieren und Dividieren

Regel	Beispiel
Physikalische Größen werden multipliziert bzw. dividiert, indem man ihre Zahlenwerte und Einheiten multipliziert bzw. dividiert.	$A = 7\,\text{m} \cdot 90\,\text{cm}$ $A = 7\,\text{m} \cdot 9 \cdot 10^{1} \cdot 10^{-2}\,\text{m} = 7\,\text{m} \cdot 9 \cdot 10^{-1}\,\text{m}$ $A = 6{,}3\,\text{m}^2$ $h = \dfrac{8\,\text{m}^2}{200\,\text{cm}} = \dfrac{8\,\text{m}^2}{2 \cdot 10^{2} \cdot 10^{-2}\,\text{m}} = \dfrac{8\,\text{m}^2}{2\,\text{m}}$ $h = 4\,\text{m}$

Potenzieren

Regel	Beispiel
Physikalische Größen werden potenziert, indem ihre Zahlenwerte und Einheiten einzeln potenziert werden.	$U^2 = (4\text{V})^2 = (4 \cdot \text{V})^2 = 16 \cdot \text{V}^2$ $U^2 = 16\,\text{V}^2$

Radizieren

Regel	Beispiel
Physikalische Größen werden radiziert, indem man aus ihren Zahlenwerten und Einheiten einzeln die Wurzel zieht.	$l = \sqrt{441\,\text{cm}^2}$ $l = \sqrt{441} \cdot \sqrt{\text{cm}^2}$ $l = 21\,\text{cm}$

Aufgaben:

1. $U = 0{,}06\,\text{V} + 30\,\text{mV} + 80\,000\,\mu\text{V} + 3 \cdot 10^{\mu}\,\text{mV} + 4 \cdot 10^{-4}\,\text{kV} =$

2. $I = 0{,}38 \cdot 10^{-1}\,\text{A} + 1{,}7 \cdot 10^{3}\,\text{mA} + 5 \cdot 10^{5}\,\mu\text{A} + 300\,\text{mA} + 0{,}7\,\text{A} =$

3. $R = 0{,}47\,\text{k}\Omega + 2{,}2 \cdot 10^{2}\,\Omega + 5{,}6 \cdot 10^{5}\,\text{m}\Omega + 8{,}2 \cdot 10^{-4}\,\text{M}\Omega + 100\,\Omega =$

4. $P = 5 \cdot 10^{9}\,\mu\text{W} + 3 \cdot 10^{3}\,\text{W} + 5{,}5\,\text{kW} + 2500\,\text{W} + 7 \cdot 10^{6}\,\text{mW} =$

5. $U = 0{,}005\,\text{V} + 8 \cdot 10^{-2}\,\text{mV} + 14 \cdot 10^{-4}\,\text{V} + 3{,}6 \cdot 10^{1}\,\mu\text{V} + 4200 \cdot 10^{-2}\,\mu\text{V} =$

6. $220\,\text{V} \cdot 0{,}25\,\text{A} =$

7. $\dfrac{(220\,\text{V})^2}{30\,\text{VA}} =$

8. $345\,\text{p}\,\dfrac{\text{As}}{\text{V}} \cdot 200\,\text{V} =$

9. $\dfrac{49\,\text{VA}}{14\,\text{kA} \cdot 7\,\text{mV}} =$

10. $\dfrac{48\,\mu\text{VA}}{12\,\text{mA}} =$

11. $\dfrac{1}{40\,\dfrac{1}{\text{s}} \cdot 2\,\text{k}\dfrac{\text{V}}{\text{A}}} =$

12. $\dfrac{24\,\text{As}^2}{3\,\text{ms} \cdot 2\,\text{kA}} =$

13. $\dfrac{27\,\mu\Omega^2}{3\,\text{m}\Omega} =$

14. $\sqrt{(2{,}5\,\text{mA})^2 + (2\,\text{mA})^2} =$

1.3 Rechnen mit Taschenrechnern

Im folgenden soll nicht erläutert werden, wie man mit einem elektronischen Taschenrechner die einzelnen Rechenoperationen ausführt. Das ist aus der Bedienungsanleitung, die jedem Taschenrechner beigefügt ist, zu entnehmen. Hier soll nur an einigen Beispielen gezeigt werden, wie man Rechnungen ausführen muß, ohne dabei Fehler zu machen.

Beim Kauf eines Taschenrechners ist darauf zu achten, daß der Rechner bestimmte Funktionstasten besitzt, die bei technischen Berechnungen unbedingt benötigt werden.

Ein Taschenrechner sollte neben den vier Grundrechnungsarten mindestens noch folgende Funktionstasten besitzen:

$\boxed{1/x}$; $\boxed{x^2}$; $\boxed{\sqrt{x}}$; $\boxed{\sin}$; $\boxed{\cos}$; $\boxed{\tan}$

und die Umkehrung dieser Winkelfunktionstasten,

weiterhin

$\boxed{\log}$; $\boxed{\ln}$; $\boxed{y^x}$.

Unbedingt vorhanden sein muß die Taste $\boxed{EE}$ oder $\boxed{Exp}$ für die Zehnerpotenzdarstellung und eine π-Taste.

Gut zu benutzen sind noch die Funktionen $\boxed{\%}$ und $\boxed{(}$ $\boxed{)}$ Klammern

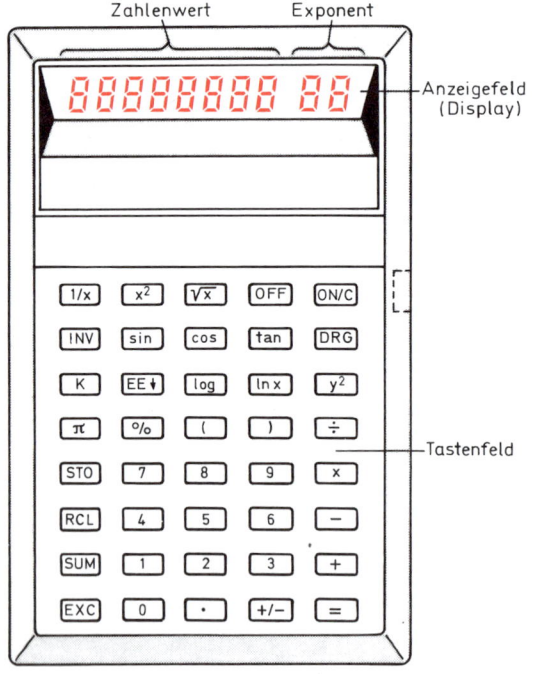

Der Rechner sollte darüber hinaus noch einen Speicher besitzen. Das **Bild 1.1** zeigt einen technisch-wissenschaftlichen Taschenrechner, der alle erforderlichen Funktionen enthält.

Bild 1.1
Ansicht eines Taschenrechners für technische Berufe (Texas Instruments)

1.3.1 Eingabemethoden

Bei technisch-wissenschaftlichen Taschenrechnern unterscheidet man zwei Arten von Eingaben, die anhand eines Beispiels dargestellt werden sollen.

Beispiel:

$$10 - 9 : (6 + \frac{8}{25} - 3{,}32) = 7$$

Algebraisches Operations-System (AOS)

Eingabe der Aufgabe, wie man sie schreibt, von links nach rechts. Es ist das natürlichste Rechensystem, das nach den weltweit vereinbarten Rechenregeln (Punktrechnung geht vor Strichrechnung) rechnet.

Eine Umstellung der Rechenaufgaben zum Eingeben ist nicht erforderlich. Somit ergibt sich weniger Eingabezeit.

10 $\boxed{-}$ 9 $\boxed{\div}$ $\boxed{(}$ 6 $\boxed{+}$ 8 $\boxed{\div}$ 25 $\boxed{-}$ 3,32 $\boxed{)}$ $\boxed{=}$

Beachte: Die meisten technisch-wissenschaftlichen Rechner arbeiten nach der AOS-Eingabemethode.

Umgekehrte polnische Notation (UPN)

Flexibles Eingabesystem, erfordert aber erhebliche mathematische Vorkenntnisse. Es bedarf fast jedesmal einer Umstellung der Rechenaufgabe.

6 $\boxed{\text{Enter}}$ 8 $\boxed{\text{Enter}}$ 25 $\boxed{\div}$ $\boxed{+}$ 3,32 $\boxed{-}$ $\boxed{\text{STO}}$ 10 $\boxed{\text{Enter}}$ 9 $\boxed{\text{Enter}}$ $\boxed{\text{RCL}}$ $\boxed{\div}$ $\boxed{-}$

1.3.2 Rechenbeispiele

1.3.2.1 Umfangreiche Rechnungen

Bei technischen Berechnungen treten häufig folgende Rechnungen auf.

$$x = \frac{7{,}8^2 \cdot 1{,}56 \cdot \sqrt{18}}{17^2 \cdot \sqrt{6{,}25} \cdot 24{,}8} = 0{,}022473$$

Man kann in der Weise vorgehen, daß zunächst der Zahlenwert der Multiplikation unter dem Bruchstrich ausgerechnet wird, der dann aber in den Speicher gegeben werden muß. Anschließend wird das Produkt der Zahlen auf dem Bruchstrich gebildet. Danach erfolgt die Division in der Weise, daß der Zahlenwert aus dem Speicher wieder abgerufen wird.

Einfacher kann diese Rechnung auf folgende Weise erfolgen:

7,8 $\boxed{x^2}$ $\boxed{x}$ 1,56 $\boxed{x}$ 18 $\boxed{\sqrt{\ }}$ $\boxed{\div}$ 17 $\boxed{x^2}$ $\boxed{\div}$ 6,25 $\boxed{\sqrt{\ }}$ $\boxed{\div}$ 24,8 $\boxed{=}$

Beachte: Bei einem solchen Rechenweg werden alle Zahlenwerte, die unter dem Bruchstrich stehen, durch ÷ verbunden.

1.3.2.2 Rechnen mit Zehnerpotenzen

In der Elektrotechnik muß man mit Zehnerpotenzen arbeiten. Die meisten technisch-wissenschaftlichen Taschenrechner besitzen die Möglichkeit, Zahlen in Zehnerpotenz-schreibweise einzugeben. Dieses erfolgt über die Taste EE oder EXP.

Zahl	Eingabe	Anzeige
$25 \cdot 10^6$	25 EE 6	25. 06
$40 \cdot 10^{-12}$	40 EE +/− 12	40.−12
$0{,}1 \cdot 10^{-9}$	.1 EE +/− 9	0.1 − 09

Beispiel:

$$x = \sqrt{(12 \cdot 10^3)^2 - (6 \cdot 10^3)^2} = 1{,}0392 \cdot 10^4$$

Eingabe:

12 EE 3 x^2 − 6 EE 3 x^2 = $\sqrt{}$

1.3.2.3 Kubikwurzelrechnung

Bei einigen technischen Rechnungen kommt es vor, daß die dritte Wurzel, auch Kubik-wurzel genannt, ausgerechnet werden muß. Nun haben aber viele Taschenrechner keine $\sqrt[3]{}$-Funktionstaste. Es gibt jedoch andere Möglichkeiten, solche Rechnungen durchzu-führen.

Beispiel:

$$x = \sqrt[3]{512} = 8$$

1. Möglichkeit:

Es gilt $\sqrt[3]{512} = 512^{1/3}$

Eingabe:

512 y^x 3 $1/x$ =
oder
512 $x^{1/y}$ 3 =

2. Möglichkeit

Es gilt: $x = \sqrt[3]{512}$ $\lg x = \dfrac{\lg 512}{3}$

Eingabe:

512 log ÷ 3 = 10^x
oder
512 ln ÷ 3 = e^x

Aufgaben:

1. $$\frac{1}{39 \cdot 10^4 \cdot (2{,}8 \cdot 10^8)^2 \cdot \sqrt{4{,}3 \cdot 10^{-9} \cdot 5{,}6 \cdot 10^{-6}}} =$$

2. $$\frac{(9{,}4 \cdot 10^2)^2 \cdot \sqrt{23 \cdot 10^{-3}}}{5{,}6 \cdot 10^{-5} \cdot 827 \cdot 10^4} =$$

3. $$\frac{3{,}3 \cdot 10^3 \cdot 56 \cdot 10^{-4}}{8{,}2 \cdot 10^{-12}} =$$

4. $$\frac{1}{(2 \cdot 3{,}14 \cdot 824 \cdot 10^3)^2 \cdot 4{,}7 \cdot 10^{-12}} =$$

5. $$\frac{7{,}6 \cdot 10^4 \cdot 4{,}37 \cdot 10^{-1}}{14{,}7 \cdot 10^{-8} \cdot (5{,}2 \cdot 10^5)^2} =$$

6. $8{,}6 \cdot 10^{-3} \cdot \dfrac{8{,}2 \cdot 10^5 \cdot \dfrac{180 \cdot 10^3}{2}}{820 \cdot 10^3 + \dfrac{180 \cdot 10^3}{2}} =$

7. $\dfrac{2{,}7 \cdot 10^4 \cdot 39 \cdot 10^3}{2{,}7 \cdot 10^4 + 390 \cdot 10^2} =$

8. $\dfrac{8 \cdot 10^1 \cdot 5{,}2 \cdot 10^{-10} \cdot 2 \cdot 10^{-11} - 6{,}2 \cdot 10^{-10} \cdot 82 \cdot 10^{-11}}{482 \cdot 10^{-12} - 27 \cdot 10^{-12} \cdot 4} =$

9. $\dfrac{12 \cdot 10^{-3} + 2{,}6 \cdot 10^{-6} + 3{,}7 \cdot 10^{-4}}{18 \cdot 10^4 \cdot \sqrt{2 \cdot 10^{-8} \cdot 5 \cdot 10^{-6}}} =$

10. $\dfrac{\sqrt{3{,}6 \cdot 10^{-4} \cdot 5{,}7 \cdot 10^3}}{(1{,}8 \cdot 10^4)^2 + 4{,}7 \cdot 10^6} =$

11. $\dfrac{(2{,}4 \cdot 10^{-3} + 2{,}8 \cdot 10^{-3})^2}{\sqrt{2 \cdot \pi \cdot 8{,}6 \cdot 10^4}} =$

12. $\dfrac{(24 \cdot 10^{-8} \cdot 1{,}2 \cdot 10^6)^3}{\sqrt{48 \cdot 10^{-3} + 6{,}2 \cdot 10^{-4}}} =$

13. $7{,}5 \cdot 10^1 \left(1 - e^{-\frac{1{,}2}{8{,}2 \cdot 10^4 \cdot 2{,}2 \cdot 10^{-5}}}\right) =$

14. $150 \cdot 10^{-3} \cdot e^{-\frac{500 \cdot 10^{-3}}{12 \cdot 10^3 \cdot 82 \cdot 10^{-6}}} =$

15. $20 \lg \dfrac{14 \cdot 10^{-3}}{72 \cdot 10^{-6}}$

1.4 Gleichungen und Formelumstellungen

Bei einer Gleichung hat man zwei Größen gleichgesetzt. Beide Seiten einer solchen Gleichung müssen deshalb wertmäßig stets gleich groß sein. Wenn ein Glied einer solchen Gleichung unbekannt ist, so spricht man von einer „Bestimmungsgleichung". Ist die Nullstelle einer Funktion zu bestimmen, so ist bei der Funktionsgleichung y = 0 zu setzen.

Dadurch ist aus der Funktionsgleichung dann eine Bestimmungsgleichung geworden. Aber auch alle technischen Formeln sind Bestimmungsgleichungen, weil eine Größe meistens unbekannt ist.

Soll nun bei einer Bestimmungsgleichung die unbekannte Größe ermittelt werden, so ist die gesuchte Größe möglichst auf die linke Seite vom Gleichheitszeichen alleine zu stellen. Eine solche Umformung einer Gleichung nennt man „Äquivalenzumformung" [äquivalent (lat.) = gleichwertig], d. h. jede Rechenoperation, die auf der einen Gleichungsseite vorgenommen wird, muß auch auf der anderen Gleichungsseite ausgeführt werden.

Wichtig dabei ist, daß bei jeder Gleichung vor und nach einer Umformung wertmäßig gilt:

linke Seite = rechte Seite.

1.4.1 Rechenregeln

Regel	Rechenbeispiel	Formelbeispiel
Steht eine Größe auf der einen Gleichungsseite als Summand, so wird sie auf der anderen Gleichungsseite zum Subtrahenden	$x + 8 = 21$ $x + 8 - 8 = 21 - 8$ $x = 13$	$U_{ges} = U_1 + U_2$ gesucht: U_2 $U_{ges} - U_1 = U_1 + U_2 - U_1$ $U_{ges} - U_1 = U_2$ $U_2 = U_{ges} - U_1$
Steht eine Größe auf der einen Gleichungsseite als Subtrahend, so wird sie auf der anderen Gleichungsseite zum Summanden	$x - 5 = 8$ $x - 5 + 5 = 8 + 5$ $x = 13$	$U_1 - U_2 = U_3$ gesucht: U_1 $U_1 - U_2 + U_2 = U_3 + U_2$ $U_1 = U_3 + U_2$
Steht eine Größe auf der einen Gleichungsseite als Faktor, so wird sie auf der anderen Gleichungsseite zum Divisor	$4x = 8$ $\dfrac{4x}{4} = \dfrac{8}{4}$ $x = 2$	$P = U \cdot I$ gesucht: I $\dfrac{P}{U} = \dfrac{U \cdot I}{U}$ $\dfrac{P}{U} = I$ $I = \dfrac{P}{U}$
Steht eine Größe auf der einen Gleichungsseite als Divisor, so wird sie auf der anderen Gleichungsseite zum Faktor	$\dfrac{x}{5} = 3$ $\dfrac{5x}{5} = 3 \cdot 5$ $x = 15$	$I = \dfrac{U}{R}$ gesucht: U $I \cdot R = \dfrac{U}{R} \cdot R$ $I \cdot R = U$ $U = I \cdot R$
Steht eine Größe auf der einen Gleichungsseite als Potenzexponent, so wird sie auf der anderen Gleichungs-Seite zum Wurzelexponenten	$x^2 = 36$ $\sqrt[2]{x^2} = \sqrt[2]{36}$ $x = 6$	$U^2 = P \cdot R$ $\sqrt[2]{U^2} = \sqrt[2]{P \cdot R}$ $U = \sqrt[2]{P \cdot R}$
Steht eine Größe auf der einen Gleichungsseite als Radikant, so wird die Wurzel dadurch beseitigt, daß die andere Gleichungsseite mit dem Wurzelexponenten potenziert wird	$\sqrt[3]{x} = 4$ $(\sqrt[3]{x})^3 = 4^3$ $x = 64$	$U = \sqrt[2]{P \cdot R}$ gesucht: P $U^2 = (\sqrt[2]{P \cdot R})^2$ $U^2 = P \cdot R$ $\dfrac{U^2}{R} = \dfrac{P \cdot R}{R}$ $P = \dfrac{U^2}{R}$

1.4.2 Klammerregeln

Auch für das Rechnen mit Klammerausdrücken gibt es bestimmte Regeln, die gerade bei der Formelumstellung unbedingt beachtet werden müssen.

Regel	Rechenbeispiel	Formelbeispiel
Steht ein Pluszeichen vor der Klammer, so kann die Klammer entfallen	$5 + (b - 3) = 5 + b - 3$ $= 2 + b$	$U_1 + (U_2 - U_3) = U_1 + U_2 - U_3$
Steht ein Minuszeichen vor der Klammer, so müssen beim Auflösen der Klammer alle Vorzeichen in der Klammer umgekehrt werden	$5 - (b - 3) = 5 - b + 3$ $= 8 - b$	$U_1 - (U_2 + U_3) = U_1 - U_2 - U_3$
Sind mehrere Klammern vorhanden, so werden diese von innen nach außen unter Berücksichtigung der Vorzeichen aufgelöst	$a - \{b + [c - (d + e)]\} =$ $= a - \{b + [c - d - e]\}$ $= a - \{b + c - d - e\}$ $= a - b - c + d + e$	$U_1 + [U_2 - (U_3 + U_4)] =$ $= U_1 + [U_2 - U_3 - U_4]$ $= U_1 + U_2 - U_3 - U_4$
Steht ein Faktor vor der Klammer, so wird beim Auflösen der Klammer der Faktor mit jedem Glied in der Klammer multipliziert	$2\,(a + b) = 2\,a + 2\,b$	$I \cdot (R_1 + R_2) = I \cdot R_1 + I \cdot R_2$
Umkehrung: Ein gemeinsamer Faktor in einer Summe oder Differenz kann ausgeklammert werden	$2\,a + 2\,b = 2\,(a + b)$	$I \cdot R_1 + I \cdot R_2 = I \cdot (R_1 + R_2)$
Steht ein Divisor vor der Klammer, so wird beim Auflösen der Klammer jedes Glied in der Klammer durch den Divisor geteilt	$\dfrac{1}{2}\,(a + b) = \dfrac{a}{2} + \dfrac{b}{2}$	$\dfrac{1}{R}\,(U_1 + U_2) = \dfrac{U_1}{R} + \dfrac{U_2}{R}$
Umkehrung: Ein gemeinsamer Divisor in einer Summe oder Differenz kann ausgeklammert werden	$\dfrac{a}{2} - \dfrac{b}{2} = \dfrac{1}{2}\,(a - b)$	$\dfrac{U_1}{R} - \dfrac{U_2}{R} = \dfrac{1}{R}\,(U_1 - U_2)$
Klammern werden miteinander multipliziert, indem bei Beachtung der Vorzeichen jedes Glied der ersten Klammer mit jedem Glied der zweiten Klammer multipliziert wird	$(4 + a) \cdot (b - 2) =$ $= 4\,b - 8 + a\,b - 2\,a$	$(R_1 + R_2) \cdot (R_1 - R_2) =$ $= R_1{}^2 + R_1 \cdot R_2 - R_1 \cdot R_2 - R_2{}^2$ $= R_1{}^2 - R_2{}^2$

1.4.3 Rechenbeispiele

1. Aufgabe	$\dfrac{2x + 8}{28} + \dfrac{x - 4}{6} = 2$
Faktoren ausklammern	$\dfrac{2(x + 4)}{28} + \dfrac{x - 4}{6} = 2$
Brüche kürzen	$\dfrac{x + 4}{14} + \dfrac{x - 4}{6} = 2$
Hauptnenner bestimmen	$\dfrac{3(x + 4)}{42} + \dfrac{7(x - 4)}{42} = \dfrac{84}{42}$
Nenner auf beiden Seiten fortlassen	$3(x + 4) + 7(x - 4) = 84$
Klammern ausrechnen	$3x + 12 + 7x - 28 = 84$
Glieder zusammenfassen	$10x - 16 = 84$
Glieder ordnen, x-Werte auf die linke, Zahlenwerte auf die rechte Seite	$10x - 16 + 16 = 84 + 16$ $10x = 100$
Faktor von x beseitigen	$x = \dfrac{100}{10}$
Ergebnis ausrechnen	$x = 10$
Probe	$\dfrac{2 \cdot 10 + 8}{28} + \dfrac{10 - 4}{6} = 2 \Rightarrow \dfrac{28}{28} + \dfrac{6}{6} = 2$

2. Aufgabe	$R_{ges} = \dfrac{R_1 \cdot R_2}{R_1 + R_2}$ gesucht: R_2
1. Um den Bruch auf der rechten Seite zu beseitigen, werden beide Seiten mit dem Ausdruck unter dem Bruchstrich $(R_1 + R_2)$ multipliziert.	$R_{ges}(R_1 + R_2) = \dfrac{R_1 \cdot R_2(R_1 + R_2)}{R_1 + R_2}$
2. durch Kürzen fällt rechts $R_1 + R_2$ fort	$R_{ges}(R_1 + R_2) = R_1 \cdot R_2$
3. Um die Klammer auf der rechten Seite aufzulösen, muß jedes Glied in der Klammer mit dem Ausdruck vor der Klammer multipliziert werden.	$R_{ges} \cdot R_1 + R_{ges} \cdot R_2 = R_1 \cdot R_2$
4. Alle Glieder, in denen die gesuchte Größe R_2 enthalten ist, bringt man auf eine Seite. Weil links eine Summe vorhanden ist, muß auf beiden Seiten der Ausdruck $R_{ges} \cdot R_2$ subtrahiert werden.	$R_{ges} \cdot R_1 + R_{ges} \cdot R_2 - R_{ges} \cdot R_2 =$ $= R_1 \cdot R_2 - R_{ges} \cdot R_2$

5. Die Formel lautet jetzt	$R_{ges} \cdot R_1 = R_1 \cdot R_2 - R_{ges} \cdot R_2$
6. Da zwei Produkte auf der rechten Seite R_2 enthalten, wird R_2 ausgeklammert	$R_{ges} \cdot R_1 = R_2 (R_1 - R_{ges})$
7. Die gesuchte Größe R_2 soll alleine auf einer Seite stehen. Deshalb dividiert man beide Seiten durch den Ausdruck $R_1 - R_{ges}$.	$\dfrac{R_{ges} \cdot R_1}{R_1 - R_{ges}} = \dfrac{R_2 (R_1 - R_{ges})}{R_1 - R_{ges}}$
8. Durch Kürzen fällt rechts der Ausdruck $R_1 - R_{ges}$ fort.	$\dfrac{R_{ges} \cdot R_1}{R_1 - R_{ges}} = R_2$
9. Üblicherweise steht die gesuchte Größe auf der linken Seite, deshalb vertauscht man beide Seiten, und so ist die Ausgangsformel nach der gesuchten Größe umgestellt.	$R_2 = \dfrac{R_{ges} \cdot R_1}{R_1 - R_{ges}}$

Aufgaben:

1. $8 (2x + 1) = 5 (3x + 2)$

2. $\dfrac{2x + 3}{x + 1} - \dfrac{4x + 5}{4 (x + 1)} = \dfrac{3 (x + 1)}{3x + 1}$

3. $56 = 10 - 18 + x^2$

4. $15 = \sqrt{x^2 - 6{,}25 \cdot 16}$

5. $20 = \dfrac{400}{5x \cdot \sqrt{4}}$

Stellen Sie die Formeln nach den gesuchten Größen um!

6. $U = I \cdot R$; $I, R = ?$

7. $P = U^2 / R$; $R, U = ?$

8. $Z = \sqrt{R^2 + X_c^2}$; $R, X_c = ?$

9. $R = \dfrac{\rho \cdot l}{A}$; $\rho, A = ?$

10. $R_w = R (1 + \alpha T)$; $R, \alpha = ?$

11. $U = E - I \cdot R$; $E, I = ?$

12. $X_L = 2\pi \cdot f \cdot L$; $f, L = ?$

13. $C_{goo} = \dfrac{C_1 \cdot C_2}{C_1 + C_2}$; $C_1 = ?$

14. $f_0 = \dfrac{1}{2\pi \cdot \sqrt{LC}}$; $L = ?$

15. $Z_0 = \dfrac{L}{R \cdot C}$; $L, R = ?$

16. $V_c = \dfrac{C_e + C_p}{C_a + C_p}$; $C_p = ?$

17. $\ddot{u} = \sqrt{R_1 / R_2}$; $R_1, R_2 = ?$

18. $R_e = h_{11} + R \cdot \beta$; $h_{11}, \beta = ?$

19. $R_v = \dfrac{U - U_z}{I_z + I_B}$; $U_z, I_z, I_B = ?$

20. $(2x + y) \cdot (3m + n) + (2x + y) \cdot (m - 3n) =$

1.5 Pythagoras

In einem rechtwinkligen Dreieck **(Bild 1.2)** ist das Quadrat über der Hypotenuse (Grundseite) gleich der Summe der Quadrate über den beiden Katheten (Schenkel).

$$a^2 + b^2 = c^2$$

Beispiel:

Eine Lautsprecherbox soll zwischen 5 m entfernten Wänden in der Mitte aufgehängt werden. Es stehen zwei Seile mit je 3,5 m Länge zur Verfügung. Wie groß ist der Durchhang d?

Lösung:

$$l^2 = a^2 + d^2$$

$$d = \sqrt{l^2 - a^2} = \sqrt{(3,5\ \text{m})^2 - (2,5\ \text{m})^2}$$

Ergebnis: $\underline{d = 2,45\ \text{m}}$

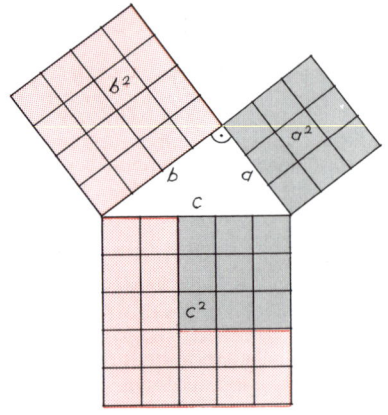

Bild 1.2
Lehrsatz des Pythagoras

Eingabe:

3,5 $\boxed{x^2}$ $\boxed{-}$ $-$ 2,5 $\boxed{x^2}$ $\boxed{=}$ $\boxed{\sqrt{}}$

Aufgaben:

1. Ein Antennenmast wird in 8 m Höhe durch ein Seil abgespannt. Der Verankerungshaken ist 6 m vom Antennenmast entfernt. Wie lang muß das Abspannseil sein?

2. Ein Mikrofon soll nach **Bild A 1.5/2** in der Mitte zwischen zwei Wänden aufgehängt werden. Berechnen Sie die Seillänge s.

3. Ein Quadrat hat eine Fläche von $A = 162\ \text{cm}^2$. Wie lang ist die Diagonale e?

4. Ein Ankerseil von 36 m Länge wird an einem Leitungsmast in 28 m Höhe befestigt. Wie weit vom Fuß des Mastes entfernt kann das Seil verankert werden?

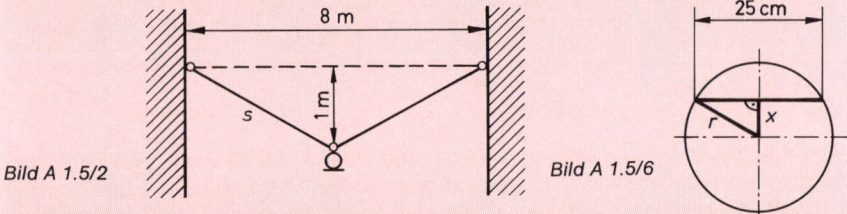

Bild A 1.5/2   Bild A 1.5/6

5. Ein Flugzeug fliegt mit 300 km/h nach Westen. Ein aus Norden kommender Wind von 50 km/h versetzt das Flugzeug. Mit welcher Geschwindigkeit bewegt es sich über Grund?

6. Der Halbmesser eines Kreises mißt 15 cm. Eine Sehne mißt 25 cm. Wie groß ist ihr Abstand vom Mittelpunkt **(Bild A 1.5/6)**?

7. Um wieviel Meter kürzt man den Weg ab, wenn man in der Diagonale über einen Platz von 300 m x 450 m geht, anstatt der Außenkante zu folgen?

8. Eine Lautsprecherbox soll zwischen zwei 6 m entfernten Wänden aufgehängt werden. Es stehen zwei Seile mit je 3,5 m Länge zur Verfügung. Wie groß ist der Durchhang d?

9. Berechnen Sie in einem gleichseitigen Dreieck die Höhe bei einer Seitenlänge von $a = 15$ cm.

1.6 Winkelfunktionen

1.6.1 Einführung

In einem rechtwinkligen Dreieck gehören zu jedem Dreieckswinkel bestimmte Seitenverhältnisse und umgekehrt zu jedem Seitenverhältnis ein bestimmter Winkel. Das **Bild 1.3** verdeutlicht diesen Zusammenhang.

Damit hat man, neben dem Lehrsatz des Pythagoras, noch eine weitere Möglichkeit, Berechnungen in einem rechtwinkligen Dreieck vorzunehmen. Da beim Pythagoras die Winkel nicht verwendet werden, ist seine Anwendung daher sehr beschränkt. Aus Seiten und Winkel die übrigen Stücke eines Dreiecks zu berechnen, lehrt die **Trigonometrie** [trigonon (griech.) = Dreieck, metron (griech.) = Maß, Länge]. Die Schwierigkeit, Seiten und Winkel, die mit verschiedenen Maßzahlen gemessen werden, miteinander zu verbinden, wird durch das Einführen der **Winkelfunktionen** beseitigt. Die Winkelfunktionen geben daher die Abhängigkeiten der Seitenverhältnisse zum eingeschlossenen Winkel an.

Merke: Die Winkelfunktionen geben die Zusammenhänge zwischen Seitenverhältnissen und Winkel in einem rechtwinkligen Dreieck an.

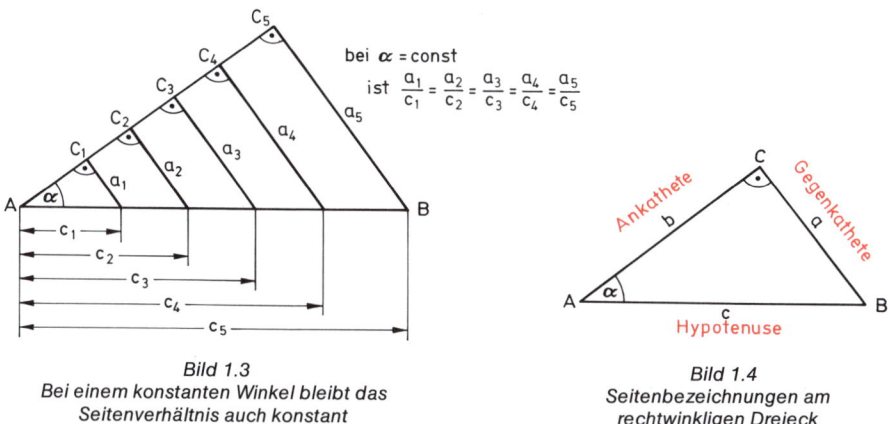

bei $\alpha = \text{const}$

ist $\dfrac{a_1}{c_1} = \dfrac{a_2}{c_2} = \dfrac{a_3}{c_3} = \dfrac{a_4}{c_4} = \dfrac{a_5}{c_5}$

Bild 1.3
Bei einem konstanten Winkel bleibt das
Seitenverhältnis auch konstant

Bild 1.4
Seitenbezeichnungen am
rechtwinkligen Dreieck

Damit die Seitenverhältnisse exakt angegeben werden können, ist es erforderlich, die Seiten eines rechtwinkligen Dreiecks genauer zu benennen. Die Seite, die dem rechten Winkel gegenüberliegt, heißt *Hypotenuse*. Die Seite, die an dem eingeschlossenen Winkel liegt, heißt *Ankathete*. Die Seite, die dem eingeschlossenen Winkel gegenüberliegt, heißt *Gegenkathete*. Das **Bild 1.4** zeigt diese Benennungen für den Winkel α.

1.6.2 Definitionen der Winkelfunktionen

Mit den Bezeichnungen der Dreiecksgrößen im Bild 1.4 lassen sich für den Winkel α sechs verschiedene Seitenverhältnisse definieren, die entsprechende Namen erhalten.

Wie aus der **Tabelle 1.3** zu entnehmen ist, braucht man eigentlich nur drei Winkelfunktionen, z. B. Sinus, Kosinus und Tangens, da die weiteren drei lediglich die jeweiligen Kehrwerte sind. In der Mathematik und der Technik werden auch nur die drei in Rot gedruckten Winkelfunktionen verwendet. Der Secans und der Cosecans werden lediglich bei der Navigation in der Seefahrt benutzt. Bei manchen Anwendungsfällen ist es von Vorteil, den

Tabelle 1.3: Definitionen der Winkelfunktionen		
Definition	Kurzzeichen	Beispiel
Sinus $= \dfrac{\text{Gegenkathete}}{\text{Hypotenuse}}$	sin	$\sin \alpha = \dfrac{a}{c}$
Sekans $= \dfrac{\text{Hypotenuse}}{\text{Gegenkathete}}$	sec	$\sec \alpha = \dfrac{c}{a}$
Kosinus $= \dfrac{\text{Ankathete}}{\text{Hypothenuse}}$	cos	$\cos \alpha = \dfrac{b}{c}$
Kosekans $= \dfrac{\text{Hypotenuse}}{\text{Ankathete}}$	cosec	$\operatorname{cosec} \alpha = \dfrac{c}{b}$
Tangens $= \dfrac{\text{Gegenkathete}}{\text{Ankathete}}$	tan	$\tan \alpha = \dfrac{a}{b}$
Kotangens $= \dfrac{\text{Ankathete}}{\text{Gegenkathete}}$	cot	$\cot \alpha = \dfrac{b}{a}$

Kehrwert des Tangens, den Kotangens, unmittelbar zu gebrauchen, weshalb er vielfach mit angegeben wird. Aus dieser Tabelle lassen sich noch weitere Beziehungen herleiten:

$$\tan \alpha = \frac{\sin \alpha}{\cos \alpha}\ ; \qquad \cot \alpha = \frac{1}{\tan \alpha} = \frac{\cos \alpha}{\sin \alpha}$$

1.6.3 Winkelfunktionswerte

Wie aus der grundsätzlichen Definition der Winkelfunktionen hervorgeht, stehen die Seitenverhältnisse in einem bestimmten Zusammenhang zum eingeschlossenen Winkel und umgekehrt. Wird also der Winkel α geändert, so ändern sich auch alle Seitenverhältnisse im Dreieck. Bei einer Änderung des Winkels α von $\alpha = 0°$ auf $\alpha = 90°$, ändern sich die Seitenverhältnisse entsprechend der folgenden Tabelle.

Tabelle 1.4: Winkelfunktionswerte				
Winkel	sin	cos	tan	cot
0°	0,000	1,000	0,000	∞
30°	$1/2 = 0,500$	$1/2 \cdot \sqrt{3} = 0,866$	$1/\sqrt{3} = 0,5774$	$\sqrt{3} = 1,732$
45°	$1/\sqrt{2} = 0,707$	$1/\sqrt{2} = 0,707$	1,000	1,000
60°	$1/2 \cdot \sqrt{3} = 0,866$	$1/2 = 0,500$	$\sqrt{3} = 1,732$	$1/\sqrt{3} = 0,5774$
90°	1,000	0,000	∞	0,000

1.6.4 Rechnen mit Winkelfunktionen

Mit Hilfe der Winkelfuntionsgleichungen ist es möglich, unbekannte Seiten oder Winkel in einem rechtwinkligen Dreieck zu bestimmen.

Beispiel:

In einem rechtwinkligen Dreieck ist die Hypotenuse 9 cm und die Gegenkathete des gesuchten Winkels 6 cm lang. Gesucht sind der Winkel α und die Länge der Ankathete **(Bild 1.5)**.

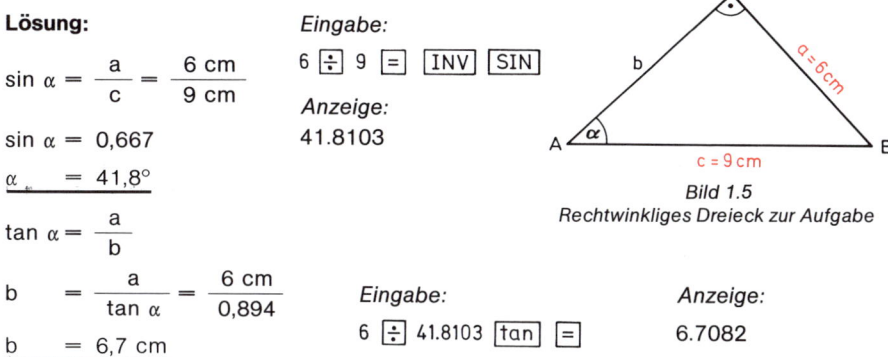

Lösung:

$$\sin \alpha = \frac{a}{c} = \frac{6\ cm}{9\ cm}$$

$$\sin \alpha = 0,667$$

$$\underline{\alpha = 41,8°}$$

$$\tan \alpha = \frac{a}{b}$$

$$b = \frac{a}{\tan \alpha} = \frac{6\ cm}{0,894}$$

$$\underline{b = 6,7\ cm}$$

Eingabe:

6 ÷ 9 = INV SIN

Anzeige:

41.8103

Bild 1.5
Rechtwinkliges Dreieck zur Aufgabe

Eingabe:

6 ÷ 41.8103 tan =

Anzeige:

6.7082

Merke: Wird nach der Eingabe eines Zahlenwertes in den Taschenrechner anschließend eine Winkelfunktionstaste betätigt, so wird der eingegebene Zahlenwert als ein Winkel in Grad vom Rechner angesehen.

Wird dagegen nach der Zahlenwerteingabe eine invertierte Winkelfunktionstaste gedrückt, so rechnet der Rechner den zugehörigen Winkel in Grad aus.

1.6.5 Sinus- und Kosinusfunktionen

Um auch Winkelfunktionswerte für Winkel $\alpha > 90°$ zu erhalten, muß man zum Einheitskreis übergehen. Als Einheitskreis bezeichnet man einen Kreis mit dem Radius $r = 1$ (z. B. $r = 1$ m, 1 dm, 1 cm). In diesen Einheitskreis **(Bild 1.6)** lassen sich rechtwinklige Dreiecke mit dem Winkel α von 0° bis 360° einzeichnen. Da die Hypotenuse = r immer die Länge 1 hat, so entspricht die Länge der Gegenkathete dem Sinuswert des Winkels. Die Länge der Ankathete gibt dagegen den Kosinuswert des Winkels α an.

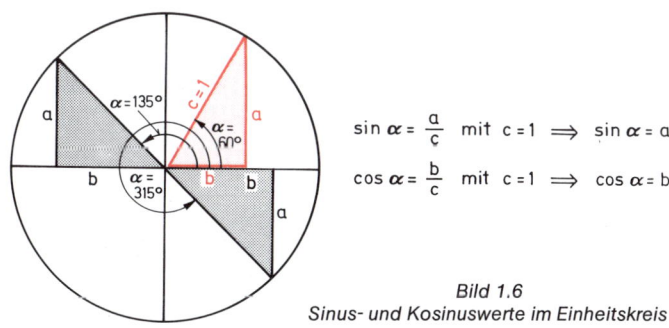

$$\sin \alpha = \frac{a}{c} \quad \text{mit } c = 1 \implies \sin \alpha = a$$

$$\cos \alpha = \frac{b}{c} \quad \text{mit } c = 1 \implies \cos \alpha = b$$

Bild 1.6
Sinus- und Kosinuswerte im Einheitskreis

Trägt man die Winkelgrade von 0° bis 360° auf der x-Achse eines Koordinatensystems und die ihnen zugeordneten Winkelfunktionswerte auf der y-Achse ab, so erhält man die Graphen der beiden Funktionen. Die sich ergebenden Kurven heißen **Sinuskurve** und **Kosinuskurve** (sinus [lat.] = Busen, Bucht) **(Bild 1.7)** und haben die Funktionsgleichungen:

$$y = \sin x \qquad y = \cos x$$

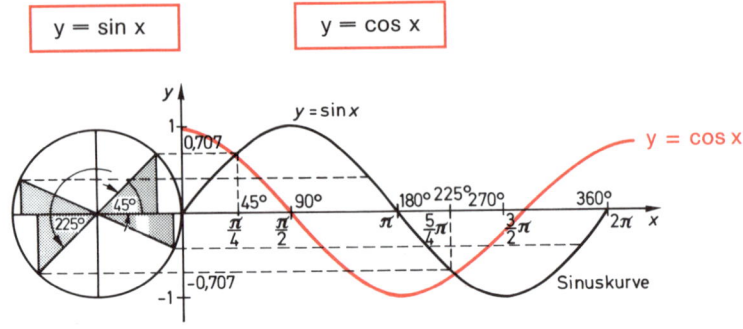

Bild 1.7
Konstruktion der Sinus- und Kosinuskurve

Da man beim Aufzeichnen der Sinus- bzw. der Kosinusfunktionen den Einheitskreis einmal durchlaufen muß, hat man einen Weg zurückgelegt, der dem Kreisumfang von $U = 2\,\pi \cdot r$ entspricht. Da der Radius beim Einheitskreis $r = 1$ ist, hat man den Weg $2\,\pi$ zurückgelegt. Somit kann man jeden Winkel auch einer entsprechenden Bogenlänge zuordnen:

$$0° = 0 \qquad 90° = \frac{\pi}{2} \qquad 180° = \pi \qquad 270° = \frac{3}{2}\,\pi \qquad 360° = 2\,\pi$$

Damit kann auch auf der x-Achse statt des Winkels die Bogenlänge, in π ausgedrückt, abgetragen werden (Bild 1.7).

1.6.6 Tangens- und Kotangensfunktionen

Um die Tangens- und Kotangensfunktionen für Winkel $\alpha > 90°$ darzustellen, muß ebenfalls auf den Einheitskreis übergegangen werden. Wie aus dem **Bild 1.8** hervorgeht, muß beim Tangens bzw. beim Kotangens die Tangentenlänge jeweils bestimmt werden. Werden diese Werte in ein Koordinatensystem übertragen, so ergibt sich der im **Bild 1.9** gezeigte Verlauf. Hier kann auf der x-Achse der Winkel α oder die Kreisbogenlänge abgetragen werden.

Bild 1.8
Tangens- und Kotangenswerte im Einheitskreis

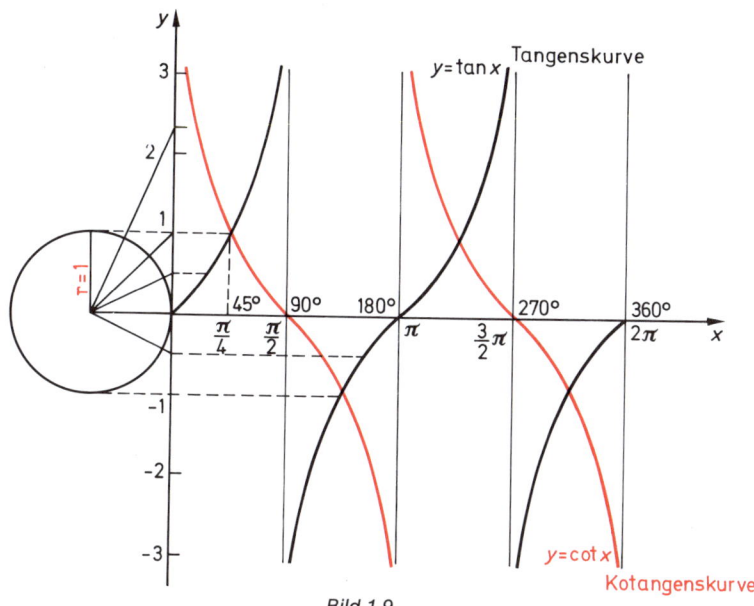

Bild 1.9
Konstruktion der Tangens- und Kotangenskurve

Wie aus den Graphen der Sinus-, Kosinus-, Tangens- und Kotangensfunktionen zu entnehmen ist, wiederholen sich die Werte der Winkelfunktionen von 0° bis 90° in den weiteren Abschnitten. Es ändern sich lediglich die Vorzeichen. Aus diesem Grunde werden in Tabellen nur die Winkelfunktionswerte von 0° bis 90° angegeben. Für die anderen Winkelbereiche braucht man dann nur noch eine Tabelle mit den Vorzeichen.

Tabelle 1.5: Wertebereiche der Winkelfunktionen				
	0° bis 90°	90° bis 180°	180° bis 270°	270° bis 360°
Sinus	0 bis + 1	+ 1 bis 0	0 bis − 1	− 1 bis 0
Kosinus	+ 1 bis 0	0 bis − 1	− 1 bis 0	0 bis + 1
Tangens	0 bis + ∞	− ∞ bis 0	0 bis + ∞	− ∞ bis 0
Kotangens	+ ∞ bis 0	0 bis − ∞	+ ∞ bis 0	0 bis − ∞

1.6.7 Bogenmaß

Auf der x-Achse des Koordinatensystems kann, wie schon erwähnt, anstelle der Winkelgrade auch die Kreisbogenlänge der entsprechenden Winkel

$$b = \frac{2 \pi \cdot r \cdot \alpha}{360°}$$

aufgetragen werden. Für den Einheitskreis mit dem Radius $r = 1$ erhält man:

$$b = \frac{2 \pi \cdot \alpha}{360°}$$

27

Den Wert $\frac{b}{r}$ bezeichnet man als **Arkuswert** des Winkels

$$\text{arc } \alpha = \frac{b}{r}$$

Dieses Bogenmaß oder dieser Arkuswert erhält die Einheit **Radiant** rad.

Bei einem Einheitskreis mit dem Radius von $r = 1$ entspricht der Kreisumfang von 2π einem Vollwinkel von $\alpha = 360°$. Daraus ergibt sich

$$1° = \frac{2\pi}{360} \text{ rad} = 0{,}017453 \text{ rad}$$

oder

$$1 \text{ rad} = 57{,}2957\ldots°$$

Viele Taschenrechner besitzen folgende Einstellungen

DEG $\triangleq$ Altgrad $\triangleq$ Rechterwinkel mit 90°

GRAD $\triangleq$ Neugrad $\triangleq$ Rechterwinkel mit 100°

RAD $\triangleq$ Bogenmaß.

In der Elektrotechnik wird grundsätzlich in Altgrad gerechnet. Es muß daher der Taschenrechner auf die Einstellung DEG gestellt werden.

Beispiele:

1. Berechnen Sie für das rechtwinklige Dreieck $\sin \alpha$, $\cos \alpha$, c und β, wenn $a = 200$ und $\alpha = 60°$ sind.

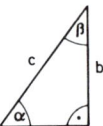

Lösung:

$\sin \alpha = \sin 60° = 0{,}866$ *Eingabe:*   60 $\boxed{\sin}$

$\cos \alpha = \cos 60° = 0{,}5$ *Eingabe:*   60 $\boxed{\cos}$

$c = \dfrac{a}{\cos \alpha} = \dfrac{200}{\cos 60°} = 400$ *Eingabe:*   200 $\boxed{\div}$ 60 $\boxed{\cos}$ $\boxed{=}$

$\beta = 180° - 90° - 60° = 30°$

2. Berechnen Sie das Bogenmaß des Winkels von $\alpha = 50°$

Lösung: $\alpha = 50 \cdot 0{,}001745 = 0{,}8725$ rad

Eingabe: $\boxed{\text{DEG}}$ 50 $\boxed{\sin}$ $\boxed{\text{RAD}}$ $\boxed{\text{SIN}^{-1}}$

Anmerkung: Es kann auch jede andere Winkelfunktionstaste verwendet werden.

3. Berechnen Sie den Winkel zum Bogenmaß $\alpha = 1{,}047$ rad.

Lösung: $\alpha = \dfrac{1{,}047}{0{,}01745} = 60°$

Eingabe: $\boxed{\text{RAD}}$ 1,047 $\boxed{\text{SIN}}$ $\boxed{\text{DEG}}$ $\boxed{\text{SIN}^{-1}}$

Anmerkung: Es kann auch jede andere Winkelfunktionstaste verwendet werden.

Aufgaben:

1. Eine 10 m lange Leiter ist an eine Wand gelehnt. Das untere Ende ist 2,5 m von ihr entfernt. Wie groß ist der Anstellwinkel α?

2. Die Spitze eines 40 m hohen Funkmastes erscheint einem Beobachter unter einem Winkel von $\alpha = 26°$ zur Horizontalen (Erhebungswinkel). Wie weit ist der Beobachter vom Turm entfernt?

3. In einem rechtwinkligen Dreieck ist bekannt: Seite a = 10,6 cm, Seite c = 15 cm. Berechnen Sie die Winkel und die Seite b **(Bild A 1.6/3).**

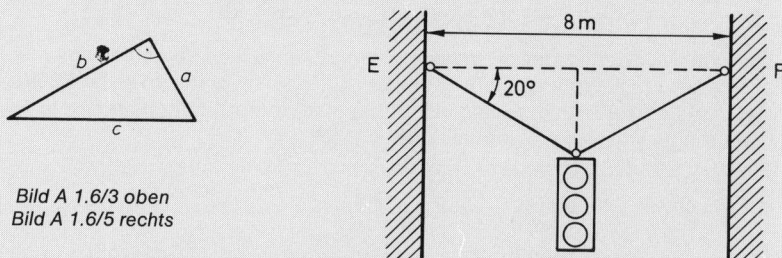

Bild A 1.6/3 oben
Bild A 1.6/5 rechts

4. Eine Radarpeilung ergibt einen Winkel von 20° nach oben und eine Entfernung von 5 km zu einem anfliegenden Flugzeug. Wie hoch fliegt das Flugzeug?

5. Eine Lautsprecherbox soll nach **Bild 1.6/5** in die Mitte eines Saales an einem Draht aufgehängt werden. Berechnen Sie die Drahtlänge zwischen E und F sowie den Durchhang!

6. Ein Mikrofon soll in die Mitte einer Bühne aufgehängt werden. Die Bühnenwände sind 12 m auseinander. Das Mikrofon soll einen Durchhang von 3,6 m haben. Berechnen Sie: a) die gesamte Seillänge und b) den Neigungswinkel des Seils.

7. Ein Antennenmast von 15,4 m Höhe wirft einen 33,6 m langen Schatten. Unter welchem Winkel treffen die Sonnenstrahlen den Erdboden?

8. Jemand erblickt die Spitze eines Funkturmes aus 65 m Entfernung unter einem Erhebungswinkel von $\alpha = 34°$. Wie hoch ist der Turm, wenn die Augenhöhe 1,70 m beträgt?

9. Bei einer trigonometrischen Weitenmessung beim Speerwerfen beträgt die Entfernung vom Meßpunkt zur Abwurfstelle 68 m. Der Winkel zwischen Abwurf und Aufschlag hat 48,66°. Berechnen Sie die Wurfweite l **(Bild A 1.6/9).**

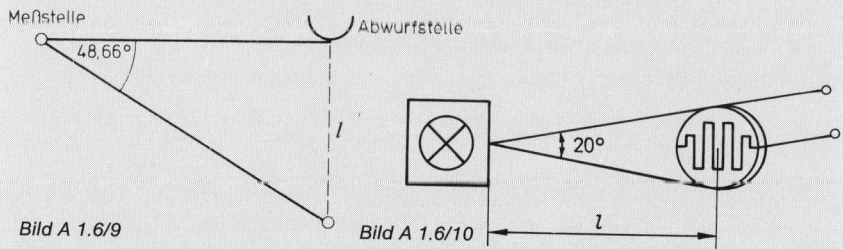

Bild A 1.6/9   Bild A 1.6/10

10. Bei einer Lichtschranke soll die Lichtquelle mit einem Abstrahlwinkel von 20° einen Fotowiderstand mit einer wirksamen Kreisfläche von 4,9 cm² anstrahlen. In welcher Entfernung l muß der Fotowiderstand aufgestellt werden, damit seine Fläche voll bestrahlt wird **(Bild A 1.6/10).**

1.7 Grafische Darstellungen

Physikalische und technische Zusammenhänge lassen sich durch eine
Beschreibung in Worten
Gleichung oder Formel
Wertetabelle oder durch ein
Diagramm
darstellen

1.7.1 Rechtwinkliges Koordinatensystem

Sollen physikalische oder technische Zusammenhänge in einem Diagramm wiedergegeben werden, so spricht man von einer grafischen Darstellung. Hierfür werden Koordinatensysteme benötigt. Am meisten benutzt werden dafür Koordinatensysteme mit
einem rechtwinkligen Achsenkreuz **(Bild 1.10).**

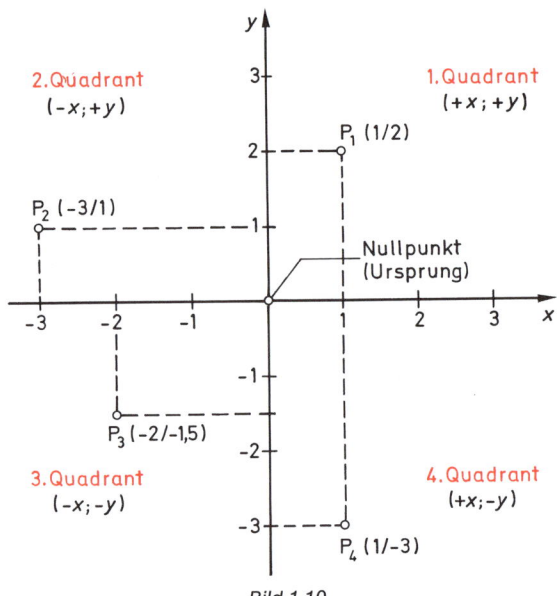

Bild 1.10
Rechtwinkliges Koordinatensystem

Die waagerechte Achse wird als **x-Achse** oder Abszisse (Grundlinie) bezeichnet. Die
y-Achse oder Ordinate (Lotachse) steht senkrecht auf der x-Achse. Die zwischen den
Achsen liegenden Felder heißen **Quadranten** (Viertelkreis). Jeder Punkt in den vier
Quadranten ist durch je einen x-Wert und einen y-Wert eindeutig bestimmt. Grundsätzlich wird auf der **x-Achse die unabhängig veränderliche Größe** (die Ursache), auf der
y-Achse die abhängige Größe (Wirkung) aufgetragen.

Als Beispiel wird im **Bild 1.11** die grafische Darstellung der Gleichung $y = 2x + 3$ in einem
rechtwinkligen Koordinatensystem wiedergegeben. Die grafische Darstellung, d. h. der
Verlauf wird als **Kurve** oder als **Graph** bezeichnet.

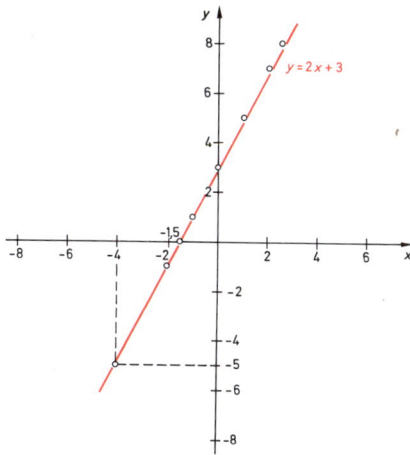

Bild 1.11
Grafische Darstellung
der Gleichung $y = 2x + 3$

Der Graph der Gleichung $y = 2x + 3$ ergibt im Koordinatensystem eine Gerade. Einzelne Punkte dieser Geraden lassen sich durch Aufstellen einer Wertetabelle für diese Gleichung berechnen.

x	$+2$	$+1$	0	-1	-2
y	$+7$	$+5$	$+3$	$+1$	-1

Alle in der Wertetabelle angegebenen Punkte können durch eine durchgehende Linie verbunden werden. Für alle auf dieser Geraden liegenden Punkte lassen sich die zugehörigen y-Werte zu beliebigen x-Werten ablesen, so auch für Punkte, die nicht in der Wertetabelle angegeben sind.

1.7.2 Funktionen

Kann in einer Darstellung jedem beliebigen x-Wert nur ein y-Wert eindeutig zugeordnet werden, so wird eine solche eindeutige Zuordnung als **Funktion** bezeichnet. Die allgemeine Schreibweise für eine Funktion in einem rechtwinkligen Koordinatensystem lautet:

$$y = f(x)$$ (lies: y ist eine Funktion von x)

1.7.2.1 Lineare Funktion

Ist der Graph einer Funktion eine Gerade, so wird eine solche Funktion **lineare Funktion** genannt. Die im Bild 1.11 wiedergegebene grafische Darstellung der Funktion mit der Funktionsgleichung $y = 2x + 3$ ist eine lineare Funktion. Eine lineare Funktion liegt auch vor, wenn ein Auto mit konstanter Geschwindigkeit fährt. Es legt dann nämlich jeweils die gleiche Wegstrecke in jeder Zeiteinheit zurück **(Bild 1.12)**.

Da die Zeit und auch die Strecke nur positiv sein können, wird vom gesamten Koordinatensystem nur der 1. Quadrant gezeichnet.

Die Steigung der Geraden hängt von der Geschwindigkeit ab. Die Steigung wird hier durch das Verhältnis

$$v = \frac{\Delta s}{\Delta t}$$ angegeben.

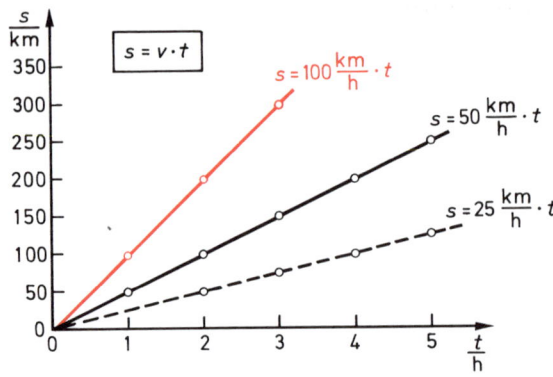

Bild 1.12
Weg-Zeit-Diagramm

Allgemeingültig kann die Gleichung

$$s = v \cdot t \qquad \text{in} \qquad \boxed{y = m \cdot x}$$

umbenannt werden. Der Faktor m vor der Veränderlichen x gibt dann die Steigung der Geraden an. Je größer dieser Faktor m ist, desto steiler verläuft die Gerade im Diagramm.

1.7.2.2 Quadratische Funktion

In der Technik gibt es viele Zusammenhänge, die in einem quadratischen Verhältnis zueinander stehen, zum Beispiel die Kreisfläche und der Durchmesser:

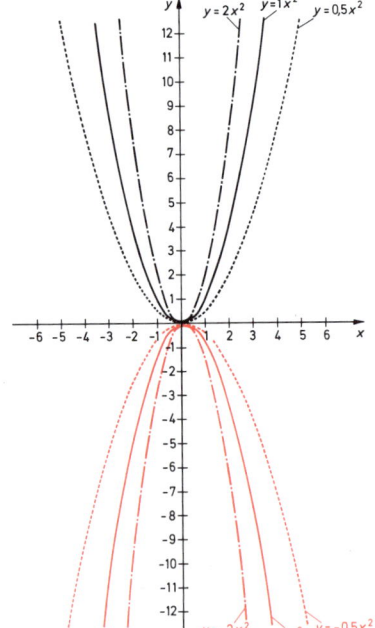

$$\text{abhängige} \quad A = \frac{\pi}{4} d^2 \quad \text{unabhängige}$$
Veränderliche ↗ ↖ Veränderliche

Allgemein kann dieser Zusammenhang geschrieben werden zu:

$$\boxed{y = a \cdot x^2}$$

dabei ist a eine Konstante, die alle Werte annehmen kann, außer Null.

Der Graph einer solchen Funktion heißt **Parabel (Bild 1.13).** Aus dem Bild 1.13 ist der Einfluß des Faktors a auf den Verlauf einer Parabel zu entnehmen.

Bild 1.13
Einfluß des Faktors a
auf den Verlauf einer Parabel

1. a = 1,   diese Parabel nennt man **Normalparabel.**
2. a > 0   (a ist positiv), die Parabel ist nach oben geöffnet.
3. a < 0   (a ist negativ), die Parabel ist nach unten geöffnet.
4. a > 1,   die Parabel ist gestreckt.
5. a < 1,   die Parabel ist gestaucht.

Weitere Eigenschaften einer Parabel mit der Funktion $y = a \cdot x^2$ sind:
a) sie liegt spiegelbildlich zur y-Achse,
b) ihr Scheitelpunkt liegt im Ursprung des Koordinatensystems,
c) ihre Steigung ist nicht konstant, d. h. sie hat in jedem Punkt eine andere Steigung.

1.7.2.3 Hyperbelfunktion

Stehen zwei Größen in einem umgekehrten Verhältnis zueinander, so lautet die Funktionsgleichung

$$y = \frac{1}{x}$$

Beim Aufstellen der Wertetabelle ergeben sich folgende Werte:

x	0	1	2	4	− 1	− 2	− 4
y	∞	1	1/2	1/4	− 1	− 1/2	− 1/4

Überträgt man diese Werte in ein Koordinatensystem und verbindet alle Punkte, so ergibt sich der im **Bild 1.14** gezeigte Graph. Eine solche Funktion nennt man eine **Hyperbel** (griech.-lat. = darüber hinauswerfen).

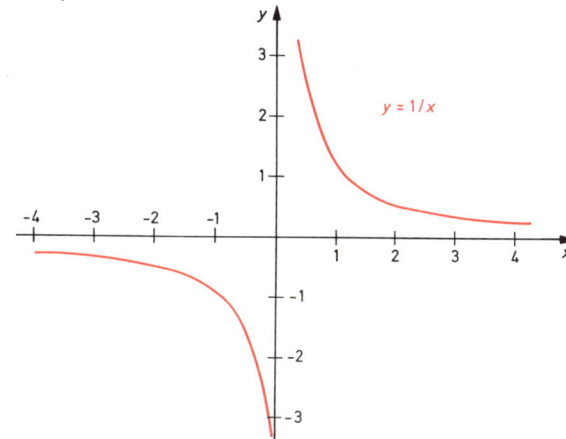

Bild 1.14
Hyperbel

Der Graph einer solchen Hyperbelfunktion schneidet nur im Unendlichen die x- und y-Achse, d. h. der Graph nähert sich asymptotisch (griech.-lat. = nicht zusammenfallend) den x- und y-Achsen.

1.7.2.4 Weitere Grundfunktionen

Neben den vorangegangenen, behandelten Funktionen gibt es noch eine ganze Reihe weiterer Funktionen, die in der Technik eine Rolle spielen. Sie sollen hier nicht weiter behandelt werden, jedoch wegen der Vollständigkeit mit aufgeführt werden. Dazu soll die nachfolgende Übersicht dienen. **(Tabelle 1.6).**

Tabelle 1.6: Übersicht der wichtigsten Funktionen

Name	Funktions-gleichung	Wertetabelle	Schaubild	Bemerkung
lineare Funktion Gerade	$y = mx + n$	$y = 2x + 1$ 	x	-2	-1	0	+1	+2	+3
y	-3	-1	1	+3	+5	+7			m = Steigung der Geraden n = Schnittpunkt der Geraden mit der y-Achse
quadratische Funktion Potenzfunktion Parabel	$y = x^2$	$y = x^2$ 	x	-2	-1	0	+1	+2	+3
y	4	1	0	1	4	9			allgemein $y = ax^2 + b$ a = Steigung der Parabel b = Schnittpunkt mit der y-Achse
Wurzel-funktion	$y = \sqrt{x}$	$y = \sqrt{x}$ 	x	0	1	2	4
y	0	1	1,414	2			Umkehrfunktion der Potenz-funktion
Hyperbel-funktion	$y = \frac{1}{x}$	$y = \frac{1}{x}$ 	x	-2	-1	0	1	2	4
y	-0,5	-1	∞	1	0,5	0,25			Die Äste er-reichen nie die Koordinaten-achsen, sondern sie nähern sich asymptotisch
Exponential-funktion	$y = a^x$	$y = 2^x$ 	x	-2	-1	0	1	2	3
y	0,25	0,5	1	2	4	8			nähert sich asymptotisch der x-Achse
Logarithmische Funktion	$y = \log_a x$	$y = \log_2 x$ 	x	0	1	2	4	8
y	$-\infty$	0	1	2	3			**Umkehr-funktion der Exponential-funktion**
Sinus-funktion	$y = \sin x$	$y = \sin x$ 	x	30	45	90	180	270
y	0,5	0,707	1	0	-1			
Kosinus-funktion	$y = \cos x$	$y = \cos x$ 	x	30	45	90	180	270
y	0,866	0,707	0	-1	0			

1.7.2.5 Empirische Funktionen

Die bisher behandelten Funktionen waren mathematischen oder physikalischen Ursprungs. Nicht alle grafischen Darstellungen, besonders in der Technik, beruhen auf solchen einfachen Zusammenhängen. Meist stammen die Werte aus Messungen, Erfahrungen und Beobachtung. Man nennt solche Funktionen Erfahrungsfunktionen oder **empirische Funktionen** [empeiria (griech.) = Erfahrung] **(Bild 1.15),** die man dann als **Kennlinien** bezeichnet.

Beispiel:

Durch die Messung wurden folgende Werte ermittelt:

Zeit	1	2	3	4	5	6	in Stunden
Temperatur	20	25	15	10	15	30	in 1 °Celsius

Zeichnen Sie den Graphen von diesen Werten (Bild 1.15). Da hier nur Werte im 1. Quadranten vorkommen, läßt man die anderen Quadranten weg.

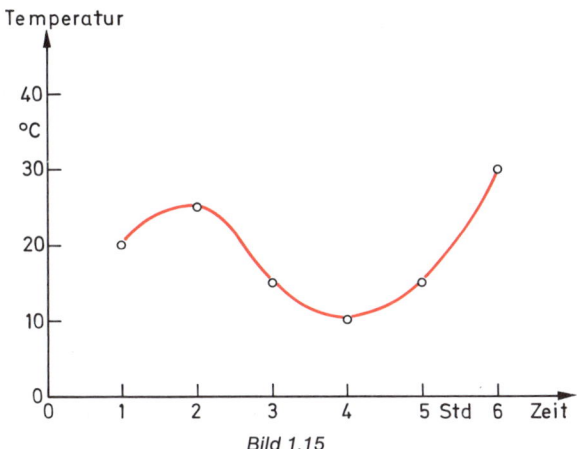

Bild 1.15
Beispiel einer empirischen Funktion

1.7.2.6 Parameterdarstellungen

Vielfach ist es in der Technik erforderlich, daß die Zuordnung von drei Größen in einem Diagramm vorgenommen werden muß. Um eine solche Darstellung zu realisieren, muß jeweils eine der drei Größen konstant gehalten werden. Diese konstant gehaltene Größe wird als **Parameter** bezeichnet [para (griech. Vorsilbe) = bei, neben, hinzu, meter (griech.) = Maß]. Die allgemein gültige Schreibweise lautet dann:

$$y = f(x); \quad z = \text{const.}$$

Wird nach dem Durchfahren einer Messung die eben konstant gehaltene Größe geändert, so entsteht eine Kurven- oder Kennlinienschar **(Bild 1.16).**

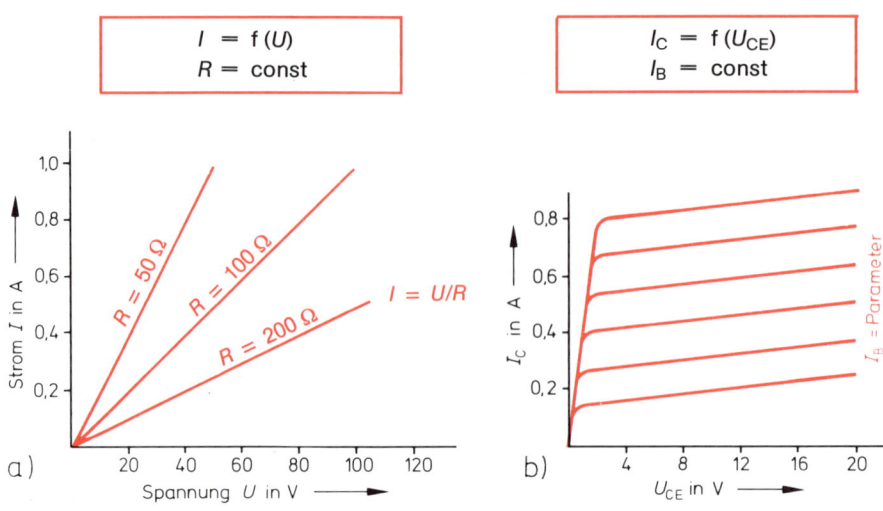

Bild 1.16
Beispiele von Kurvenscharen im Elektronik-Bereich

1.7.3 Achsenteilung im rechtwinkligen Koordinatensystem

Bei den bisherigen grafischen Darstellungen, Diagrammen und Kennlinien hatten die Koordinatenachsen eine lineare Einteilung. Soll jedoch eine Kennlinie über einen größeren Bereich dargestellt werden, was in der Technik häufig der Fall ist, so reicht dann das Blatt Papier nicht aus, um eine noch übersichtliche und aussagekräftige Darstellung zu erhalten. Man benutzt dann eine **logarithmische Achseneinteilung.** Eine solche Achseneinteilung beginnt nicht bei 0, sondern bei 1 bzw. 10, 100 usw. Meistens sind zwei bis vier Zehnerpotenzen erforderlich.

Als Grobraster werden Schritte von Zehnerpotenzen in gleichen Abständen aufgetragen, also $10^1 = 10$; $10^2 = 100$, $10^3 = 1000$ usw. Auch innerhalb eines solchen Schrittes erfolgt die Einteilung im logarithmischen Maßstab **(Bild 1.17).**

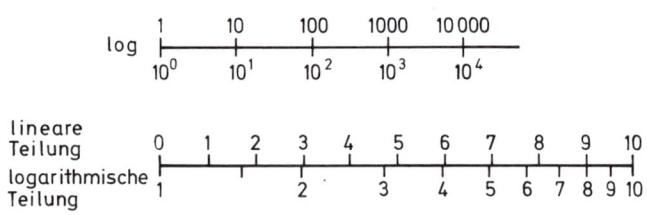

Bild 1.17
Lineare und logarithmische Achsenteilung

Der logarithmische Maßstab läßt sich einfach mit Hilfe eines Taschenrechners ermitteln.

Danach erhält eine Strecke von 10 cm eine Einteilung:

Wert (lin)	1	2	3	4	5	6	7	8	9	10
Strecke (log)	0	3,0	4,8	6,0	6,9	7,8	8,5	9,0	9,5	10

Eingabe:

2 | log | | x | 10 | = |

Anzeige: 3,0103

Eine logarithmische Einteilung erfolgt aber nicht nur für die x-Achse, sondern falls zweckmäßig auch für die y-Achse. Damit ergeben sich vier verschiedene Möglichkeiten für die Achsenteilung bei grafischen Darstellungen in einem rechtwinkligen Koordinatensystem **(Tabelle 1.7)**.

Tabelle 1.7: Achsenteilungen		
Bezeichnung	Einteilung	
	x-Achse	y-Achse
lin-lin	linear	linear
log-lin	logarithmisch	linear
lin-log	linear	logarithmisch
log-log	logarithmisch	logarithmisch

Das Ablesen und Eintragen von Kennlinienwerten bei logarithmischen Achsenteilungen erfordert besondere Aufmerksamkeit und Übung.

Beispiel:

Wie groß ist der Widerstandswert R_{KL} des Typs P330-013 bei einer Temperatur von $\vartheta_U = 80\ °C$ **(Bild 1.18)**?

Lösung:

$R_{KL} = 5 \cdot 10^3\ \Omega = 5\ k\Omega$

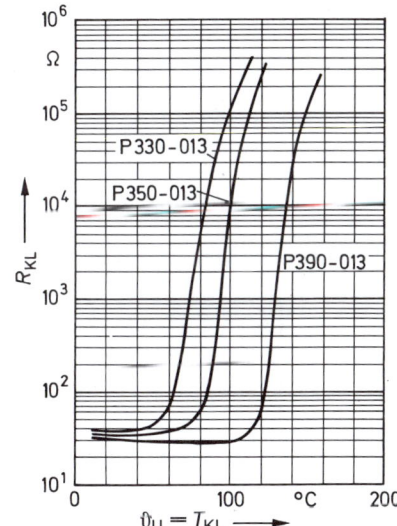

Bild 1.18
Kennlinie mit einer lin-log-Achsenteilung

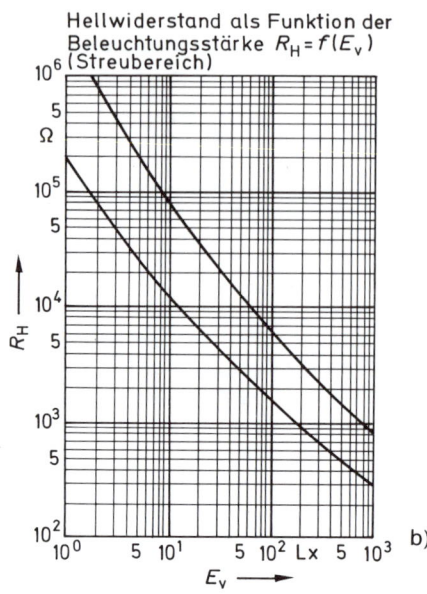

Hellwiderstand als Funktion der Beleuchtungsstärke $R_H = f(E_v)$ (Streubereich)

b)

Beispiel:

Wie groß ist der Widerstand R_H bei einer Beleuchtungsstärke von $E_v = 300\,\text{lx}$, wenn der untere Streubereich gewählt wird **(Bild 1.19)?**

Lösung:

$R_H = 700\ \Omega$

Bild 1.19
Kennlinie mit einer log-log Achsenteilung

1.7.4 Polarkoordinatensystem

Bei einem Mikrofon oder bei einem Lautsprecher interessiert, wie der Schall von verschiedenen Richtungen aufgenommen bzw. abgestrahlt wird. Einen solchen Sachverhalt kann man am besten in einem **Polarkoordinatensystem** wiedergeben. Ein solches Polarkoordinatensystem besteht aus einem strahlenförmigen Netz von Linien, die jeweils einem Winkel zugeordnet sind **(Bild 1.20)**. Eingezeichnet wird dann eine Größe, z. B. die Ausgangsspannung eines Mikrofons in Abhängigkeit des Winkels. Man nennt ein solches Schaubild **Richtdiagramm.**

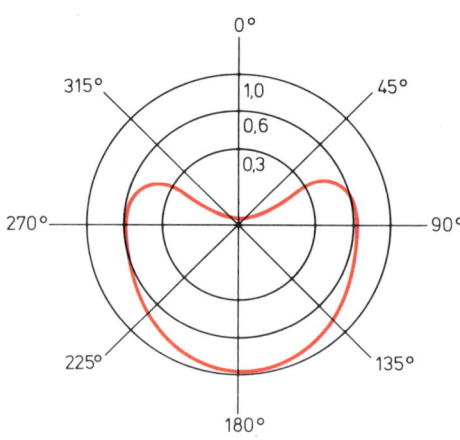

Bild 1.20
Richtdiagramm in Darstellung eines Polarkoordinatensystems

Aufgaben:

1. a) Welche Koordinaten x und y haben folgende Punkte:
       P_1 (0,5/1); P_2 (− 0,5/−1); P_3 (1,5/3); P_4 (− 1/−2)
    b) Zeichnen Sie den Graphen, der durch diese Punkte läuft.
    c) Geben Sie die Funktionsgleichung dieses Graphens an.
    d) Welche Steigung hat diese Funktion?

2. a) Welche Koordinaten x und y haben folgende Punkte?
       P_1 (− 3/36); P_2 (− 2/16); P_3 (− 1/4); P_4 (0/0); P_5 (1/4); P_6 (2/16); P_7 (3/36)
    b) Zeichnen Sie den Graphen, der durch diese Punkte läuft.
    c) Geben Sie die Funktionsgleichung an.

3. Bestimmen Sie von folgenden Funktionsgleichungen jeweils die Steigung und den Schnittpunkt mit der y-Achse.

    a) $y = 3x − 5$;   b) $y = − 4x + 4$;

    c) $\dfrac{3}{2} x = y − 0,7$;   d) $x = − 2y − 12$

4. Welche Bezeichnung erhalten üblicherweise folgende Funktionsgleichungen?

    a) $y = ax + b$;   b) $y = ax^2 + b$;   c) $y = \dfrac{1}{x}$;

    d) $y = e^x$;   e) $y = \ln x$

5. Die Graphen folgender Funktionen sind darzustellen

    a) $y = 4x − 1$;

    b) $x^2 = 2y$;

    c) $y = − 4x + 4$

6. Zeichnen Sie den Graphen folgender Wertetabelle:

Fahrgeschwindigkeit	km/h	40	60	80	100	120	140	160
aufzuwendende Leistung	kW	3680	8800	14800	25000	40000	59000	78000

7. Die Schaubilder folgender Meßreihen sind zu zeichnen:
    a) $I = U/R$ für $R = 20\,\Omega$ und $R = 60\,\Omega$.
       U ändern: 20 V; 40 V; 60 V; 80 V; 100 V; 120 V
    b) $P = U^2/R$ für $R = 1000\,\Omega$ und $R = 2500\,\Omega$
       U ändern: 20 V; 40 V; 60 V; 80 V; 100 V; 120 V
    c) $X_c = \dfrac{1}{2\pi \cdot f \cdot C}$ für $C = 0{,}5\,\mu F$; 2π = konstant; f ändern von 100 Hz bis 600 Hz

8. Zeichnen Sie die Kurve im Polarkoordinatensystem

φ	0°	30°	60°	90°	120°	150°	180°	210°	240°	270°	300°	330°
U in V	1	0,9	0,5	0,2	0,1	0,05	0	0,02	0,1	0,15	0,5	0,9

9. Zeichnen Sie folgende Kurve mit log-lin Einteilung

f in Hz	10	30	100	300	1000	3000	10000	20000
U_{aus} in V	0,02	0,6	0,7	0,9	1	1,2	0,8	0,02

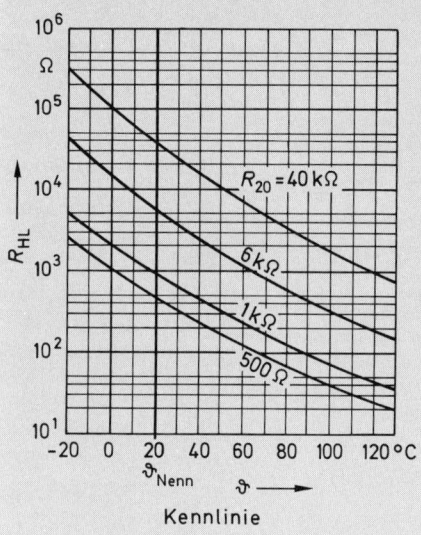

Bild A 1.7/10
Kennlinien von Heißleitern

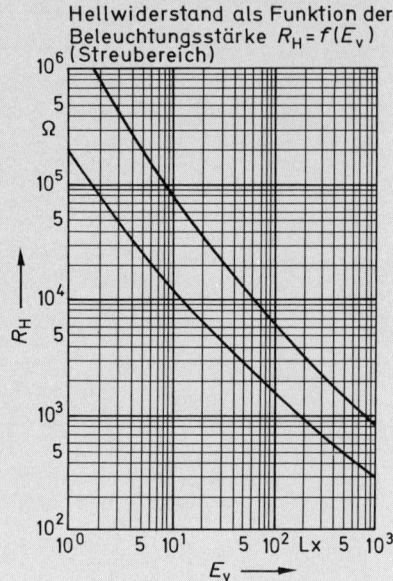

Hellwiderstand als Funktion der Beleuchtungsstärke $R_H = f(E_v)$ (Streubereich)

Bild A 1.7/11
Kennlinien eines Fotowiderstandes

10. Ein Heißleiter hat die in **Bild A 1.7/10** dargestellte Kennlinie.
   a) Welchen Widerstandswert hat der Heißleiter $R_{20} = 6$ kΩ bei:
      $\vartheta = 0$ °C; $\vartheta = 100$ °C; $\vartheta = -20$ °C?
   b) Ein Heißleiter, der bei 20 °C einen Widerstand von $R = 1$ kΩ hat, soll bei Betrieb einen Widerstand von $R = 2$ kΩ, $R = 100$ Ω haben. Welche Temperaturen sind erforderlich?

11. Bei welcher Beleuchtungsstärke hat der Fotowiderstand **(Bild A 1.7/11)** einen Hellwiderstand (untere Streubereichsgrenze) von
   a) $R_H = 480$ Ω; b) $R_H = 50$ kΩ; c) $R_H = 4,5$ kΩ?

2. Physikalische Grundlagen

2.1 Bewegung

2.1.1 Geschwindigkeit

Bei einer gleichförmigen Bewegung legt ein Körper in gleichen Zeitabständen gleiche Wegabschnitte zurück **(Bild 2.1)**.

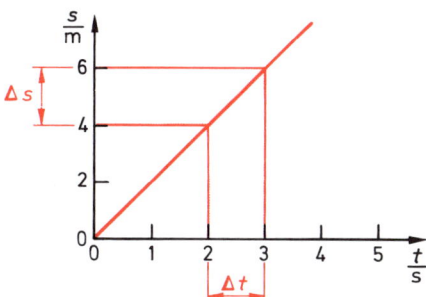

Bild 2.1
Weg-Zeit-Diagramm
bei gleichförmiger Bewegung

Der Quotient aus zurückgelegter Strecke und benötigter Zeit wird als Geschwindigkeit definiert:

$$\text{Geschwindigkeit} = \frac{\text{zurückgelegte Strecke}}{\text{benötigte Zeit}}$$

$$v = \frac{\Delta s}{\Delta t}$$

Einheit: $\dfrac{m}{s}$ oder $\dfrac{km}{h}$

Bei gleichförmiger Bewegung ist die Geschwindigkeit konstant **(Bild 2.2)**.

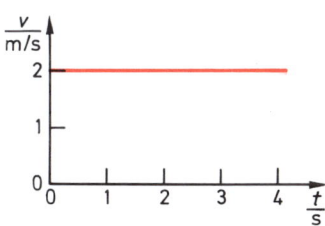

Bild 2.2
Geschwindigkeit-Zeit-Diagramm
bei gleichförmiger Bewegung

2.1.2 Beschleunigung

Die Bewegung eines Körpers, bei der sich die Geschwindigkeit ändert, wird als beschleunigte Bewegung bezeichnet **(Bild 2.3).**

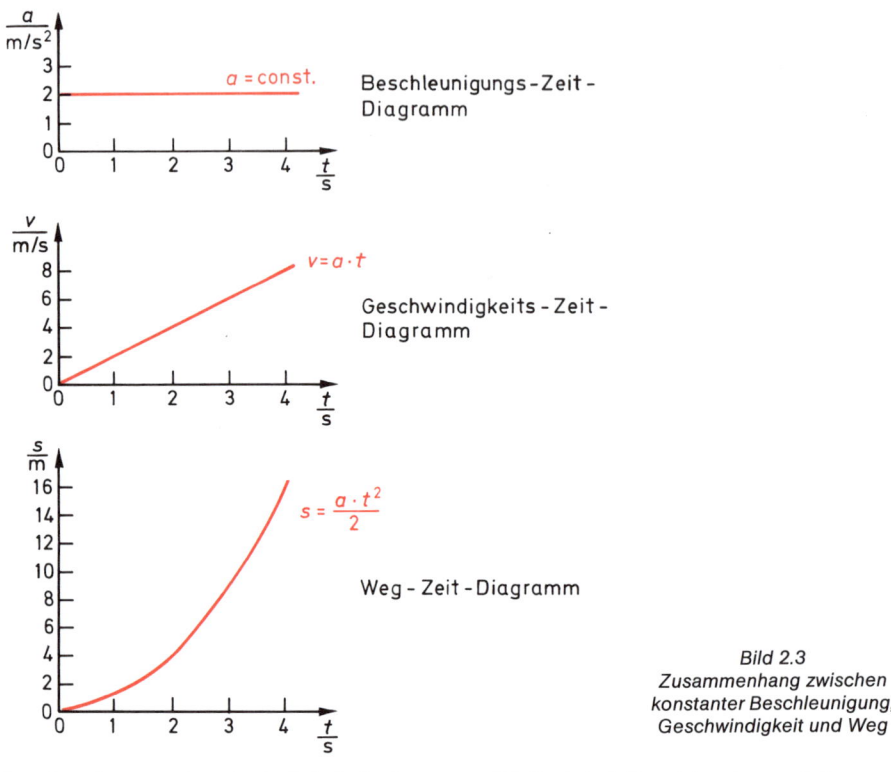

Beschleunigungs-Zeit-Diagramm

Geschwindigkeits-Zeit-Diagramm

Weg-Zeit-Diagramm

Bild 2.3
Zusammenhang zwischen
konstanter Beschleunigung,
Geschwindigkeit und Weg

Der Quotient aus Geschwindigkeitsänderung und Zeit wird als Beschleunigung definiert:

$$\text{Beschleunigung} = \frac{\text{Geschwindigkeitsänderung}}{\text{Zeit}}$$

$$a = \frac{\Delta v}{\Delta t}$$ *Einheit* $\frac{m}{s^2}$

Bei einer gleichmäßig beschleunigten Bewegung läßt sich aus dem Geschwindigkeits-Zeit-Diagramm (Bild 2.3) die zurückgelegte Wegstrecke als Fläche unter dem Graphen (Dreiecksfläche) berechnen zu:

$$s = \frac{v \cdot t}{2}$$ mit $v = a \cdot t$ wird $s = \frac{a \cdot t^2}{2}$

2.1.3 Freier Fall

Durch die Erdanziehung fällt jeder Körper von einer Höhe h auf die Erde herab und erfährt dabei eine konstante Beschleunigung, die **Erdbeschleunigung**

$$g = 9,81 \, \frac{m}{s^2}$$

Diese gleichmäßig beschleunigte Bewegung wird **Freier Fall** genannt. Für den Freien Fall gelten deshalb alle Gesetze der gleichmäßig beschleunigten Bewegung, wenn für a die Erdbeschleunigung g eingesetzt wird **(Tabelle 2.1)**.

Tabelle 2.1: Gegenüberstellung		
	gleichmäßig beschleunigte Bewegung	Freier Fall
Geschwindigkeit	$v = \dfrac{s}{t}$ $v = a \cdot t$	$v = \dfrac{h}{t}$ $v = g \cdot t$
Weg/Höhe	$s = \dfrac{v \cdot t}{2}$ $s = \dfrac{a \cdot t^2}{2}$	$h = \dfrac{v \cdot t}{2}$ $h = \dfrac{g \cdot t^2}{2}$

Mit Hilfe der Gleichungen $v = g \cdot t$ und $h = \dfrac{g \cdot t^2}{2}$ ergibt sich für die **Endgeschwindigkeit** beim Freien Fall

$$v_E = \sqrt{2 \cdot g \cdot h}$$

2.1.4 Drehbewegung

Auch bei einer Drehbewegung ist die Geschwindigkeit definiert als Weg pro Zeit

$v = \dfrac{\Delta s}{\Delta t}$. Nur entspricht der Weg dem Kreisumfang, die Zeit entspricht der Drehzahl n.

Somit gilt:

$$v = d \cdot \pi \cdot n$$

v = Geschwindigkeit in m/s
d = Durchmesser in m
n = Drehzahl in 1/s

Vielfach wird auch die Winkelgeschwindigkeit ω angegeben zu:

$$\omega = 2 \cdot \pi \cdot n$$

ω = Winkelgeschwindigkeit in 1/s

Beispiel:

Die Welle eines Motors hat einen Durchmesser von $d = 20$ cm. Der Motor hat eine Drehzahl von $n = 1500$ 1/min. Berechnen Sie
a) die Umfangsgeschwindigkeit der Welle
b) die Winkelgeschwindigkeit

Lösung:

a) $v = d \cdot \pi \cdot n = \dfrac{0,2 \text{ m} \cdot \pi \cdot 1500 \text{ 1/min}}{60 \text{ s/min}}$

Eingabe:

$0.2 \boxed{\times} \boxed{\pi} \boxed{\times} 1500 \boxed{\div} 60 \boxed{=}$

Anzeige: 15.707963

$v = 15{,}71 \text{ m/s}$

b) $\omega = 2 \cdot \pi \cdot n = \dfrac{2 \cdot \pi \cdot 1500 \text{ 1/min}}{60 \text{ s/min}}$

Eingabe:

$2 \boxed{\times} \boxed{\pi} \boxed{\times} 1500 \boxed{\div} 60 \boxed{=}$

Anzeige: 157.07963

$\omega = 157{,}08 \text{ 1/s}$

Aufgaben:

1. Welche Geschwindigkeit erreichen Elektronen in einem Kupferdraht, wenn sie in der Zeit $\Delta t = 30$ s einen Weg von $\Delta s = 18$ m zurücklegen?

2. Wie lange benötigt Licht von der Sonne zur Erde, wenn die Lichtgeschwindigkeit $v = 300\,000$ km/s beträgt und der Weg $\Delta s = 150\,000\,000$ km lang ist?

3. Welchen Weg legt ein Fahrzeug in der Zeit $\Delta t = 25$ min zurück, wenn es eine gleichförmige Geschwindigkeit von $v = 100$ km/h einhält?

4. Wie lange benötigt Schall in Luft, wenn von einem Lautsprecher ein Signal ausgesendet wird und die Zuhörer 250 m entfernt stehen? Die Schallgeschwindigkeit in Luft beträgt $v = 340$ m/s.

5. Welche mittlere Beschleunigung hat ein Personenwagen, wenn er von 0 bis 100 km/h eine Zeit von 12 s benötigt?

6. Welche Geschwindigkeit v_2 erreicht ein Fahrzeug, wenn es von einer Geschwindigkeit $v_1 = 50$ km/h eine Zeit von $\Delta t = 15$ s mit einer Beschleunigung von $a = 2$ m/s^2 gleichmäßig beschleunigt?

7. Welchen Bremsweg hat ein Fahrzeug, wenn es mit einer Beschleunigung von $a = -2{,}5$ m/s^2 gleichmäßig bis zum Stillstand verzögert und am Anfang eine Geschwindigkeit von $v = 100$ km/h hatte?

8. a) Welche Geschwindigkeit erreicht ein Fahrzeug, wenn es aus dem Stillstand eine Strecke von 250 m in einer Zeit von 20 s mit einer gleichmäßigen Beschleunigung zurücklegt?
   b) Wie groß ist die Beschleunigung?

9. a) Welche Zeit benötigt ein Fahrzeug, wenn es aus dem Stand mit einer gleichmäßigen Beschleunigung von $a = 1{,}2$ m/s^2 eine Strecke von $\Delta s = 400$ m zurücklegen soll?
   b) Welche Endgeschwindigkeit erreicht das Fahrzeug?

10. a) Wie lange ist ein Körper gefallen, wenn er eine Geschwindigkeit von $v = 100$ km/h erreicht hat?
    b) Welche Höhe h hat der Körper dann durchfallen?

11. Personenaufzüge haben eine mittlere Geschwindigkeit von $v = 4$ m/s. Wie lange dauert es, um auf den 190 m hohen Olympiaturm in München zu kommen?

12. Auf der Welle eines Elektromotors mit einer Nenndrehzahl von $n = 1400$ 1/min ist eine Riemenscheibe mit einem Durchmesser von $d = 120$ mm befestigt. Berechnen Sie die Umfangsgeschwindigkeit in m/s!

13. Eine Musiksendung von 30 Minuten Dauer soll auf ein Tonband aufgenommen werden. Das Tonbandgerät ist auf eine Bandgeschwindigkeit von 9,53 cm/s eingestellt. Berechnen Sie die erforderliche Bandlänge in Metern!

2.2 Längen-, Flächen-, Körper- und Massenberechnungen

2.2.1 Längenberechnung

Rundspule – einlagige Wicklung

Drahtlänge:

$$l = dm \cdot \pi \cdot N$$

Wickelbreite:

$$B = d_2 \cdot N$$

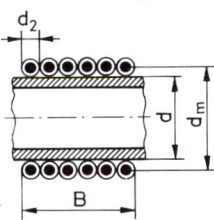

Für die Spulenwicklung berechnet man den mittleren Windungsdurchmesser dm aus Außen- und Innendurchmesser.

$$dm = \frac{D + d}{2}$$

Die mittlere Windungslänge lm

$$lm = \pi \cdot dm$$

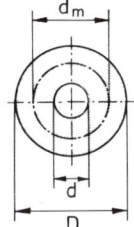

2.2.2 Flächenberechnung

Nach den in der **Tabelle 2.2** aufgestellten Formeln lassen sich die Flächen und die Umfänge geometrischer Figuren berechnen.

Tabelle 2.2: Flächenberechnung				
Quadrat	Rechteck	Parallelogramm	Dreieck	Trapez
$A = a^2$	$A = a \cdot b$	$A = a \cdot h$	$A = \dfrac{c \cdot h}{2}$	$A = \dfrac{a + b}{2} \cdot h$
$U = 4a$	$U = 2(a + b)$	$U = 2(a + b)$	$U = a + b + c$	$U = a + b + 2c$

Vieleck	Kreis	Kreisring	Ellipse
$A = \dfrac{a \cdot r \cdot n}{2}$	$A = \dfrac{d^2 \cdot \pi}{4}$	$A = \dfrac{\pi}{4}(D^2 - d^2)$	$A = \dfrac{a \cdot b \cdot \pi}{4}$
$U = a \cdot n$	$U = d \cdot \pi$	$U = D \cdot \pi + d \cdot \pi$	$U \approx \dfrac{a + b}{2} \cdot \pi$

Beispiel:

Eine einlagige Rundspule ist auf einem Spulenkörper mit einem Durchmesser $d = 15$ mm gewickelt und hat eine Wickelbreite von $B = 50$ mm. Der Runddraht hat einen Durchmesser von $d_2 = 0,2$ mm. Berechnen Sie die Windungszahl N und die Drahtlänge.

Lösung:

$$N = \frac{B}{d_2} = \frac{50 \text{ mm}}{0,2 \text{ mm}} = 250$$

$$D = d + 2\,d_2 = 15 \text{ mm} + 2 \cdot 0,2 \text{ mm} = 15,4 \text{ mm}$$

$$d = 15 \text{ mm}$$

$$d_m = \frac{D+d}{2} = \frac{15,4 \text{ mm} + 15 \text{ mm}}{2}$$

$$d_m = 15,2 \text{ mm}$$

Eingabe:

| 15,4 | + | 15 | = | ÷ | 2 |

Anzeige: 15.2

$$l = d_m \cdot \pi \cdot N$$
$$l = 15,2 \text{ mm} \cdot \pi \cdot 250$$
$$\underline{l = 11,938 \text{ m}}$$

Eingabe:

| 15,2 | x | π | x | 250 | = |

Anzeige: 11938.052

Aufgaben:

1. Eine Kabelrolle hat 34 Windungen und einen mittleren Windungsdurchmesser von 20 cm. Wie lange ist das Kabel?

2. Für eine Installation wurde ein Bund NYA mit 100 m Länge ausgegeben. 34 Windungen mit einem mittleren Windungsdurchmesser von 25 cm sind übriggeblieben. Wieviel Meter Leitung wurden verarbeitet?

3. Eine einlagige Rundspule soll auf einem Spulenkörper mit einem Durchmesser $d = 18$ mm gewickelt werden. Die Spule soll 265 Windungen aus Kupferrunddraht mit $d_2 = 0,46$ mm haben. Berechnen Sie die Drahtlänge und die Wickelbreite.

4. Aus Bandstahl sollen 8 Schellen nach **Bild A 2.2/4** für ein Kabel mit einem Durchmesser $d = 34$ mm hergestellt werden. Wieviel Meter Bandstahl sind erforderlich, wenn der Verschnitt 5 % der Fertiglänge beträgt?

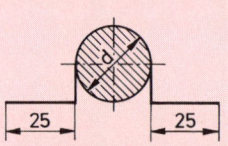

Bild A 2.2/4

5. Ein runder Kupferdraht hat 32 mm ∅. Wie groß ist die Querschnittsfläche?

6. Welchen Durchmesser hat ein Draht mit $A = 0,2$ mm^2?

7. Der Zeiger eines Meßinstruments bestreicht einen Viertelkreis mit einem Radius von 25 mm.
Welche Länge hat der Skalenbogen?

8. Die Fläche einer Gerätefrontplatte ist $A = 478$ cm^2 bei einer Breite von 14,4 cm. Wie lang ist die Platte?

9. Der Spulenkörper nach **Bild A 2.2/9** soll eine Wicklung aus Kupferlackdraht mit 0,8 mm Durchmesser erhalten. Der Füllfaktor wird mit 62 % angenommen. Zu berechnen sind:
a) die Wickelhöhe h; b) der zur Verfügung stehende Wickelquerschnitt A; c) die Windungszahl; d) die Leiterlänge.

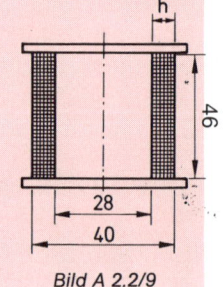

Bild A 2.2/9

10. Berechnen Sie die Fläche der in **Bild A 2.2/10** gezeigten Bleche.

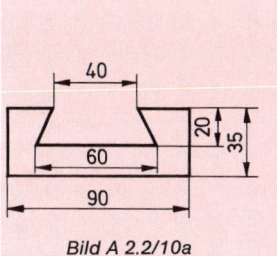

Bild A 2.2/10a

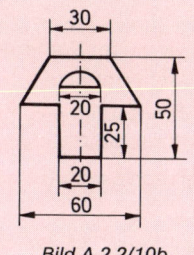

Bild A 2.2/10b

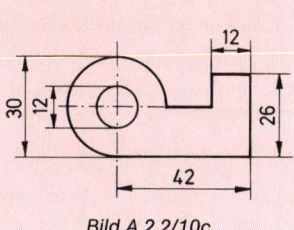

Bild A 2.2/10c

2.2.3 Körperberechnung

Nach den in der **Tabelle 2.3** aufgestellten Formeln lassen sich die Volumen verschiedener Körper berechnen.

Tabelle 2.3: Volumenberechnung		
gleich dicke Körper, wie Würfel, Prisma, Zylinder	spitze Körper wie Pyramide, Kegel	Kugel
$V = A \cdot h$	$V = \dfrac{1}{3} A \cdot h$	$V = \dfrac{4}{3} \pi r^3 = \dfrac{\pi}{6} \cdot d^3$

2.2.4 Massenberechnung

Die Masse eines Körpers hängt vom Volumen des Körpers und von der spezifischen Dichte des Materials, aus dem der Körper hergestellt ist, ab.

$$m = V \cdot \rho$$

m = Masse in kg
V = Volumen in dm³
ρ = spezifische Dichte (siehe Anhang) in kg/dm³ oder g/cm³

Beispiel:

Welche Masse hat eine Kupferschiene, die einen Querschnitt von 100 x 20 mm und eine Länge von 2 m hat? (Dichte $\rho = 8,9$ kg/dm³)

Lösung:

$m = V \cdot \rho = a \cdot b \cdot h \cdot \rho$
$m = 100$ mm $\cdot$ 20 mm $\cdot$ 2 m $\cdot$ 8,9 kg/dm³
$m = 1$ dm $\cdot$ 0,2 dm $\cdot$ 20 dm $\cdot$ 8,9 kg/dm³

Eingabe:

1 | x | 0.2 | x | 20 | x | 8,9 | =

Anzeige: 35.6
$\underline{m = 35,6 \text{ kg}}$

Aufgaben:

1. Welchen Durchmesser hat ein 190 m langer Kupferdraht, dessen Masse $m = 5{,}312$ kg beträgt? (Dichte von Kupfer $\rho = 8{,}9$ kg/dm³)

2. Ein Aluminiumkühlkörper hat die Abmessungen von 100 x 60 x 5. Aluminium hat eine Dichte von $\rho = 2{,}6$ kg/dm³. Berechnen Sie die Masse des Kühlkörpers.

3. Welche Masse hat ein Kupferbarren von 6 cm x 8 cm Querschnitt und 0,75 cm Länge? ($\rho = 8{,}9$ kg/dm³).

4. Ein Messingrohr hat einen Innendurchmesser von 15 mm bei einer Wandstärke von 5 mm. Es ist 19 cm lang, $\rho = 8{,}5$ kg/dm³. Welche Masse hat dieses Rohr?

5. Ein Transformatorkern besteht aus 53 quadratischen Blechen von 102 mm Seitenlänge. Jedes Blech hat zwei Fenster von 17 mm x 68 mm. Die Blechstärke beträgt 0,4 mm. Die Dichte des Bleches ist $\rho = 7{,}86$ kg/dm³. Berechnen Sie die Eisenmasse.

6. Wieviel mal schwerer ist ein Kupferdraht gegenüber einem Aluminiumdraht gleicher Abmessungen?

● 7. Die Länge eines runden Spulenkörpers beträgt 60 mm, der Innendurchmesser 25 mm. Es sollen 4800 Windungen Kupferdraht mit 0,2 mm ⌀ aufgebracht werden. Berechnen Sie: a) Windungen pro Lage; b) erforderliche Lagenzahl; c) Außendurchmesser der Spule; d) erforderliche Drahtlänge; e) Masse des Kupferdrahtes, wenn $\rho = 8{,}9$ kg/dm³.

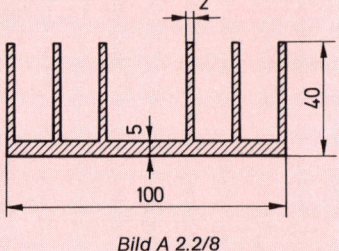

Bild A 2.2/8

● 8. Ein Kühlkörper aus Aluminium ($\rho = 2{,}7$ kg/dm³) ist 6 cm lang und hat die in **Bild A 2.2/8** angegebenen Maße. Berechnen Sie a) die Querschnittsfläche, b) das Volumen und c) die Masse!

9. Welche Masse haben 100 Kontakt-Kegel aus Platin ($\rho = 21{,}45$ kg/dm³), mit einem Grundkreisdurchmesser von 3 mm und einer Höhe von 2 mm?

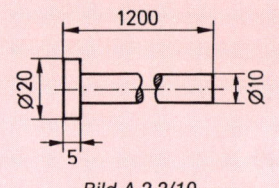

10. Die Masse der im **Bild A 2.2/10** wiedergegebenen Schaltstange aus Kunststoff ($\rho = 1{,}2$ kg/dm³) zum Betätigen eines Schwimmerschalters ist zu berechnen.

Bild A 2.2/10

11. Welche Länge muß ein Kühlkörper aus Aluminium ($\rho = 2{,}7$ kg/dm³) haben, wenn er den im **Bild A 2.2/8** gezeigten Querschnitt besitzt und eine Masse von $m = 250$ g haben darf?

12. In einer Mittelspannungsverteilung wird eine zwei Meter lange Sammelschiene aus Kupfer ($\rho = 8{,}9$ kg/dm³) mit einer Querschnittsfläche 12 cm x 15 mm eingebaut. Berechnen Sie die Masse dieser Sammelschiene.

13. Die PVC-Isolierung eines Kabels hat einen Außendurchmesser von 6 cm und eine Wandstärke von 1,5 mm. Welche Masse hat die Isolierung, wenn das Kabel 500 m lang ist und die Dichte von PVC $\rho = 1{,}4$ kg/dm³ beträgt?

14. Welche Masse hat Benzin ($\rho = 0{,}7$ kg/dm³) in einem zylindrischen Faß, das einen Durchmesser von 1,2 m hat und 0,8 m hoch gefüllt ist?

2.3 Kräfte

2.3.1 Kraft und Gewichtskraft

Soll eine Masse beschleunigt werden, so ist dafür eine **Kraft F** erforderlich, und es gilt:

$$\text{Kraft} = \text{Masse} \cdot \text{Beschleunigung}$$

$$F = m \cdot a$$

Als Einheit der Kraft ist das Newton (1 N) festgelegt. $1\,\text{N} = 1\,\text{kg}\,\dfrac{\text{m}}{\text{s}^2}$

Die Masse eines jeden Körpers wird von der Erde angezogen. Jeder Körper übt daher auf seine Unterlage eine Kraft aus, die stets auf den Erdmittelpunkt gerichtet ist und als **Gewichtskraft G** bezeichnet wird.

$$\text{Gewichtskraft} = \text{Masse} \cdot \text{Erdbeschleunigung}$$

$$G = m \cdot g$$

Eine Masse mit $m = 1\,\text{kg}$ übt daher auf seine Unterlage eine Gewichtskraft aus von:

$$G = m \cdot g = 1\,\text{kg} \cdot 9{,}81\,\frac{\text{m}}{\text{s}^2} = 9{,}81\,\frac{\text{kg} \cdot \text{m}}{\text{s}^2} = 9{,}81\,\text{N} \approx 10\,\text{N}$$

Beispiel:

a) Welche Masse besitzt ein Körper, der mit einer Kraft von $F = 2000\,\text{N}$ in $\Delta t = 2\,\text{s}$ eine Geschwindigkeit von $v = 50\,\text{m/s}$ erreicht?
b) Welche Gewichtskraft hat dieser Körper?

Lösungen:

a) $F = m \cdot a$

$$m = \frac{F}{a} = \frac{F \cdot \Delta t}{\Delta v} = \frac{2000\,\text{N} \cdot 2\text{s}}{50\,\text{m/s}} = \frac{2000\,\text{kg} \cdot \text{m} \cdot \text{s} \cdot 2\,\text{s}}{\text{s}^2 \cdot 50\,\text{m}}$$

Eingabe:

2000 $\boxed{\text{x}}$ 2 $\boxed{\div}$ 50 $\boxed{=}$

Anzeige: 80

$\underline{m = 80\,\text{kg}}$

b) $G = m \cdot g = 80\,\text{kg} \cdot 9{,}81\,\dfrac{\text{m}}{\text{s}^2}$

Eingabe:

80 $\boxed{\text{x}}$ 9,81 $\boxed{=}$

Anzeige: 784.8

$\underline{G = 784{,}8\,\text{N} \approx 800\,\text{N}}$

2.3.2 Addition und Zerlegung von Kräften

Bei Kräften handelt es sich um gerichtete Größen. Greifen an einem Körper zwei oder mehrere Kräfte an, so läßt sich zeichnerisch durch geometrische Addition der Vektoren eine resultierende Kraft ermitteln. Mit einem ähnlichen zeichnerischen Verfahren läßt sich auch eine Gesamtkraft in zwei Teilkräfte zerlegen.

Beispiel:

Zum geradlinigen Fortbewegen einer Kiste wird eine Kraft $F_R = 800$ N benötigt. Welche Kräfte F_1 und F_2 müssen zwei Personen aufwenden, wenn sie nicht geradlinig, sondern unter einem Winkel von 25° und von 50° an der Kiste ziehen?

Lösung:

Aus dem Lageplan wird zunächst der Kräfteplan entwickelt. Dann wird ein geeigneter Maßstab gewählt und der Kräfteplan neu gezeichnet. Für die beiden gesuchten Teilkräfte werden die Wirkungslinien unter Berücksichtigung der Winkel eingezeichnet. Durch Parallelverschiebungen der Wirkungslinien wird dann das Kräfteparallelogramm so konstruiert, daß die Gesamtkraft die Diagonale ergibt **(Bild 2.4)**. Durch Ausmessen der Längen der Teilkräfte und durch Umrechnen mit dem gewählten Maßstab ergeben sich die gesuchten Einzelkräfte.

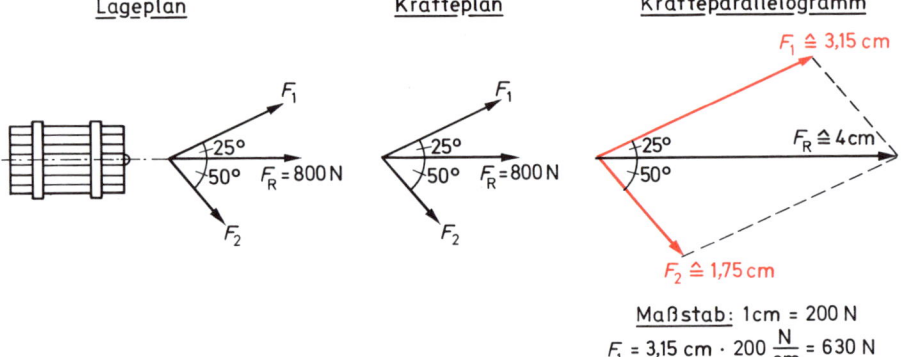

Maßstab: 1 cm = 200 N

$$F_1 = 3{,}15 \text{ cm} \cdot 200 \, \frac{\text{N}}{\text{cm}} = 630 \text{ N}$$

$$F_2 = 1{,}75 \text{ cm} \cdot 200 \, \frac{\text{N}}{\text{cm}} = 350 \text{ N}$$

Bild 2.4
Zeichnerische Zerlegung einer Gesamtkraft in zwei Teilkräfte

Aufgaben:

1. Welche Gewichtskraft hat ein Körper auf der Erde, der eine Masse $m = 75$ kg besitzt?

2. Welche Kraft ist nötig, um einen Hammer von $m = 250$ g mit einer Beschleunigung von $a = 15$ m/s² zu beschleunigen?

3. Welche Masse m besitzt ein Körper, der auf der Erde eine Gewichtskraft von $G = 900$ N hat?

4. Mit welcher Beschleunigung *a* wird ein Schlagball durch die Kraft $F = 1000$ N beschleunigt, wenn er eine Masse von $m = 250$ g besitzt?

5. Welche Masse *m* besitzt ein Körper, der mit einer Kraft von $F = 2500$ N in $\Delta t = 1{,}5$ s eine Geschwindigkeit von $v = 50$ m/s erreicht?

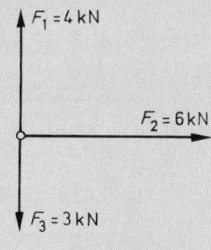

6. Von einem Antennenmast gehen drei Seile mit den im **Bild A 2.3/6** gezeigten Zugkräften ab. Bestimmen Sie die gesamte Zugkraft F_R und die Richtung.

Bild A 2.3/6

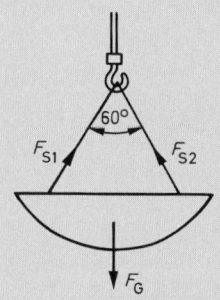

7. Ein Parabolspiegel einer Antenne mit einer Gewichtskraft $G = 10$ kN ist mit zwei Seilen an einem Kran unter einem Winkel von 60° angehängt **(Bild A 2.3/7)**. Ermitteln Sie, welche Seilkräfte F_{S1} und F_{S2} die Seile aufnehmen müssen.

Bild A 2.3/7

8. Eine Kabeltrommel mit einer Gewichtskraft von $G = 5$ kN hängt an zwei senkrechten Seilen an einem Kran. Welche Kräfte müssen die Seile aufnehmen?

9. Ein Schaltschrank wird an vier senkrechten Seilen an einem Kran herabgelassen. In jedem Seil herrscht eine Kraft von $F_0 = 250$ N. Welche Gewichtskraft hat der Schaltschrank?

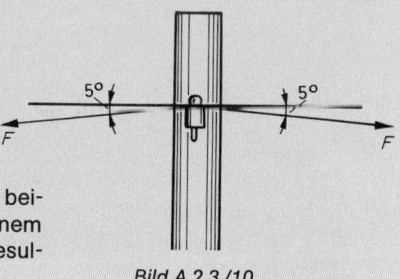

10. Eine Überlandleitung zieht mit $F = 2$ kN nach beiden Seiten unter einem Winkel von 5° an einem Isolator **(Bild A 2.3/10)**. Wie groß ist die resultierende Kraft auf den Isolator?

Bild A 2.3./10

2.4 Drehmoment

Wird auf dem im Abstand *r* befindlichen Griff eine Kraft *F* ausgeübt, so dreht sich das Zahn-rad **(Bild 2.5).**

Ursache einer jeden Drehbewegung ist

das **Drehmoment.**

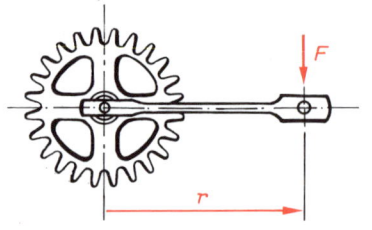

Drehmoment = Kraft · Hebelarm

$$M = F \cdot r$$

Einheit: Newton mal Meter = Nm

Bild 2.5
Entstehung eines Drehmomentes

Hebelgesetz

Der Hebel ist wohl die erste Maschine, die der Mensch benutzt hat. **Bild 2.6** zeigt das Grundprinzip eines zweiseitigen Hebels.

Bild 2.6
Zweiseitiger Hebel

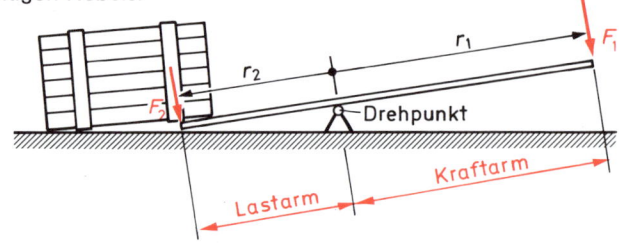

Hier gilt:

Summe aller linksdrehenden Momente = Summe aller rechtsdrehenden Momente

$$\Sigma M_{links} = \Sigma M_{rechts}$$

$$F_2 \cdot r_2 = F_1 \cdot r_1$$

Beispiel:

Ein Mann drückt mit einer Kraft $F_1 = 250$ N an einem zweiseitigen Hebelarm mit $r_1 = 1{,}2$ m und $r_2 = 40$ cm. Welche Masse *m* kann er damit heben?

Lösung:

$$F_2 \cdot r_2 = F_1 \cdot r_1 \gg F_2 = F_1 \cdot \frac{r_1}{r_2}$$

$$F_2 = 250\,\text{N} \cdot \frac{1{,}2\,\text{m}}{0{,}4\,\text{m}}$$

$$G = F_2 = 750\,\text{N}$$

$$m = \frac{G}{g} = \frac{750\,\text{N}}{9{,}81\,\text{m/s}^2}$$

$$\underline{m = 76{,}45\,\text{kg}}$$

Eingabe:

250	x	1.2	÷	0.4	÷	9,81	=

Anzeige: 76.452599

Aufgaben:

1. Welches Drehmoment M wirkt auf eine Kabeltrommel mit einem Trommeldurchmesser von $d = 3$ m, wenn ein Kabel mit einer Kraft $F = 35$ kN abgerollt wird?

2. Die Mitte einer Parabolspiegelantenne befindet sich 2,5 m über dem Fundament auf einem Fernmeldeturm. Der Wind drückt mit einer Kraft $F = 1$ kN waagerecht gegen die Antenne.
   a) Welches Moment M muß die Verankerung aufnehmen können?
   b) Welche Zugkräfte müssen jede der zwei Schrauben im Fundament aufnehmen, die die Antenne an der Seite festhalten, aus der der Wind kommt, wenn die Verschraubungen in Windrichtung einen Abstand von 1,5 m haben?

3. Ein Maulschlüssel mit der Schlüsselweite von 32 mm wird in einem Abstand von 30 cm von der Schraubenmitte mit einer Kraft von $F = 500$ N gedreht.
   a) Mit welchem Drehmoment M wird die Schraube angezogen?
   b) Welche Kräfte F wirken dabei auf die Flächen des Schraubenkopfes?

4. Welches Drehmoment wirkt auf einen Gewindeschneider, wenn an beiden Seiten eines Windeisens je eine Kraft von $F = 150$ N im Abstand $r = 14$ cm von der Drehachse ausgeübt werden?

5. Welche mittleren Kräfte F_G wirken an den Schneiden eines Seitenschneiders, wenn die Schneidenmitte 1,5 cm vom Drehpunkt entfernt ist, und 8 cm vom Drehpunkt entfernt an jedem Griff eine Kraft von $F = 50$ N ausgeübt wird?

6. Ein Schaltkasten mit der Gewichtskraft von $F_G = 1,5$ kN soll mit einer Brechstange seitlich angehoben werden, um ein Hubseil darunter schieben zu können. Der Kasten hat eine Breite von 80 cm.
   a) Mit welcher Kraft muß an der Seite gehoben werden, damit der Kasten ein wenig um die gegenüberliegende Kante kippt?
   b) Die Brechstange wird 20 cm von der Kastenkante mit einer Bohle unterstützt. Mit welcher Kraft F muß 1,2 m von der Bohle gedrückt werden, um den Schaltkasten ein Stück zu heben?

7. Ein Lastwagen hat eine Gewichtskraft von $G = 45$ kN. Der seitliche Abstand der Reifen beträgt 1,75 m. Ein Auslegerkran hat eine Ausladung von 3,5 m von der Fahrzeugmitte. Mit welcher Kraft darf der Hydraulikkran höchstens bei seitlichem Ausschwenken belastet werden, wenn die seitlichen Unterstützungen nicht ausgefahren sind und der Lastwagen nicht kippen soll?

8. Zum Betätigen des Schaltstifts an einem Endschalter **(Bild A 2.4/8)** ist eine Kraft von $F_1 = 100$ N erforderlich. Wie groß ist die Betätigungskraft am Ende des Hebelarmes?

9. Auf einem Prüfstand nach **Bild A 2.4/9** wird ein Elektromotor mit einem berechneten Anzugsmoment von 225 Nm kontrolliert. Die Bremsscheibe hat einen Durchmesser von 700 mm. Welche max. Belastung muß die Federwaage haben?

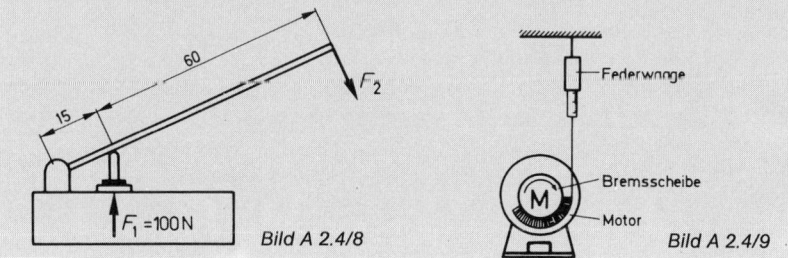

Bild A 2.4/8   Bild A 2.4/9

2.5 Arbeit

Wird ein Körper durch Einwirken einer Kraft F entlang eines Weges s bewegt, so wird das Produkt aus Kraft und Weg als **mechanische Arbeit W** bezeichnet.

$$\boxed{\text{Mechanische Arbeit} = \text{Kraft} \cdot \text{Weg}}$$

$$\boxed{W = F \cdot s}$$

Die Arbeit hat die Einheit 1 Joule (1 J) (Joule, englischer Physiker 1818–1889)

$$1\,\text{N} \cdot 1\,\text{m} = 1\,\text{Nm} = 1\,\text{J} = 1\,\frac{\text{kg} \cdot \text{m}^2}{\text{s}^2}$$

Beispiel:

Eine Kraft von $F = 20$ N wirkt auf einen Körper entlang eines Weges von $s = 20$ m. Wie groß ist die geleistete Arbeit?

Lösung:

$$W = F \cdot s = 20\,\text{N} \cdot 20\,\text{m}$$

Eingabe:

20 $\boxed{\text{x}}$ 20 $\boxed{=}$

Anzeige: 400

$\underline{W = 400\,\text{J}}$

Aufgaben:

1. Eine Kraft von $F = 500$ N wirkt auf einen Körper entlang eines Weges von $s = 20$ mm. Wie groß ist die geleistete Arbeit?

2. Welche Strecke kann ein Körper mit einer Kraft von $F = 2$ kN bewegt werden, wenn eine Arbeit von $W = 700$ J verrichtet werden soll?

3. Durch eine Arbeit von $W = 2000$ J soll ein Körper eine Wegstrecke von $s = 5$ m bewegt werden. Welche Kraft ist dazu erforderlich?

4. Ein Hammer hat eine Masse von $m = 500$ g. Er wird mit $a = 20$ m/s^2 beschleunigt. Welche Arbeit wird verrichtet, wenn er $s = 20$ cm bewegt?

5. Eine Kiste mit einer Masse $m = 100$ kg soll $h = 20$ m hochgehoben werden. Welche Arbeit muß verrichtet werden,

6. Welche Masse hat ein Pkw, wenn er auf einer Strecke $s = 100$ m mit $a = 2{,}5$ m/s^2 beschleunigt wird und dabei eine Arbeit von $W = 300\,000$ J verrichtet wird?

7. Mit einer Arbeit von $W = 20\,000$ J soll eine Kiste mit einer Masse $m = 50$ kg angehoben werden. Wie hoch kann diese Kiste gehoben werden?

8. Mit einem Hammer $m = 250$ g soll eine Strecke von $s = 50$ cm zurückgelegt werden bei einer Arbeit $W = 15$ J. Welche Beschleunigung muß dem Hammer gegeben werden?

2.6 Energie

Arbeit kann gespeichert werden. Gespeicherte Arbeit wird als **Energie** bezeichnet.

Es sind zwei Arten der mechanischen Energie zu unterscheiden:
Energie der Lage oder potentielle Energie
Energie der Bewegung oder kinetische Energie

Energie der Lage

$$\boxed{\text{Potentielle Energie} = \text{Gewichtskraft} \cdot \text{Hubhöhe}}$$

$$\boxed{W_P = G \cdot h}$$

$$\boxed{W_P = m \cdot g \cdot h}$$

Einheit: $1\,\text{J} = 1\,\text{Nm} = 1\,\dfrac{\text{kg} \cdot \text{m}^2}{\text{s}^2}$

W_P = potentielle Energie in J
G = Gewichtskraft in N
h = Hubhöhe in m
m = Masse in kg
g = Erdbeschleunigung 9,81 m/s²

Beispiel:

Ein Rammbock mit einer Masse von $m = 500$ kg wird um $h = 5$ m gehoben. Wie groß ist die im Rammbock gespeicherte Energie?

Lösung:

$W_P = G \cdot h = m \cdot g \cdot h = 500\,\text{kg} \cdot 9{,}81\,\dfrac{\text{m}}{\text{s}^2} \cdot 5\,\text{m}$

$W_P = 24\,525\,\dfrac{\text{kg} \cdot \text{m}^2}{\text{s}^2}$

Eingabe:

500 [x] 9.81 [x] 5 [=]

Anzeige: 24525

$\underline{W_P = 24\,525\,\text{J}}$

Energie der Bewegung

$$\boxed{\text{Kinetische Energie} = \dfrac{1}{2} \cdot \text{Masse} \cdot \text{Quadrat der Geschwindigkeit}}$$

$$\boxed{W_K = \dfrac{1}{2}\, m \cdot v^2}$$

W_K = kinetische Energie in J
m = Masse in kg
v = Geschwindigkeit in $\dfrac{\text{m}}{\text{s}}$

Beispiel:

Ein Pkw mit einer Masse $m = 1,5$ t wird auf eine Geschwindigkeit von $v = 50$ km/h gebracht. Welche kinetische Energie besitzt der Pkw?

Lösung:

$$W_K = \frac{1}{2} m \cdot v^2 = \frac{1}{2} \cdot 1500 \text{ kg} \cdot \left(50 \frac{\text{km}}{\text{h}}\right)^2 \cdot \left(\frac{1000 \text{ m}}{3600 \text{ s}}\right)^2$$

Eingabe:

1.500 [÷] 2 [x] [(] 50 [÷] 3,6 [)] [x²] [=]

Anzeige: 144675.93

$\underline{W_K = 144675,93 \text{ J}}$

Aufgaben:

1. Welche Arbeit muß verrichtet werden, um eine Antenne mit der Masse $m = 250$ kg auf einen 42 m hohen Fernmeldeturm zu heben?

2. Welche Arbeit wird verrichtet, wenn ein Körper mit der Gewichtskraft von $G = 1200$ N auf eine Höhe $h = 1,4$ m hoch gehoben wird?

3. Aus welcher Höhe h müßte ein Pkw mit der Masse $m = 1,2$ t herabfallen, wenn er die gleiche kinetische Energie erhalten soll, als wenn er mit einer Geschwindigkeit von $v = 100$ km/h gegen eine Betonwand prallt?

4. Welche Geschwindigkeit erreicht ein Gegenstand mit der Masse $m = 150$ g, der aus einer Höhe von $h = 35$ m herabfällt?

5. Welche Arbeit verrichtet ein Bergsteiger mit der Masse $m = 75$ kg, wenn er mit 35 kg Gepäck einen 300 m hohen Berg besteigt?

6. Welche Energie ist erforderlich, um einen Stahlträger mit einer Masse $m = 750$ kg in einem Bauaufzug (Masse des Förderkorbes $m = 500$ kg) 25 m hochzuheben?

7. Welche Energie wird gespeichert, wenn 15 m³ Wasser 5 m hoch gefördert wird?

8. Eine Fallbirne zum Zerschlagen von Betondecken bei Abbrucharbeiten hat eine Masse $m = 1,5$ t. Es wird eine Schlagenergie von 67 500 Nm benötigt. Berechnen Sie: a) die Fallhöhe der Birne; b) die Auftreffgeschwindigkeit; c) die Fallzeit der Birne!

9. Ein langsam ausrollender Waggon hat eine Geschwindigkeit $v = 10$ cm/s. Seine Masse beträgt $m = 40$ t. Er soll nach einem Weg $s = 10$ cm zum Stillstand kommen. Welche Kraft muß ihm entgegenwirken?

10. Mit welcher Geschwindigkeit prallt ein Pkw mit einer Masse $m = 1,2$ t gegen eine Betonwand, wenn er die gleiche kinetische Energie erhalten soll, wie wenn er 40 m hochgehoben würde?

11. Ein Personenwagen wird auf eine Geschwindigkeit $v = 50$ km/h beschleunigt. Auf welche Höhe müßte dieser Wagen gehoben werden, wenn er die gleiche Energie erhalten sollte?

12. Ein Gegenstand fällt aus einer Höhe $h = 100$ m herab und hat eine Energie $W = 98\,100$ J. a) Welche Masse besitzt dieser Gegenstand? b) Welche Geschwindigkeit in km/h erreicht dieser Gegenstand?

2.7 Leistung

Beim Verrichten von Arbeit vergeht stets Zeit. Der Quotient aus verrichteter Arbeit und der dafür benötigten Zeit wird als **Leistung P** definiert.

$$\text{Leistung} = \frac{\text{Arbeit}}{\text{Zeit}}$$

$$P = \frac{W}{t}$$

Die Einheit der Leistung ist 1 Watt (1 W) (Watt, englischer Erfinder 1736–1819).

$$1\,W = \frac{1\,J}{1\,s}$$

Beispiel:

Welche Leistung muß der Motor einer Winde mindestens haben, wenn er eine Masse $m = 1000$ kg in $t = 10$ s in eine Höhe $h = 15$ m hebt?

Lösung:

$W_P = m \cdot g \cdot h = 1000\ \text{kg} \cdot 9{,}81\ \frac{m}{s^2} \cdot 15\ m$

$W_P = 147150\ J$

$P = \dfrac{W}{t} = \dfrac{147150\ J}{10\ s}$

Eingabe:

1000 ⬜ x ⬜ 9,81 ⬜ x ⬜ 15 ⬜ ÷ ⬜ 10 ⬜ = ⬜

Anzeige: 14715

$\underline{P = 14{,}715\ kW}$

Aufgaben:

1. Mit einem Kran soll eine Last mit der Masse $m = 800$ kg in 15 Sekunden um 20 Meter hochgehoben werden. Welche Leistung muß der Kran haben?

2. In welcher Zeit kann ein Motor mit Winde eine Masse $m = 2800$ kg auf eine Höhe $h = 37$ m hochheben, wenn der Motor eine Leistung von $P = 18{,}5$ kW abgeben kann?

3. Der Motor einer Pumpe hat eine Leistung von $P = 4$ kW. Wieviel Liter Wasser kann die Pumpe in einer Stunde 40 m hochpumpen?

4. Ein Zug mit einer Gesamtmasse $m = 560$ t wird beim Anfahren in $t = 30$ s bis zu einer Geschwindigkeit von $v = 36$ km/h beschleunigt. Der Fahrwiderstand und der Luftwiderstand sollen vernachlässigt werden. Berechnen Sie den dazu benötigten Energieaufwand und die mittlere Leistung.

2.8 Wirkungsgrad

Bei jeder Energieumwandlung treten Verluste auf. Es muß deshalb stets mehr Leistung aufgewendet werden, als nutzbare Leistung erreicht werden kann (**Bild 2.7**).

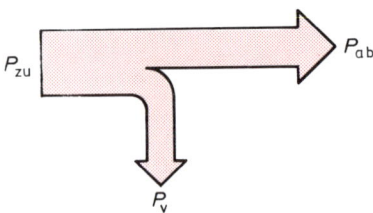

Bild 2.7
Leistungsschema bei der Energieumwandlung

Das Verhältnis von nutzbarer Leistung zu aufgewendeter Leistung wird als **Wirkungsgrad** η (η: griech. Kleinbuchstabe eta) definiert

$$\text{Wirkungsgrad} = \frac{\text{nutzbare Leistung}}{\text{aufgewendete Leistung}}$$

$$\eta = \frac{P_{ab}}{P_{zu}}$$

Beispiel:

Eine Maschine nimmt eine Leistung $P_{zu} = 2$ kW auf. Ihre Verlustleistung beträgt $P_v = 200$ W. Wie groß ist der Wirkungsgrad?

Lösung:

$$\eta = \frac{P_{ab}}{P_{zu}} = \frac{P_{zu} - P_v}{P_{zu}}$$

$$\eta = \frac{2000\ \text{W} - 200\ \text{W}}{2000\ \text{W}}$$

Eingabe:

2000 $\boxed{-}$ 200 $\boxed{=}$ $\boxed{\div}$ 2000 $\boxed{=}$

Anzeige: 0.9

$\eta = 0{,}9 \triangleq 90\ \%$

Aufgaben:

1. Ein Motor mit einer Leistung von $P = 2$ kW kann eine Leistung von $P = 1800$ W abgeben. Wie hoch ist sein Wirkungsgrad?

2. Eine Winde mit einer Leistung von $P = 20$ kW kann eine Masse $m = 1200$ kg in 13 s auf eine Höhe $h = 20$ m heben. Welchen Wirkungsgrad hat die Winde?

3. Der Motor einer Pumpe hat eine Leistung von $P = 4$ kW und einen Wirkungsgrad $\eta = 0{,}8$. Wieviel Wasser kann diese Pumpe in einer Stunde 50 m hochpumpen?

58

3. Elektrotechnische Grundlagen

3.1 Spannung und Strom

Die nachfolgenden Betrachtungen für die Spannung können unmittelbar auch auf den Strom übertragen werden.

Es wird zwischen Gleich- und Wechselspannung unterschieden **(Bild 3.0)**.

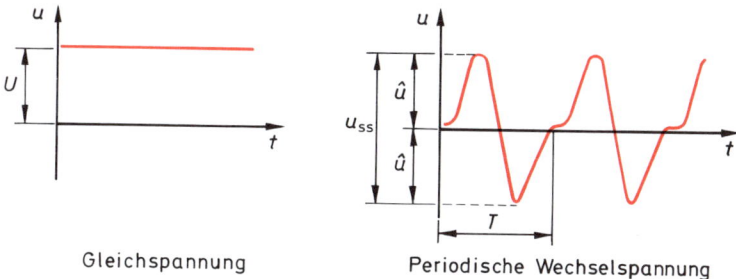

Gleichspannung   Periodische Wechselspannung

Bild 3.0
Liniendiagramme elektrischer Spannungen

Für Gleichspannung bzw. -strom wird als Formelzeichen der Großbuchstabe U bzw. I verwendet. Bei einer Wechselspannung bzw. -strom ändert sich zu jedem Zeitpunkt der Wert. Die Augenblickswerte werden als Formelzeichen mit Kleinbuchstaben u bzw. i gekennzeichnet. Zur genauen Beschreibung einer Wechselspannung sind noch einige weitere charakteristischen Werte erforderlich (Bild 3.0). So können mit einem Oszilloskop bestimmt werden:

Maximal- oder Spitzenwert	$u_{max} = u_s = \hat{u}$
Minimalwert	$u_{min} = -u_s = -\hat{u}$
Spitzen-Spitzenwert	$u_{ss} = 2\,u_s$

Ein Gleichspannungsmeßinstrument zeigt von einer Wechselspannung den arithmetischen Wert u_{arith} an. Beim Effektivwert einer Wechselspannung handelt es sich um einen vergleichbaren Gleichspannungswert, er wird deshalb mit Großbuchstaben gekennzeichnet, denen noch der Index „eff" (eff = effektiv = wirksam) angehängt werden kann.

$$U = U_{eff};\ I = I_{eff}$$

Die Dauer eines periodischen Spannungsablaufes wird als Periodendauer I mit der Einheit s (Sekunde) angegeben.

Die Anzahl der Schwingungen pro Sekunde wird mit Frequenz f mit der Einheit Hz (Hertz) gekennzeichnet.

Die Frequenz und die Periodendauer stehen im umgekehrten Verhältnis zueinander

$$f = \frac{1}{T}$$

f = Frequenz in Hz = 1/s
T = Periodendauer in s

In der **Tabelle 3.1** sind für die in der Praxis vorkommenden Wechselspannungen die charakteristischen Werte zusammengetragen.

Tabelle 3.1: Wechselspannungsgrößen

Kurvenform	Sinus	Rechteck	Rechteckimpuls	Sägezahn	Dreieck
Liniendiagramm					
Effektivwert	$U = \dfrac{1}{\sqrt{2}} \cdot u_s$	$U = u_s$	$U = u_s \cdot \sqrt{\dfrac{t_i}{T}}$	$U = \dfrac{1}{\sqrt{3}} u_s$	$U = \dfrac{1}{\sqrt{3}} u_s$
arithmetischer Mittelwert	$u_{arith} = 0\,V$	$u_{arith} = 0\,V$	$u_{arith} = u_s \cdot \dfrac{t_i}{T}$	$u_{arith} = 0\,V$	$u_{arith} = 0\,V$
Augenblickswert	$u = u_s \cdot \sin 2\pi \cdot f \cdot t$ $u = u_s \cdot \sin \omega t$	$u = u_s$ oder $u = -u_s$	$u = u_s$ oder $u = 0\,V$	$u = u_s \cdot \dfrac{t}{t_{an}}$	$u = u_s \cdot \dfrac{t}{t_{an}}$ oder $u = -u_s \cdot \dfrac{t}{t_{ab}}$
Kreisfrequenz	$\omega = 2\pi \cdot f$	–	–	–	–
Periodendauer	$T = \dfrac{1}{f}$	$T = \dfrac{1}{f}$ $T = t_i + t_p$ $t_i = t_p$	$T = \dfrac{1}{f}$ $T = t_i + t_p$	$T = \dfrac{1}{f}$ $T = t_{an} + t_{ab}$	$T = \dfrac{1}{f}$ $T = t_{an} + t_{ab}$ $t_{an} = t_{ab}$
Tastgrad	–	$g = \dfrac{t_i}{T} = 0{,}5$	$g = \dfrac{t_i}{T}$	–	–

60

Beispiel:

Eine sinusförmige Wechselspannung mit einer Frequenz von $f = 200$ Hz hat einen Spitzenwert von $u_s = 25$ V. Es sind folgende Werte zu berechnen:
a) Welchen Wert zeigt ein Wechselspannungsmeßgerät an?
b) Welchen Wert zeigt ein Gleichspannungsmeßgerät an?
c) Welcher Wert kann vom Oszilloskop abgelesen werden?
d) Welcher Augenblickswert ergibt sich bei $t = 0,5$ ms?
e) Welche Periodendauer hat diese Wechselspannung?

Lösungen:

a) Ein Wechselspannungsmeßgerät zeigt den Effektivwert an

$$U = U_{eff} = \frac{u_s}{\sqrt{2}} = \frac{25\,V}{\sqrt{2}}$$

Eingabe:

25 $\boxed{\div}$ 2 $\boxed{\sqrt{}}$ $\boxed{=}$

Anzeige: 17.67767

$\underline{U = 17,68\,V}$

b) Ein Gleichspannungsmeßgerät zeigt den arithmetischen Mittelwert an. Laut Tabelle 3.1 ist
$\underline{u_{arith} = 0\,V}$

c) Am Oszilloskop kann der Spitzen-Spitzen-Wert abgelesen werden
$u_{ss} = u_s \cdot 2 = 25\,V \cdot 2$
$\underline{u_{ss} = 50\,V}$

d) Der Augenblickswert ergibt sich zu:
$u = u_s \cdot \sin 2\pi \cdot f \cdot t$
$u = 25\,V \cdot \sin 2\pi \cdot 200\,Hz \cdot 0,5\,ms$
Eingabe:

2 $\boxed{x}$ $\boxed{\pi}$ $\boxed{x}$ 200 $\boxed{x.}$ 0,5 $\boxed{EE}$ 3 $\boxed{+/-}$ $\boxed{=}$ $\boxed{RAD}$ $\boxed{SIN}$ $\boxed{x}$ 25 $\boxed{=}$

Anzeige: 14.694631

$\underline{u = 14,69\,V}$

e) $T = \dfrac{1}{f} = \dfrac{1}{200\,Hz}$

Eingabe: 200 $\boxed{1/x}$

Anzeige: 5.−03

$\underline{T = 5\,ms}$

Aufgaben:

1. Eine sägezahnförmige Wechselspannung hat einen Spitzen-Spitzen-Wert von $u_{ss} = 12$ V. Berechnen Sie den Effektivwert.

2. Eine sinusförmige Wechselspannung mit einer Frequenz $f = 400$ Hz hat einen Spitzenwert von $u_s = 34$ V. Es sind folgende Werte zu berechnen:
   a) Welchen Wert zeigt ein Wechselspannungsmeßgerät an?
   b) Welcher Spitzen-Spitzen-Wert kann mit einem Oszilloskop gemessen werden?
   c) Welche Periodendauer hat diese Wechselspannung?
   d) Welche Kreisfrequenz hat diese Wechselspannung?
   e) Welcher Augenblickswert ergibt sich bei $t = 2$ ms?

3. Eine rechteckförmige Wechselspannung mit einer Frequenz $f = 250$ kHz hat einen Spitzenwert $u_s = 5$ V. Es sind folgende Werte zu ermitteln:
   a) die Periodendauer.
   b) die Dauer des negativen Signals.
   c) der Effektivwert.
   d) der Wert, den ein Gleichspannungsmeßgerät anzeigt.
   e) der Wert, den man am Oszilloskop ablesen kann.

4. Ein Rechteckimpuls hat eine Frequenz von $f = 100$ kHz mit einem Tastgrad $g = 0,2$ und eine Amplitude von $u_s = 5$ V. Es sind folgende Werte zu ermitteln:
   a) die Impulsdauer.
   b) die Impulspause.
   c) der Effektivwert.
   d) der arithmetische Mittelwert.

5. Eine sägezahnförmige Wechselspannung mit einer Frequenz $f = 50$ kHz hat einen Effektivwert $U_{eff} = 10$ V. Es sind folgende Werte zu ermitteln:
   a) der Spitzenwert.
   b) die Periodendauer.
   c) die Anstiegszeit t_{an}, wenn $t_{ab} = \dfrac{T}{10}$ ist.

6. Einer Gleichspannung von $U = 15$ V ist eine Wechselspannung von $U_{eff} = 8$ V überlagert. Zwischen welchen Extremwerten schwankt diese Mischspannung?

7. Ein Rechteckimpuls hat eine Impulsdauer von $t_i = 0,25 \cdot T$. Die Periodendauer beträgt $T = 2,4$ μs. Ermitteln Sie den Tastgrad, die Frequenz, die Impulsdauer und die Impulspause.

Wellenlänge

Die elektrischen Schwingungen breiten sich im freien Raum mit Lichtgeschwindigkeit ($c = 300\,000$ km/s) aus. Bei einer Frequenz von 100 kHz hat man 100 000 Schwingungen in einer Sekunde. Weiterhin verteilen sich diese 100 000 Perioden über eine Strecke von 300 000 km : 100 000 = 3000 m. Die Länge eines Schwingungszuges wird als Wellenlänge λ bezeichnet.

$$\lambda = \frac{v}{f}$$

λ = Wellenlänge in Meter
f = Frequenz in Hz
v = Ausbreitungsgeschwindigkeit in m/s

Tabelle 3.2: Ausbreitungsgeschwindigkeit

Medium	Geschwindigkeit
elektrische Schwingungen im freien Raum	$v = c = 300\,000$ km/s
elektrische Schwingungen in Leitungen	$v \approx 240\,000$ km/s
Schallschwingungen in Luft bei $+20\,°C$	$v = 343$ m/s
Lichtwellen	$v = c = 300\,000$ km/s
Schallenwellen in Wasser	$v = 1470$ m/s

Beispiele:

1. Welche Wellenlänge hat ein Sender mit der Frequenz 600 kHz?

Lösung:

$$\lambda = \frac{v}{f} = \frac{300\,000 \text{ km/s}}{600 \text{ kHz}} = \frac{3 \cdot 10^8 \text{ m/s}}{6 \cdot 10^5 \text{ 1/s}} = 5 \cdot 10^2 \text{ m} \Rightarrow \underline{\lambda = 500 \text{ m}}$$

2. Welche Wellenlänge hat eine Schallwelle von 1 kHz in Luft?

Lösung:

$$\lambda = \frac{v}{f} = \frac{343 \text{ m/s}}{1 \text{ kHz}} = \frac{343 \text{ m/s}}{10^3 \text{ 1/s}} = 0{,}343 \text{ m} \Rightarrow \underline{\lambda = 0{,}343 \text{ m}}$$

Aufgaben:

1. Welche Wellenlänge hat eine Ultraschallschwingung von 40 kHz in Wasser?

2. Um bei Lautsprechern einen akustischen Kurzschluß gerade für tiefe Frequenzen zu verhindern, benötigt man eine Lautsprecher-Schallwand, deren Länge sich nach der Wellenlänge der wiederzugebenden Frequenz richtet. Berechnen Sie die Schallwand-länge für eine Frequenz von 60 Hz.

3. Auf einer Rundfunkskala steht der Bereich 550 m bis 182 m. Welchem Frequenz-bereich entspricht dieses Wellenband?

4. Welcher Wellenlänge entspricht der UKW-Bereich 87,5 MHz bis 104 MHz?

5. Die Farbe grün hat eine Wellenlänge von $\lambda = 530$ nm. Welcher Frequenz entspricht das?

6. Das sichtbare Licht liegt in einem Frequenzbereich von 385 THz bis 790 THz. Berech-nen Sie die entsprechenden Wellenlängen.

7. Berechnen Sie die Wellenlängen des Tonfrequenzbereiches a) 16 Hz; b) 800 Hz; c) 10 kHz; d) 20 kHz.

8. Wie groß ist die Wellenlänge einer Wechselspannung bei einer Frequenz von 8 kHz in einer Leitung?

3.2 Widerstand und Leitwert

Den Kehrwert des Widerstandes nennt man Leitwert. Der Leitwert (Formelzeichen G) hat die Einheit Siemens (Kurzzeichen S).

$$G = \frac{1}{R} \qquad\qquad 1\,S = \frac{1}{1\,\Omega}$$

Leitungswiderstand

Der Widerstand einer Leitung ist um so größer, je größer die Leitungslänge l, je kleiner die Querschnittsfläche A und je größer der spezifische Widerstand ρ bzw. je kleiner die spezifische Leitfähigkeit $\varkappa$ ist.

$$R = \frac{\rho \cdot l}{A}$$

$$R = \frac{l}{\varkappa \cdot A}$$

ρ = spezifischer Widerstand in $\Omega\,mm^2/m$
$\varkappa$ = spezifische Leitfähigkeit in $m/\Omega \cdot mm^2$

$$\varkappa = \frac{1}{\rho}$$

Tabelle 3.3: Spez. Widerstand, spez. Leitfähigkeit		
Werkstoff	$\varkappa$ in $\dfrac{m}{\Omega\,mm^2}$	ρ in $\dfrac{\Omega\,mm^2}{m}$
Silber	62	0,0161
Kupfer	56	0,0176
Aluminium	33	0,0303
Konstantan	2	0,5
Kohle	$\approx 0,1 \dots 0,01$	$\approx 10 \dots 100$
Silizium	$\approx 0,001$	≈ 1000

Beispiel:

Eine 50 m lange Kupferleitung hat einen Drahtquerschnitt von $A = 0,75\,mm^2$. Wie groß ist der Widerstand?

Lösung:

$$R = \frac{l}{\varkappa \cdot A} = \frac{50\,m \cdot \Omega \cdot mm^2}{56\,m \cdot 0,75\,mm^2}$$

Eingabe:

50 $\div$ 56 $\div$ 0.75 $=$

Anzeige: 1.1904762

$\underline{R = 1,19\,\Omega}$

Widerstandsänderung bei Erwärmung

Die Widerstandsänderung ist abhängig vom Kaltwiderstand R_{20}, der Temperaturänderung ΔT und dem Temperaturbeiwert α.

Der Warmwiderstand setzt sich aus dem Kaltwiderstand und der Widerstandsänderung zusammen.

Metalle haben einen positiven Temperaturbeiwert, bei $+\ \alpha$ wird:

$$R_\vartheta = R_{20} + \Delta R$$

Halbleiter und Kohle haben einen negativen Temperaturbeiwert, bei $-\ \alpha$ wird:

$$R_\vartheta = R_{20} - \Delta R.$$

$$
\begin{aligned}
\Delta R &= \alpha \cdot R_{20} \cdot \Delta T \\
R_\vartheta &= R_{20}\,(1 + \alpha \cdot \Delta T) \\
\Delta T &= \vartheta_w - \vartheta_k
\end{aligned}
$$

ΔR = Widerstandsänderung in Ω
R_{20} = Kaltwiderstand bei 20 °C
R_ϑ = Warmwiderstand
α = Temperaturbeiwert in 1/K
ΔT = Temperaturänderung in Kelvin (K)
ϑ_w = Endtemperatur
ϑ_k = Anfangstemperatur

Tabelle 3.4 zeigt für einige Werkstoffe den Temperaturbeiwert.

Tabelle 3.4: Temperaturbeiwert	
Werkstoff	α in $\dfrac{1}{K}$
Silber	+ 0,0038
Kupfer	+ 0,0039
Wolfram	+ 0,0047
Konstantan	± 0,00001
Kohle	− 0,00045

Beispiel:

Ein Eisendraht-Widerstand ($\alpha = 4,5 \cdot 10^{-3}$ 1/K) hat bei $\vartheta = 20$ °C einen Widerstandswert von $R_{20} = 1560\ \Omega$. Wie groß ist der Widerstandswert bei Erwärmung auf $\vartheta_w = 50$ °C?

Lösung:

$\Delta T = \vartheta_w - \vartheta_k = 50\ °C - 20\ °C = 30\ K$
$R_\vartheta = R_{20}\,(1 + \alpha \cdot \Delta T) = 1560\ \Omega\,(1 + 4,5 \cdot 10^{-3}\ 1/K \cdot 30\ K)$
Eingabe:

| 1560 | x | (| 1 | + | 4.5 | EE | 3 | +/− | x | 30 |) | = |

Anzeige: 1770.6
$\underline{R_\vartheta = 1,77\ k\Omega}$

Aufgaben:

1. Berechnen Sie von folgenden Widerständen den Leitwert!
   a) 10 Ω; b) 0,6 mΩ; c) 120 kΩ; d) 10 MΩ; e) 20 kΩ

2. Berechnen Sie von folgenden Leitwerten den Widerstandswert!
   a) 250 µS; b) 8 mS; c) 12 S; d) 0,25 mS; e) 0,64 S

3. Ein Transistor hat laut Datenbuch einen Ausgangsleitwert von 22 µS. Wie groß ist sein Ausgangswiderstand?

4. Eine 250,5 m lange Leitung mit einem Durchmesser von 0,4 mm hat einen Widerstand von 60,6 Ω. Bestimmen Sie ρ und ϰ des Leitungsmaterials.

5. Welchen Widerstand hat eine Kupferleitung von 35 m Länge und 2,5 mm² Querschnitt?

6. Welchen Widerstand hat eine Kupferdraht-Wicklung, die eine Länge von 2,6 m und einen Durchmesser von 0,2 mm hat?

7. Ein Drahtwiderstand von 2,4 Ω soll gewickelt werden aus einem Konstantandraht mit 0,4 mm Durchmesser. Wieviel Draht ist erforderlich?

8. Eine Aluminiumleitung soll durch eine Kupferleitung ersetzt werden. Berechnen Sie den Querschnitt der neuen Leitung im Verhältnis zur Al-Leitung!

9. Ein Porzellanisolator ist 80 mm lang und hat einen Durchmesser von 30 mm ($\rho = 2 \cdot 10^{14}$ Ωcm). Berechnen Sie den Isolationswiderstand.

10. Eine Spule hat bei 20 °C einen Widerstand von 520 Ω. Während des Betriebs erwärmt sich die Wicklung auf 60 °C. Berechnen Sie den Warmwiderstand der Kupfer-Wicklung.

11. Ein Widerstand mit einem negativen Temperaturbeiwert von $\alpha = 0,002$ 1/K hat bei 20 °C einen Widerstandswert von 400 Ω. Welchen Wert erreicht dieser Widerstand bei 220 °C?

12. Ein Widerstand aus WM 13 hat während des Betriebs einen Widerstandswert $R_\vartheta = 35$ Ω. Sein Kaltwert liegt bei 30 Ω. Für WM 13 ist $\alpha = 0,0045$ 1/K. Berechnen Sie die Betriebstemperatur!

13. Ein Widerstand wird bei 20 °C mit 500 Ω gemessen. Im Betrieb hat dieser Widerstand 640 Ω bei einer Temperatur von 90 °C. Berechnen Sie den Temperaturbeiwert!

14. Ein NTC-Widerstand hat bei 20 °C einen Widerstandswert von 560 Ω, bei 100 °C sinkt sein Wert auf 50 Ω. Welchen mittleren Temperaturbeiwert besitzt er?

15. Der Widerstand einer Kupferleitung hat bei 20 °C einen Widerstand von 1,5 Ω. Wie groß ist der Widerstand, wenn die Temperatur auf 0° absinkt?

16. Eine Kohlefadenlampe hat im Einschaltmoment einen Widerstand von $R_{20} = 1050$ Ω. Während des Betriebes ergibt sich ein Widerstand von $R_\vartheta = 500$ Ω. Errechnen Sie die Temperaturzunahme des Kohlefadens.

17. Die Leitfähigkeit für Kupfer beträgt bei 20 °C $\varkappa = 56 \dfrac{\text{m}}{\Omega \cdot \text{mm}^2}$. Errechnen Sie die Leitfähigkeit für eine Temperatur von 90 °C.

●18. Die Außentemperatur kann in unseren Breiten zwischen den Werten − 35 °C und + 40 °C liegen. Errechnen Sie für diese Grenztemperaturen die prozentuale a) Widerstandszunahme; b) Widerstandsabnahme; c) Gesamt-Widerstandsänderung einer Kupfer-Freileitung.

3.3 Stromdichte

Die Erwärmung eines Leiters ist nicht nur von der Größe des Stromes, sondern auch vom Leitungsquerschnitt abhängig. Man gibt deshalb den Strom pro Leiterquerschnitt, die Stromdichte, an.

$$S = \frac{I}{A}$$

S = Stromdichte
I = Strom
A = Leiterquerschnitt

Gebräuchliche Werte für die Stromdichte S sind für Spulen und Kleintransformatoren: 2 bis 6 A/mm², für Heizleiter 10 bis 30 A/mm². Bei zusätzlicher Kühlung sind auch höhere Werte möglich.

Beispiel:

Durch einen Heizleiter fließt ein Strom von 2,4 A. Er hat einen Querschnitt von 0,12 mm². Die Zuleitung hat einen Querschnitt von 1,5 mm². Berechnen Sie die Stromdichte im a) Heizleiter und b) in der Zuleitung!

Lösung:

a) $S = \dfrac{I}{A} = \dfrac{2,4\,\text{A}}{0,12\text{mm}^2} = \dfrac{2,4\,\text{A}}{1,2\cdot10^{-1}\,\text{mm}^2}$

$S = 20\,\text{A/mm}^2$

b) $S = \dfrac{I}{A} = \dfrac{2,4\,\text{A}}{1,5\text{mm}^2}$

$S = 1,6\,\text{A/mm}^2$

Aufgaben:

1. Die Netzanschlußleitung eines Oszilloskops hat einen Querschnitt von 0,75 mm². Das Gerät nimmt einen Strom von 0,9 A auf. Wie groß ist die Stromdichte?

2. Eine Transformatorwicklung hat einen Drahtdurchmesser von 0,4 mm. Die zulässige Stromdichte beträgt 2,5 A/mm². Wie groß ist der zulässige Strom?

3. Eine Kupferleitung mit 2,5 mm² Leitungsquerschnitt darf mit einer 25 A-Sicherung abgesichert werden. Wie hoch ist die Stromdichte?

4. Die Leiterbahnen einer Platine haben eine Stärke von 35 µm und eine Bahnbreite von 1,5 mm. Bei der zulässigen Übertemperatur darf ein Strom von 3,6 A fließen. Berechnen Sie die Stromdichte!

5. Ein Kupferdraht wird mit 5 A belastet. Die zulässige Stromdichte beträgt 35 A/mm². Berechnen Sie den Drahtquerschnitt und den Drahtdurchmesser.

6. Die Wicklung eines Elektromagneten besteht aus Kupferlackdraht mit einem Durchmesser von 0,6 mm. Die Stromdichte soll 3 A/mm² nicht überschreiten. Berechnen Sie den zulässigen Strom!

7. Eine Glühlampe nimmt einen Strom von 0,6 A auf. Die Zuleitung hat einen Querschnitt von 1,5 mm² und der Glühfaden der Lampe einen von 0,0002 mm². Berechnen Sie die Stromdichte: a) in der Zuleitung und b) in der Glühlampe!

8. Der Widerstandsdraht eines Heizgerätes mit 1,2 mm Breite soll mit 3,2 A belastet werden. Wie dick muß das Heizleiterband bei einer Stromdichte von 20 A/mm² sein?

9. Die Stromdichte in einer Relaisspule darf 1,5 A/mm² nicht übersteigen. Durch die Spule fließt ein Strom von 86,2 mA. Berechnen Sie den Querschnitt und den Durchmesser des Kupferdrahtes!

3.4 Ohmsches Gesetz

Der elektrische Strom I ist proportional (verhältnisgleich) der Spannung U und umgekehrt proportional dem Widerstand R.

$$I = \frac{U}{R} \qquad\qquad 1\,A = \frac{1\,V}{1\,\Omega}$$

Merke: Beim Rechnen mit dem Ohmschen Gesetz dürfen nur zusammengehörige Zahlenwerte von Strom, Spannung und Widerstand verwendet werden.

Eine Wechselspannung erzeugt an einem Ohmschen Widerstand einen phasengleichen Wechselstrom. Der Strom folgt also in jedem Augenblick dem zeitlichen Verlauf der Spannung. Aus diesen zusammengehörigen Strom- und Spannungswerten läßt sich ebenfalls der Widerstandswert nach dem Ohmschen Gesetz berechnen:

$$R = \frac{U_{\text{eff}}}{I_{\text{eff}}} = \frac{u_{\text{s}}}{i_{\text{s}}} = \frac{u_{\text{ss}}}{i_{\text{ss}}}$$

Merke: Das Ohmsche Gesetz gilt für alle Stromarten.

Beispiel:

An einem Widerstand $R = 1,2\ k\Omega$ liegt eine Wechselspannung von $U_{\text{eff}} = 50\ V$. Wie groß ist der Strom durch diesen Widerstand?

Lösung:

$$I_{\text{eff}} = \frac{U_{\text{eff}}}{R} = \frac{50\ V}{1,2\ k\Omega} \qquad \underline{I_{\text{eff}} = 41,67\ mA}$$

Die Zusammenhänge beim Ohmschen Gesetz lassen sich auch grafisch darstellen **(Bild 3.1)**.

Bei einem Ohmschen Widerstand ist der Strom proportional zur Spannung. Beim Aufzeichnen dieses Zusammenhangs $I = f(U)$ bzw. $I = \frac{U}{R}$ mit $R = $ konstant ergibt sich eine

Gerade **(Bild 3.1 a)**. Die Steigung der Geraden wird von der Größe des Widerstandes bestimmt.

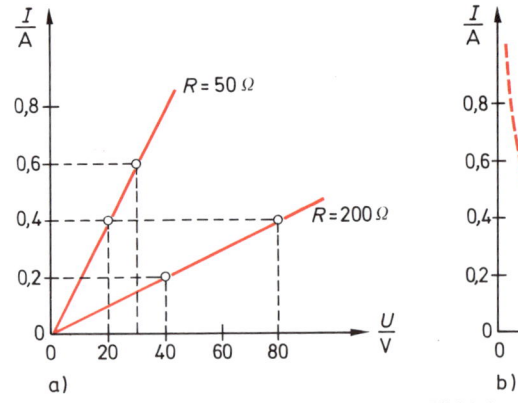

a)   b)

Bild 3.1
Grafische Darstellung des Ohmschen Gesetzes

Da der Strom sich jedoch umgekehrt zum Widerstand bei konstanter Spannung verhält, ergibt die grafische Darstellung dieses Zusammenhangs $I = f(R)$ bzw. $I = \dfrac{U}{R}$ bei $U = $ konstant eine Hyperbel **(Bild 3.1 b)**.

Aufgaben:

1. Ein Relais hat die Beschriftung 24 V/300 Ω. Wie groß ist der Strom, der zum Anziehen des Relais erforderlich ist?

2. An einem Widerstand liegt eine Spannung von 240 mV, dabei fließt durch den Widerstand ein Strom von 30 μA. Welchen Wert hat der Widerstand?

3. Ein Siebwiderstand von 2,5 kΩ wird von einem Strom von 22 mA durchflossen. Wie groß ist der Spannungsabfall am Widerstand?

4. Ein schon lebensgefährlicher Strom von 50 mA fließt durch den menschlichen Körper und überwindet dabei einen Widerstand von 1300 Ω. Welche Spannung reicht hierzu aus?

5. Durch einen Thyristor fließt ein Strom von 26 A bei einer Durchlaßspannung von 1,4 V. Wie groß ist sein Widerstand?

6. Bei einem Schalttransistor fließt im gesperrten Zustand ein Strom von 6 nA. Dabei liegt eine Spannung von 12 V am Transistor. Im leitenden Zustand liegt eine Spannung von 0,2 V am Transistor, und es fließt ein Strom von 80 mA. Berechnen Sie den Sperr- und Durchlaßwiderstand dieses Schalttransistors!

7. Wie groß ist der Kollektorstrom eines Transistors, wenn am Außenwiderstand von $R = 2,2$ kΩ eine Spannung von 9,8 V abfällt?

8. Die Größe eines Widerstandes wird durch eine Strom-Spannungsmessung bestimmt. Die Messungen ergeben: $U = 2,8$ V; $I = 5,62$ mA. Welchen Widerstands- und Leitwert hat dieser Widerstand?

9. An den Klemmen eines Akkumulators hat sich durch Oxydation ein Übergangswiderstand von 0,3 Ω gebildet. Welche Spannung geht bei einer Stromentnahme von 3,5 A verloren?

10. In einem Stromkreis mit 250 μS soll der Höchststrom 35 mA betragen. Welche Spannung darf höchstens angelegt werden?

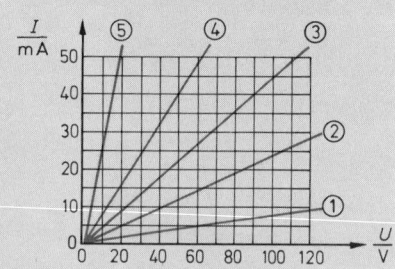

Bild A 3.4/11

11. Im **Bild A 3.4/11** ist das I-U-Diagramm verschiedener Ohmscher Widerstände gegeben. Bestimmen Sie durch Ablesen entsprechender I-U-Wertepaare die Werte der einzelnen Widerstände.

12. Im **Bild A 3.4/12** ist das I-R-Diagramm des Ohmschen Gesetzes angegeben. Bestimmen Sie durch Ablesen entsprechender I-R-Wertepaare die Werte der einzelnen Spannungen.

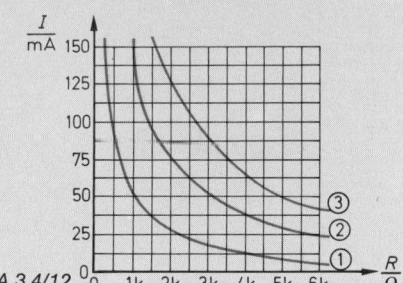

Bild A 3.4/12

3.5 Leistung

Die elektrische Leistung ist das Produkt aus Spannung und Strom.

$$P = U \cdot I$$

Einheit:
$1\,\text{W} = 1\,\text{V} \cdot 1\,\text{A}$

Setzt man in diese Formel für U nach dem Ohmschen Gesetz $R \cdot I$ ein, so erhält man eine Leistungsformel ohne U. Ersetzt man I durch U/R, erhält man eine Formel ohne I.

$$P = I^2 \cdot R$$

Einheit:
$1\,\text{W} = 1\,\text{A}^2 \cdot \Omega$

$$P = \frac{U^2}{R}$$

Einheit:

Zur Leistungsberechnung in einem Wechselstromkreis dürfen nur die Effektivwerte herangezogen werden.

$$P = U_{\text{eff}} \cdot I_{\text{eff}}$$

Bei sinusförmiger Wechselspannung gilt: $\quad P = \dfrac{u_s}{\sqrt{2}} \cdot \dfrac{i_s}{\sqrt{2}} = \dfrac{u_s \cdot i_s}{2}$

Beispiel:

Ein Lötkolben nimmt bei einer Spannung $U = 220\,\text{V}$ eine Leistung von $P = 30\,\text{W}$ auf. Welchen Widerstand hat dieser Lötkolben?

Lösung:

$$P = \frac{U^2}{R} \;\Rightarrow\; R = \frac{U^2}{P} = \frac{(220\,\text{V})^2}{30\,\text{W}} = \frac{(2{,}2 \cdot 10^2\,\text{V})^2}{30\,\text{W}} = \frac{4{,}84 \cdot 10^4\,\text{V}^2}{3 \cdot 10^1\,\text{W}} = \underline{1{,}61\,\text{k}\Omega}$$

Aufgaben:

1. Welche Belastbarkeit muß ein Vorwiderstand haben, an dem eine Spannung von 63 V abfallen soll, wenn ihn ein Strom von 120 mA durchfließt?

2. Eine Lichtschranke nimmt bei 220 V eine Leistung von 8 W auf. Berechnen Sie den Widerstand!

3. Ein elektronisches Gerät für 60 V/12 W wird mit einer Sicherung von 0,3 A abgesichert. Reicht diese Sicherung aus?

4. Ein Relais spricht bei einem Strom von 14 mA an. Der Gleichstromwiderstand der Wicklung beträgt 280 Ω. Berechnen Sie die Leistung!

5. Welche Spannung darf an einem 2 W-Widerstand mit 1,5 MΩ höchstens liegen, und welches ist der höchstzulässige Strom?

6. Ein Thyristor hat einen Durchlaßwiderstand von 3 mΩ bei einem Strom von 155 A. Wie groß ist die Verlustleistung?

7. An einem Siebwiderstand fällt eine Spannung von 16 V ab. Es wird eine Leistung von 6 W umgesetzt. Wie groß ist der Siebwiderstand, und welcher Strom fließt hindurch?

8. Ein Relais für 24 V hat einen Gleichstromwiderstand von 800 Ω. Die Größe des Steuerstromes und die Steuerleistung sind zu berechnen.

9. Wie groß sind der Widerstand und der Strom einer Lampe, die bei einer Spannung von 220 V eine Leistung von 15 W aufnimmt?

3.6 Arbeit und Wirkungsgrad

Die Arbeit wird um so größer, je länger eine Leistung vollbracht wird.

$$W = P \cdot t$$

W = elektrische Arbeit
P = elektrische Leistung
t = Zeit

$1\,\text{Ws} = 1\,\text{W} \cdot 1\,\text{s}$ für die Einheit Wattsekunde (Ws) wird auch Joule (J) gesagt.

Der Wirkungsgrad ist das Verhältnis von abgegebener Leistung zur zugeführten Leistung. Der Wirkungsgrad η ist stets kleiner als 1.

$$\eta = \frac{P_{ab}}{P_{zu}}$$

Beispiel:

Ein Motor hat in 3 Stunden eine Arbeit von 6 kWh verrichtet. Er nimmt eine Leistung von 2,2 kW auf. Berechnen Sie den Wirkungsgrad.

Lösung:

$W = P \cdot t$

$P = \dfrac{W}{t} = \dfrac{6\,\text{kWh}}{3\text{h}}$

$P = 2\,\text{kW}$

$\eta = \dfrac{P_{ab}}{P_{zu}} = \dfrac{2\,\text{kW}}{2,2\,\text{kW}}$

$\eta = 0,909 = 90,9\,\%$

Aufgaben:

1. Ein elektronisches Gerät hat eine Leistungsaufnahme von 150 W. Berechnen Sie die Arbeit bei 20 Stunden Betriebsdauer.

2. Eine Lichtschranke nimmt einen Gleichstrom von 60 mA auf. Sie hat 0,08 kWh während einer Betriebsdauer von 312 Stunden verbraucht. An welcher Spannung liegt diese Schaltung?

3. Ein Leistungsthyristor hat eine höchstzulässige Verlustleistung von 80 W. In welcher Mindestzeit darf eine Verlustarbeit von 1000 Ws auftreten?

4. Ein Farbfernsehgerät nimmt 350 W auf. Es ist durchschnittlich am Tag 3 Stunden eingeschaltet und das an 220 Tagen im Jahr. Berechnen Sie die jährlichen Stromkosten für dieses Fernsehgerät, wenn 1 kWh 0,12 DM kostet.

5. Ein Motor hat einen Wirkungsgrad von 75 % und nimmt 750 W auf. Berechnen Sie die Nennleistung dieses Motors.

6. Eine Nf-Endstufe gibt eine Leistung von 30 W ab, nimmt aber bei 40 V 1,1 A auf. Berechnen Sie den Wirkungsgrad.

7. Eine Nf-Endstufe gibt an einen Lautsprecher von 5,72 Ω eine Wechselspannung von 10,8 V. Diese Endstufe nimmt bei 24 V 1,2 A auf. Berechnen Sie den Wirkungsgrad.

8. Ein Elektromotor mit einem Wirkungsgrad von 0,9 gibt 27 kW ab. Berechnen Sie die zugeführte Leistung.

3.7 Parallelschaltung von Widerständen

Bei einer Parallelschaltung **(Bild 3.2)** gelten folgende Gesetzmäßigkeiten

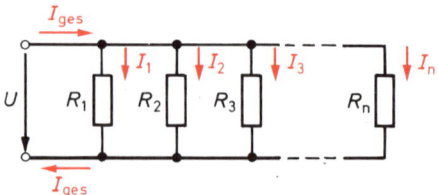

Bild 3.2
Parallelschaltung von Widerständen

Gesamtspannung	$U_{ges} = U$
Gesamtstrom	$I_{ges} = I_1 + I_2 + I_3 + \ldots + I_n$
Gesamtleitwert	$G_{ges} = G_1 + G_2 + G_3 + \ldots + G_n$
Gesamtwiderstand	$R_{ges} = \dfrac{1}{\dfrac{1}{R_1} + \dfrac{1}{R_2} + \dfrac{1}{R_3} + \ldots + \dfrac{1}{R_n}}$
Gesamtleistung	$P_{ges} = P_1 + P_2 + P_3 + \ldots + P_n$

Da die Ströme sich umgekehrt wie die Widerstände verhalten, gilt:

$$\frac{I_1}{I_2} = \frac{R_2}{R_1}$$

$$\frac{P_1}{P_2} = \frac{R_2}{R_1}$$

Für eine Parallelschaltung gilt das **1. Kirchhoffsche Gesetz:**

In einem Stromverzweigungspunkt ist die Summe der zufließenden Ströme gleich der Summe der abfließenden Ströme.

$$\Sigma I_{zu} = \Sigma I_{ab}$$

Σ = griech. Großbuchstabe Sigma, Summenzeichen

Beispiel:

Es wird ein Widerstand von $R = 880\ \Omega$ benötigt. Es stehen $R_1 = 2,2\ k\Omega$ und $R_2 = 3,3\ k\Omega$ zur Verfügung. Welchen Wert muß der Widerstand R_3 haben?

Lösung:

$$R_3 = \cfrac{1}{\cfrac{1}{R_{ges}} - \cfrac{1}{R_1} - \cfrac{1}{R_2}} = \cfrac{1}{\cfrac{1}{880\ \Omega} - \cfrac{1}{2{,}2\ k\Omega} - \cfrac{1}{3{,}3\ k\Omega}}$$

Eingabe:

880 [1/x] [−] 2.2 [EE] 3 [1/x] [−] 3,3 [EE] 3 [1/x] [=] [1/x]

Anzeige: 2640

$\underline{R_3 = 2{,}64\ k\Omega}$

Aufgaben:

1. Eine Parallelschaltung besteht aus drei Widerständen $R_1 = 0{,}012\ M\Omega$; $R_3 = 0{,}36\ k\Omega$. Der Strom I_1 wurde mit 600 µA und der Strom I_2 mit 0,3 mA gemessen. Berechnen Sie: U, I_{ges}, R_2, I_3 und R_{ges}!

2. Drei Widerstände sind parallelgeschaltet, um einen Gesamtwiderstand von 12 Ω zu ergeben. Die Teilwiderstände sind $R_1 = 24\ \Omega$ und $R_2 = 62\ \Omega$. Wie groß muß R_3 gewählt werden?

3. Zwei parallele Widerstände stehen im Verhältnis 1 : 17,8 zueinander. Durch den zweiten Widerstand fließt ein Strom von $I_2 = 0{,}145\ A$. Wie groß ist I_1?

4. Der Leitwert einer Schaltung soll von 0,02 S auf 100 mS erhöht werden. Welcher Widerstand muß parallelgeschaltet werden?

5. Durch einen Widerstand $R_1 = 0{,}32\ M\Omega$ fließt in einer Parallelschaltung ein Strom von 600 µA. Der Gesamtwiderstand dieser Parallelschaltung aus zwei Widerständen beträgt 64 kΩ. Berechnen Sie R_2 und I_2!

6. Eine Glühlampe mit $P = 40\ W$ und eine weitere mit $P = 60\ W$ werden an $U = 220\ V$ parallelgeschaltet. Wie groß ist der Gesamtwiderstand?

7. In einer Parallelschaltung aus zwei Widerständen fließt durch den Widerstand $R_1 = 7{,}2\ \Omega$ ein Strom $I_1 = 7\ A$. Der Strom durch den zweiten Widerstand wurde mit $I_2 = 12{,}8\ A$ ermittelt. Berechnen Sie den Widerstand R_2.

8. Der Gesamtstrom $I_{ges} = 0{,}125\ A$ einer Parallelschaltung teilt sich in $I_1 = 45\ mA$ und I_2 auf. Der Widerstand R_2 ist bekannt und hat $R_2 = 25\ k\Omega$. Berechnen Sie: R_1, R_{ges} und I_2.

9. Zu einem Widerstand von 4,5 Ω liegt ein zweiter parallel, der von 3/5 des Gesamtstromes durchflossen wird. Welchen Wert hat dieser zweite Widerstand?

● 10. Durch schrittweises Zuschalten von zwei Widerständen zum Widerstand $R_1 = 15\ \Omega$ soll die Gesamtstromstärke bei konstanter Spannung im Verhältnis 1 : 5 : 25 ansteigen. Welche Werte müssen die Widerstände R_2 und R_3 haben?

11. Zwei Glühlampen 60 W/220 V und 100 W/220 V werden parallel an das 220 V-Netz angeschlossen. Berechnen Sie: a) den Gesamtstrom; b) die Widerstände der Glühlampen.

3.8 Reihenschaltung von Widerständen

Bei einer Reihenschaltung **(Bild 3.3)** gelten folgende Gesetzmäßigkeiten

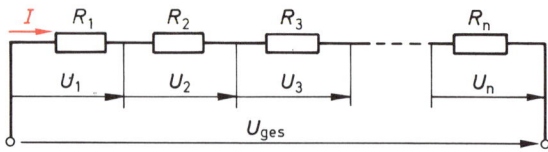

Bild 3.3
Reihenschaltung von Widerständen

Gesamtspannung	$U_{ges} = U_1 + U_2 + U_3 + \ldots + U_n$
Gesamtstrom	$I_{ges} = I$
Gesamtleitwert	$G_{ges} = \dfrac{1}{\dfrac{1}{G_1} + \dfrac{1}{G_2} + \dfrac{1}{G_3} + \ldots + \dfrac{1}{G_n}}$
Gesamtwiderstand	$R_{ges} = R_1 + R_2 + R_3 + \ldots + R_n$
Gesamtleistung	$P_{ges} = P_1 + P_2 + P_3 + \ldots + P_n$

Da die Spannungen sich wie die Widerstände verhalten, gilt:

$$\frac{U_1}{U_2} = \frac{R_1}{R_2} \qquad\qquad \frac{P_1}{P_2} = \frac{R_1}{R_2}$$

$$U_1 = U_{ges} \cdot \frac{R_1}{R_{ges}}$$

Für eine Reihenschaltung gilt das 2. **Kirchhoffsche Gesetz:**

In einem geschlossenen Stromkreis ist die Summe aller Spannungen von Spannungs-quellen gleich der Summe aller Spannungsabfälle an den Verbrauchern.

$$\Sigma\, U = 0\ \text{V}$$

Σ = griech. Großbuchstabe Sigma, Summenzeichen

Beispiel:

Die Widerstände $R_1 = 20\ \Omega$ und $R_2 = 60\ \Omega$ liegen in Reihe. Am Widerstand R_1 steht eine Spannung von $U_1 = 6$ V. Wie groß ist die Spannung U_2?

Lösung:

$$I = \frac{U_1}{R_1} = \frac{6\,V}{20\,\Omega} = 0{,}3\,A$$

$$U_2 = I \cdot R_2 = 0{,}3\,A \cdot 60\,\Omega$$
$$\underline{U_2 = 18\,V}$$

Man kann aber auch rechnen:

$$\frac{U_1}{U_2} = \frac{R_1}{R_2}$$

$$U_2 = U_1 \cdot \frac{R_2}{R_1} = 6\,V \cdot \frac{60\,\Omega}{20\,\Omega}$$

$$\underline{U_2 = 18\,V}$$

Aufgaben:

1. Bei einer Reihenschaltung von zwei Widerständen $R_1 = 600\,\Omega$ und $R_2 = 1{,}2\,k\Omega$, an der eine Gesamtspannung von 3 V liegt, soll die Spannung am 600 Ω-Widerstand bestimmt werden.

2. Zwei Widerstände sollen eine Spannung von 152 V im Verhältnis 6 : 1 herunterteilen. Der Strom soll 0,2 mA nicht übersteigen. Berechnen Sie die Werte der Widerstände.

3. Eine Glühlampe 75 V/15 W soll an 220 V angeschlossen werden. Berechnen Sie den erforderlichen Vorwiderstand und seine Belastbarkeit.

● 4. Zur Anzugsverzögerung eines Relais wird in Reihe ein NTC-Widerstand geschaltet. Dieses Relais spricht bei einem Strom von 12 mA an und hat einen Widerstand von 400 Ω. Nach 120 s hat der NTC-Widerstand einen solchen Wert erreicht, daß der Ansprechstrom des Relais erreicht ist. Der Kaltwiderstand dieses NTC-Widerstandes beträgt 2,8 kΩ. Die gesamte Schaltung liegt an 15 V. Berechnen Sie den Einschaltstrom dieser Schaltung und den Warmwiderstand des NTC's.

● 5. Ein Lötkolben 220 V/30 W soll, wenn nicht gelötet wird, nur noch 10 W Leistungsaufnahme haben. Berechnen Sie den erforderlichen Vorwiderstand und seine Leistung.

● 6. Zwei Glühlampen 60 W/220 V und 100 W/220 V werden in Reihe an das 220V-Netz angeschlossen. Berechnen Sie: a) den Gesamtstrom; b) an welchem Spannungswert liegt jede Lampe; c) wie groß ist die tatsächliche Leistung?

7. Der Gesamtwiderstand einer Reihenschaltung aus drei Widerständen beträgt $R_{ges} = 300\,\Omega$. Bekannt sind $R_1 = 180\,\Omega$ und $R_2 = 80\,\Omega$. Es fließt ein Strom von $I = 200$ mA. Berechnen Sie: a) die angelegte Spannung; b) den Widerstand R_3; c) die Teilspannungen!

● 8. Ein Rasenmäher mit 800 W/220 V wird über eine 30 m lange Kupferzuleitung 2 x 1,5^2 an 220 V gelegt. Berechnen Sie: a) den Leitungswiderstand; b) den Gesamtwiderstand; c) den Strom; d) den Spannungsabfall an der Zuleitung; e) die tatsächliche Leistung des Rasenmähers.

9. In einem Stromkreis sind fünf Widerstände $R_1 = 1{,}2\,k\Omega$; $R_2 = 2{,}7\,k\Omega$; $R_3 = 470\,\Omega$; $R_4 = 1{,}2\,k\Omega$; $R_5 = 680\,\Omega$ in Reihe geschaltet und an eine sinusförmige Wechselspannung mit dem Effektivwert $U_{ges} = 150$ V angeschlossen. Berechnen Sie: a) den Gesamtwiderstand R_{ges}; b) den Strom I; c) die Teilspannungen U_1, U_2, U_3, U_4 und U_5; d) die Verlustleistungen P_1, P_2, P_3, P_4 und P_5; e) die Gesamtverlustleistung P_{ges}.

3.9 Belasteter Spannungsteiler

Ein Spannungsteiler besteht aus einer Reihenschaltung von zwei Widerständen. Legt man parallel zu R_2 einen Lastwiderstand **(Bild 3.4)**, um die Spannung U_2 abzunehmen, so erhält man einen belasteten Spannungsteiler. Weil durch die Parallelschaltung aus R_2 und R_L der ersatzweise Widerstand R niederohmiger geworden ist, wird demnach auch die Spannung U_2 kleiner. Man sagt: die Spannung ist „zusammengebrochen".

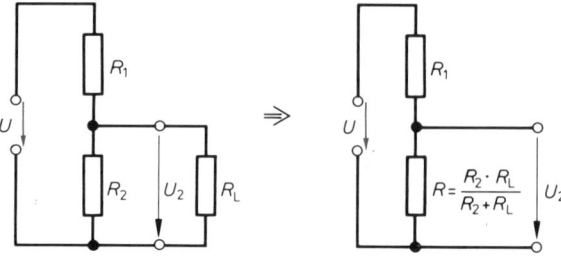

Bild 3.4
Belasteter Spannungsteiler

Beispiel:

Um aus einer Spannungsquelle mit $U = 100\,V$ eine Teilspannung von $U_2 = 60\,V$ zu erhalten, wird ein Spannungsteiler gebaut. Es soll dabei ein Strom von $I = 10\,mA$ fließen. Ein Verbraucher mit einem Widerstand von $5\,k\Omega$ soll an diese 60 V gelegt werden. Wie groß ist die Spannung am Verbraucher?

Lösung:

$$R_{ges} = \frac{U}{I} = \frac{100\,V}{10\,mA} \qquad R_2 = \frac{U_2}{I} = \frac{60\,V}{10\,mA} = 6\,k\Omega$$

$$R_{ges} = 10\,k\Omega \qquad R_1 = R_{ges} - R_2 = 10\,k\Omega - 6\,k\Omega$$

$$\underline{R_1 = 4\,k\Omega}$$

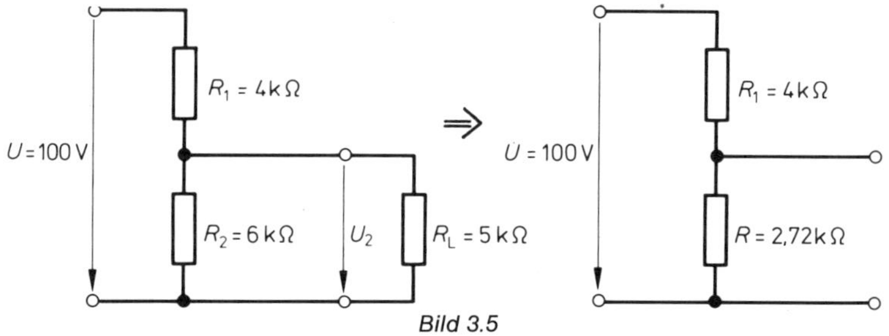

Bild 3.5
Spannungsteiler (zum Rechenbeispiel)

Durch die Belastung dieses Spannungsteilers ergibt sich eine Schaltung nach **Bild 3.5.**

$$R = \frac{R_2 \cdot R_L}{R_2 + R_L} = \frac{6\,k\Omega \cdot 5\,k\Omega}{6\,k\Omega + 5\,k\Omega} \qquad R_{ges} = R_1 + R = 4\,k\Omega + 2,72\,k\Omega$$

$$R = 2,72\,k\Omega \qquad R_{ges} = 6,72\,k\Omega$$

$$I = \frac{U}{R_{ges}} = \frac{100\,V}{6,72\,k\Omega} \qquad U_2 = R \cdot I = 2,72\,k\Omega \cdot 14,9\,mA$$

$$I = 14,9\,mA \qquad \underline{U_2 = 40,5\,V}$$

Weil der Verbraucher parallel zu R_2 geschaltet wurde, sind die 60 V auf 40,5 V zusammengebrochen.

Aufgaben:

1. Ein Spannungsteiler mit einem Gesamtwiderstand von R_{ges} = 200 Ω liegt an U = 100 V. Bei Leerlauf beträgt die abzugreifende Spannung U_2 = 40 V. Berechnen Sie: a) R_2 bei Leerlauf, b) U_2 bei Belastung mit R_L = 320 Ω.

2. Ein Spannungsteiler liegt an 180 V, und es fließt ein Strom von 15 mA. Eine Teilspannung von 72 V kann abgegriffen werden. Mit dieser Teilspannung soll ein Verbraucher gespeist werden, durch den bei 72 V 6 mA fließen. Auf welchen Wert bricht die abgenommene Spannung bei dieser Belastung zusammen?

3. Ein Spannungsteiler mit den Widerständen R_1 = 28 kΩ und R_2 = 12 kΩ liegt an 80 V. Berechnen Sie, um wieviel Prozent sich die Spannung an R_2 ändert, wenn der Belastungswiderstand 18 kΩ beträgt?

● 4. Ein Spannungsteiler liegt an 150 V. Im Leerlauf beträgt die Spannung an R_2 U = 25 V, bei Belastung mit 2 mA sinkt diese auf 20 V ab. Berechnen Sie die Teilwiderstände R_1 und R_2!

5. Ein Spannungsteiler liegt an 75 V. Im Leerlauf beträgt die Spannung an R_2 U = 15 V, bei Belastung sinkt diese auf 10 V ab, wobei dann durch R_2 ein Strom von 100 mA fließt. Berechnen Sie die Widerstände R_1 und R_{Last}.

6. Liegt ein Verbraucher an 126 V, so fließt durch ihn ein Strom von 6 mA. Diese Teilspannung wird durch einen Spannungsteiler, der an 250 V Gesamtspannung liegt, eingestellt. Der Strom durch R_2 soll 5mal so groß wie der Verbraucherstrom sein. Berechnen Sie die Werte von R_1 und R_2!

● 7. Berechnen Sie von der Schaltung in **Bild A 3.9/7**
a) den Gesamtwiderstand; b) den Strom I_2; c) die Spannung an R_6; d) auf welchen Wert ändert sich der Strom I_1, wenn R_2 und R_4 oder R_5 und R_6 vertauscht werden; e) auf welchen Wert ändert sich der Strom I_1, wenn R_3 und R_5 vertauscht werden?

● 8. Bei offenem Schalter der in **Bild A 3.9/8** dargestellten Schaltung beträgt der vom Meßinstrument angezeigte Strom 0,6 A, bei geschlossenem Schalter steigt der Strom auf 1 A an. Welche Werte haben die Widerstände R_1 und R_2?

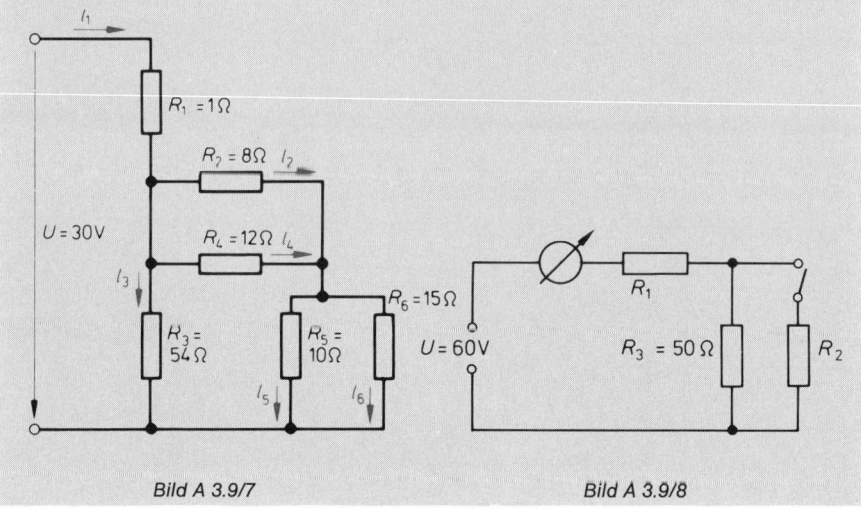

Bild A 3.9/7   Bild A 3.9/8

3.10 Gemischte Schaltungen

Eine gemischte Schaltung setzt sich aus Reihen- und Parallelschaltungen zusammen.

Beispiel:

Die Schaltung in **Bild 3.6** ist zu berechnen.

Lösung:

Zuerst wird die Schaltung nach **Bild 3.7** umgezeichnet.

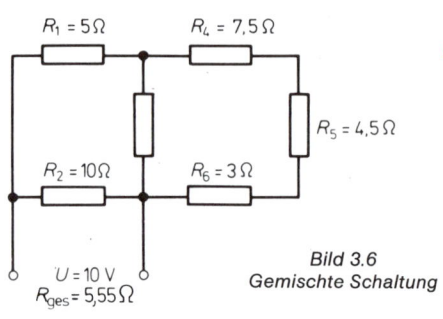

Bild 3.6
Gemischte Schaltung

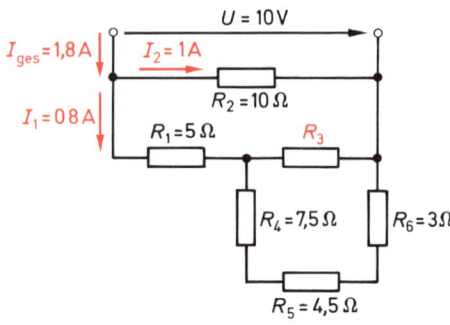

Bild 3.7
Umgezeichnete Ausgangsschaltung

$$I_{ges} = \frac{U}{R_{ges}} = \frac{10\,V}{5,55\,\Omega}$$
$$I_{ges} = 1,8\,A$$

$$I_2 = \frac{U}{R_2} = \frac{10\,V}{10\,\Omega}$$
$$I_2 = 1\,A$$

$$I_1 = I_{ges} - I_2 = 1,8\,A - 1\,A$$
$$I_1 = 0,8\,A$$

$$R_4 + R_5 + R_6 = 7,5\,\Omega + 4,5\,\Omega + 3\,\Omega$$
$$R_4 + R_5 + R_6 = 15\,\Omega$$

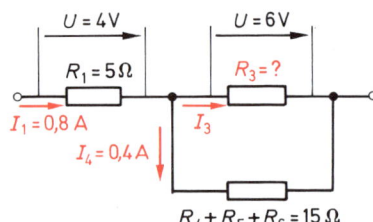

Bild 3.8
Ersatzschaltung

Damit ergibt sich die Ersatzschaltung nach **Bild 3.8.**

$$U_{R1} = I_1 \cdot R_1 = 0,8\,A \cdot 5\,\Omega$$
$$U_{R1} = 4\,V$$

$$U_{R3} = U_{ges} - U_1 = 10\,V - 4\,V$$
$$U_{R3} = 6\,V$$

$$I_3 = I_1 - I_4 = 0,8\,A - 0,4\,A$$
$$I_3 = 0,4\,A$$

$$I_4 = \frac{U_{R3}}{R_4 + R_5 + R_6} = \frac{6\,V}{15\,\Omega}$$
$$I_4 = 0,4\,A$$

$$R_3 = \frac{U_{R3}}{I_3} = \frac{6\,V}{0,4\,A}$$
$$\underline{R_3 = 15\,\Omega}$$

Aufgaben:

1. Von der Schaltung in **Bild A 3.10/1** sind folgende Werte gesucht: R_3, R_{ges}, I_1, I_2 und I_3.

2. Die fehlenden Werte der Schaltung in **Bild A 3.10/2** sind zu berechnen.

3. Welchen Wert hat das Spannungsverhältnis U_1/U_2 in der Schaltung in **Bild A 3.10/3**?

4. Berechnen Sie von der Schaltung in **Bild A 3.10/4** R_{ges}, I_{ges}, I_1, I_2 und I_3.

5. Welche Größen haben die Spannungen U_2 und U_4, wenn die Eingangsspannung $U_1 = 100$ V beträgt **(Bild A 3.10/5)?**

6. Welchen Wert hat R_2 in **Bild A 3.10/6**?

7. Berechnen Sie von der Schaltung in **Bild A 3.10/7** R_{ges}, I_0, I_1, I_2, I_3, I_4, ΔU!

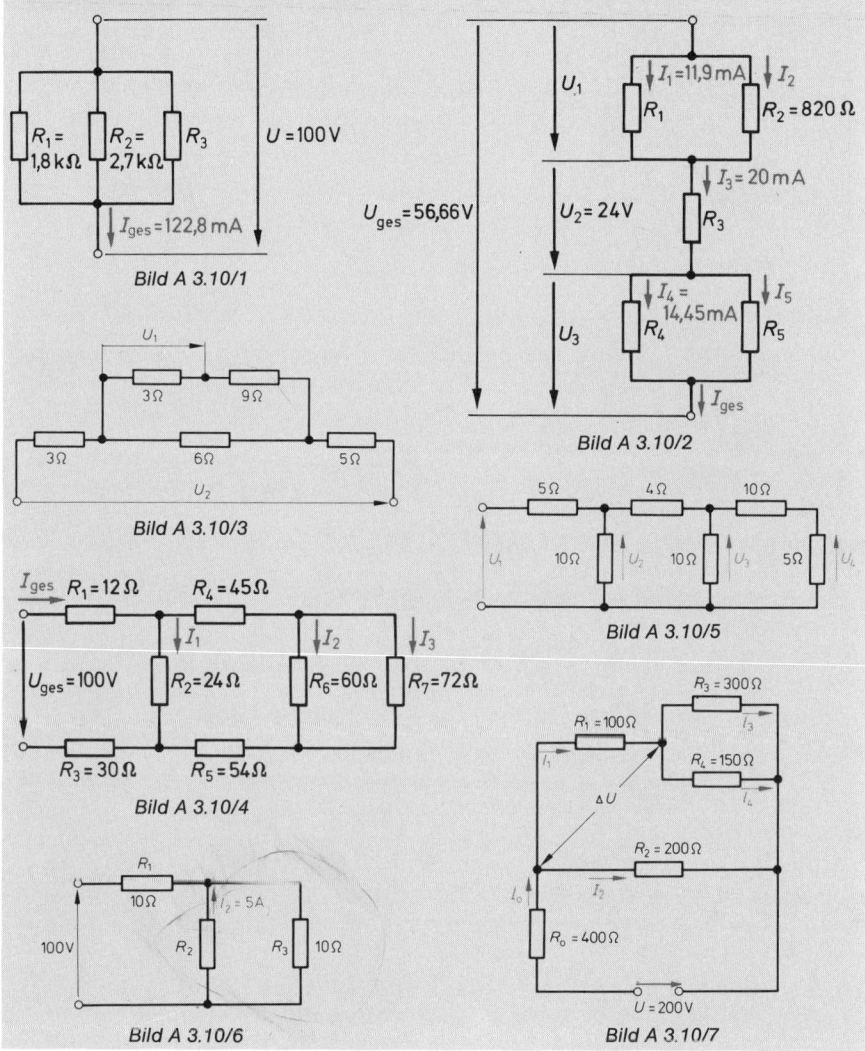

Bild A 3.10/1

Bild A 3.10/2

Bild A 3.10/3

Bild A 3.10/5

Bild A 3.10/4

Bild A 3.10/6

Bild A 3.10/7

79

3.11 Brückenschaltung

Ordnet man je zwei in Reihe geschaltete Widerstände parallel zueinander an, so erhält man eine Brückenschaltung **(Bild 3.9)**. Wird die Gesamtspannung durch den Spannungsteiler R_1 und R_2 im gleichen Verhältnis aufgeteilt, wie durch den Teiler R_3 und R_4, so steht zwischen den Punkten A und B keine Spannung. Die Brücke ist dann abgeglichen. Die Widerstände stehen dann im folgenden Verhältnis:

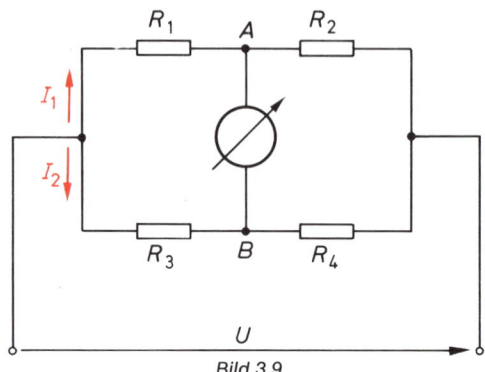

$$\frac{R_1}{R_2} = \frac{R_3}{R_4}$$

Beispiel:

Ein unbekannter Widerstand soll durch eine Brückenschaltung bestimmt werden. Es ist bekannt: $R_1 = 100\ \Omega$; $R_2 = 105\ \Omega$; $R_3 = 895\ \Omega$. Wie groß ist R_4?

Bild 3.9
Brückenschaltung mit Galvanometer

Lösung:

$$R_4 = \frac{R_3 \cdot R_2}{R_1}$$

$$R_4 = \frac{895\,\Omega \cdot 105\,\Omega}{100\,\Omega}$$

$$\underline{R_4 = 940\,\Omega}$$

Aufgaben:

1. Mittels einer Brückenschaltung wird ein unbekannter Widerstand ausgemessen. $R_1 = 1000\ \Omega$; $R_2 = 1{,}12\ \text{k}\Omega$; $R_3 = 8{,}88\ \text{k}\Omega$. Wie groß ist der unbekannte Widerstand?

2. In einer Brückenschaltung ist das Verhältnis $R_1/R_2 = 0{,}6$, $R_3 = 5\ \text{k}\Omega$. Wie groß muß R_4 sein, wenn diese Brücke abgeglichen ist?

3. Die Widerstände R_1 und R_2 einer Brückenschaltung stehen im Verhältnis 1 : 4. Wie groß ist R_4, wenn $R_3 = 40\ \Omega$ hat?

● 4. In einer Brückenschaltung haben die Widerstände folgende Werte: $R_1 = 40\ \Omega$; $R_2 = 5\ \Omega$; $R_3 = 20\ \Omega$ und $R_4 = 20\ \Omega$. Der in diese Brücke hineinfließende Strom beträgt 6 A. Berechnen Sie: a) die Ströme I_1 und I_2, b) die Spannungsdifferenz in der Brückendiagonale!

5. In einer Brückenschaltung sind folgende Werte bekannt: $R_1 = 60\ \Omega$, $R_2 = 6\ \Omega$, $R_3 = 40\ \Omega$, $R_4 = 4\ \Omega$. Die anliegende Spannung beträgt 80 V. Wie groß ist die Spannungsdifferenz zwischen den Punkten A und B in der Schaltung nach Bild 3.9?

● 6. Eine Brückenschaltung ist mit den Widerständen $R_1 = 25\ \Omega$, $R_2 = 120\ \Omega$, $R_3 = 300\ \Omega$ und $R_4 = 1\ \text{k}\Omega$ aufgebaut. Welchen Widerstandswert muß man zu jedem der Widerstände R_1 und R_2 in Reihe schalten, um diese Brücke abzugleichen?

● 7. Eine Brückenschaltung besteht aus den Konstantandrahtwiderständen $R_1 = 900\ \Omega$, $R_2 = 1{,}5\ \text{k}\Omega$ und $R_3 = 600\ \Omega$ sowie einem Widerstand R_4 aus Kupferlackdraht mit einem Temperaturbeiwert von $\alpha = 0{,}004\ 1/\text{K}$. Der Widerstand R_4 hat bei 20 °C einen Wert von 920 Ω. Berechnen Sie die Temperatur, bei der diese Brückenschaltung abgeglichen ist!

8. Ein Drahtwiderstand soll mittels einer Brückenschaltung bestimmt werden. Die Widerstände haben folgende Werte: $R_1 = 12{,}6\ \Omega$, $R_2 = R_3 = 18\ \Omega$. Berechnen Sie die Größe des Drahtwiderstandes.

3.12 Klemmen- und Leerlaufspannung

Jede Batterie oder jeder Generator hat einen Innenwiderstand R_i **(Bild 3.10).** Dieser Innenwiderstand liegt stets in Reihe mit dem Verbraucher. Somit ist die am Verbraucher wirksame Klemmenspannung stets um den Spannungsabfall am Innenwiderstand kleiner als die Ur- oder Leerlaufspannung.

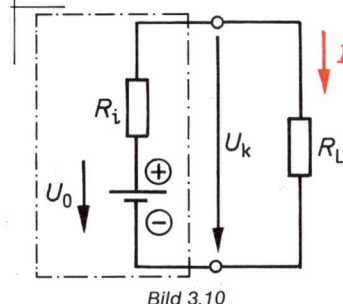

$$U_K = U_0 - I \cdot R_i$$

$$I = \frac{U_0}{R_i + R_L}$$

U_K = Klemmenspannung
U_0 = Leerlaufspannung
I = Laststrom
R_i = Innenwiderstand
R_L = Lastwiderstand

Bild 3.10
Batteriegespeister Stromkreis

Anpassung:

Bei den verschiedenen Belastungen ergeben sich folgende Werte **(Tabelle 3.5).**

Tabelle 3.5: Anpassungen				
Leerlauf	$R_L = \infty$	$U_K = U_0$	$I = 0$	$P = 0$
Spannungs- anpassung	$R_L \gg R_i$	$U_K \approx U_0$	$I \approx 0$	$P = $ klein
Leistungs- anpassung	$R_L = R_i$	$U_K = U_0/2$	$I = I_K/2$	$P = \dfrac{U_0^2}{4 \cdot R_i}$
Strom- anpassung	$R_L \ll R_i$	$U_K \approx 0$	$I \approx I_K$	$P = $ klein
Kurzschluß	$R_L = 0$	$U_K = 0$	$I = I_K ; I_K = \dfrac{U_0}{R_i}$	$P = 0$

Beispiel:

Eine Batterie hat eine Leerlaufspannung von 4,5 V und besitzt einen Innenwiderstand von 14 Ω. Wie groß ist die Klemmenspannung, wenn der Verbraucher einen Widerstand von 200 Ω hat?

Lösung: $I = \dfrac{U_0}{R_I + R_L} = \dfrac{4,5\,V}{14\,\Omega + 200\,\Omega} = \dfrac{4,5\,V}{2,14 \cdot 10^2\,\Omega} = 2,1 \cdot 10^{-2}\,A$

$I = 21\,mA$

$U_K = I \cdot R_L = 21\,mA \cdot 200\,\Omega = 2,1 \cdot 10^{-2}\,A \cdot 2 \cdot 10^2\,\Omega$

$\underline{U_K = 4,2\,V}$

Aufgaben:

1. Ein Mikrofon hat einen Innenwiderstand von 200 Ω und liefert eine Leerlaufspannung von 5,5 mV. Welche Klemmenspannung stellt sich bei einem Verbraucher mit R_L = 860 Ω ein? Um welche Anpassung handelt es sich hier?

2. Ein Tonabnehmer gibt eine Leerlaufspannung von U_0 = 120 mV ab. An einem Verbraucher von 950 Ω mißt man eine Spannung von 95 mV. Wie groß ist der Innenwiderstand dieses Tonabnehmers?

3. Bei einer Batterie mit einer Leerlaufspannung von U_0 = 12 V entsteht eine Klemmenspannung von U_K = 11 V, wenn sie mit I = 0,5 A belastet wird. Berechnen Sie: R_i, R_L, U_{Ri}!

4. Der Kurzschlußstrom einer Batterie mit einem Innenwiderstand von R_i = 0,8 Ω beträgt I_K = 3,57 A. Berechnen Sie die Leerlaufspannung dieser Batterie!

5. Eine Batterie mit einer Leerlaufspannung von U_0 = 12,6 V hat einen Innenwiderstand R_i = 0,03 Ω. Über eine zweiadrige Kupferleitung von 4 m Länge, die einen Drahtquerschnitt von A = 2,5 mm² hat, wird ein Motor mit einer Stromaufnahme von 20 A angeschlossen. Berechnen Sie: a) den Spannungsabfall am Innenwiderstand; b) den Spannungsabfall der Leitung; c) die Spannung am Motor!

• 6. Eine Batterie hat bei einer Belastung von 1,5 kΩ eine Klemmenspannung von 22,5 V. Bei einer Belastung von 500 Ω sinkt die Klemmenspannung auf 15 V. Berechnen Sie U_0 und R_i!

7. Ein Tongenerator gibt unbelastet eine Spannung von 10 V ab. Berechnen Sie den Innenwiderstand dieses Generators, wenn der Ausgang mit 50 mW an 600 Ω belastet wird!

8. In einem Fernsehgerät hat das Hochspannungsnetzgerät einen Innenwiderstand von 10 MΩ. Die Leerlaufspannung beträgt 16 kV. Bei voller Helligkeit der Bildröhre fließt ein Strahlstrom von 250 µA. Berechnen Sie die Spannung, die die Bildröhre erhält!

• 9. Durch eine Spannungsquelle fließt bei einer Klemmenspannung von 18 V ein Strom von 2,5 A. Bei Kurzschluß fließen 25 A. Berechnen Sie: a) die Leerlaufspannung; b) den Innenwiderstand; c) die maximal zu entnehmende Leistung.

10. Beim Anschluß einer Lampe mit 4,5 V/2 W an einer 4,5 V-Taschenlampenbatterie beträgt die Klemmenspannung 4,3 V. Berechnen Sie den Innenwiderstand der Batterie.

•11. Eine Batterie hat eine Leerlaufspannung von 90 V. Bei einer Belastung von 12 mA geht die Spannung auf 84 V zurück. Berechnen Sie: a) die Klemmenspannung bei einer Stromentnahme von 30 mA; b) die Größe der Lastwiderstände bei 12 mA und 30 mA; c) die maximal zu entnehmende Leistung!

12. Ein Mikrofon wird an einen Verstärker mit einem Eingangswiderstand von 850 Ω angeschlossen. Man erhält dann eine Eingangsspannung am Verstärker von 4,24 mV. Das Mikrofon besitzt einen Innenwiderstand von 250 Ω. Wie groß ist die Leerlaufspannung dieses Mikrofons, und wie groß ist die maximal abzugebende Leistung des Mikrofons?

13. Eine 12 V-Autobatterie hat einen Innenwiderstand von R_i = 25 mΩ. Welche Spannung stellt sich an den Klemmen der Batterie ein, wenn der Anlasser einen Strom von I = 75 A entnimmt?

14. Eine Notstromanlage wird mit Batterien gespeist, die eine Leerlaufspannung von 70 V haben. Welche Klemmenspannung stellt sich bei einer Stromentnahme von 240 mA ein, wenn bei einer Stromentnahme von 150 mA eine Klemmenspannung von 67,2 V gemessen wurde?

15. Eine Stromquelle mit einer Leerlaufspannung von 42 V und einem konstanten Innenwiderstand von 0,8 Ω wird mit einem Widerstand von 30 Ω belastet. Berechnen Sie: a) den Belastungsstrom; b) die Klemmenspannung; c) den Kurzschlußstrom!

3.13 Zusammenschaltung von Spannungsquellen

3.13.1 Reihenschaltung von Spannungsquellen

Ganz allgemein gilt für eine Reihenschaltung (Summenreihenschaltung) von Spannungsquellen (**Bild 3.11**):

$$U_0 = U_{01} + U_{02} + \ldots + U_{0n}$$
$$R_i = R_{i1} + R_{i2} + \ldots + R_{in}$$
$$I = I_1 = I_2 = \ldots = I_n$$

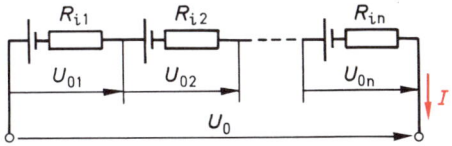

Bild 3.11
Reihenschaltung von Spannungsquellen

Bei einer Gegenreihenschaltung ist eine Spannungsquelle umgepolt. Die Gesamtspannung ergibt sich dann aus der Differenz der einzelnen Spannungen.

3.13.2 Parallelschaltung von Spannungsquellen

Bei der Parallelschaltung von Spannungsquellen (**Bild 3.12**) mit gleichen Leerlaufspannungen und gleichen Innenwiderständen gelten folgende Zusammenhänge:

$$U_0 = U_{01} = U_{02} = \ldots = U_{0n}$$
$$I = I_1 + I_2 + \ldots + I_n$$
$$R_i = \frac{R_{i1}}{n}$$

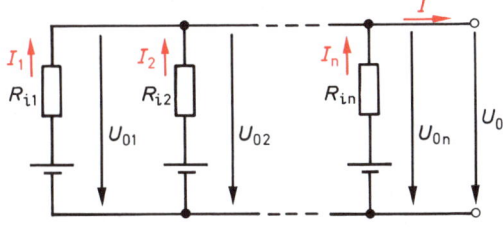

Bild 3.12
Parallelschaltung von Spannungsquellen

Bei der Parallelschaltung ungleicher Spannungsquellen fließt ein Ausgleichstrom, der ver-
mieden werden muß.

3.13.3 Gruppenschaltung von gleichen Spannungsquellen

$$I = \frac{n U_0}{\dfrac{n R_i}{m} + R_L}$$

U_0 = Leerlaufspannung eines Elements
n = Zahl der in Reihe geschalteten Gruppen
m = Zahl der in jeder Gruppe parallelgeschalteten Elemente
R_L = Lastwiderstand

Beispiel:

Eine Batterie besteht aus 12 Zellen. Jede Zelle hat eine Leerlaufspannung von $U_0 = 1{,}5$ V
und einen Innenwiderstand $R_i = 0{,}3$ Ω. Berechnen Sie die Gesamtspannung und den
Innenwiderstand dieser Batterie, wenn sie aus drei parallelen Zweigen mit je vier Zellen
besteht. Welcher Strom läßt sich aus dieser Batterie entnehmen, wenn der Lastwiderstand $R_L = 1$ Ω hat?

Lösung:

$U = 4 \cdot U_0 = 4 \cdot 1{,}5\,\text{V}$

$\underline{U = 6\,\text{V}}$

$I = \dfrac{4 \cdot U_0}{\dfrac{4 \cdot R_i}{3} + R_L} = \dfrac{4 \cdot 1{,}5\,\text{V}}{\dfrac{4 \cdot 0{,}3\,\Omega}{3} + 1\,\Omega}$

$\underline{I = 4{,}29\,\text{A}}$

$R_i = \dfrac{R_{i1} \cdot 4}{3} = \dfrac{0{,}3\,\Omega \cdot 4}{3}$

$\underline{R_i = 0{,}4\,\Omega}$

Aufgaben:

1. Ein Stahlakkumulator mit einer Leerlaufspannung von 1,2 V und 0,04 Ω Innenwiderstand wird mit einer zweiten Zelle, die eine Leerlaufspannung von 1,0 V und einen Innenwiderstand von ebenfalls 0,04 Ω hat, parallel geschaltet. Berechnen Sie den fließenden Ausgleichsstrom!

2. Sechs Spannungsquellen mit jeweils $U = 2\,\text{V}$, $R_i = 0{,}03\,\Omega$ werden parallel geschaltet. Berechnen Sie den Strom a) bei Belastung mit 0,03 Ω; b) bei Kurzschluß.

3. Zwei Gleichstromgeneratoren mit den Innenwiderständen $R_{i1} = 0{,}2\,\Omega$ und $R_{i2} = 0{,}08\,\Omega$ liefern an eine 440 V-Sammelschiene die Ströme $I_1 = 90\,\text{A}$ und $I_2 = 120\,\text{A}$. Auf welche Leerlaufspannungen sind die beiden Generatoren jeweils einzustellen?

4. Sechs Bleiakkumulatorzellen mit einer Leerlaufspannung von je 2 V und einem Innenwiderstand von je 0,03 Ω werden einmal in Reihe und einmal parallel geschaltet. In beiden Fällen wird diese Batterie mit $R_L = 10\,\Omega$ belastet. Berechnen Sie: a) den Innenwiderstand der Batterie in beiden Fällen; b) die Stromstärke und die Klemmenspannungen in beiden Fällen.

● 5. Drei Spannungsquellen mit einer Leerlaufspannung von je 1,8 V und einem Innenwiderstand von $R_i = 1{,}2\,\Omega$ liegen parallel an einem Belastungswiderstand von $R_L = 12\,\Omega$. Berechnen Sie die Klemmenspannung und den fließenden Strom.

● 6. Eine Notstromanlage wird von zwei Elementen mit gleicher Leerlaufspannung gespeist. Liegen diese Elemente in Reihe, so fließt durch den Lastwiderstand von $R_L = 2{,}5\,\Omega$ der 1,5fache Strom wie bei parallelgeschalteten Elementen. Berechnen Sie den Innenwiderstand, den diese Elemente besitzen.

● 7. Welche Klemmenspannung ergeben vier parallel geschaltete Batterien, die je eine Leerlaufspannung von 2,8 V und einen Innenwiderstand von je 2,5 Ω haben, bei einer Stromentnahme von 0,6 A?

● 8. Gegeben sind jeweils 12 Batterien mit je $U_0 = 1{,}5\,\text{V}$ und $R_i = 0{,}75\,\Omega$. Berechnen Sie für einen Lastwiderstand von $R_L = 5\,\Omega$ die gesamte Leerlaufspannung, den Strom und die Klemmenspannung bei den in den **Bildern A 3.13/10a, b** angegebenen Schaltungen.

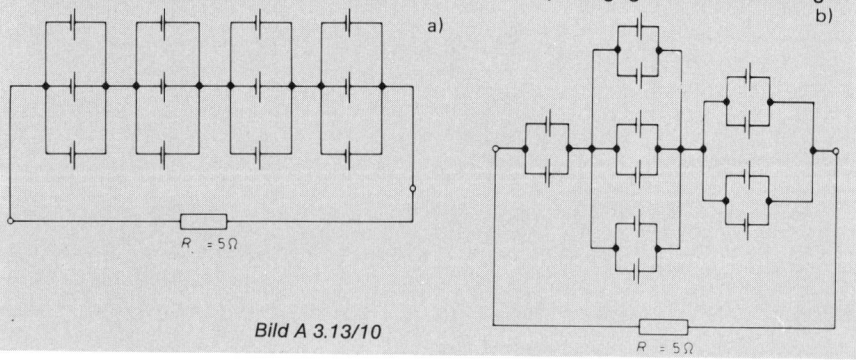

a)

b)

$R_L = 5\,\Omega$

$R_L = 5\,\Omega$

Bild A 3.13/10

4. Kondensator

4.1 Elektrische Feldstärke

Im Raum zwischen ungleichartig geladenen Körpern herrscht ein elektrisches Feld E.

$$E = \frac{U}{l}$$

E = elektrische Feldstärke
U = Spannung zwischen den geladenen Körpern
l = Abstand der geladenen Körper

Beispiel:

Zwei Platten stehen in einem Abstand von 2 mm und liegen an 220 V. Bestimmen Sie die Feldstärke!

Lösung:

$$E = \frac{U}{l} = \frac{220\,V}{2\,mm}$$
$$E = 110\,V/mm$$

Aufgaben:

1. Zwei Metallplatten liegen an 1,5 kV. Sie stehen parallel in einem Abstand von 2,5 mm. Berechnen Sie die Feldstärke zwischen den Platten.

2. Die Elektroden einer Glimmlampe stehen in einem Abstand von 3 mm. Zum Zünden benötigt man eine Feldstärke von $E = 56$ V/mm. Berechnen Sie die Zündspannung.

3. Zwischen den Platten eines Kondensators befindet sich Glimmer mit einer Durchschlagsfestigkeit von 50 kV/mm. Berechnen Sie die Stärke der Glimmerschicht, wenn dieser Kondensator an $U = 3000$ V gelegt werden soll!

4. Wird in einem Silizium-Kristall die Durchbruchsfeldstärke von $E = 500$ kV/cm überschritten, so werden Elektronen aus dem Gitterverband herausgerissen. Berechnen Sie die Dicke der Sperrschicht einer Z-Diode mit einer Durchbruchsspannung von $U_z = 7$ V.

5. Zwischen zwei parallelen Platten befindet sich ein Elektrolyt mit $\varkappa = 5 \cdot 10^{-2}$ 1/Ωcm. Die Platten stehen in einem Abstand von $l = 30$ cm. Man will eine Feldstärke von $E = 0,6$ V/cm erreichen. Dazu steht eine Leistung von $P = 1$ kW zur Verfügung. Berechnen Sie die Fläche A der Elektroden.

6. Eine Antenne hat eine wirksame Länge von 1,2 m. Die Empfangsfeldstärke beträgt 40 μV/cm. Berechnen Sie die Größe der Antennenspannung!

7. Welchen Abstand müssen die auf 150 V geladenen Platten eines Kondensators haben, wenn eine Feldstärke von 9 kV/m erzeugt werden soll?

8. Welche elektrische Feldstärke entsteht in einer Kupferleitung von 2 mm Durchmesser, durch die ein Strom von 6 A fließt?

9. Ein Plattenkondensator liegt an 600 V. Bei welchem Plattenabstand wird die Luftstrecke durchschlagen, wenn die Durchschlagfestigkeit der Luft 20 kV/cm beträgt?

10. Mit einem Dipol eines Antennenmeßgerätes, der eine Länge von 0,75 m hat, mißt man eine Antennenspannung von 1,2 mV. Welche Feldstärke herrscht an diesem Empfangsort?

11. Eine Spitze liegt in einem Abstand von $d = 10$ μm einer Platte gegenüber. Es liegt eine Spannung von $U = 10$ kV an. Wie groß ist die Feldstärke?

4.2 Elektrische Ladung

Die elektrische Ladung Q, die ein Kondensator speichern kann, hängt von der angelegten Spannung und vom Fassungsvermögen, der **Kapazität**, des Kondensators ab.

$$Q = C \cdot U$$

$$Q = I \cdot t$$

Q = elektrische Ladung in Coulomb C oder As
C = Kapazität
U = Spannung
I = Strom
t = Zeit

Beispiel:

Berechnen Sie die Ladung eines 10-nF-Kondensators, der an 120 V liegt.

Lösung:

$Q = C \cdot U = 10\,\text{nF} \cdot 120\,\text{V} = 1 \cdot 10^{-8}\,\text{F} \cdot 1,2 \cdot 10^2\,\text{V}$

$\underline{Q = 1,2 \cdot 10^{-6}\,\text{C}}$

Aufgaben:

1. Ein Kondensator mit 560 pF liegt an 80 V. Berechnen Sie die Ladung des Kondensators!

2. Welche Spannung muß an einem 32-µF-Kondensator liegen, damit man eine Ladung von $16 \cdot 10^{-2}$ C erhält?

3. Ein Kondensator nimmt an 24 V Gleichspannung eine Ladung von 112,8 nC auf. Berechnen Sie die Kapazität des Kondensators!

4. In einer Impulsschaltung fließt 3 ms lang ein Ladestrom von 8 mA in einen Kondensator mit 22 nF. Auf welchen Spannungswert ist dieser Kondensator dann aufgeladen?

5. Ein Kondensator mit 2,5 µF ist auf 24 V aufgeladen und soll innerhalb von 10 ms mit einem konstanten Entladestrom über einen Schalttransistor entladen werden. Welchen Strom muß der Transistor vertragen?

6. Ein Kondensator mit $C = 15$ nF darf eine Ladung von $Q = 8$ µC aufnehmen. Berechnen Sie die höchste zugelassene Spannung am Kondensator!

7. Bei einer Impulsformerschaltung soll ein Kondensator auf 16 V innerhalb von 24 µs aufgeladen werden. Dabei kann nur ein Strom von 8 mA fließen. Berechnen Sie die Größe des Kondensators!

8. Ein Kondensator mit $C = 10$ µF ist auf $U = 80$ V aufgeladen. Wie lange benötigt man, um diesen Kondensator mit einem konstanten Entladestrom von $I = 2,6$ mA vollständig zu entladen?

9. Liegt ein Kondensator an 25 V Gleichspannung, so hat er eine Ladung von $Q = 6,25$ nC. Berechnen Sie seine Kapazität!

10. Zwischen den Platten eines Kondensators $C = 1$ nF befindet sich Glimmer mit einer Stärke von 0,06 mm und einer Durchschlagsfestigkeit von 50 kV/mm. Wie groß ist der konstante Entladestrom, wenn dieser Kondensator innerhalb von 12 ms vollständig entladen ist?

11. Ein Kondensator mit $C = 470$ µF wird an 1000 V gelegt. Welche Elektrizitätsmenge speichert er?

4.3 Kapazitätsberechnung

Die Kapazität eines Kondensators ist vom Aufbau abhängig.

$$C = \frac{\epsilon_0 \cdot \epsilon_r \cdot A}{d}$$

$$\epsilon_0 = 8,85 \cdot 10^{-12} \, \frac{As}{Vm}$$

C = Kapazität in Farad (F); $1\,F = 1\,\frac{As}{V} = 1\,\frac{s}{\Omega}$

ϵ_0 = Dielektrizitätskonstante des luftleeren Raumes
ϵ_r = Dielektrizitätszahl
A = Plattenoberfläche
d = Plattenabstand

Beispiel:

Zwei parallele Platten mit einer Fläche von je 20 cm² stehen in einem Abstand von 0,5 mm. Berechnen Sie die Kapazität, wenn a) Luft und b) Glimmer mit $\epsilon_r = 7$ zwischen den Platten verwendet wird.

Lösung:

a) $C = \dfrac{\epsilon_0 \cdot \epsilon_r \cdot A}{d} = \dfrac{8,85 \cdot 10^{-12}\,As \cdot 1 \cdot 20\,cm^2}{Vm \cdot 0,5\,mm} = \dfrac{8,85 \cdot 10^{-12} \cdot 1 \cdot 20 \cdot 10^{-4}\,As \cdot m^2}{5 \cdot 10^{-4}\,Vm \cdot m}$

$\underline{C = 35,4\,pF}$

b) $C = 35,4\,pF \cdot 7 \Rightarrow \underline{C = 247,8\,pF}$

Aufgaben:

1. Ein Wickelkondensator enthält zwei paraffinierte Papierstreifen ($\epsilon_r = 2,6$) von 0,03 mm Dicke und zwei Metallfolien von je 12 m Länge und 5 cm Breite. Berechnen Sie den Kapazitätswert dieses Wickelkondensators! (Hinweis: Durch das Aufwickeln muß die wirksame Fläche verdoppelt werden!)

2. Ein Plattenkondensator hat eine Kapazität von 36 pF. Die Plattenfläche beträgt 85 cm² und der Abstand der Platten 0,4 cm. Zu berechnen ist die Dielektrizitätszahl des Stoffes, der zwischen diesen Platten liegt.

3. Ein Plattenkondensator hat 21 Platten von einer Größe von je $A = 6$ cm². Der Abstand der Beläge beträgt 0,02 mm. Berechnen Sie die Kapazität des Kondensators, wenn ein Dielektrikum mit $\epsilon_r = 7$ verwendet wird.

4. Zur Abstimmung eines Oszillators wird ein Lufttrimmer mit zwei kreisförmigen versilberten Metallplatten benutzt. Der Durchmesser der Platten beträgt 9 mm. Welchen Abstand müssen die Platten bei einer Kapazität von 12 pF haben?

5. Ein Plattenkondensator mit zwei Platten sowie Luft als Dielektrikum liegt an einer Spannung von 250 V und hat eine Ladung von 0,4 mC. Die Plattenfläche beträgt 500 cm². In welchem Abstand stehen diese Platten zueinander?

6. Zwischen zwei Platten mit je einer Fläche von 25 cm² liegt in einer Stärke von 4 mm Pertinax ($\epsilon_r = 4,8$) und in einer Stärke von 6 mm Hartgummi ($\epsilon_r = 3$). Berechnen Sie die Kapazität dieser Anordnung!

7. Zur Ölstandsanzeige in einem Tank benutzt man zwei Stäbe mit den Abmessungen je Stab: $h = 1$ m, $b = 10$ cm. Diese Stäbe stehen in einem Abstand von $d = 1$ cm zueinander. Bei Öl ist $\epsilon_r = 3,5$. In welchen Bereichen ändert sich die Kapazität dieses Fühlers, wenn bei leerem Tank die Stäbe nicht ins Öl tauchen, bei gefülltem Tank sie jedoch voll im Öl hängen? Welcher Kapazitätswert ergibt sich, wenn das Öl genau 50 cm hoch zwischen den Stäben steht? Skizzieren Sie den Kapazitätsverlauf in Abhängigkeit des Ölstandes!

8. Ein Scheibenkondensator mit 35 pF hat als Dielektrikum Keramik ($\epsilon_r = 80$). Das Keramikscheibchen ist 1,8 mm dick. Wie groß ist der Durchmesser der kreisförmigen Metallbeläge?

4.4 Kondensator an Gleichspannung

Bei der Auf- und Entladung eines Kondensators an Gleichspannung verlaufen Kondensatorspannung und -strom nach einer e-Funktion **(Bild 4.1)**. Die Augenblickswerte der Spannung und des Stromes können nach folgenden Formeln berechnet werden:

Aufladung:

$$u_C = U(1 - e^{-t/RC})$$

$$i_C = I \cdot e^{-t/RC}$$

u_C = Augenblickswert der Kondensatorspannung
i_C = Augenblickswert des Kondensatorstromes
U, I = Anfangs- bzw. Endwert von Spannung und Strom
t = Zeit
e = Basis des natürlichen Logarithmus
R = Widerstand
C = Kondensatorkapazität

Entladung:

$$u_C = U \cdot e^{-t/RC}$$

$$i_C = I \cdot e^{-t/RC}$$

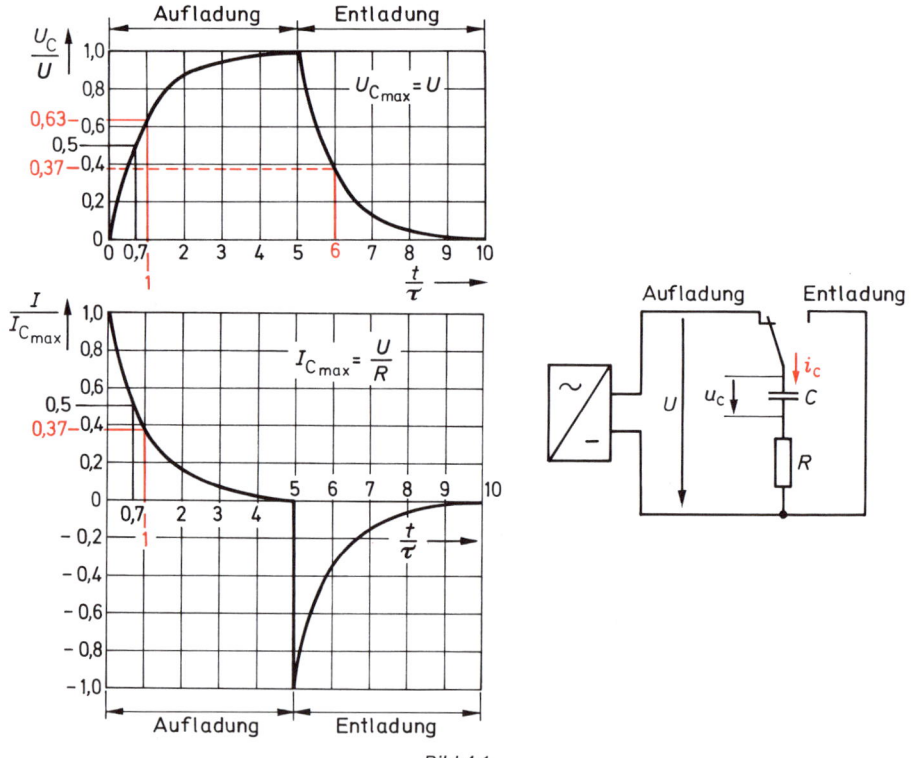

Bild 4.1
Lade- und Entladekurve eines Kondensators an Gleichspannung

Das Produkt aus R und C nennt man Zeitkonstante.

$$\tau = R \cdot C \qquad \tau = \text{Zeitkonstante}$$

Nach der Zeit 1 τ ist die Spannung am Kondensator beim Laden auf 63 % des Endwertes angestiegen, beim Entladen auf 37 % des Anfangswertes abgesunken. Der Strom sinkt beim Laden und Entladen nach der Zeit 1 τ jeweils auf 37 % des Anfangswertes. Nach der Zeit 5 τ ist die Ladung oder die Entladung praktisch beendet.

Beispiel:

Ein Kondensator von 22 µF wird über einen Widerstand von 82 kΩ auf eine Spannung von 150 V geladen. Welchen Wert hat nach $t = 1{,}2$ s die Kondensatorspannung erreicht?

Lösung:

$$u_C = U_C \left(1 - e^{-t/RC}\right) = 150 \text{ V} \left(1 - e^{-1{,}2\,s/82\,k\Omega\,\cdot\,22\,\mu F}\right) = 72{,}873508 \text{ V}$$

Eingabe:

1.2 [+/−] [÷] 82 [EE] 3 [÷] 22 [EE] 6 [+/−] [=] [eˣ] [STO] 1 [−] [RCL] [=] [×] 150 [=]

Anzeige: 7.2874 01

$\underline{u_C \;=\; 72{,}87 \text{ V}}$

Aufgaben:

● 1. Ein Kondensator mit 27 nF wird über einen Widerstand von 560 kΩ an 150 V Gleich-spannung gelegt. Berechnen Sie die Kondensatorspannung nach einer Ladezeit von 15,12 ms. Wie groß ist dann der Ladestrom?

2. Parallel zu einem auf 30 V aufgeladenen Kondensator legt man einen Widerstand mit 68 kΩ. Nach 1,02 s beträgt die Kondensatorspannung noch 11,1 V. Welchen Wert hat der Kondensator?

● 3. Ein Kondensator von 20 µF wird über einen Widerstand von 300 kΩ auf eine Spannung von 150 V geladen. Welche Werte haben die Kondensatorspannung und der Lade-strom a) 0,3 s; b) 1,2 s; c) 2,4 s; d) 6 s und e) 15 s nach dem Einschalten?

4. Ein Kondensator mit einer Kapazität von 820 pF wird auf 50 V aufgeladen. Anschlie-ßend entlädt man ihn über einen Widerstand von 39 kΩ. Berechnen Sie die Konden-satorspannung und den Entladestrom nach einer Entladezeit von 32 µs.

5. Eine Impulsformerschaltung soll eine Zeitkonstante von 52 µs haben. Der zum Transi-storinnenwiderstand von 30 kΩ parallelliegende Widerstand hat 18 kΩ und bestimmt die Zeitkonstante mit. Welchen Wert muß der Kondensator haben?

● 6. Nach welcher Zeit ist der Ladestrom eines über einen Widerstand $R = 120$ kΩ zu laden-den Kondensators von $C = 10$ nF auf die Hälfte seines Anfangswertes abgesunken?

7. Ein Kondensator mit $C = 10$ µF soll mit einem Vorwiderstand von $R = 120$ Ω eine Zeit-konstante von $\tau = 2$ ms ergeben. Welche Kapazität muß der parallel zu schaltende Kondensator haben?

● 8. In einer Impulsformerschaltung soll der Kondensator mit $C = 4{,}7$ nF nach $t = 12$ µs auf 80 % der anliegenden Spannung aufgeladen sein. Welchen Wert muß der Widerstand haben?

● 9. Ein Impulsformerglied hat eine Zeitkonstante von $\tau = 10$ ms. Nach welcher Zeit ist die Kondensatorspannung von $U = 5$ V auf $u_c = 0{,}7$ V abgesunken?

4.5 Kondensator an Wechselspannung

Im Wechselstromkreis wirkt ein Kondensator als Blindwiderstand. Der kapazitive Blindwiderstand X_C ist von der Kapazität des Kondensators und von der Frequenz der Wechselspannung abhängig. Geht man von einer sinusförmigen Wechselspannung aus, so wird die Kreisfrequenz $\omega = 2\,\pi \cdot f$ eingesetzt.

$$X_C = \frac{U}{I}$$

$$X_C = \frac{1}{\omega \cdot C}$$

X_C = kapazitiver Blindwiderstand
U = Wechselspannung am Kondensator
I = Wechselstrom im Kondensator
ω = Kreisfrequenz
C = Kapazität

Beispiel:

Ein unbekannter Kondensator wird an 220 V/50 Hz gelegt, um die Größe der Kapazität zu bestimmen. Es wird ein Strom von 800 mA gemessen.

Lösung:

$$X_C = \frac{U}{I} = \frac{220\ \text{V}}{800\ \text{mA}} = \frac{2{,}2 \cdot 10^2\ \text{V}}{8 \cdot 10^{-1}\ \text{A}} = 0{,}275 \cdot 10^3\ \Omega \;\Rightarrow\; \underline{X_C = 275\ \Omega}$$

$$C = \frac{1}{2\,\pi \cdot f \cdot X_C} = \frac{1}{2\,\pi \cdot 50\ \text{Hz} \cdot 275\ \Omega}$$

$$C = \frac{1}{2\,\pi \cdot 5 \cdot 10^1\ \text{Hz} \cdot 2{,}75 \cdot 10^2\ \Omega} = 0{,}1155 \cdot 10^{-4}\ \text{F}$$

$$\underline{C = 11{,}55\ \mu\text{F}}$$

Aufgaben:

1. Wie groß ist der kapazitive Blindwiderstand eines 470-pF-Kondensators bei 500 kHz?

2. Für den Fernsehkanal 9 ($f = 202$ MHz) wird ein kapazitiver Widerstand 250 Ω benötigt. Berechnen Sie die erforderliche Kapazität!

3. Ein Kondensator von 80 pF hat einen Widerstand von 2,2 kΩ. Berechnen Sie die Frequenz!

4. Für die Wellenlänge $\lambda = 150$ m wird ein kapazitiver Blindwiderstand $X_C = 33$ kΩ benötigt. Welche Kapazität ist erforderlich?

5. An einem Kondensator von 5 µF liegt eine Spannung von 218 V. Es werden folgende Ströme gemessen a) 0,6 A; b) 0,8 A; c) 0,342 A. Um welche Frequenzen handelt es sich?

6. Durch einen Kondensator von 1,2 µF mit einer Toleranzangabe von ± 20 % soll bei 50 Hz ein Effektivstrom von 0,1 A fließen. Mit welchem maximal möglichen Scheitelwert der Spannung muß gerechnet werden?

7. Zwischen welchen Werten kann der Strom liegen, wenn ein Kondensator von 2,5 µF ± 10 % an eine Spannung von 380 V und 50 Hz angeschlossen wird?

8. Ein unbekannter Kondensator nimmt bei 220 V/50 Hz einen Strom von 132 mA auf. Berechnen Sie die Kapazität.

9. Welchen Strom mißt man, wenn man einen Kondensator von 186 pF an eine Wechselspannung von 56 V legt? Diese Wechselspannung hat eine Wellenlänge von $\lambda = 600$ m.

4.6 Zusammenschaltung von Kondensatoren

4.6.1 Parallelschaltung

Bei der Parallelschaltung von Kondensatoren vergrößert sich die Plattenfläche, und damit wird die Gesamtkapazität größer **(Bild 4.2)**.

$$C_{ges} = C_1 + C_2 + C_3 + \ldots + C_n$$

$$\frac{1}{X_{Cges}} = \frac{1}{X_{C1}} + \frac{1}{X_{C2}} + \ldots + \frac{1}{X_{Cn}}$$

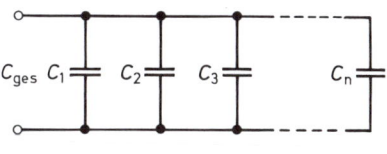

Bild 4.2
Parallelschaltung von Kondensatoren

4.6.2 Reihenschaltung

Bei der Reihenschaltung von Kondensatoren vergrößert sich der Plattenabstand, und damit wird die Gesamtkapazität kleiner als die kleinste Einzelkapazität **(Bild 4.3)**.

$$C_{ges} = \frac{1}{\dfrac{1}{C_1} + \dfrac{1}{C_2} + \dfrac{1}{C_3} + \ldots + \dfrac{1}{C_n}}$$

$$X_{Cges} = X_{C1} + X_{C2} + X_{C3} + \ldots + X_{Cn}$$

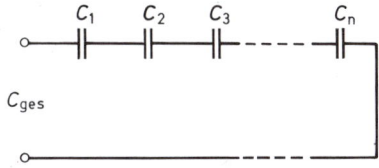

Bild 4.3
Reihenschaltung von Kondensatoren

Beispiel:

Zwei Kondensatoren $C_1 = 4,7$ nF und $C_2 = 22$ nF werden einmal parallel und einmal in Reihe geschaltet. Berechnen Sie die jeweilige Gesamtkapazität.

Lösungen:

Parallelschaltung
$$C_{ges} = C_1 + C_2 = 4,7 \text{ nF} + 22 \text{ nF}$$
$$\underline{C_{ges} = 26,7 \text{ nF}}$$

Reihenschaltung:
$$C_{ges} = \frac{1}{\dfrac{1}{C_1} + \dfrac{1}{C_2}} = \frac{1}{\dfrac{1}{4,7 \text{ nF}} + \dfrac{1}{22 \text{ nF}}}$$

Eingabe:

| 4.7 | EE | 9 | +/− | 1/x | + | 22 | EE | 9 | +/− | 1/x | = | 1/x |

Anzeige: 3.87265−09

$$\underline{C_{ges} = 3,87 \text{ nF}}$$

Aufgaben:

1. Welche Gesamtkapazität ergibt sich bei einer Reihenschaltung der Kondensatoren von $C_1 = 47$ nF; $C_2 = 82\,000$ pF und $C_3 = 0,06$ μF?

2. Welche Serienkapazität ist erforderlich, wenn man eine Gesamtkapazität von 524 pF erhalten will und die eine Teilkapazität 2 nF beträgt?

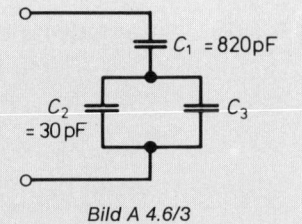

Bild A 4.6/3

3. Die Gesamtkapazität der Schaltung in **Bild A 4.6/3** beträgt $C_{ges} = 148$ pF. Berechnen Sie C_3!

4. Zwei Kondensatoren $C_1 = 100$ pF und $C_2 = 10$ nF liegen in Reihe an 100 V. Berechnen Sie die Spannungen an den Kondensatoren!

5. Zwei Kondensatoren von 0,1 μF und 15 nF liegen in Reihe. An $C_1 = 0,1$ μF wird eine Spannung von 25 V gemessen. Berechnen Sie die Gesamtspannung!

6. Die Schaltung in **Bild A 4.6/6** hat bei 100 kHz einen kapazitiven Blindwiderstand von 26,5 kΩ. Auf welchem Wert steht der Drehkondensator?

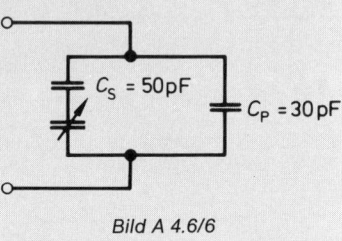

Bild A 4.6/6

7. Zwei Kondensatoren mit $C_1 = 180$ pF und $C_2 = 60$ pF liegen in Reihe. Ein dritter Kondensator mit $C_3 = 50$ pF wird dazu parallel geschaltet. Berechnen Sie den kapazitiven Blindwiderstand dieser Schaltung bei 600 kHz.

8. Drei Kondensatoren $C_1 = 800$ pF, $C_2 = 500$ pF und $C_3 = 400$ pF liegen in Reihe an 220 V/50 Hz. Berechnen Sie die Gesamtkapazität, den Strom und den Spannungsabfall an jedem Kondensator.

9. Mit der Schaltung in **Bild A 4.6/3** soll bei der Frequenz $f = 450$ kHz ein kapazitiver Blindwiderstand von $X_C = 3,15$ kΩ erreicht werden. Welche Kapazität muß der Kondensator C_3 haben?

10. In der Schaltung nach **Bild A 4.6/3** hat der Kondensator C_3 den Wert $C_3 = 68$ pF. Bei welcher Frequenz hat diese Schaltung einen Blindwiderstand $X_C = 5$ kΩ?

11. In der Schaltung nach **Bild A 4.6/6** wird ein Drehkondensator mit $C = 20$ pF bis 500 pF eingesetzt. Berechnen Sie die jeweilige Gesamtkapazität.

12. Auf welchen Wert muß der Drehkondensator in der Schaltung nach **Bild A 4.6/6** eingestellt werden, damit diese Schaltung bei einer Frequenz $f = 972$ kHz einen Blindwiderstand von $X_C = 2,7$ kΩ besitzt?

13. Es werden drei Kondensatoren in Reihe an $U = 200$ V Gleichspannung gelegt. Welche Spannung steht an jedem Kondensator, wenn $C_1 = 4,7$ nF; $C_2 = 820$ pF und $C_3 = 680$ pF groß sind?

14. Der Drehkondensator in der Schaltung nach **Bild A 4.6/6** steht auf $C = 125$ pF. Wie groß ist der Gesamtstrom, der bei einer Wechselspannung mit $U = 968$ mV, $f = 500$ kHz in diese Schaltung fließt?

15. An einem aus zwei Kondensatoren bestehenden kapazitiven Spannungsteiler wird bei einer Gesamtwechselspannung $U = 2,9$ V; $f = 150$ kHz am Kondensator C_1 eine Teilspannung $U_1 = 0,9$ V gemessen. Der kapazitive Blindwiderstand des Kondensators C_1 hat $X_{C1} = 702$ Ω. Welche Kapazität hat der Kondensator C_2?

5. Elektromagnetismus

5.1 Magnetischer Kreis

Jeder stromdurchflossene Leiter ist von einem Magnetfeld umgeben. Bei einer Spule summieren sich die Felder der einzelnen Windungen zu einem Gesamtfeld.

5.1.1 Durchflutung

Die Ursache eines magnetischen Feldes in einer Spule ist die magnetische Durchflutung Θ. Das Produkt aus Strom und Windungszahl einer Spule nennt man Durchflutung oder auch magnetische Spannung.

$$\Theta = I \cdot N$$

Θ = Durchflutung in A
I = Strom in A
N = Windungszahl

Beispiel:

Durch eine Relaisspule mit 600 Windungen fließt ein Strom von 500 mA. Wie groß ist die Durchflutung?

Lösung:

$\Theta = I \cdot N = 500\ \text{mA} \cdot 600 = 5 \cdot 10^{-1}\ \text{A} \cdot 6 \cdot 10^2 = 30 \cdot 10^1\ \text{A}$
$\underline{\Theta = 300\ \text{A}}$

5.1.2 Feldstärke

Die magnetische Feldstärke oder magnetische Erregung ist die Durchflutung je Meter Feldlinienlänge.

$$H = \frac{I \cdot N}{l}$$

oder

$$H = \frac{\Theta}{l}$$

H = Feldstärke in A/m
I = Strom in A
N = Windungszahl
l = mittlere Feldlinienlänge in m (Spulenlänge)

Beispiel:

Durch eine Ringspule mit 500 Windungen fließt ein Strom von 1,6 A. Die mittlere Feldlinienlänge beträgt 40 cm. Berechnen Sie die Feldstärke!

Lösung:

$H = \dfrac{I \cdot N}{l} = \dfrac{500 \cdot 1,6\,\text{A}}{40\,\text{cm}} = \dfrac{5 \cdot 10^2 \cdot 1,6\,\text{A}}{4 \cdot 10^1\,\text{cm}} = 2 \cdot 10^1\ \text{A/cm}$

$\underline{H = 20\ \text{A/cm}} = 2000\ \text{A/m}$

5.1.3 Flußdichte

Die magnetische Flußdichte B ist um so größer, je größer die Feldstärke und je größer die Leitfähigkeit des Werkstoffes für die magnetischen Feldlinien (Permeabilität) ist.

für Luft und nichtmagnetische Stoffe

$$B = \mu_0 \cdot H$$

für Eisen und andere magnetische Stoffe

$$B = \mu_0 \cdot \mu_r \cdot H$$

B = magnetische Flußdichte in Tesla (T) oder Vs/m^2

H = Feldstärke in A/m

μ_0 = magnetische Feldkonstante oder magnetische Leitfähigkeit der Luft in Vs/Am

μ_r = Permeabilitätszahl des Kernwerkstoffs, dimensionslos

$$\mu_0 = \frac{4\,\pi}{10} \cdot 10^{-6}\ Vs/Am$$

$$\mu_0 = 1{,}257 \cdot 10^{-6}\ Vs/Am$$

Die Permeabilitätszahl μ_r gibt an, wieviel Mal besser das Kernmaterial die magnetischen Feldlinien leitet als Luft. Bei Eisenkernen ändert sich die Permeabilität mit der Feldstärke H. Die Flußdichte kann deshalb nicht errechnet, sondern muß aus Tabellen oder Magnetisierungskurven der Kernbleche entnommen werden (siehe Magnetisierungskurven im Anhang).

Beispiele:

1. Eine Luftspule hat eine magnetische Feldstärke von $H = 600$ A/m. Berechnen Sie:
   a) die magnetische Flußdichte dieser Luftspule; b) die magnetische Flußdichte, wenn ein Eisenkern mit $\mu_r = 400$ in die Luftspule gesteckt wird.

Lösung:

a) $B = \mu_0 \cdot H = 1{,}257 \cdot 10^{-6}\ Vs/Am \cdot 600\ A/m$
   $\underline{B = 0{,}755\ mT}$

b) $B = \mu_0 \cdot \mu_r \cdot H = 400 \cdot 0{,}755\ mT = 4 \cdot 10^2 \cdot 7{,}55 \cdot 10^{-4}\ T = 30{,}2 \cdot 10^{-2}\ T$
   $\underline{B = 0{,}302\ T}$

2. Ein Transformatorenkern ist aus Dynamoblech hergestellt. Die mittlere Feldlinienlänge im Blechpaket beträgt 40 cm. Welche Durchflutung ist erforderlich, um im Blechpaket eine magnetische Flußdichte von 1,2 T zu erzeugen? Wie groß ist die Permeabilitätszahl des Kernwerkstoffes?

Lösung:

Aus der Magnetisierungskennlinie im Anhang erhält man für die magnetische Flußdichte $B = 1{,}2$ T die Feldstärke $H = 0{,}5 \cdot 10^3$ A/m.

$$H = \frac{\Theta}{l}$$

$\Theta = H \cdot l = 0{,}5 \cdot 10^3\ A/m \cdot 40\ cm = 5 \cdot 10^2\ A/m \cdot 4 \cdot 10^{-1}\ m = 20 \cdot 10^1\ A$
$\Theta = 200\ A$

$$\mu_r = \frac{B}{\mu_0 \cdot H} = \frac{1{,}2\ T}{1{,}257 \cdot 10^{-6}\ Vs/Am \cdot 0{,}5 \cdot 10^3\ A/m} = \frac{1{,}2\ Vs\,Am \cdot m}{m^2 \cdot 1{,}257 \cdot 10^{-6}\ Vs \cdot 5 \cdot 10^2\ A}$$

$\underline{\mu_r = 1910}$

5.1.4 Magnetischer Fluß

Die Gesamtzahl der durch die Durchflutung erzeugten Feldlinien heißt magnetischer Fluß Φ. Er ist das Produkt aus Flußdichte B und Durchdringungsfläche A.

$$\theta = B \cdot A$$

θ = magnetischer Fluß in Weber (Wb) oder Vs;
B = magnetische Flußdichte in Tesla (T)
A = Querschnittsfläche in cm^2 oder m^2

Umrechnung:

Früher wurde für die magnetische Flußdichte die Einheit Gauß 1 G = 1 Vs/cm^2 und für den magnetischen Fluß die Einheit Maxwell 1 M = $1 \cdot 10^{-8}$ Vs verwendet.

Die Einheit Gauß ist auf eine Querschnittsfläche von 1 cm^2 bezogen.
Die Einheit Tesla ist auf eine Querschnittsfläche von 1 m^2 bezogen.

1 T = 1 Vs/m^2 = 10^4 G = 10^4 Vs/cm^2 = 1 Wb/m^2 = 10^4 M/cm^2
10^{-4} T = 10^{-4} Vs/m^2 = 1 G = 10^{-8} Vs/cm^2 = 10^{-4} Wb/m^2 = 1 M/cm^2

Beispiel:

Ein Eisenkern mit einer magnetischen Flußdichte von 0,8 T hat eine Querschnittsfläche von 90 mm x 200 mm. Berechnen Sie den magnetischen Fluß!

Lösung:

$\Phi = B \cdot A = 0,8\,T \cdot 90\,mm \cdot 200\,mm = 8 \cdot 10^{-1}\,Vs/m^2 \cdot 9 \cdot 10^1 \cdot 2 \cdot 10^2 \cdot 10^{-6}\,m^2$
$\underline{\Phi = 0,0144\,Wb = 1\,440\,000\,M}$ (denn 1 Wb = 10^8 M)

5.1.5 Magnetischer Kreis mit Luftspalt

Magnetische Kreise mit einem oder mehreren Luftspalten **(Bild 5.1)** berechnet man so, daß man für jeden Abschnitt die Durchflutung berechnet und die Ergebnisse dann addiert.

$$\theta = H_1 \cdot l_1 + H_2 \cdot l_2 + \ldots$$

θ = Gesamtdurchflutung in A
H_1; H_2 = Feldstärken in A/m
l_1; l_2 = mittlere Feldlinienlänge in cm

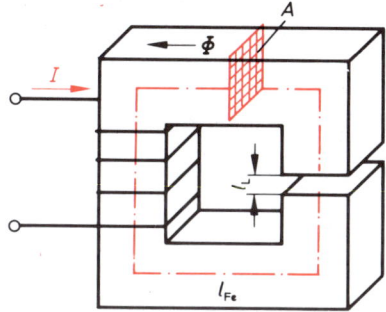

Bild 5.1
Magnetischer Kreis mit Erregerspule
und Luftspalt

Beispiel:

Im Luftspalt eines Eisenkerns aus Stahlguß soll ein magnetischer Fluß von Φ = 4 mWb entstehen. Der Kern hat einen Querschnitt von 40 cm^2. Die mittlere Feldlinienlänge im Eisen ist 90 cm und im Luftspalt 4 mm. Berechnen Sie den erforderlichen Magnetisierungsstrom, wenn auf den Kern 1000 Wdg gewickelt sind!

Lösung:

$$B = \frac{\Phi}{A} = \frac{4\,mWb}{40\,cm^2} = \frac{4 \cdot 10^{-3}\,Vs}{4 \cdot 10^1\,cm^2} = 1\,Vs/m^2$$

$$\underline{B = 1\,T}$$

Durchflutung im Kern:

Aus der Magnetisierungskurve für Stahlguß entnimmt man, daß für eine magnetische Fluß-dichte von 1 T eine Feldstärke von $0,3 \cdot 10^3$ A/m = 3 A/cm erforderlich ist.

$$\Theta_{Fe} = H_{Fe} \cdot l_{Fe} = 3\,A/cm \cdot 90\,cm = 270\,A$$

$$\underline{\Theta_{Fe} = 270\,A}$$

Durchflutung im Luftspalt:

$$B = \mu_0 \cdot H_L$$

$$H_L = \frac{B}{\mu_0} = \frac{1\,T}{1,257 \cdot 10^{-6}\,Vs/Am} = \frac{1\,Vs/m^2}{1,257 \cdot 10^{-6} \cdot Vs/Am} = 0,795 \cdot 10^6\,A/m$$

$$H_L = 0,795 \cdot 10^6\,A/m = 7950\,A/cm$$

$$\Theta_L = H_L \cdot l_L = 7950\,A/cm \cdot 0,4\,cm = 3180\,A$$

$$\underline{\Theta_L = 3180\,A}$$

Gesamtdurchflutung:

$$\Theta = \Theta_{Fe} + \Theta_L = 270\,A + 3180\,A$$

$$\Theta = 3450\,A$$

Magnetisierungsstrom:

$$\Theta = I \cdot N$$

$$I = \frac{\Theta}{N} = \frac{3450\,A}{1000} = 3,45\,A$$

$$\underline{I = 3,45\,A}$$

Aufgaben:

1. Ein Keramikring mit einem mittleren Umfang von 17,3 cm und einem Querschnitt 0,263 cm² ist mit 300 Windungen CuL-Draht bewickelt. Die Stromstärke beträgt 1,5 A. Zu berechnen sind: a) die Feldstärke; b) die magnetische Flußdichte in T und in G; c) der magnetische Fluß in Wb.

2. Eine ringförmige Luftspule von 3,5 cm² Ringquerschnitt und 35 cm mittlere Feldlinien-länge weist einen magnetischen Fluß von 65 Maxwell auf. Welcher Strom fließt durch die 250 Windungen?

3. Mit wieviel Windungen muß eine Ringspule ohne Kern bewickelt werden, wenn ein Strom von 200 mA eine magnetische Feldliniendichte von $0,65 \cdot 10^{-3}$ T erzeugen soll? Mittlere Feldlinienlänge 28,5 cm.

4. Eine Zylinderspule von l = 23 cm Länge und einem mittleren Durchmesser d = 2,5 cm trägt 210 Windungen. Die Stromstärke beträgt 1,8 A. Wie groß sind: a) die Feldstärke; b) die magnetische Flußdichte; c) der magnetische Fluß?

5. Welcher Durchmesser ist bei einem Rundrelais vorhanden, wenn bei einem magneti-schen Fluß von $8 \cdot 10^{-4}$ Wb eine magnetische Flußdichte von 0,635 Tesla vorliegt?

6. Auf einen geschlossenen Eisenkern aus Dynamoblech mit 2 cm² Querschnitt ist eine Spule mit 1000 Windungen gewickelt. Der Strom durch die Spule beträgt 0,2 A. Die mittlere Feldlinienlänge beträgt 40 cm. Berechnen Sie: a) die Durchflutung; b) die Feld-stärke; c) die magnetische Flußdichte und d) den magnetischen Fluß. (Benutzen Sie die Magnetisierungskurven im Anhang.)

7. Bestimmen Sie mit Hilfe der Magnetisierungskurve im Anhang für Gußeisen und für legiertes Blech für $B = 0,4$ T die Feldstärke H und µ.

8. Wie groß ist der magnetische Fluß in einem Transformatorkern EI 60 aus Dynamoblech mit einer Querschnittsfläche von 400 mm² und einer Feldlinienlänge von 120 mm bei einem Strom von 1,2 A und 100 Windungen?

9. Der Kern eines Relais ist aus Hyperm 50 hergestellt. Die mittlere Feldlinienlänge im Eisen beträgt 20 cm und im Luftspalt 0,2 mm. Durch die Spule fließt ein Strom von $I = 1,77$ A. Dabei entsteht eine magnetische Flußdichte von $B = 1,1$ T. Ermitteln Sie die Windungszahl der Spule.

10. In einem Elektromotor besteht die mittlere Feldlinienlänge des Feldes aus folgenden Abschnitten: 1. 200 mm in legiertem Blech; 2. 600 mm in Stahlguß und 3. zwei Luftspalte von je 0,6 mm. Die magnetische Flußdichte soll überall gleich sein und 1 Tesla betragen. Ermitteln Sie die erforderliche Durchflutung und den erforderlichen Magnetisierungsstrom bei 10 Windungen.

11. Welche magnetische Flußdichte läßt sich im Luftspalt eines Elekromagneten erreichen, wenn ein Strom von 3,4 A durch 50 Windungen der Spule mit $I = 17$ cm fließt und die Permeabilitätszahl 700 beträgt?

12. Die im **Bild A 5.1/12** dargestellte Ringspule hat 1200 Windungen und einen Widerstand von 46,85 Ω. Wie hoch muß die angelegte Spannung an der Spule sein, damit eine Feldstärke von 60 A/cm erzeugt wird?

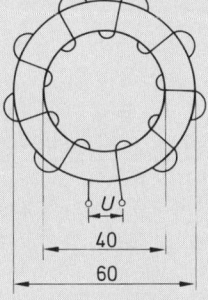

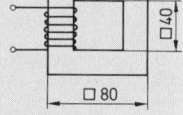

13. Im Spulenkern aus Dynamoblech nach **Bild A 5.1/13** soll ein magnetischer Fluß von $\Phi = 0,78$ mWb herrschen. Welcher Erregerstrom ist bei einer Spule mit 600 Windungen erforderlich?

Bild A 5.1/12   Bild A 5.1/13

14. Im Eisenkern einer Drosselspule soll die magnetische Flußdichte $B = 1$ T nicht überschreiten. Dieser Eisenkern ist aus Dynamoblech IV geschichtet und mit 150 Windungen bewickelt. Die mittlere Feldlinienlänge beträgt 200 mm. Ermitteln Sie: a) die magnetische Feldstärke; b) den erforderlichen Strom.

15. Eine Drosselspule mit 2000 Windungen ist auf einen Kern M 85a gewickelt. Der Kernquerschnitt beträgt $A = 9,3$ cm², die mittlere Eisenweglänge hat 192 mm, und das Dynamoblech besitzt ein $\mu_r = 660$. Diese Drosselspule wird von $I = 251$ mA Gleichstrom durchflossen. Welcher Luftspalt ist erforderlich, damit die Flußdichte $B = 0,8$ Vs/m² beträgt?

16. Der im **Bild A 5.1/16** dargestellte Kern eines Elektromagneten besteht aus Dynamobloch, der Anker aus massivem Hyperm 50. Im Kern soll eine Flußdichte von $B = 0,75$ Vs/m² vorhanden sein. Der Streufluß bleibt unberücksichtigt. Wie groß muß der Erregerstrom sein, wenn die Erregerwicklung 3000 Windungen besitzt?

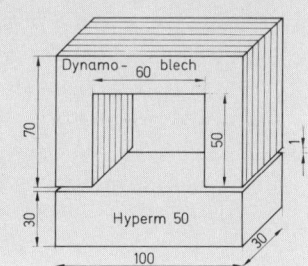

Bild A 5.1/16

5.2 Magnetische Kraftwirkung

Jeder Magnet übt auf ferromagnetische Materialien eine Anzugskraft aus. Diese Kraft ist um so größer, je höher die magnetische Flußdichte B und die zur Verfügung stehende Polfläche ist.

Weil beide Pole wirken, darf man nur mit der halben Kraft rechnen.

$$F = \frac{1}{2} \cdot \Phi \cdot H$$

daraus ergibt sich

$$\boxed{F = \frac{1}{2} \cdot \frac{B^2 \cdot A}{\mu_0}}$$

B = magnetische Flußdichte in Tesla (T) oder Vs/m^2

A = gesamte Polfläche in cm^2 oder m^2

μ_0 = magnetische Feldkonstante $1{,}257 \cdot 10^{-6}$ Vs/Am

F = Tragkraft in Newton (N)

Beispiel:

Ein Flachrelais hat eine Polfläche von $A = 5$ cm^2 und eine magnetische Flußdichte von $B = 0{,}544$ T. Wie groß ist die Kraft F?

Lösung:

$$F = \frac{1}{2} \frac{B^2 \cdot A}{\mu_0}$$

$$F = \frac{1 \cdot (0{,}544 \text{ T})^2 \cdot 5 \text{ cm}^2}{2 \cdot 1{,}257 \cdot 10^{-6} \text{ Vs/Am}} = \frac{2{,}96 \cdot 10^{-1} \text{ V}^2 \text{s}^2 \cdot A \cdot m \cdot 5 \cdot 10^{-4} \text{m}^2}{\text{m}^4 \cdot 2 \cdot 1{,}257 \cdot 10^{-6} \text{ Vs}}$$

$$F = 5{,}9 \cdot 10^1 \text{ V} \cdot \text{As/m} = 59 \text{Ws/m}$$

$$\underline{F = 59\,\text{N}}$$

Aufgaben:

1. An den beiden Polen von je 15 mm x 18 mm eines Elektromagneten herrscht eine Flußdichte von je $B = 0{,}64$ Tesla. Mit welcher Kraft wird der an beiden Polen hängende Anker angezogen?

2. Welche Flußdichte herrscht vor dem Anker eines Relais, das eine Zugkraft von $F = 3{,}5$ N aufweist (Polfläche $A = 0{,}25$ cm^2)?

3. Beim Prüfen eines Kopfhörers durch schrittweise Belastung eines angehängten Ankers löste sich dieser bei $F = 6{,}5$ N ab. Welcher Flußdichte entspricht dies? (2 anziehende Polflächen zu 48 mm^2).

4. Ein Wählermagnet mit einer kreisförmigen Polfläche von 1,8 cm Durchmesser soll eine Zugkraft von $F = 25$ N entwickeln. Welche Flußdichte und welcher magnetische Fluß sind hierzu erforderlich?

5. Welche Polfläche ist für einen Elektromagneten mit einer Flußdichte von $B = 1{,}5$ T bei einer Tragkraft von $F = 785$ N erforderlich?

● 6. Ein Elektromagnet mit einem Kern aus Dynamoblech und einer Pol- und Kernquerschnittsfläche von $A = 40$ cm^2 soll eine Haltekraft von $F = 1000$ N besitzen. Die gesamte Eisenweglänge beträgt $l = 200$ mm. Der verbleibende Luftspalt wird nicht berücksichtigt. Berechnen Sie den Haltestrom, der durch die Wicklung mit 2000 Windungen fließt.

6. Spule

6.1 Induktivität

Die Induktivität einer Spule ist nur abhängig von den Abmessungen und vom Kernmaterial.

$$L = \frac{\mu_0 \cdot \mu_r \cdot A \cdot N^2}{l}$$

$$L = A_L \cdot N^2$$

$$L = \frac{\Phi \cdot N}{I}$$

L = Induktivität in Henry (H)
  $1\,H = 1\,Vs/A = 1\,\Omega s$
μ_0 = magnetische Feldkonstante
  $1{,}257 \cdot 10^{-6}\,Vs/Am$
μ_r = Permeabilitätszahl (dimensionslos)
A = Querschnitt des magnetischen Feldes in m²
N = Windungszahl
l = mittlere Feldlinienlänge
Φ = magnetischer Fluß in Weber (Wb)
  $1\,Wb = 1\,Vs$
I = Strom in Ampere (A)
A_L = Spulenkonstante in Vs/A

Beispiel:

Berechnen Sie die Induktivität einer Spule, die 1000 Windungen hat bei einer Spulenkonstanten $A_L = 1{,}5 \cdot 10^{-9}$ Vs/A!

Lösung:

$L = A_L \cdot N^2$

$L = 1{,}5 \cdot 10^{-9}$ Vs/A $\cdot (1000)^2 = 1{,}5 \cdot 10^{-9}$ H $\cdot 10^6 = 1{,}5 \cdot 10^{-3}$ H

$\underline{L = 1{,}5\ mH}$

Aufgaben:

1. Berechnen Sie die Induktivität einer Spule, die 560 Windungen hat und die auf ein Kernmaterial mit einer Spulenkonstanten von $A_L = 1250 \cdot 10^{-9}$ Vs/A gewickelt ist!

2. Berechnen Sie für eine Ringspule mit Stahlgußkern von 175 Windungen, 12 cm mittlerem Durchmesser und 2 cm² Windungsfläche die Permeabilitätszahlen und hieraus die Induktivitäten für folgende Stromstärken a) 0,1 A; b) 0,4 A; c) 0,8 A; d) 1,4 A. (Magnetisierungskurve im Anhang benutzen.)

3. Wie groß ist die Induktivität einer Spule mit Eisenkern bei einem magnetischen Fluß von $\Phi = 5 \cdot 10^{-5}$ Wb, einer Durchflutung von $\Theta = 68$ A und 136 Windungen?

4. Wie groß ist die Induktivität einer Spule mit Eisenkern von 1000 Windungen, 1 cm² Querschnitt, einer Flußdichte von $B = 0{,}19$ T und einer Stromstärke von $I = 0{,}45$ A?

5. Welche Induktivität hat die Erregerwicklung eines Lautsprechermagneten von $R = 11{,}2$ kΩ, die an der Spannung von 220 V liegt und bei der Durchflutung von $\Theta = 878$ A einen magnetischen Fluß von $\Phi = 3{,}3 \cdot 10^{-4}$ Wb erzeugt?

6. Eine Spule mit einer Induktivität von $L = 20$ mH soll gewickelt werden. Zur Probe werden auf einen Ferroxcube-Schalenkern 10 Windungen gewickelt, die eine Induktivität von $L = 35$ μH ergeben. Berechnen Sie die erforderliche Windungszahl.

6.2 Induktionsgesetz

Die in einer Spule induzierte Spannung ist um so höher, je größer die Windungszahl, je größer die Flußänderung und je kürzer die Zeit ist, in der die Flußänderung erfolgt. Mit dem Minuszeichen wird zum Ausdruck gebracht, daß die Richtung der Selbstinduktionsspannung U_0 der Richtung der den Strom I verursachenden Spannung entgegengesetzt ist (Lenzsche Regel).

$$U_0 = -N \cdot \frac{\Delta \Phi}{\Delta t}$$

$$U_0 = -L \cdot \frac{\Delta I}{\Delta t}$$

U_0 = induzierte Spannung in V
N = Windungszahl
$\Delta \Phi$ = Flußänderung in Wb
Δt = Zeit, in der die Flußänderung erfolgt, in Sekunden (s)
L = Induktivität in Henry (H)
  1 H = 1 Vs/A = 1 Ωs
ΔI = Stromänderung in A

Beispiele:

1. Der eine aus 100 Windungen bestehende Spule durchsetzende Fluß Φ ändert sich von $1{,}5 \cdot 10^{-4}$ Vs auf $6 \cdot 10^{-4}$ Vs in einer Zeit von 0,4 s bis 0,8 s. Wie groß ist die induzierte Spannung?

Lösung:

$$U_0 = -N \cdot \frac{\Delta \Phi}{\Delta t}$$

$$U_0 = -100 \, \frac{6 \cdot 10^{-4} \, \text{Vs} - 1{,}5 \cdot 10^{-4} \, \text{Vs}}{0{,}8 \, \text{s} - 0{,}4 \, \text{s}}$$

Eingabe

100 | +/− | x | (| 6 | EE | 4 | +/− | − | 1.5 | EE | 4 | +/− |) | ÷

(| 0.8 | − | 0.4 |) | =

Anzeige: − 0.1125

$\underline{U_0 = -112{,}5 \, \text{mV}}$

2. Durch eine Spule von 50 mH fließt ein Strom von 0,6 A, der in 0,3 s abgeschaltet wird. Wie groß ist die Selbstinduktionsspannung?

Lösung:

Flußabnahme hat positive Spannung zur Folge!

$$U_0 = +L \, \frac{\Delta I}{\Delta t}$$

$$U_0 = +50 \, \text{mH} \cdot \frac{0{,}6 \, \text{A}}{0{,}3 \, \text{s}} = +5 \cdot 10^{-2} \, \text{Vs/A} \cdot \frac{6 \cdot 10^{-1} \, \text{A}}{3 \cdot 10^{-1} \, \text{s}} = +10 \cdot 10^{-2} \, \text{V}$$

$$\underline{U_0 = +0{,}1 \, \text{V}}$$

Aufgaben:

1. Eine Spule mit 10 Windungen wird von einem Fluß durchsetzt, der sich in der Zeit 0,1 s bis 0,5 s von $+4 \cdot 10^{-4}$ Vs auf $-4 \cdot 10^{-4}$ Vs ändert. Berechnen Sie die induzierte Spannung.

2. Der eine einfache Leiterschleife durchsetzende Fluß Φ hat den im **Bild A 6.2/2** gezeigten zeitlichen Verlauf. Berechnen Sie den zeitlichen Verlauf der induzierten Spannung U_0 und deren Maximalwert.

3. Geben Sie den zeitlichen Verlauf der induzierten Spannung an und berechnen Sie den Maximalwert der Spannung, wenn eine einfache Leiterschleife von dem in **Bild A 6.2/3** gezeigten Fluß durchsetzt wird.

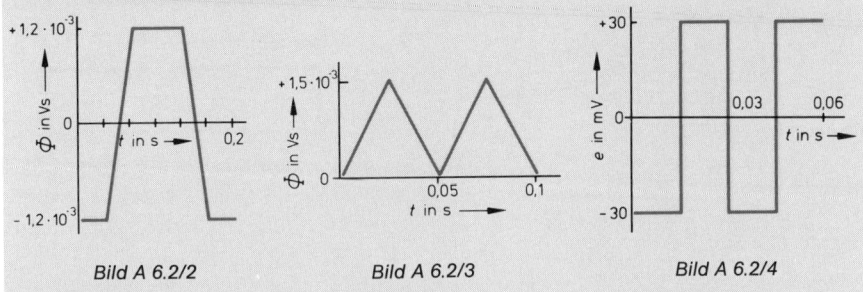

Bild A 6.2/2   Bild A 6.2/3   Bild A 6.2/4

4. Im **Bild A 6.2/4** sind die Größe und der zeitliche Verlauf der in einer Leiterschleife induzierten Spannung angegeben. Bestimmen Sie den Betrag und den zeitlichen Verlauf des die Leiterschleife durchsetzenden Flusses.

5. In einer Spule mit einer Induktivität von 500 mH ändert sich der Strom von 0,1 A auf 5 A in einer Zeit von 3 s. Wie groß ist die induzierte Spannung?

6. An einer unbekannten Spule mißt man eine Induktionsspannung von 36 V, wenn man einen Strom von 0 auf 2 A in 1 s ändert. Wie groß ist die Induktivität dieser Spule?

7. In der Kollektorleitung eines Transistors liegt ein Relais mit einer Induktivität von 100 mH. Der Transistor schaltet seinen Kollektorstrom von 200 mA in 0,5 ms. Wie groß ist die Induktionsspannung am Relais?

8. Im Lastkreis eines Thyristors liegt eine induktive Last mit $L = 5$ H. Dieser Thyristor schaltet in $\Delta t = 10$ ms einen Strom von $I = 25$ A. Welche Induktionsspannung entsteht an der Last?

9. Durch eine Spule mit einer Induktivität $L = 0{,}75$ H fließt ein Gleichstrom von $I = 0{,}2$ A. Welche Zeit ist für das Abschalten dieses Stromes zulässig, damit die induzierte Spannung bei gleichmäßiger Stromabnahme $U_0 = 500$ V nicht übersteigt?

●10. Die Tauchspule eines dynamischen Mikrofons hat 20 Windungen. In der Ruhelage wird diese Tauchspule vom magnetischen Fluß $\Phi = 0{,}5$ mVs durchsetzt. Wird die Spule aus dem Magnetfeld herausbewegt, so wird $\Phi = 0{,}3$ mVs. Welche Spannung wird induziert, wenn dieses Mikrofon mit einer Frequenz $f = 250$ Hz besprochen wird?

●11. Ein induktiver Oberflächenaufnehmer hat $N = 20$ Windungen. In der Ruhelage wird die ganze Fläche im Luftspalt von der Flußdichte $B = 1{,}2$ T durchsetzt. Welche Spannung kann abgenommen werden, wenn während $t = 2$ ms der Teil $\Delta A = 0{,}8$ cm² der Spulenfläche aus dem Luftspalt herausbewegt wird?

6.3 Spule an Gleichspannung

Der zeitliche Verlauf des Stromes durch eine Spule beim Ein- und Ausschalten einer Gleichspannung erfolgt nach einer e-Funktion. Er ist dem Verlauf der Auf- und Entladespannung eines Kondensators sehr ähnlich. Nach ca. 5 τ ist der Endwert erreicht **(Bild 6.1)**.

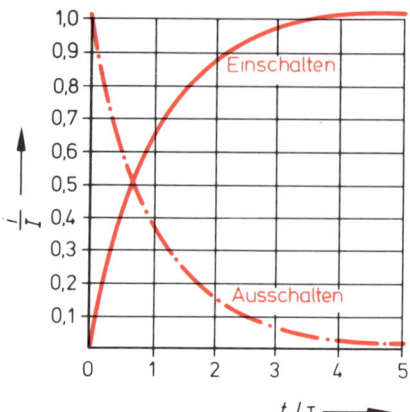

Bild 6.1
Ein- und Ausschaltkurve bei Induktivitäten

Einschalten:

$$i = I\,(1 - e^{-t/\tau})$$

Ausschalten:

$$i = I\,e^{-t/\tau}$$

i = Augenblickswert des Stromes in A
I = Anfangs- und Endwert des Stromes in A
e = Basis des natürlichen Logarithmus
t = Zeit in s

Der elektrische Strom und das stets mit ihm verknüpfte Magnetfeld zeigen als Folge der Selbstinduktion Trägheit. Der Auf- und Abbau eines magnetischen Feldes ist abhängig von der Größe der Induktivität und umgekehrt proportional dem mit der Spule in Reihe liegenden Widerstand.

$$\tau = \frac{L}{R}$$

τ = Zeitkonstante in s
L = Induktivität in H = Ω · s
R = Widerstand in Ω

Beispiele:

1. Nach welcher Zeit hat der Strom in einer Spule mit 500 mH 63 % seines Endwertes erreicht, wenn in Reihe mit der Spule ein Widerstand $R = 10\ \text{k}\Omega$ liegt?

Lösung:

$$\tau = \frac{L}{R} = \frac{500\ \text{mH}}{10\,\text{k}\Omega} = \frac{5 \cdot 10^{-1}\ \text{H}}{10^4\,\Omega} = 5 \cdot 10^{-5}\,\text{s}$$

$$\tau = 50\ \mu\text{s}$$

2. Welcher Strom fließt durch eine Spule von 100 mH nach 0,001 s, wenn der gesamte im Stromkreis liegende Widerstand 10 Ω hat und die Batterie $U = 10\ \text{V}$ abgibt?

Lösung:

$$i = I\,(1 - e^{-t/\tau})$$

$$\tau = \frac{L}{R} = \frac{100\ \text{mH}}{10\ \Omega}$$

$$\tau = 10\ \text{ms}$$

102

$$I = \frac{U}{R} = \frac{10\,\text{V}}{10\,\text{A}}$$

$$I = 1\,\text{A}$$

$$i = 1\,\text{A}\,(1 - e^{-1\,\text{ms}/10\,\text{ms}})$$

Eingabe:

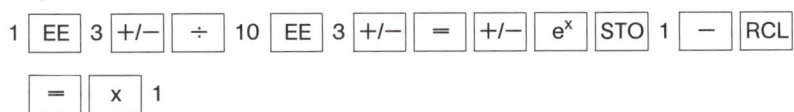

Anzeige: 0.0951625
$\underline{i = 95{,}16\,\text{mA}}$

Aufgaben:

1. Welche Zeitkonstante hat eine Drosselspule von 8,5 H, die einen Widerstand von 300 Ω besitzt?

2. Welchen Wert hat der Strom eine halbe Sekunde nach dem Einschalten, wenn die Induktivität einer Drosselspule 2,5 H, ihr Widerstand 20 Ω und die Klemmenspannung 24 V betragen?

3. Welchen Wert hat der Strom (Anfangswert $I = 1{,}2$ A) a) 0,01 s; b) 0,05 s; c) 0,1 s nach dem Abschalten in einer kurzgeschlossenen Spule, deren Zeitkonstante 0,15 s beträgt?

4. Wie groß ist die Induktivität eines Elektromagneten von 250 Ω, wenn der Strom 3 s nach dem Einschalten erst die Hälfte seines Endwertes erreicht?

5. In einer Drosselspule hat der Strom innerhalb von 0,3 s nach dem Einschalten seinen Maximalwert erreicht. Wie groß ist der Widerstand dieser Spule, wenn diese eine Induktivität von 3 H hat?

● 6. Welche Induktivität muß eine Spule mit $R = 35$ Ω haben, wenn der Strom $t = 0{,}5$ s nach dem Einschalten 75 % seines Höchstwertes erreichen soll?

● 7. Im Lastkreis eines Thyristors liegt eine Spule. Bei dieser Induktivität sind $N = 1000$ Windungen auf einen geschlossenen Eisenkern mit $A = 8$ cm² und einer Flußdichte von $B = 0{,}87$ Vs/m² gewickelt. Es entsteht eine Durchflutung von $\Theta = 64{,}4$ A. Die Wicklung hat einen Widerstand von $R = 5$ Ω. Nach welcher Zeit erreicht der Strom beim Einschalten 40 % seines Endwertes?

● 8. Beim Abschalten eines Relais mit $L = 500$ mH und $R = 0{,}73$ Ω soll der Strom nach $t = 0{,}2$ s auf die Hälfte abgesunken sein. Welcher Widerstand muß zugeschaltet werden?

9. Ein Relais mit $L = 0{,}3$ H und $R = 25$ Ω wird an die Gleichspannung $U = 5$ V gelegt. Berechnen Sie a) die Zeitkonstante, b) den Endwert des Stromes!

10. Bei einer Drosselspule, die an einer Gleichspannung von $U = 12$ V liegt, steigt der Strom bis auf $I = 0{,}25$ A. Der Strom ist nach $t = 5$ ms nach dem Einschalten auf $I = 105$ mA angestiegen. Berechnen Sie a) die Zeitkonstante τ; b) die Induktivität der Spule.

6.4 Spule an Wechselspannung

Im Wechselstromkreis wirkt eine Spule als Blindwiderstand. Der induktive Blindwiderstand X_L ist von der Induktivität der Spule und von der Frequenz der Wechselspannung abhängig. Geht man von einer sinusförmigen Wechselspannung aus, wird die Kreisfrequenz $\omega = 2\,\pi \cdot f$ eingesetzt.

$$X_L = \frac{U}{I}$$

$$X_L = \omega \cdot L$$

X_L = induktiver Blindwiderstand
U = Wechselspannung an der Spule
I = Wechselstrom durch die Spule
ω = Kreisfrequenz
L = Induktivität

Beispiel:

Eine unbekannte Spule wird mit 6,3 V/50 Hz gespeist. Es wird ein Strom $I = 80$ mA gemessen. Welche Induktivität besitzt diese Spule?

Lösung:

$$X_L = \frac{U}{I} = \frac{6,3\,\text{V}}{80\,\text{mA}} = \frac{6,3\,\text{V}}{8 \cdot 10^{-2}\,\text{A}} = 0,788 \cdot 10^2\,\Omega$$

$$\underline{X_L = 78,8\,\Omega}$$

$$L = \frac{X_L}{2\pi \cdot f} = \frac{78,8\,\Omega}{2\pi \cdot 50\,\text{Hz}} = \frac{7,88 \cdot 10^1\,\Omega}{2 \cdot \pi \cdot 5 \cdot 10^1\,\text{Hz}} = \frac{7,88 \cdot 10^1\,\Omega}{\pi \cdot 1 \cdot 10^2\,\text{Hz}}$$

$$\underline{L = 250\,\text{mH}}$$

Aufgaben:

1. Wie groß ist der induktive Blindwiderstand einer 2 mH-Spule bei 375 kHz?

2. Eine unbekannte Spule hat bei 110 V/50 Hz einen Stromdurchgang von 16 mA. Der Gleichstromwiderstand der Wicklung wird vernachlässigt. Wie groß ist ihre Induktivität?

3. In einer Siebkette hat die Spule eine Induktivität von 0,23 H und einen Blindwiderstand von 3600 Ω. Berechnen Sie die Frequenz, die an diese Siebkette gelegt wird.

4. Bei 1500 kHz hat eine Hochfrequenzdrossel einen Blindwiderstand von 330 kΩ. Berechnen Sie die Induktivität.

5. Legt man an eine Siebdrossel eine Spannung von 30 V/50 Hz an, so mißt man einen Strom von 12,4 mA. Wie groß ist die Induktivität dieser Drossel?

6. Eine Spule liegt an 100 V/50 Hz. Man mißt einen Strom von 2,5 A. Berechnen Sie die Induktivität dieser Spule.

7. Welcher Strom fließt bei Vernachlässigung des Wirkwiderstandes durch eine Spule von 2,45 H, die an 110 V/50 Hz liegt?

8. Eine Spule hat bei 500 Hz einen induktiven Widerstand von 78 Ω. Bei welcher Frequenz beträgt dieser 120 Ω?

9. Welcher Strom fließt bei Vernachlässigung des Wirkwiderstandes durch eine Drosselspule mit $N = 500$ Windungen bei einer Klemmenspannung von 125 V/50 Hz? Der Kern hat eine Konstante $A_L = 1700 \cdot 10^{-9}$ Vs/A.

10. Wieviele Windungen müssen auf einen Kern mit einer Spulenkonstanten von $A_L = 2200 \cdot 10^{-9}$ Vs/A gewickelt werden, wenn an dieser Drossel bei einem Strom von $I = 0,5$ A und $f = 50$ Hz ein Spannungsabfall von 70 V bestehen soll?

6.5 Zusammenschaltung von Spulen

Beim Zusammenschalten von Spulen gelten die gleichen Berechnungen wie bei ohmschen Widerständen. Voraussetzung: keine magnetische Kopplung.

6.5.1 Reihenschaltung

$$L_{ges} = L_1 + L_2 + L_3 + \ldots + L_n$$

$$X_{Lges} = X_{L1} + X_{L2} + X_{L3} + \ldots + X_{Ln}$$

6.5.2 Parallelschaltung

$$L_{ges} = \cfrac{1}{\cfrac{1}{L_1} + \cfrac{1}{L_2} + \cfrac{1}{L_3} + \ldots + \cfrac{1}{L_n}}$$

$$X_{Lges} = \cfrac{1}{\cfrac{1}{X_{L1}} + \cfrac{1}{X_{L2}} + \cfrac{1}{X_{L3}} + \ldots + \cfrac{1}{X_{Ln}}}$$

L_{ges} = Gesamtinduktivität
$L_1, L_2 \ldots$ = Einzelinduktivitäten
X_L = induktiver Blindwiderstand

Beispiel:
Zwei Spulen mit einer Induktivität $L_1 = 0{,}5\,H$ und $L_2 = 1{,}2\,H$ sind parallelgeschaltet. Welche Gesamtinduktivität ergibt sich?

Lösung:

$$L_{ges} = \cfrac{1}{\cfrac{1}{L_1} + \cfrac{1}{L_2}} = \cfrac{1}{\cfrac{1}{0{,}5\,H} + \cfrac{1}{1{,}2\,H}}$$

$$L_{ges} = 353\,mH$$

Eingabe:

0,5 $\boxed{1/x}$ $\boxed{+}$ 1,2 $\boxed{1/x}$ $\boxed{=}$ $\boxed{1/x}$

Anzeige: 0,3529411

Aufgaben:

1. Welche Gesamtinduktivität bzw. Ersatzinduktivität ergibt sich, wenn zwei Induktivitäten von 500 mH und 800 mH a) in Reihe und b) parallel geschaltet werden?

2. Zwei Spulen mit Induktivitäten von 3 H und 2,6 H sind a) in Reihe und b) parallel geschaltet. Berechnen Sie für beide Schaltungen die Gesamtinduktivität bzw. Ersatzinduktivität.

3. Bei einer Parallelschaltung von zwei Spulen soll eine Ersatzinduktivität von 76 mH erreicht werden. Es steht eine Spule mit 250 mH zur Verfügung. Berechnen Sie die erforderliche zweite Spule!

4. In einer Reihenschaltung zweier Spulen werden bei der Frequenz $f = 25\,Hz$ folgende Werte durch Messung ermittelt: Spannung $U_{L1} = 48\,V$, Spannung $U_{L2} = 12\,V$ und Strom $I = 780\,mA$. Berechnen Sie: X_{L1}, X_{L2}, X_{Lges}, U_{ges}, L_1, L_2!

5. Drei Induktivitäten sind in Reihe an eine Spannung mit der Frequenz 25 Hz geschaltet. Der induktive Gesamtwiderstand beträgt 1600 Ω.
   a) Berechnen Sie L_1, L_2 und L_3, wenn L_2 doppelt so groß ist wie L_1 und L_3 dreimal so groß ist wie L_2!
   b) Wie groß sind die Induktivitäten, wenn bei Parallelschaltung der drei Spulen der Ersatzwiderstand 16 Ω beträgt?

6. Der induktive Gesamtwiderstand zweier in Reihe geschalteter Spulen soll bei $f = 50\,Hz$ 3768 Ω betragen. Die Induktivität L_1 mit 4 H weist einen Widerstand von 1256 Ω auf. Welche Indutivität muß L_2 haben, um den geforderten Gesamtwiderstand zu erhalten?

7. Zusammenschaltung von Wirk- und Blindwiderständen

7.1 RC- und RL-Schaltungen

7.1.1 Reihenschaltung

Tabelle 7.1: RC- und RL-Reihenschaltung		
	RC-Schaltung	RL-Schaltung
Schaltbild		
Zeiger		
Spannung	$U_{ges} = \sqrt{U_R{}^2 + U_C{}^2}$	$U_{ges} = \sqrt{U_R{}^2 + U_L{}^2}$
Widerstand	$Z = \dfrac{U_{ges}}{I}$ $R = Z \cdot \cos\varphi;$ $X_C = Z \cdot \sin\varphi$ $Z = \sqrt{R^2 + X_C{}^2}$	$Z = \dfrac{U_{ges}}{I}$ $R = Z \cdot \cos\varphi;$ $X_L = Z \cdot \sin\varphi$ $Z = \sqrt{R^2 + X_L{}^2}$

Beispiel:

Eine Leuchtstofflampe hat eine Betriebsspannung von 110 V/60 W. Sie liegt über eine Vorschaltdrossel an 220 V/50 Hz **(Bild 7.1)**. Berechnen Sie die Induktivität.

Lösung:

$$U_{Drossel} = \sqrt{U_{ges}{}^2 - U_{Lampe}{}^2} = 190\,V$$

$$I = \frac{P}{U} = \frac{6 \cdot 10^1\,W}{1{,}1 \cdot 10^2\,V} = 0{,}545\,A$$

$$X_L = \frac{U_{Drossel}}{I} = \frac{1{,}9 \cdot 10^2\,V}{5{,}45 \cdot 10^{-1}\,A} = 348\,\Omega$$

$$L = \frac{X_L}{2\pi \cdot f} = \frac{3{,}48 \cdot 10^2\,\Omega}{\pi \cdot 1 \cdot 10^2\,Hz} \Rightarrow \underline{L = 1{,}11\,H}$$

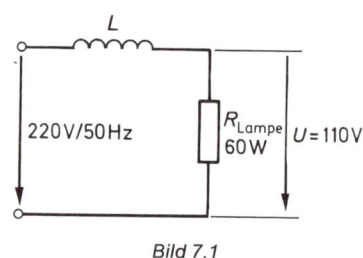

Bild 7.1
Vorschaltdrossel

Aufgaben:

1. Ein 6,8 nF-Kondensator liegt mit einem 820 kΩ-Widerstand in Reihe an 8 V/30 Hz. Wie groß sind der Gesamtwiderstand und die Spannungen U_C und U_R?

2. Bei einer Reihenschaltung mit einem Widerstand von 2060 Ω und einem unbekannten Kondensator wird bei einer Gesamtspannung von 3 V/2 kHz ein Strom von 1,2 mA gemessen. Welche Kapazität besitzt der Kondensator?

3. Ein Lötkolben von 220 V/50 W soll mit einem Vorkondensator an 220 V/50 Hz angeschlossen werden. Am Lötkolben soll eine Spannung von 150 V stehen. Welche Größe muß der Kondensator haben, und auf welche Leistung ist der Kolben herabgesetzt? Wie groß ist die Spannung am Kondensator, wie groß ist der Scheinwiderstand dieser Schaltung, und wie groß ist der Winkel zwischen Schein- und Wirkwiderstand?

●4. An einem Wechselstromnetz 220 V/50 Hz soll ein Lötkolben von 120 W Nennleistung bei 220 V Nennspannung über einen Vorwiderstand mit verminderter Spannung $U_K = 140$ V betriebsbereit gehalten werden. Die geringe Temperaturabhängigkeit zwischen Warte- und Betriebszustand soll vernachlässigt werden. Zur Vermeidung unnötiger Verluste soll ein Vorschaltkondensator C verwendet werden.
   a) Welche Kapazität muß der Kondensator haben?
   b) Welche Spannungssicherheit muß der Kondensator aufweisen, wenn die Effektivwerte der Netzspannung maximal um rund ± 16 % schwanken können?
   c) Welche Leistung erhält der Kolben in dieser Schaltung?
   d) Welche Leistung würde die gesamte Schaltung dem Netz entnehmen, wenn anstelle des Kondensators ein ohmscher Widerstand verwendet worden wäre?

● 5. Eine Reihenschaltung aus R und C liegt an 1,6 V/80 Hz. Wie groß muß der Kondensator ausgelegt werden, wenn man am 1-MΩ-Widerstand noch 80 % der angelegten 1,6 V abgreifen will?

6. Eine Lampe von 60 W hat eine Betriebsspannung von 75 V und soll über einen Vorschaltkondensator an 220 V/50 Hz angeschlossen werden. Berechnen Sie die Kapazität des Vorkondensators.

● 7. Ein 1-MΩ-Widerstand wird mit einem Kondensator in Reihe geschaltet. Bei einer Frequenz von 30 Hz sollen noch 95 % der angelegten Gesamtspannung am Widerstand stehen. Welche Größe muß der Kondensator haben?

● 8. Ein Lötkolben von 150 W liegt an 220 V/50 Hz. Wenn nicht gelötet wird, soll er nur noch eine Leistung von 50 W aufnehmen. Wie groß muß der vorgeschaltete Kondensator sein?

● 9. An einer Reihenschaltung von $R = 820$ Ω und $C = 6,8$ nF liegt eine Gesamtspannung von 50 mV. Bei welcher Frequenz werden am Widerstand 43 mV gemessen?

10. Welcher Scheinwiderstand ergibt sich bei der Reihenschaltung einer Induktivität von 3 mH mit einem Widerstand von 250 Ω bei einer Frequenz von 9 kHz?

11. Ein Wirkwiderstand von 300 Ω liegt in Reihe mit einer 0,7 H-Spule an einer Spannung von 220 V/50 Hz. Berechnen Sie den Gesamtwiderstand, den Strom und die Spannungsabfälle an der Spule und am Widerstand.

●12. Eine Lampe von 60 W hat eine Betriebsspannung von 75 V und soll über eine Drossel an 220 V/50 Hz angeschlossen werden. Berechnen Sie die Induktivität der Spule.

●13. Eine Leuchtstofflampe von 40 W hat eine Betriebsspannung von 110 V. Sie liegt über eine Vorschaltdrossel an 220 V/50 Hz. Berechnen Sie die Induktivität.

14. Die Reihenschaltung von $L = 0,5$ mH mit $R = 1,5$ kΩ liegt an 18 V/600 kHz. Wie groß sind der Strom und die Spannung an der Spule?

7.1.2 Spulenverluste

Die Verluste einer Spule faßt man in einem Wirkwiderstand zusammen, der ersatzschalt-bildmäßig in Reihe mit der idealen Spule liegt **(Bild 7.2)**. Weil jede Spule Verluste hat, gibt man entweder den **Verlustfaktor** oder den **Gütefaktor** an.

$d = \tan \delta$	$d = \dfrac{1}{Q}$	$Q = \dfrac{X_L}{R_v}$

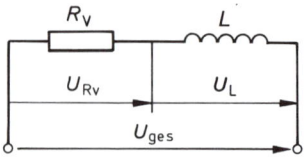
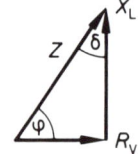

d = Verlustfaktor
δ = Verlustwinkel
Q = Gütefaktor
X_L = induktiver Blindwiderstand
R_v = Spulenverluste

Bild 7.2
Verlustbehaftete Spule (Ersatzschaltbild)

Beispiel:

Eine Spule hat einen Verlustfaktor von $d = 0,1763$ bei $f = 1$ kHz. Berechnen Sie a) den Verlustwinkel; b) den Gütefaktor und c) den Verlustwiderstand, wenn $L = 10$ mH ist.

Lösung:

a) $d = \tan \delta = 0,1763$

$\underline{\delta = 10°}$

Eingabe:

0.1763 [Inv] [tan]

Anzeige:

9.985

b) $Q = \dfrac{1}{d} = \dfrac{1}{0,1763}$

$\underline{Q = 5,67}$

c) $Q = \dfrac{\omega \cdot L}{R_v}$

$R_v = \dfrac{\omega \cdot L}{Q} = \dfrac{2\,\pi \cdot 1\,\text{kHz} \cdot 10\,\text{mH}}{5,67}$

$\underline{R_v = 11,08\,\Omega}$

Aufgaben:

1. Eine Spule hat einen Verlustfaktor von $d = 0,1405$. Berechnen Sie den Verlustwinkel und die Spulengüte.

2. Eine Spule mit $L = 0,5$ H bewirkt eine Phasenverschiebung von $\varphi = 86°$ bei einer Frequenz von 1 kHz. Berechnen Sie den Verlustwiderstand.

3. Eine Drossel hat bei 220 V/50 Hz einen Stromdurchgang von 42 mA. Bei Gleichspannung von 4 V beträgt der Strom 15,3 mA. Berechnen Sie: a) die Induktivität der Drossel; b) den Verlustwiderstand; c) die Spulengüte; d) den Phasenverschiebungswinkel!

4. Eine Siebdrossel von 2 H hat bei einem Stromdurchgang von 10 mA einen Wechselspannungsabfall von 15 V bei 100 Hz. Berechnen Sie: a) den Gütefaktor; b) den Verlustwiderstand; c) den Verlustwinkel.

7.1.3 Parallelschaltung

	Tabelle 7.2: RC- und RL-Parallelschaltung	
	RC-Schaltung	RL-Schaltung
Schaltung	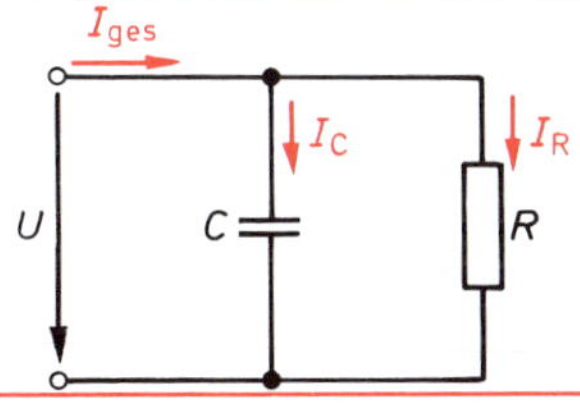	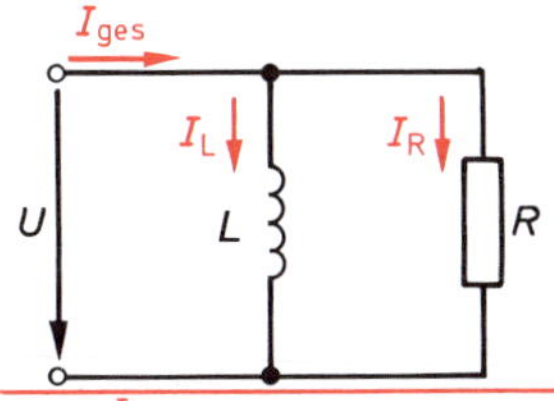
Zeiger	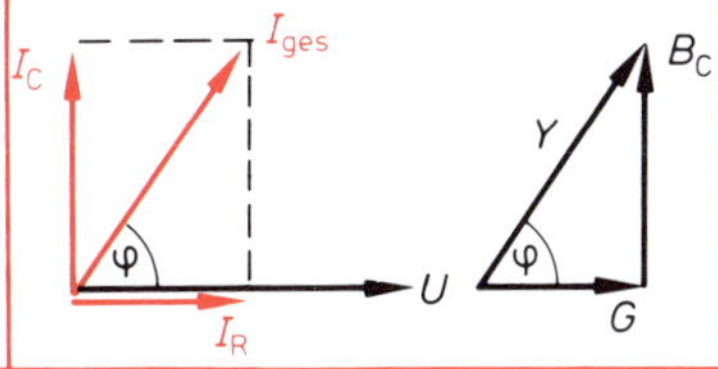	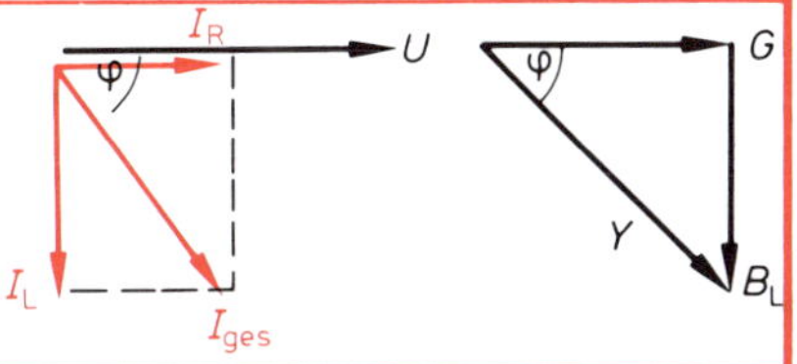
Strom	$I_{ges} = \sqrt{I_R{}^2 + I_C{}^2}$	$I_{ges} = \sqrt{I_R{}^2 + I_L{}^2}$
Leitwert	$Y = \sqrt{G^2 + B_C{}^2}$ $\dfrac{1}{Z} = \sqrt{\left(\dfrac{1}{R}\right)^2 + \left(\dfrac{1}{X_C}\right)^2}$	$Y = \sqrt{G^2 + B_L{}^2}$ $\dfrac{1}{Z} = \sqrt{\left(\dfrac{1}{R}\right)^2 + \left(\dfrac{1}{X_L}\right)^2}$
Widerstand	$Z = \dfrac{U}{I_{ges}} = \dfrac{1}{Y}$ $R = \dfrac{1}{Y \cdot \cos\varphi}$ $X_C = \dfrac{1}{Y \cdot \sin\varphi}$	$Z = \dfrac{U}{I_{ges}} = \dfrac{1}{Y}$ $R = \dfrac{1}{Y \cdot \cos\varphi}$ $X_L = \dfrac{1}{Y \cdot \sin\varphi}$

Beispiel:

Eine Parallelschaltung besteht aus einem 500-Ω-Widerstand und einem 5-μF-Kondensator. Belde liegen an 110 V/50 Hz. Berechnen Sie den Gesamtwiderstand und den Gesamtstrom dieser Schaltung.

Lösung:

$$X_C = \frac{1}{2\pi \cdot f \cdot C} = \frac{1}{2\pi \cdot 5 \cdot 10^1\ \text{Hz} \cdot 5 \cdot 10^{-6}\ \text{F}} = 636\ \Omega$$

$$Z = \frac{1}{\sqrt{\left(\dfrac{1}{R}\right)^2 + \left(\dfrac{1}{X_C}\right)^2}} = \frac{1}{\sqrt{\left(\dfrac{1}{500\ \Omega}\right)^2 + \left(\dfrac{1}{636\ \Omega}\right)^2}}$$

Eingabe:

500 | 1/x | x² | + | 636 | 1/x | x² | = | √ | 1/x

Anzeige: 393.07337

$\underline{Z = 393\ \Omega}$

$$I_{ges} = \frac{U}{Z} = \frac{1,1 \cdot 10^2\ V}{3,93 \cdot 10^2\ \Omega}$$

$\underline{I_{ges} = 280\ mA}$

Aufgaben:

1. Wie groß ist der Gesamtwiderstand einer Parallelschaltung aus $R = 15$ kΩ und $C = 0,47$ µF bei einer Frequenz von 50 Hz?

2. Ein Kondensator von $C = 47$ nF liegt mit einem Widerstand von 3,3 kΩ parallel an 125 V/50 Hz. Wie groß ist der Gesamtwiderstand, und wie groß sind die Teilströme?

3. Ein Kondensator von 8 µF liegt parallel mit einem Widerstand von 500 Ω an 220 V/50 Hz. Wie hoch sind der Scheinwiderstand, die Teilströme und der Gesamtstrom?

4. Ein Kondensator von 20 µF und ein Widerstand von 200 Ω liegen parallel an einer Spannung von 220 V/50 Hz. Berechnen Sie den Scheinwiderstand und die Ströme.

5. Für die Frequenz 200 MHz wird ein Gesamtwiderstand von 6,2 Ω benötigt. Ein 10 Ω-Widerstand steht zur Verfügung. Wie groß muß der parallelgeschaltete Kondensator gewählt werden?

6. Die Parallelschaltung aus einem 10 kΩ-Widerstand und einem unbekannten Kondensator liegt an einer Spannung von 125 V/50 Hz. Es wird ein Gesamtstrom von 17,7 mA gemessen. Berechnen Sie die Kapazität des unbekannten Kondensators.

7. In einer Parallelschaltung von R und C an 10 V/15 kHz wurden die Teilströme mit $I_C = 2,2$ mA und $I_R = 3$ mA gemessen. Wie groß sind R und C? Wie groß ist der Gesamtwiderstand dieser Schaltung?

8. In einer Kompensationsschaltung liegt ein Kondensator von 5,6 nF parallel zu einem Widerstand von 560 kΩ. Die angelegte sinusförmige Wechselspannung hat 10 V/50 Hz. Berechnen Sie: a) den Wirkstrom, b) den Blindstrom, c) den Gesamtstrom, d) den Scheinwiderstand und e) den Phasenverschiebungswinkel zwischen Strom und Spannung.

9. In einer Gegenkopplungsleitung ist ein Gesamtwiderstand von $Z = 32$ kΩ bei $f = 100$ Hz erforderlich. Dieser Scheinwiderstand soll aus einer Parallelschaltung mit einem Widerstand von $R = 100$ kΩ und einem Kondensator hergestellt werden. Berechnen Sie die Kapazität des erforderlichen Kondensators.

10. Eine Parallelschaltung aus einer Drosselspule mit einer Induktivität $L = 5$ H und einem Widerstand $R = 800$ Ω liegt an 220 V/50 Hz. Wie groß sind der Gesamtstrom und der Gesamtwiderstand?

11. Eine Parallelschaltung hat einen Gesamtwiderstand von 6 Ω bei einer Frequenz von 3 kHz. Der parallelgeschaltete Widerstand hat 10 Ω. Welche Induktivität hat die Spule?

12. In einer Parallelschaltung von einer Spule von 1,5 H mit einem unbekannten Widerstand fließt bei einer angelegten Spannung von 220 V/50 Hz ein Gesamtstrom von 0,72 A. Welchen Widerstandswert hat der unbekannte Widerstand, und wie groß ist der Strom durch diesen Widerstand?

7.1.4 Kondensatorverluste

Die Verluste eines Kondensators faßt man in einem Wirkwiderstand zusammen, der ersatzbildmäßig parallel zum idealen Kondensator liegt **(Bild 7.3).** Obwohl die Verluste sehr klein sind, gibt man trotzdem den Verlustfaktor oder den Gütefaktor an.

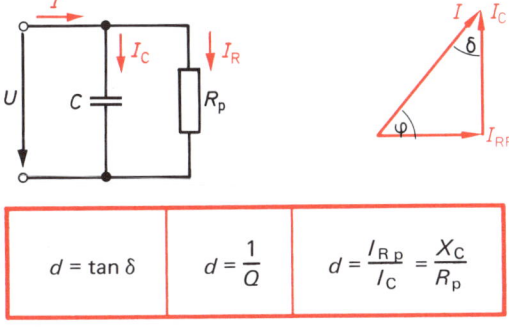

Bild 7.3:
Kondensatorverluste

d = Verlustfaktor
δ = Verlustwinkel
Q = Gütefaktor
I_{Rp} = Verluststrom
I_C = Blindstrom
X_C = kap. Blindwiderstand
R_p = Verlustwiderstand

$d = \tan \delta$	$d = \dfrac{1}{Q}$	$d = \dfrac{I_{Rp}}{I_C} = \dfrac{X_C}{R_p}$

Beispiel:

Ein Kondensator mit 200 pF hat bei 1 MHz einen Verlustwiderstand von 8 MΩ. Berechnen Sie: a) den Verlustfaktor, b) den Gütefaktor.

Lösung:

a) $d = \dfrac{1}{2\pi \cdot f \cdot C \cdot R_p} = \dfrac{1}{2\pi \cdot 1\,\text{MHz} \cdot 200\,\text{pF} \cdot 8\,\text{MΩ}}$

$d = 0{,}995 \cdot 10^{-4}$

b) $Q = \dfrac{1}{d} = \dfrac{1}{0{,}995 \cdot 10^{-4}}$

$Q = 10\,050$

Aufgaben:

1. Der Hersteller gibt für einen Elektrolytkondensator mit $C = 150\,\mu\text{F}$ bei 100 Hz einen $\tan \delta = 0{,}2$ an. Berechnen Sie den Verlustwiderstand.

2. Ein Kunststoffolien-Kondensator hat bei $f = 3$ kHz einen Verlustfaktor von $1 \cdot 10^{-3}$ und einen Isolationswiderstand von $3 \cdot 10^4$ MΩ. Berechnen Sie den Kapazitätswert dieses Kondensators.

3. Ein Keramik-Rohrkondensator mit 82 pF hat bei 1 MHz einen Verlustfaktor von $0{,}4 \cdot 10^{-3}$. Berechnen Sie: a) den Verlustwiderstand; b) den Gütefaktor.

4. Ein Kondensator mit $C = 4{,}7$ nF darf bei $f = 10$ kHz nur einen Verlustwiderstand von $R_p = 1$ MΩ haben. Welchen Verlustfaktor und welche Güte muß der Kondensator haben? Wie groß ist der Verlustwinkel?

●5. Bei einem Kondensator mit $C = 100\,\mu\text{F}$ wird bei einer Frequenz $f = 50$ Hz eine Phasenverschiebung zwischen Strom und Spannung von $\varphi = 82°$ gemessen. Berechnen Sie:
a) den Verlustwinkel
b) den Verlustfaktor
c) den Verlustwiderstand

7.1.5 Umwandlung einer Reihen- in eine Parallelschaltung und umgekehrt

Jede komplexe Reihenschaltung kann man in eine komplexe Parallel-Ersatzschaltung und umgekehrt umwandeln. Dieses Verfahren ist besonders geeignet, um größere Netzwerke zu berechnen. Die Umwandlung kann entweder rechnerisch **(Bild 7.4)** oder grafisch **(Bild 7.5)** vorgenommen werden:

Bei gleicher Frequenz gilt:

$$Z_R = \frac{1}{Y_P}$$

$$\varphi_R = \varphi_P$$

Z_R = Scheinwiderstand der Reihenschaltung

Y_P = Scheinleitwert der Parallelschaltung

φ_R, φ_P = Phasenwinkel

$R_P = \dfrac{R_R{}^2 + X_R{}^2}{R_R} = \dfrac{1}{G_R}$	$R_R = \dfrac{R_P \cdot X_P{}^2}{R_P{}^2 + X_P{}^2} = G_P \cdot X_P{}^2$
$X_P = \dfrac{R_R{}^2 + X_R{}^2}{X_R} = \dfrac{1}{B_R}$	$X_R = \dfrac{R_P{}^2 \cdot X_P}{R_P{}^2 + X_P{}^2} = B_P \cdot R_P{}^2$

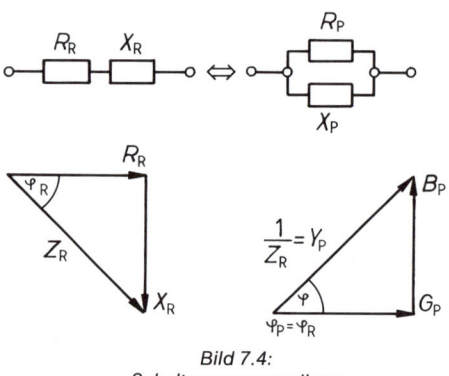

Bild 7.4:
Schaltungsumwandlung

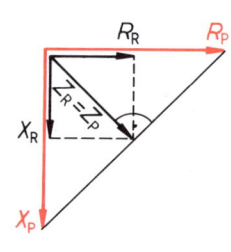

Bild 7.5:
Grafische Schaltungsumwandlung

Beispiel:

Eine Reihenschaltung besteht aus einem Kondensator mit einem Blindwiderstand von $X_C = 3\,\text{k}\Omega$ und einem Widerstand von 4 kΩ. Berechnen Sie die Parallel-Ersatzschaltung.

Lösung:

$$Z = \sqrt{R_R{}^2 + X_{C\,R}{}^2} = \sqrt{(4\,\text{k}\Omega)^2 + (3\,\text{k}\Omega)^2} = \sqrt{16 + 9}\,\text{k}\Omega$$

$$Z = 5\,\text{k}\Omega$$

$$\tan \varphi_R = \frac{X_{CR}}{R_R} = \frac{3\,k\Omega}{4\,k\Omega} = 0{,}75 \Rightarrow \varphi_R = 36{,}8°$$

$$Y_P = \frac{1}{Z_R} = \frac{1}{5\,k\Omega} \Rightarrow Y_P = 200\,\mu S$$

$$\varphi_R = \varphi_P$$

$$R_P = \frac{1}{G_P} = \frac{1}{Y_P \cdot \cos\varphi_P} = \frac{1}{200\,\mu S \cdot \cos 36{,}8°} \Rightarrow \underline{R_P = 6{,}25\,k\Omega}$$

$$X_{CP} = \frac{1}{B_{CP}} = \frac{1}{Y \cdot \sin\varphi_P} = \frac{1}{200\,\mu S \cdot \sin 36{,}8°} \Rightarrow \underline{X_{CP} = 8{,}33\,k\Omega}$$

Aufgaben:

1. Eine Reihenschaltung aus einem Widerstand von 10 kΩ und einem kapazitiven Blindwiderstand von 8 kΩ soll in eine Parallel-Ersatzschaltung umgerechnet werden.

2. Eine Parallelschaltung besteht aus einem Widerstand mit $R = 5\,k\Omega$ und einem induktiven Blindwiderstand von $X_L = 5\,k\Omega$. Berechnen Sie die Werte der umgerechneten Reihen-Ersatzschaltung.

3. Ein Kondensator mit $C = 4{,}7$ nF liegt mit einem Widerstand $R = 8{,}2\,k\Omega$ in Reihe an einer Wechselspannung mit der Frequenz $f = 2$ kHz. Berechnen Sie die entsprechenden Werte einer Parallelschaltung.

● 4. Die im **Bild A7.1/4** dargestellte Schaltung liegt an einer Wechselspannung 50 V/500 Hz. Berechnen Sie die Stromaufnahme dieses Netzwerkes.

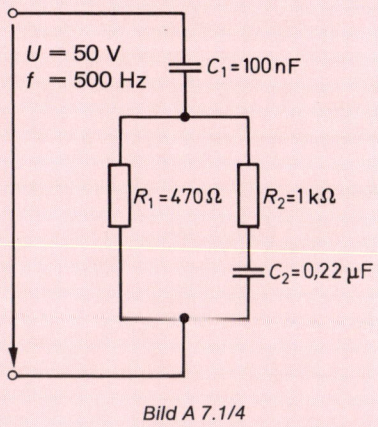

Bild A 7.1/4

5. Eine Reihenschaltung besteht aus einem Widerstand $R_R = 2\,k\Omega$ und einer Spule mit einer Induktivität $L_R = 500$ mH. Diese Reihenschaltung soll bei einer Frequenz $f = 800$ Hz in eine äquivalente Parallelschaltung umgewandelt werden. Berechnen Sie die entsprechenden Werte für R_P und L_P.

6. In einer Schaltung liegt parallel zu einer Induktivität $L_P = 200$ mH ein Widerstand $R_P = 0{,}5\,k\Omega$. Diese Parallelschaltung soll bei $f = 50$ Hz in eine äquivalente Reihenschaltung umgewandelt werden. Berechnen Sie die entsprechenden Werte für R_R und L_R.

● 7. Parallel zu einem Kondensator mit einem Blindwiderstand $X_C = 14\,\Omega$ liegt ein Wirkwiderstand $R = 12\,\Omega$. Welchen Wert muß ein induktiver Blindwiderstand haben, der in Reihe zu dieser Parallelschaltung gelegt wird, damit der Gesamtwiderstand der Schaltung 6,92 Ω (reell) beträgt?

7.2 RLC-Schaltungen

Tabelle 7.3: RLC-Schaltung

	Reihenschaltung	Parallelschaltung
Schaltung	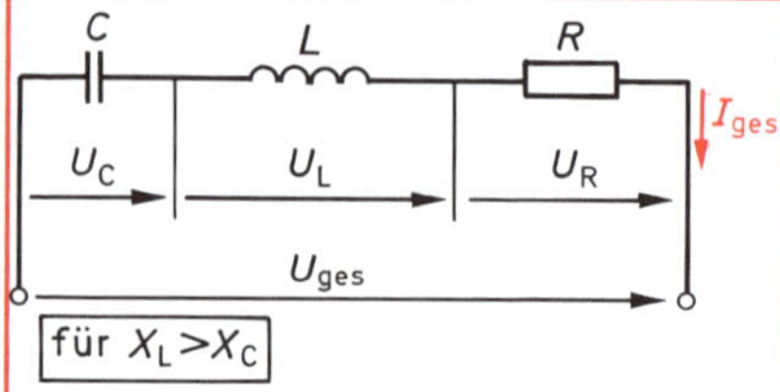 für $X_L > X_C$	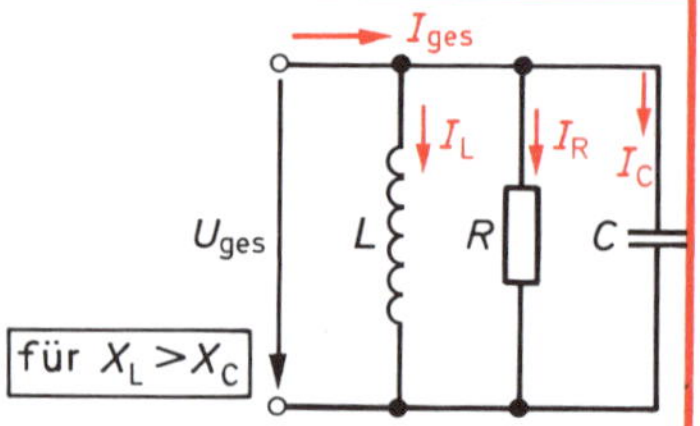 für $X_L > X_C$
Zeiger	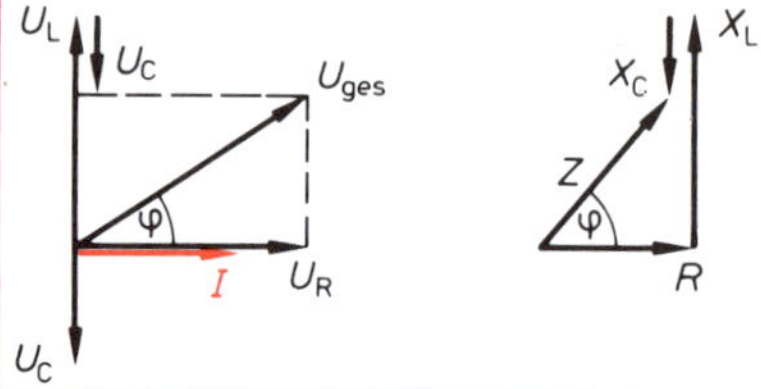	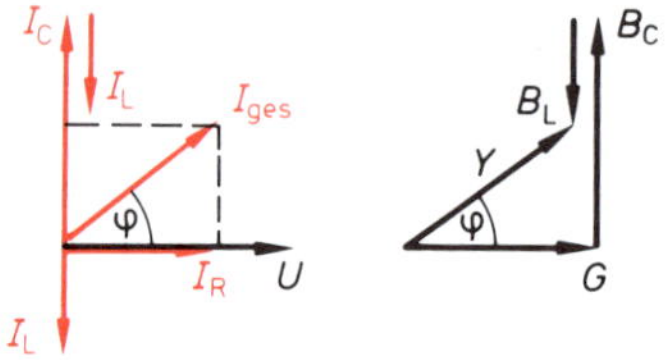
Spannung	$U_{ges} = \sqrt{U_R^2 + (\lvert U_L - U_C \rvert)^2}$	$U_{ges} = U$
Strom	$I_{ges} = I$	$I_{ges} = \sqrt{I_R^2 + (\lvert I_C - I_L \rvert)^2}$
Widerstand	$Z = \sqrt{R^2 + (\lvert X_L - X_C \rvert)^2}$	$Z = \dfrac{1}{Y}$
Leitwert	$Y = \dfrac{1}{Z}$	$Y = \sqrt{G^2 + (\lvert B_C - B_L \rvert)^2}$

Beispiel:

In einer Reihenschaltung aus $L = 5{,}5$ H, $C = 1{,}2$ µF und $R = 800\ \Omega$ wird die Spannung U_L mit 380 V/100 Hz gemessen. Wie groß sind die Gesamtspannung, die Spannung U_R und die Spannung U_C?

Lösung:

$X_L = \omega \cdot L = 2\pi \cdot 1 \cdot 10^2\ \text{Hz} \cdot 5{,}5\,\text{H} = 34{,}5 \cdot 10^2\ \Omega$

$X_L = 3{,}45\,\text{k}\Omega$

$X_C = \dfrac{1}{2\pi \cdot f \cdot C} = \dfrac{1}{2\pi \cdot 10^2\,\text{Hz} \cdot 1{,}2 \cdot 10^{-6}\,\text{F}} = \dfrac{1 \cdot 10^4}{2\pi \cdot 1{,}2} = 0{,}131 \cdot 10^4\ \Omega$

$X_C = 1{,}31\,\text{k}\Omega$

$I = \dfrac{U_L}{X_L} = \dfrac{3{,}8 \cdot 10^2\ \text{V}}{3{,}45 \cdot 10^3\ \Omega} = \dfrac{3{,}8\ \text{V}}{3{,}45\ \Omega} \cdot 10^{-1} = 1{,}1 \cdot 10^{-1}\ \text{A}$

$I = 110\,\text{mA}$

$U_C = X_C \cdot I = 1{,}31 \cdot 10^3 \, \Omega \cdot 1{,}1 \cdot 10^{-1} \, A = 1{,}44 \cdot 10^2 \, V$

$\underline{U_C = 144 \, V}$

$U_R = R \cdot I = 8 \cdot 10^2 \, \Omega \cdot 1{,}1 \cdot 10^{-1} \, A = 8{,}8 \cdot 10^1 \, V$

$\underline{U_R = 88 \, V}$

$U_{ges} = \sqrt{U_R{}^2 + (U_L - U_C)^2} = \sqrt{(88 \, V)^2 + (380 \, V - 144 \, V)^2}$

Eingabe:

88 $\boxed{x^2}$ $\boxed{+}$ $\boxed{(}$ 380 $\boxed{-}$ 144 $\boxed{)}$ $\boxed{x^2}$ $\boxed{=}$ $\boxed{\sqrt{}}$

Anzeige: 251.87298

$\underline{U_{ges} = 251{,}87 \, V}$

Aufgaben:

1. Wie groß ist der Scheinwiderstand der Reihenschaltung eines Wirkwiderstandes von $R = 4 \, k\Omega$, einer Spule mit $X_L = 800 \, \Omega$ und eines Kondensators mit $X_C = 6 \, k\Omega$?

2. Welchen Scheinwiderstand ergibt eine Reihenschaltung von $R = 100 \, \Omega$ mit einer Induktivität von 94 µH und einer Kapazität von 300 pF bei einer Frequenz von 1 MHz?

3. In einer Parallelschaltung wurden bei 50 Hz gemessen: $I_R = 120 \, mA$; $I_L = 240 \, mA$ und $I_C = 100 \, mA$. Wie groß sind L und C, wenn $R = 1800 \, \Omega$ beträgt? Wie groß ist der Gesamtstrom?

4. Der Gesamtstrom einer Reihenschaltung aus R, L und C beträgt bei 40 V/100 Hz 52 mA. Der Wirkwiderstand hat 600 Ω, und der Kondensator hat eine Kapazität von $C = 2 \, µF$. Wie groß ist die Induktivität?

5. An 27,3 V/2,5 kHz liegt die Reihenschaltung von $C = 200 \, nF$, $L = 50 \, mH$ und $R = 500 \, \Omega$. Wie hoch ist die Spannung U_c?

6. Ein Widerstand von 2 kΩ liegt parallel zu einem Kondensator von $C = 2 \, µF$ und einer Spule von $L = 12 \, H$ an 50 Hz. Wie groß ist der Gesamtwiderstand?

7. Bei 50 Hz und 110 V sind ein Wirkwiderstand von $R = 1{,}5 \, k\Omega$, ein Kondensator von $C = 5 \, µF$ und eine Drossel von $L = 2 \, H$ parallel geschaltet. Welcher Gesamtstrom fließt?

8. In einer Parallelschaltung von $C = 16 \, µF$, $R = 300 \, \Omega$ und einer Spule von $L = 0{,}3 \, H$ fließt bei $f = 100 \, Hz$ ein Strom $I_L = 90 \, mA$. Wie groß sind die angelegte Spannung und der Gesamtstrom?

9. In einer Reihenschaltung von $R = 1{,}2 \, k\Omega$ mit einem Kondensator $C = 44 \, nF$ und einer unbekannten Spule wird bei 300 Hz ein Gesamtwiderstand von $Z = 2 \, k\Omega$ gemessen. Wie groß ist die Induktivität?

10. In einer elektronischen Schaltung liegen ein Wirkwiderstand von $R = 2{,}2 \, k\Omega$, ein Kondensator von $C = 0{,}47 \, µF$ und eine Drossel von $L = 0{,}2 \, H$ parallel an einer Wechselspannung von 60 V/400 Hz. Berechnen Sie den Phasenverschiebungswinkel dieser Schaltung.

7.3 Schwingkreise

7.3.1 Resonanzfrequenz

Mit steigender Frequenz wird der Blindwiderstand X_L einer Spule immer hochohmiger. Dagegen wird bei steigender Frequenz der Blindwiderstand X_C eines Kondensators immer niederohmiger. So sind bei einer bestimmten Frequenz X_L und X_C gleich groß. Das ist die Resonanzbedingung eines Reihen- oder Parallelschwingkreises. Diese Frequenz bezeichnet man als **Resonanzfrequenz (Bild 7.6).**

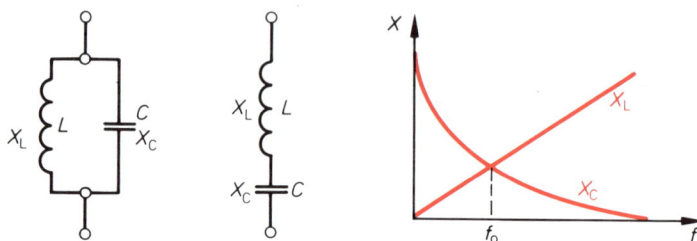

Bild 7.6:
Resonanz bei Reihen- und Parallelschwingkreisen

$$X_C = X_L \Rightarrow \frac{1}{\omega C} = \omega L \Rightarrow \omega^2 = \frac{1}{C \cdot L}$$

damit ist $\omega = \dfrac{\sqrt{1}}{\sqrt{C \cdot L}} = \dfrac{1}{\sqrt{C \cdot L}}$ und da $\omega = 2\pi \cdot f$ ist, wird

$$f_0 = \frac{1}{2\pi \cdot \sqrt{L \cdot C}}$$

Diese wichtige Schwingkreisformel, die sogenannte Thomsonsche Schwingkreisformel, ermöglicht die Berechnung der Resonanzfrequenz eines Serien- oder Parallelschwingkreises.

Beispiel:

Welche Resonanzfrequenz hat ein Schwingkreis mit einer Kapazität von $C = 220$ pF und einer Induktivität von $L = 450$ µH?

Lösung:

$$f_0 = \frac{1}{2\pi \cdot \sqrt{L \cdot C}} = \frac{1}{2\pi \cdot \sqrt{450\ \mu H \cdot 220\ pF}}$$

Eingabe:

450 | EE | 6 | +/− | x | 220 | EE | 12 | +/− | = | √ | x | 2 | x | π | = | 1/x

Anzeige: 5.0583 05

$f_0 = 505,83$ kHz

7.3.2 Resonanzwiderstand

Im Resonanzfall sind X_L und X_C gleich groß. So wäre der Resonanzwiderstand eines Reihenschwingkreises ohne Verluste null, da X_L und X_C 180° phasenverschoben zueinander sind und sich so aufheben.

Der Resonanzwiderstand eines Parallelschwingkreises ohne Verluste wäre dagegen unendlich hoch.

Weil aber jeder Schwingkreis in der Praxis Verluste hat, besitzt der Resonanzwiderstand stets einen endlichen Wert. Die Verluste, die mit R_v bezeichnet werden, ergeben sich aus den Verlusten des Kondensators und aus den Verlusten der Spule. Weil aber die Spulenverluste um den Faktor 10^6 größer sind als die Kondensatorverluste, berücksichtigt man nur die Verluste der Spule. Sie ergeben sich aus dem Drahtwiderstand, dem Skineffekt, den Ummagnetisierungsverlusten, den Wirbelstromverlusten, den Streufeldverlusten, den Querfeldverlusten und den dielektrischen Verlusten **(Bild 7.7)**.

So ergibt sich bei einem **Reihenschwingkreis** (Serienschwingkreis) im Resonanzfall ein Resonanzwiderstand, der nur von R_v bestimmt wird.

$$Z_0 = R_v$$

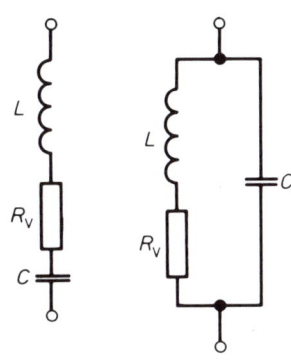

Bei einem **Parallelschwingkreis** ergibt sich daher im Resonanzfall kein unendlich hoher Resonanzwiderstand, sondern ein Widerstand, der vom L/C-Verhältnis und dem Verlustwiderstand R_v abhängig ist.

$$Z_0 = \frac{L}{C \cdot R_v}$$

Bild 7.7:
Schwingkreis mit Verlusten

Jedoch kann man auch jeden Resonanzwiderstand nach dem Ohmschen Gesetz errechnen aus:

$$Z_0 = \frac{U_{ges}}{I_{ges}}$$

Beispiel:

Wie groß ist der Resonanzwiderstand eines Parallelschwingkreises, wenn $C = 200$ pF; $L = 0,2$ mH und $R_v = 18$ Ω sind?

Lösung:

$$Z_0 = \frac{L}{C \cdot R_v} = \frac{2 \cdot 10^{-4}\,\text{H}}{2 \cdot 10^{-10}\,\text{F} \cdot 1,8 \cdot 10^1\,\Omega} = \frac{2 \cdot 10^5}{2 \cdot 1,8}\,\Omega = 0,555 \cdot 10^5\,\Omega$$

$$Z_0 = 55,6\ \text{k}\Omega$$

7.3.3 Schwingkreisgüte

In einem **Reihenschwingkreis** hat man Spannungsresonanz, d.h. die Teilspannungen an den Blindwiderständen X_L bzw. X_C sind im Resonanzfall um die Güte Q mal so groß wie die angelegte Spannung U_{ges}.

Da sich die Spannungen wie die Widerstände verhalten und der Z_0 der kleinstmögliche auftretende Widerstand im Serienschwingkreis ist – also R_v – wird:

$$Q = \frac{U_L}{U_{ges}} = \frac{U_C}{U_{ges}}$$

$$Q = \frac{X_L}{R_v} = \frac{X_C}{R_v}$$

Im **Parallelschwingkreis** hat man Stromresonanz, d. h. der im Kreis fließende Strom I_C bzw. I_L ist um die Güte mal so groß wie der zufließende Strom I_{ges}.

Da sich die Ströme umgekehrt zu den Widerständen verhalten und Z_0 im Parallelkreis der größtmögliche auftretende Widerstand ist, wird

$$Q = \frac{I_L}{I_{ges}} = \frac{I_C}{I_{ges}}$$

$$Q = \frac{Z_0}{X_L} = \frac{Z_0}{X_C}$$

Weil die Spule die größten Verluste besitzt, bestimmt die **Spulengüte** auch die Schwingkreisgüte. Die Spulengüte ist das Verhältnis zwischen dem Blindwiderstand X_L und dem Verlustwiderstand R_v.

$$Q_{Spule} = \frac{X_L}{R_v}$$

Mittels der Umstellung einer Güteformel eines Schwingkreises kann man aber auch den **Resonanzwiderstand** eines Reihen- oder Parallelschwingkreises bestimmen.

Parallelschwingkreis:

$$Z_0 = X_L \cdot Q = X_C \cdot Q$$

Reihenschwingkreis:

$$Z_0 = R_v = \frac{X_L}{Q} = \frac{X_C}{Q}$$

Durch Gleichsetzung der Parallelschwingkreisgüte und der Spulengüte erhält man eine weitere Formel zur Berechnung des Resonanzwiderstandes eines Parallelschwingkreises.

$$Q = \frac{Z_0}{\omega \cdot L} \quad \text{(Parallelschwingkreis)}$$

$$\frac{Z_0}{\omega \cdot L} = \frac{\omega \cdot L}{R_v}$$

$$Z_0 = \frac{(\omega \cdot L)^2}{R_v}$$

$$Q = \frac{\omega \cdot L}{R_v} \quad \text{(Spulengüte)}$$

$$Q = \frac{\omega \cdot L}{R_v} \quad \text{oder } Q = Z_0 \cdot \omega \cdot C$$

$$\frac{\omega \cdot L}{R_v} = Z_0 \cdot \omega \cdot C$$

$$Z_0 = \frac{\omega \cdot L}{\omega \cdot C \cdot R_v} \qquad Z_0 = \frac{L}{C \cdot R_v}$$

Oft wird statt der Güte Q der Kehrwert, die Dämpfung d, angegeben.

$$Q = \frac{1}{d} \qquad d = \text{Verlustfaktor } \tan \delta$$

Beispiele:

1. Wie groß sind die Schwingkreisgüte und der Resonanzwiderstand eines Parallelschwingkreises bei $f_0 = 450$ kHz, $L = 0,25$ mH und $R_V = 18\ \Omega$?

Lösung:

$$Z_0 = \frac{(\omega\,L)^2}{R_V} = \frac{(2\,\pi \cdot 450\ \text{kHz} \cdot 0,25\ \text{mH})^2}{18\ \Omega}$$

Eingabe:

| 2 | x | π | x | 450 | EE | 3 | x | .25 | EE | 3 | +/− | = | x² | ÷ | 18 | = |

Anzeige: 27758.262

$\underline{Z_0 = 27,76\ \text{k}\Omega}$

$$Q = \frac{\omega \cdot L}{R_V} = \frac{2\,\pi \cdot 450\ \text{kHz} \cdot 0,25\ \text{mH}}{18\ \Omega}$$

$\underline{Q = 39,27}$

7.3.4 Bandbreite

Die Resonanzwirkung oder Trennschärfe ist um so besser, je höher die Güte ist, d.h. je kleiner die Verluste sind. Die Bandbreite eines Schwingkreises ist auf die Punkte festgelegt, bei denen der Maximalwert bei f_0 um 3 dB ($1/\sqrt{2}$, also auf den 0,707fachen Wert) abgesunken ist **(Bild 7.8)**.

Die Bandbreite ist um so kleiner, je größer die Güte des Schwingkreises ist.

$$b = \frac{f_0}{Q}$$

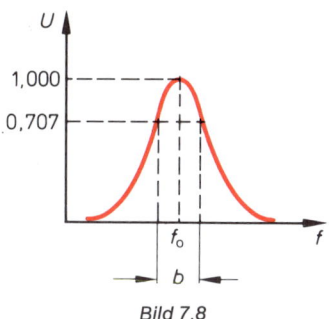

Bild 7.8
Schwingkreisgüte

weil $Q = \omega\,L/R_V$, kann man in die Formel diesen Wert einsetzen.

$$b = \frac{f_0}{Q} = \frac{f_0 \cdot R_V}{\omega \cdot L} = \frac{f_0 \cdot R_V}{2\pi \cdot f_0 \cdot L}$$

$$b = \frac{R_V}{2\pi \cdot L}$$

Die Bandbreitenformeln gelten sowohl für den Reihen- als auch für den Parallelschwingkreis.

Beispiel:

Ein Schwingkreis hat eine Güte von 180 bei einer Resonanzfrequenz von 120 kHz. Wie groß ist die Bandbreite?

Lösung: $\quad b = \dfrac{f_0}{Q} = \dfrac{1,2 \cdot 10^5}{1,8 \cdot 10^2}\ \text{Hz} = 0,66 \cdot 10^3\ \text{Hz}$

$\underline{b = 660\ \text{Hz}}$

7.3.5 Zusammenstellung der wichtigsten Schwingkreisformeln

$$X_L = X_C \quad \Rightarrow \quad \omega L = \frac{1}{\omega C} \quad \Rightarrow \quad f_0 = \frac{1}{2\pi \cdot \sqrt{L \cdot C}} \; ;$$

$$b = \frac{f_0}{Q} \qquad\qquad b = \frac{R_v}{2\pi \cdot L}$$

$$N = \sqrt{\frac{L}{A_L}} \text{ mit } L \text{ in nH}; \qquad N = K \cdot \sqrt{L} \text{ mit } L \text{ in mH}; \qquad N = \alpha \cdot \sqrt{L} \text{ mit } L \text{ in mH}$$

Reihenschwingkreis:	Parallelschwingkreis:
$Z_0 = R_v$	$Z_0 = \dfrac{L}{C \cdot R_v}$
$R_v = \dfrac{U_{ges}}{I_{ges}}$	$Z_0 = \dfrac{U_{ges}}{I_{ges}}$
	$Z_0 = \dfrac{(\omega \cdot L)^2}{R_v}$
$Q = \dfrac{U_L}{U_{ges}} = \dfrac{U_C}{U_{ges}}$	$Q = \dfrac{I_L}{I_{ges}} = \dfrac{I_C}{I_{ges}}$
$Q = \dfrac{X_L}{R_v} = \dfrac{X_C}{R_v}$	$Q = \dfrac{Z_0}{X_L} = \dfrac{Z_0}{X_C}$
$Q = \dfrac{\omega \cdot L}{R_v}$	$Q = \omega \cdot C \cdot Z_0$

N = Windungszahl
$K = \alpha$ = Kernfaktor L in mH
A_L = Kernfaktor L in nH
b = Bandbreite in Hz (Hertz)
$Q = \rho$ = Güte (ohne Dimension)
R_v = Verlustwiderstand in Ω
$Z_0 = R_0 = R_{res}$ = Resonanzwiderstand in Ω

U_{ges} = Gesamtspannung im Kreis in V
U_L = Spannung an L in V
U_C = Spannung an C in V
I_{ges} = Gesamtstrom des Kreises in A
I_L = Strom durch L in A
I_C = Strom durch C in A

Beispiel:

Bei einem Parallelschwingkreis mit $f_0 = 450$ kHz ist die Spule durchgebrannt und muß deshalb neu gewickelt werden. Die Kreiskapazität hat 220 pF. Es steht ein Spulenkörper mit einem $K = 110$ zur Verfügung. Der Verlustwiderstand der Spule darf nur 32 Ω betragen. Berechnen Sie die Induktivität der Spule, die Windungszahl, den Resonanzwiderstand des Kreises sowie die Güte und Bandbreite.

Lösung:

$$L = \frac{1}{\omega^2 \cdot C} = \frac{1}{4 \cdot \pi^2 \cdot 4{,}5^2 \cdot 10^{10} \text{Hz}^2 \cdot 2{,}2 \cdot 10^{-10} \text{F}} = \frac{1 \text{H}}{1.759 \cdot 10^3}$$

$$\underline{L = 569 \, \mu\text{H}}$$

$$N = K \cdot \sqrt{L} = 1{,}1 \cdot 10^2 \cdot \sqrt{55{,}9 \cdot 10^{-2}} = 1{,}1 \cdot 7{,}46 \cdot 10^1$$

$$\underline{N = 83 \text{ Wdg}}$$

$$Z_0 = \frac{L}{C \cdot R_v} = \frac{5{,}69 \cdot 10^{-4} \text{ H}}{2{,}2 \cdot 10^{-10} \text{F} \cdot 3{,}2 \cdot 10^1 \Omega} = \frac{5{,}69 \cdot 10^5 \Omega}{7{,}04} = 0{,}808 \cdot 10^5 \Omega$$

$$\underline{Z_0 = 80{,}8 \text{ k}\Omega}$$

$Q = \omega \cdot C \cdot Z_0 = 2 \cdot \pi \cdot 4{,}5 \cdot 10^5 \, \text{Hz} \cdot 2{,}2 \cdot 10^{-10} \, \text{F} \cdot 80{,}8 \cdot 10^3 \, \Omega$

$Q = 50{,}26$

$$b = \frac{f_0}{Q} = \frac{4{,}5 \cdot 10^5 \, \text{Hz}}{50{,}26}$$

$b = 8{,}95 \, \text{kHz}$

Aufgaben:

1. Ein Oszillatorkreis, der auf 19 kHz abgestimmt ist, hat eine Kreiskapazität von $C = 1{,}68$ nF. Welche Induktivität ist erforderlich?

2. Ein Kondensator von $C = 220$ pF ist parallel zu einer Spule von $L = 250$ µH geschaltet. Berechnen Sie die Resonanzfrequenz.

3. Es soll ein Schwingkreis für die Wellenlänge 560 m aufgebaut werden. Es steht eine Spule mit einer Induktivität von $L = 2{,}8$ mH zur Verfügung. Berechnen Sie die erforderliche Kapazität.

4. Der Schwingkreis eines Tongenerators hat eine Kapazität von $C = 12$ nF. Wie groß muß die Induktivität der Spule bei 800 Hz sein?

5. Wie groß ist der Resonanzwiderstand eines Parallelschwingkreises, dessen kapazitiver Widerstand $X_C = 7{,}2$ kΩ und dessen Güte 120 beträgt?

6. Der kapazitive Widerstand eines Schwingkreises ist bei Resonanz $X_C = 2{,}8$ kΩ, und die Güte beträgt 80. Wie hoch ist der Resonanzwiderstand in Reihen- und Parallelschaltung?

7. Ein Parallelschwingkreis hat bei 36 MHz eine Bandbreite von 1,2 MHz. Die Induktivität beträgt $L = 12$ µH. Berechnen Sie den Resonanzwiderstand.

8. Ein Schwingkreis für 10,7 MHz soll eine Bandbreite von 200 kHz haben. Wie groß muß die Güte sein?

9. Bei welcher Frequenz hat ein Schwingkreis mit einer Güte von 120 eine Bandbreite von $b = 4$ kHz?

10. Wenn man einen Schwingkreis mit der Resonanzfrequenz von 472 kHz auf 469 kHz oder auf 475 kHz verstimmt, sinkt die Kreisspannung auf 70,7 % des Höchstwertes ab. Berechnen Sie die Kreisgüte und die Bandbreite.

11. Ein Reihenschwingkreis hat einen Resonanzwiderstand von $R_V = 18$ Ω , bei einer Resonanzfrequenz von 860 kHz. Bei einer angelegten Spannung von 12 mV wurde am Kondensator eine Spannung von $U_C = 144$ mV gemessen. Berechnen Sie die Kreiskapazität und die Induktivität.

●12. Der Resonanzwiderstand eines Parallelschwingkreises beträgt bei 10,7 MHz $Z_0 = 76$ kΩ. Die Kreisgüte wurde mit 80 ermittelt. Berechnen Sie die Bandbreite, die Kreiskapazität und die Kreisinduktivität.

13. Bei einem Schwingkreis für 780 kHz beträgt die Kapazität 360 pF und die Güte 100. Berechnen Sie die Induktivität, den Verlustwiderstand und den Resonanzwiderstand.

14. Ein Schwingkreis hat mit 1 nF Kreiskapazität eine Resonanzfrequenz von 120 kHz. Welchen Wert muß der zugeschaltete Kondensator haben, damit die Resonanzfrequenz auf 100 kHz sinkt?

●15. Ein Parallelschwingkreis schwingt auf 18,8 kHz. Die Kreiskapazität beträgt $C = 4$ nF. Berechnen Sie:
a) die Kreisinduktivität, b) die Windungszahl bei $\alpha = 134$, c) den Resonanzwiderstand bei $R_V = 32$ Ω, d) die Kreisgüte, e) die Bandbreite, f) den kapazitiven Teilstrom bei einer Kreisspannung von 10 V.

16. In einer Oszillatorschaltung liegt ein Drehkondensator in Serie mit einem Serienkondensator C_S. Parallel zu dieser Serienschaltung liegt ein Parallelkondensator C_P. Die eingestellte Wellenlänge beträgt 30 m, C_P hat 10 pF, und C_S hat 50 pF. Die Induktivität der Spule beträgt 10 µH. Auf welchen Kapazitätswert ist der Drehkondensator abgestimmt?

● 17. Durch Messungen am Oszillator wurden für den Schwingkreis folgende Werte gefunden:
Resonanzfrequenz = 15 625 Hz
Güte = 100, Resonanzwiderstand = 200 kΩ
Berechnen Sie die Schwingkreisdaten: L, C, R_v und b.

18. Die Bandbreite eines Schwingkreises beträgt 6 kHz. Die Kreisinduktivität hat $L = 0,5$ mH. Berechnen Sie den Verlustwiderstand des Kreises.

● 19. Ein Parallelschwingkreis hat eine Bandbreite von 4,55 kHz bei einer Resonanzfrequenz von $f_0 = 470$ kHz. Die Kreisinduktivität hat $L = 0,56$ mH. Berechnen Sie den erforderlichen Parallelwiderstand, der zur Bedämpfung zugeschaltet werden muß, um eine Bandbreite von 9 kHz zu erhalten.

● 20. In einem Parallelschwingkreis wurde der Strom I_C im Resonanzfall mit 2,46 µA gemessen, wenn am Kreis eine Hf-Spannung von 2 mV angelegt wurde und ein Gesamtstrom von 60,5 nA floß. Die Kreiskapazität hat $C = 30$ pF. Berechnen Sie:
a) die Resonanzfrequenz, b) die Kreisinduktivität, c) den Spulenverlustwiderstand, d) die Bandbreite, e) die Kreisgüte, f) den Resonanzwiderstand.

● 21. Ein auf 36 MHz abgestimmter Parallelschwingkreis nach **Bild A 7.3/21** hat eine Bandbreite von 0,8 MHz. Dieser Kreis muß aber eine Bandbreite von $b = 1,2$ MHz haben. Berechnen Sie den erforderlichen Bedämpfungswiderstand, wenn die Induktivität der Spule $L = 35$ µH beträgt.

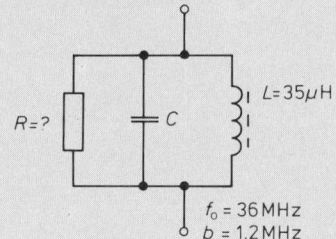

Bild A 7.3/21

● 22. Ein Hf-Verstärker ist nach **Bild A 7.3/22** aufgebaut. Der Transistor T1 hat einen Ausgangsleitwert von 25 µS, der gesamte Eingangswiderstand des Transistors T2 hat 2 kΩ. Die Schwingkreisspule hat insgesamt 70 Windungen und ist auf einen Spulenkörper mit einem A_L-Wert von 200 gewickelt. Die Spule besitzt dadurch einen Verlustwiderstand von 5 Ω. Der Transistor T2 liegt an 20 Windungen der Schwingkreisspule. Berechnen Sie die Bandbreite des Hf- Verstärkers, wenn $f_0 = 500$ kHz beträgt.

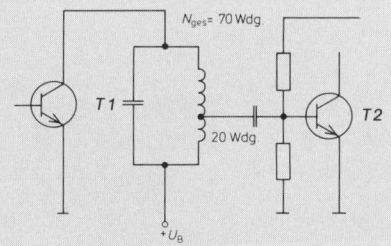

Bild A 7.3/22

23. Ein Parallelschwingkreis schwingt auf 18,8 kHz und hat eine Güte von 51,4. Der Resonanzwiderstand wurde mit $Z_0 = 131$ kΩ ermittelt. Berechnen Sie die Induktivität der Spule, den Verlustwiderstand der Spule, die Kreiskapazität und den Strom durch den Kondensator im Resonanzfall, wenn am Schwingkreis eine Spannung von 12 V angelegt wird.

7.4 Leistung im Wechselstromkreis

7.4.1 Wechselstrom

In einem Wechselstromkreis setzt sich die Leistung aus Wirk- und Blindleistung zur Scheinleistung zusammen **(Bild 7.9)**. Beim Einphasenwechselstrom gelten die in der **Tabelle 7.4** zusammengestellten Formeln.

<table>
<tr><th colspan="3">Tabelle 7.4: Wechselstromleistung</th></tr>
<tr><th></th><th>Formel</th><th>Einheit und Bemerkung</th></tr>
<tr><td>Scheinleistung</td><td>$S = U \cdot I; \ S = \sqrt{P^2 + Q^2}$</td><td>VA (Voltampere)</td></tr>
<tr><td>Wirkleistung</td><td>$P = U \cdot I \cdot \cos\varphi$</td><td>W</td></tr>
<tr><td>Blindleistung</td><td>$Q = U \cdot I \cdot \sin\varphi$</td><td>var (Voltampere reaktiv)</td></tr>
<tr><td>Leistungsfaktor</td><td>$\cos\varphi = \dfrac{\text{Wirkleistung}}{\text{Scheinleistung}}$

 $\cos\varphi = \dfrac{P}{S}$</td><td>bei Reihenschaltung

 $\cos\varphi = \dfrac{U_R}{U_Z} = \dfrac{R}{Z}$

 bei Parallelschaltung

 $\cos\varphi = \dfrac{I_R}{I_Z} = \dfrac{Z}{R}$</td></tr>
</table>

Beispiel:

Ein Motor liegt an 220 V und hat einen cos $\varphi = 0{,}8$. Dabei fließt ein Strom von 5 A. Wie groß sind Schein-, Blind- und Wirkleistung?

Lösung:

$S = U \cdot I = 220\,\text{V} \cdot 5\,\text{A} = \underline{1100\,\text{VA}}$

$P = S \cdot \cos\varphi = 1100\,\text{VA} \cdot 0{,}8 = \underline{880\,\text{W}}$

$Q = \sqrt{S^2 - P^2} = \sqrt{(1100\,\text{VA})^2 - (880\,\text{W})^2} = \underline{660\,\text{var}}$

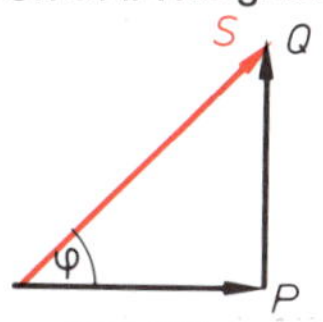

Bild 7.9:
Leistungsdreieck

Aufgaben:

1. Ein Motor nimmt bei 220 V/50 Hz einen Strom von 5 A auf. Der Leistungsmesser (er zeigt stets nur Wirkleistungen an!) zeigt dabei 900 W an. Berechnen Sie die Scheinleistung, die Blindleistung und den Leistungsfaktor.
2. Auf dem Motorschild steht folgende Bezeichnung:
   Anschlußspannung 220 V; cos $\varphi = 0{,}72$;
   Stromaufnahme 2,4 A. Wie groß ist der Wirkwiderstand?
3. Eine Spule nimmt an 220 V/50 Hz bei einem cos $\varphi = 0{,}8$ einen Strom von 4,5 A auf. Berechnen Sie die Wirk-, Schein- und Blindleistung sowie den Wirk-, und Blindwiderstand.
4. Ein Wirkwiderstand von 400 Ω liegt in Reihe mit einem kapazitiven Widerstand von 400 Ω und einem induktiven Widerstand von 700 Ω. Der Gesamtstrom beträgt 440 mA. Wie groß sind S, P und Q?
5. In einer Parallelschaltung betragen der Gesamtstrom 18,3 A und der Wirkstrom 11,6 A. Wie groß ist der Leistungsfaktor? Welche Wirkleistung wird bei 380 V Gesamtspannung umgesetzt?
6. In einer Parallelschaltung betragen die Ströme bei 127 V: $I_R = 7{,}2\,\text{A}$; $I_L = 15{,}4\,\text{A}$ und $I_C = 10{,}4\,\text{A}$. Wie groß sind die Schein-, Wirk- und Blindleistungen sowie der Leistungsfaktor?

7.4.2 Drehstrom

Beim Dreiphasenwechselstrom unterscheidet man zwischen der Stern- und Dreieckschaltung **(Bild 7.10)**. Die wichtigsten Beziehungen bei symmetrischer Belastung sind in der **(Tabelle 7.5)** angegeben.

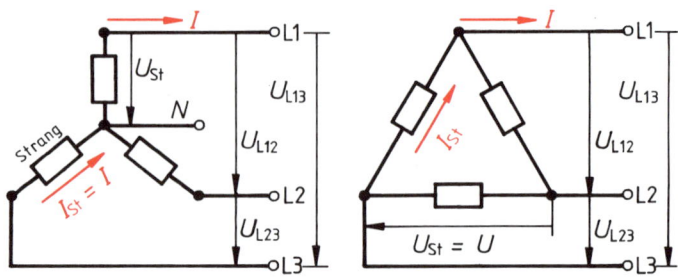

Bild 7.5:
Stern- und Dreieckschaltung

Tabelle 7.5: Drehstrom		
	Sternschaltung	Dreieckschaltung
Symbol	$\curlywedge$	$\triangle$
Strangspannung	$U_{Str} = U/\sqrt{3}$	$U_{Str} = U$
Strangstrom	$I_{Str} = I$	$I_{Str} = I/\sqrt{3}$
Scheinleistung für 1 Strang	$S_{Str} = \dfrac{U}{\sqrt{3}} \cdot I$	$S_{Str} = U \cdot \dfrac{I}{\sqrt{3}} \cdot$
Gesamtscheinleistung	$S = 3 \cdot \dfrac{U}{\sqrt{3}} \cdot I$	$S = 3 \cdot U \cdot \dfrac{I}{\sqrt{3}}$
Bei U und I in der Zuleitung ergibt sich	$S = \sqrt{3} \cdot U \cdot I$ $P = \sqrt{3} \cdot U \cdot I \cdot \cos\varphi$ $Q = \sqrt{3} \cdot U \cdot I \cdot \sin\varphi$ $P_{\triangle} = 3 \cdot P_{\curlywedge}$	

Beispiel:

Die drei Heizwiderstände einer Klimaanlage von je 80 Ω sind in Stern geschaltet und an ein Drehstromnetz von 380/220 V angeschlossen. Es soll die Leistungsaufnahme dieser Klimaanlage berechnet werden.

Lösung:

$$I_{Str} = \frac{U_{Str}}{R} = \frac{220 \text{ V}}{80 \text{ }\Omega} \Rightarrow I_{Str} = 2,75 \text{ A}$$

$$P_{Str} = U_{Str} \cdot I_{Str}$$

$$P_{Str} = 220\,V \cdot 2{,}75\,A = 2{,}2 \cdot 10^2\,V \cdot 2{,}75\,A = 6{,}05 \cdot 10^2\,W$$

$$P_{Str} = 605\,W$$

$P = 3 \cdot P_{Str}$	oder	$P = \sqrt{3} \cdot U \cdot I$
$P = 3 \cdot 605\,W$		$P = \sqrt{3} \cdot 380\,V \cdot 2{,}75\,A$
$\underline{P = 1815\,W}$		$\underline{P = 1815\,W}$

Aufgaben:

1. An den Klemmen L1 und L2 eines in Sternschaltung geschalteten Drehstromanschlusses wird eine Spannung von 370 V gemessen. Wie groß sind die Spannungen an den Klemmen : a) L1 und L3; b) L2 und N; c) L1 und N?

2. Ein in Sternschaltung arbeitender Drehstromgenerator erzeugt eine Strangspannung von 225 V. Wie groß sind a) die Leiterspannung und b) die Spannung eines Hauptleiters gegen den Neutralleiter (N)?

3. Ein Drehstrommotor für 380 V hat folgende Angaben: 5,5 kW; $\eta = 80\,\%$; $\cos\varphi = 0{,}85$. Wie groß sind a) die aufgenommene Wirkleistung, b) die Scheinleistung, c) die Blindleistung, d) der Strom in der Leitung?

4. Ein an ein Drehstromnetz von 380/220 V in Sternschaltung angeschlossener Drehstrommotor nimmt bei einem $\cos\varphi = 0{,}82$ einen Leiterstrom von 12 A auf. Wie groß ist die Wirkleistung?

5. 3 Widerstände von je 35 Ω sind in Dreieck an ein Drehstromnetz von 220/127 V angeschlossen. a) Welcher Strom fließt in den Zuleitungen? b) Welche Änderung im Strom tritt ein, wenn eine der drei Leitungen abgeschaltet wird?

6. Auf dem Typenschild eines Drehstrommotors findet man folgende Angaben: 380/220 V; 19,5 kW; 37,6/65,0 A; $\cos\varphi = 0{,}87$. Es sind zu berechnen: a) die Leistungsaufnahme in Stern- und Dreieckschaltung, b) der Wirkungsgrad bei der angegebenen Belastung.

7. Mit drei Widerständen von je 38 Ω wird ein Drehstromnetz von 380 V belastet. Diese Widerstände sind in Dreieck geschaltet. Berechnen Sie: a) die Strangspannung, b) die Strangströme, c) die Leiterströme!

● 8. Drei Heizwiderstände sind in Dreieckschaltung an ein Drehstromnetz 380/220 V angeschlossen. Alle Widerstände haben 40 Ω. Wie groß ist die Leistung des Heizkörpers, wenn der Außenleiter L1 unterbrochen wird?

9. In den Außenleitern eines Drehstromnetzes fließen 6,93 A. Die Netzspannung beträgt 380 V. Die Belastung besteht aus drei gleich großen Heizwiderständen, die in Dreieck geschaltet sind. Berechnen Sie die Größe dieser Widerstände!

● 10. Ein Fräsmaschinenmotor für 380 V steht in der Liste mit folgenden Angaben: $P_{ab} = 5{,}5\,kW$; $\eta = 81\,\%$; $\cos\varphi = 0{,}83$. Wie groß sind a) die aufgenommene Wirkleistung, b) die Scheinleistung, c) die Blindleistung, d) der Strom in der Leitung?

11. Ein Drehstrommotor für 6 kV nimmt eine Leistung von 200 kW bei einem Leistungsfaktor von 0,9 auf. Berechnen Sie den Leiterstrom!

12. Der Motor einer Drehmaschine hat folgende Daten: $P = 2{,}2\,kW$; $U = 380\,V$; $I = 5{,}2\,A$; $\cos\varphi = 0{,}8$. Berechnen Sie bei Nennlast: a) Wirkungsgrad; b) Scheinleistung; c) Blindleistung.

7.5 Transformator

7.5.1 Transformator ohne Verluste

Bei einem Transformator ohne Verluste ist die Sekundärleistung genauso groß wie die Primärleistung. Aus diesem Grunde wird man an der Wicklung mit der größten Windungszahl die größte Spannung, aber den kleinsten Strom abnehmen können. Die Wicklung mit der größten Windungszahl hat auch den größten Scheinwiderstand.

Die wichtigsten Formeln für die Übersetzungsverhältnisse eines Transformators ohne Verluste sind:

$$P_1 = P_2$$

$$\ddot{u} = \frac{N_1}{N_2} = \frac{U_1}{U_2} = \frac{I_2}{I_1}$$

$$\ddot{u} = \sqrt{\frac{R_1}{R_2}} = \sqrt{\frac{L_1}{L_2}} = \sqrt{\frac{C_2}{C_1}}$$

Beispiel:

Ein Transformator (ohne Verluste) soll die Spannung von 220 V auf 20 V herabsetzen. Es soll ein Strom von 1 A auf der Sekundärseite fließen. Die Primärwicklung hat 900 Windungen. Wie groß sind der Primärstrom und die Sekundärwindungszahl?

Lösung:

$$\ddot{u} = \frac{U_1}{U_2} = \frac{220\,V}{20\,V}$$

$$\ddot{u} = 11 : 1$$

$$I_1 = \frac{I_2}{\ddot{u}} = \frac{1\,A}{11} = 0,091\,A$$

$$\underline{I_1 = 91\,mA}$$

$$N_2 = \frac{N_1}{\ddot{u}} = \frac{900}{11} \Rightarrow \underline{N_2 = 82 \text{ Windungen}}$$

7.5.2 Transformator mit Verlusten

In der Praxis hat jeder Transformator Verluste. Um diese Verluste zu decken, wird bei einer gegebenen Sekundärleistung die Primärleistung entsprechend erhöht. Man arbeitet mit folgenden Verlustfaktoren: γ oder Wirkungsgraden $\eta = 1/\gamma$.

Transformatoren bis   20 W Gesamtleistung $\gamma = 1,2$; $\eta = 0,835$

Transformatoren bis   100 W Gesamtleistung $\gamma = 1,1$; $\eta = 0,91$

Transformatoren über 100 W Gesamtleistung $\gamma = 1,05$; $\eta = 0,95$

$$P_1 = P_2 \cdot \gamma \qquad P_2 = P_1 \cdot \eta$$

Eine weitere Möglichkeit, um das Übersetzungsverhältnis wieder anzupassen, ist die Veränderung der Primärwindungszahl.

Beispiel:

Ein Transformator hat 20 % Verluste — also einen Wirkungsgrad von 80 %. Die Primärspannung beträgt 110 V, der Primärstrom 0,2 A. Sekundärseitig wird ein Strom von 1,2 A entnommen. Wie hoch ist die Sekundärspannung?

Lösung:

$$P_1 = U_1 \cdot I_1 = 1,1 \cdot 10^2\,V \cdot 2 \cdot 10^{-1}\,A = 2,2 \cdot 10^1\,W$$

$$P_1 = 22\,W$$

Durch die 20 % Verluste hat man auf der Sekundärseite nicht diese 22 W, sondern 22 W − 20 %, also 80 % der Primärleistung.

$$P_2 = 22W \cdot 0,8 = 17,6W \qquad U_2 = \frac{P_2}{I_2} = \frac{17,6W}{1,2A} \Rightarrow \underline{U_2 = 14,65\,V}$$

Aufgaben:

1. Ein Heiztrafo (ohne Verluste) soll 220 V auf 6,3 V transformieren. Auf der Sekundärseite sind 36 Windungen vorhanden. Wie groß muß die Primärwindungszahl sein?

2. Ein Netztrafo (ohne Verluste) liegt auf der Primärseite an 220 V. Die Anodenwicklung gibt zweimal 300 V ab. Außerdem sind noch 2 Heizwicklungen von 4 V und 6,3 V vorhanden. Die 4-V-Wicklung hat 15 Windungen. Berechnen Sie die Windungszahl der anderen Wicklungen.

3. Wie hoch ist bei einem Wirkungsgrad von 0,78 der Strom auf der Sekundärseite, wenn $U_1 = 127$ V, $U_2 = 6,3$ V und $I_1 = 42$ mA betragen?

4. Welche Leistung kann man auf der Ausgangsseite eines Transformators abnehmen, der einen Wirkungsgrad von 84 % hat? $U_1 = 220$ V und $I_1 = 0,28$ A.

5. Ein Transformator hat 1000 VA und transformiert von 220 V auf 42 V. Er besitzt einen Wirkungsgrad von 95 %. Berechnen Sie für rein ohmsche Last:
   a) die sekundärseitig entnehmbare Leistung P_2
   b) die Stöme durch die Wicklungen I_1 und I_2

6. Eine Leitung mit einer Impedanz $Z_1 = 780\ \Omega$ ist durch einen Übertrager an eine Leitung mit der Impedanz $Z_2 = 60\ \Omega$ anzupassen. Berechnen Sie das Übersetzungsverhältnis des Übertragers.

7. Ein Übertrager hat auf der Eingangsseite 1800 Windungen. Zur Ausgangsseite mit 150 Windungen liegen parallel ein Wirkwiderstand mit $R = 8,34\ \Omega$ und eine Induktivität mit $L = 2,09$ mH. Wie groß erscheinen diese Bauelemente auf der Eingangsseite?

● 8. Ein dynamisches Mikrofon mit einem Innenwiderstand von 150 Ω soll an den Eingang eines Transistor-Verstärkers mit einem Eingangswiderstand von 10 kΩ leistungsangepaßt werden. Das Mikrofon gibt eine Leerlaufspannung von 3 mV ab. Berechen Sie den Anpassungstransformator, wenn $N_1 = 400$ Wdg ist! Wie groß ist die Verstärkereingangsspannung?

9. Eine Transistor-Endstufe arbeitet mit einem Ausgangsübertrager. Diese Nf-Endstufe gibt eine Sprechleistung von 3 W ab bei einer Kollektorwechselspannung von $U_{ss} = 25$ V. Der Lautsprecher hat eine Impedanz von 5 Ω. Berechnen Sie das Übersetzungsverhältnis und die Spannung am Lautsprecher!

● 10. Der Löschkopf in einem Tonbandgerät hat eine Induktivität von 2 mH. Der Löschgenerator hat einen Innenwiderstand von 2,3 kΩ und gibt eine Leerlaufspannung von 200 V ab. Der Löschkopf wird mittels eines Transformators an diesen Löschgenerator angekoppelt. Die Wicklungs- und Schaltkapazität der Löschkopfseite beträgt 50 pF. Die Löschkopfimpedanz beträgt 80 Ω. Durch den Transformator wird die Löschkopfinduktivität mit 220 mH auf die Generatorseite herübertransformiert. Berechenen Sie: a) das Übersetzungsverhältnis, b) die transformierte Kapazität, c) die Spannung am Löschkopf.

● 11. Ein Hf-Transistor mit einem Eingangsleitwert von 1,6 mS wird an 12 Windungen des Antennenkreises, der 96 Windungen insgesamt hat, angeschlossen. Der Antennenkreis hat einen Resonanzwiderstand von 60 kΩ. Auf welchen Wert sinkt der Resonanzwiderstand des Antennenkreises beim Anschluß des Transistors herab?

7.5.3 Netztransformatorberechnung

Um die Ausgangswechselleistung eines Transformators zu ermitteln, muß man die geforderten Gleichstromleistungen mit den in der Tabelle **7.6** aufgeführten Faktoren multiplizieren.

Tabelle 7.6: Leistungsfaktor bei kapazitiver Last				
Schaltung	Einweg E	Mittelpunkt M	Brücken B	Verdoppler V
$\dfrac{P}{P_{\text{Gleich}}}$	2,2	2	1,6	1,6

Meistens besitzt ein Transformator auf der Sekundärseite mehrere Wicklungen. Die geforderte Ausgangsleistung ergibt sich dann zu:

$$P_{ges} = P_1 + P_2 + P_3 + ... + P_n$$

Der Eisenkernquerschnitt richtet sich nach der Sekundärleistung und einem Zuschlag für die Übertragungsverluste.

$$A_{Fe} = \sqrt{1,1\, P_{ges}}$$

A_{Fe} = in cm²
P_{ges} = in W

Der Faktor 1,1 steht für 10 % berücksichtigte Verluste.

Als Eisenquerschnitt muß mit dem nächsthöheren Normquerschnitt gerechnet werden, den man aus der **Tabelle 7.7** entnimmt.

Die Windungszahl ist abhängig von der geforderten Spannung, dem Eisenkernquerschnitt, der Frequenz und vom Kernmaterial. Es ergibt sich die Grundformel:

$$N = \frac{U \cdot 10^4}{4,44 \cdot f \cdot B \cdot A_{Fe}}$$
Transformatorhauptgleichung

Arbeitet man mit Dynamoblech, das ein B von 1,2 Tesla (= 12 000 Gauß) besitzt und mit einer Netzfrequenz von 50 Hz, so rechnet man einfacher:

$$N = \frac{38\,U}{A_{Fe}}$$

Die Berechnung wird noch weiter vereinfacht durch die Angabe der spezifischen Windungszahl für die Primär- und Sekundärseite in Windungen pro Volt (Wdg/V); siehe Tabelle 7.7

$$N_s = n_s \cdot U_s$$

$$N_P = n_p \cdot U_P$$

N_s = Sekundärwindungszahl
N_P = Primärwindungszahl
n_s = spezif. Sekundärwindungszahl
n_p = spezif. Primärwindungszahl
U_s = Wechselspannung der Sekundärseite
U_P = Wechselspannung der Primärseite

Tabelle 7.7: Transformatoren (nach Telefunken und Vacuumschmelze)

	Primär-leistung in VA	Sekundär-leistung in VA	Spez. Primär-windungs-zahl in Wdg/V	Spez. Sekun-därwin-dungsz. in Wdg/V	Strom-dichte S in A/mm²	brutto Eisen-quer-schnitt A_{Fe} in cm²	nutz-barer Wickel-raum in cm²	Wirkungs-grad in %	Leer-lauf-strom bei 220 V in mA
M 42	4,5	–	21,1	23,3	4,85	1,8	1,9	60	10
M 55	12	–	11,2	12,4	4,05	3,4	3,2	70	20
M 65	26	–	7,0	7,8	3,45	5,4	3,8	77	32
M 74	48	–	5,1	5,7	3,15	7,4	5,3	83	54
M 85	62	–	4,1	4,5	3,1	9,3	5,4	84	55
M 102a	120	–	3,2	3,5	2,6	12	8,5	87,5	85
M 102b	180	–	2,1	2,3	2,5	18	8,5	88,5	125
EI 130a	210	–	3,1	3,4	1,95	12,2	17,8	90	150
EI 130b	260	–	2,4	2,7	1,9	15,7	17,8	90,5	175
EI 150a	330	–	2,4	2,6	1,7	16	24	92	220
EI 150b	400	–	1,9	2,1	1,7	20	28	93	230
ET 150c	460	–	1,6	1,75	1,6	24	28	93,5	250
SU 30a	–	3,3	18,2	41,3	9,3	0,82	0,4	–	–
SU 30b	–	6,3	13,6	24,1	9,0	1,34	0,4	–	–
SU 39a	–	12,4	13,7	21,2	7,0	1,43	0,85	–	–
SU 39b	–	20	9,35	12,9	6,7	2,24	0,85	–	–
SU 48a	–	30,5	9,8	13,0	5,7	2,19	1,5	–	–
SU 48b	–	48,6	6,5	8,0	5,5	3,47	1,5	–	–
SU 60a	–	82	6,5	7,7	4,4	3,5	3	–	–
SU 60b	–	122	4,4	5,0	4,3	5,3	3	–	–
SU 75a	–	200	4,2	4,7	3,6	5,6	5,3	–	–
SU 75b	–	306	2,1	2,3	3,4	9	5,3	–	–
SU 90a	–	387	3,0	3,22	3,1	8	8,3	–	–
SU 90b	–	630	1,8	1,9	3,0	13,4	8,3	–	–
SU 102a	–	620	2,3	2,4	2,8	10,5	11	–	–
SU 102b	–	960	1,4	1,5	2,7	17	11	–	–
SU 114a	–	920	1,82	1,92	2,5	12,9	15	–	–
SU 114b	–	1440	1,15	1,2	2,3	21,2	15	–	–
SM 42	–	5,3	13,2	22,3	7,0	0,44	0,4	–	–
SM 55	–	21,1	7,7	9,85	5,3	2,92	0,85	–	–
SM 65	–	45,7	5,1	6,05	4,4	4,5	1,35	–	–
SM 74	–	84	3,75	4,2	3,83	6,3	1,95	–	–
SM 85a	–	115	3,1	3,4	3,8	8,0	2,1	–	–
SM 85b	–	159	2,2	2,4	3,72	11,3	2,1	–	–
SM 102a	–	206	2,4	2,6	3,28	10,4	3,3	–	–
SM 102b	–	300	1,6	1,7	3,15	15,6	3,3	–	–

Schnittbandkerne (SU)

Schnittbandkerne (SM)

Die Drahtstärke richtet sich nach dem fließenden Strom und der Stromdichte.

Bei M- und El-Kernen mit $S = 2,55$ A/mm^2:

$$d = \sqrt{I/2} \text{ oder } d = 0,7\sqrt{I}$$

bei Schnittbandkernen:

$$d = 1,13\sqrt{I/S}$$

d = Drahtdurchmesser in mm
S = Stromdichte aus der Tabelle 7.7

Bei Transformatoren für einen Zweiweggleichrichter wird die Leistung nur für eine Wicklungshälfte berücksichtigt, weil auch nur eine Gleichrichterstrecke leitend ist.

Beispiel:

Ein Netztransformator für 220 V ist zu berechnen. Auf der Sekundärseite werden gefordert: eine Wechselspannung 250 V/0,2 A und eine Heizwicklung 6,3 V/2 A.

Lösung:

$P_1 = U \cdot I = 250\,\text{V} \cdot 0,2\,\text{A}$
$\underline{P_1 = 50\,\text{W}}$

$P_2 = U \cdot I = 6,3\,\text{V} \cdot 2\,\text{A}$
$\underline{P_2 = 12,6\,\text{W}}$

$P_{ges} = P_1 + P_2 = 50\,\text{W} + 12,6\,\text{W}$
$\underline{P_{ges} = 62,6\,\text{W}}$

Aus der Tabelle 7.7 wird der Schnittbandkern SM 74 ermittelt

Sekundär:

$N_{s1} = n_s \cdot U_{s1} = 4,2 \cdot 250\,\text{V}$ $n_s = 4,2$ aus Tabelle 7.7
$\underline{N_{s1} = 1050\ \text{Wdg}}$

$N_{s2} = n_s \cdot U_{s2} = 4,2 \cdot 6,3\,\text{V}$
$\underline{N_{s2} = 27\ \text{Wdg}}$

$d_{s1} = 1,13\sqrt{I/S} = 1,13\sqrt{0,2\,\text{A}/3,83\,\text{A/mm}^2}\ ;$ $S = 3,83$ A/mm^2 aus Tabelle 7.7
$\underline{d_{s1} = 0,26\ \text{mm}}$

$d_{s2} = 1,13\sqrt{I/S} = 1,13\sqrt{2\,\text{A}/3,83\,\text{A/mm}^2}\ ;$
$\underline{d_{s2} = 0,81\ \text{mm}}$

Primär:

$$N_P = n_p \cdot U_P = 3{,}75 \cdot 220\,\text{V} \qquad n_P = 3{,}75 \text{ aus Tabelle } 7.7$$
$$N_P = 825\,\text{Wdg}$$

$$I_P = \frac{P}{U_P} = \frac{1{,}1 \cdot P_{ges}}{U_P} = \frac{1{,}1 \cdot 62{,}6\,\text{W}}{220\,\text{V}} \qquad 1{,}1 = 10\%\ \text{Verluste}$$
$$I_P = 0{,}313\,\text{A}$$

$$d_P = 1{,}13\sqrt{I/S} = 1{,}13\sqrt{0{,}313\ \text{A}/3{,}83\ \text{A}/\text{mm}^2}$$
$$d_P = 0{,}32\,\text{mm}$$

Aufgaben:

1. Ein Netztransformator für 220 V primär ist zu berechnen. Sekundärseitig werden gefordert: 300 V/0.3 A, eine Heizwicklung 6,3 V/2 A und eine Wicklung von 4 V/1,5 A.

2. Für die Versorgungsspannung eines Elektronikgerätes wird eine Wechselspannung am Transformator von 230 V/0,15 A benötigt. Eine weitere Wicklung muß 6,3 V/1,8 A haben. Dieser Transformator wird primärseitig an 220 V gelegt. Er ist zu berechnen.

3. Ein Transformator liegt primär an 220 V. Sekundärseitig wird ein Zweiweggleichrichter angeschlossen. Diese Wicklung muß 2 x 500 V/0,2 A aufweisen. Folgende Wicklungen muß dieser Transformator noch besitzen: 6,3 V/1,8 A. 5 V/1,9 A und 20 V/0,6 A. Berechnen Sie diesen Netztransformator.

4. Ein Transformator soll primärseitig an 110 V und 220 V angeschlossen werden. Sekundärseitig werden 250 V/50 mA, 6,3 V/0,2 A und 12,6 V/0,3 A gefordert. Berechnen Sie diesen Netztransformator.

5. Ein Netztransformator für ein elektronisches Gerät soll primärseitig an 110 V und 220 V angeschlossen werden. Dieser Trafo muß sekundärseitig folgende Wickungen aufweisen: 2 x 300 V/0,2 A, 6,3 V/5 A, 6,3 V/3 A, 12,6 V/2 A, 5 V/3 A. Dieser Netztrafo ist zu berechnen.

6. Für ein elektrisches Gerät benötigt man eine Wechselspannung von 24 V und einen Wechselstrom von 500 mA. Es wird ein Schnittbandkern verwendet, und der Netztransformator soll an 200 V angeschlossen werden. Berechnen Sie diesen Transformator.

● 7. Für ein stabilisiertes Netzgerät soll ein Transformator gewickelt werden. Der Ausgangsgleichstrom soll 1,8 A betragen. Die Gleichspannung hinter dem Brückengleichrichter beträgt 36 V. Eine Vergleichsspannung, die man aus einer Einweggleichrichterschaltung gewinnt, hat $U_{Gleich} = 6$ V und $I_{Gleich} = 80$ mA. Welchen Transformatorkern könnte man verwenden?

● 8. Für ein stabilisiertes Netzgerät soll der Netztransformator berechnet werden. Der maximale Wechselstrom beträgt 2 A, und die Wechselspannung soll 30 V haben. Eine Vorgleichsspannung, die man aus einer separaten Wicklung gewinnt, hat 12 V und 20 mA. Der Transformator soll primärseltig an 220 V angeschlossen werden. Man will einen SM-Schnittbandkern verwenden.

9. Der Netztransformator für die stabilisierte Spannungsversorgung einer digitalen Steuerung soll berechnet werden. Der maximale Wechselstrom beträgt 5 A, und die Wechselspannung soll 8 V haben. Der Transformator soll primärseitig an 220 V angeschlossen werden. Es soll ein SM-Schnittbandkern verwendet werden.

8. Elektrische Meßtechnik

8.1 Meßbereichserweiterung

Spannungsmesser

Ist die zu messende Spannung höher als die zulässige Instrumentenspannung, so muß die Differenz am Vorwiderstand abfallen **(Bild 8.1.)**

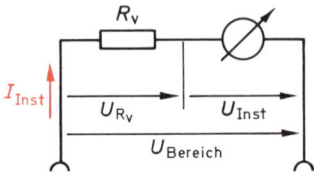

$$R_V = \frac{U_{Bereich} - U_{Inst}}{I_{Inst}}$$

$$R_V = (n - 1) \cdot R_i$$

$$n = \frac{U_{Bereich}}{U_{Inst}}$$

Bild 8.1:
Meßbereichserweiterung beim Spannungsmesser

R_i = Innenwiderstand des Meßinstruments

n = Faktor der Meßbereichserweiterung

R_V = Vorwiderstand

Strommesser

Ist der zu messende Strom höher als der zulässige Instrumentenstrom, so muß die Differenz am Meßwerk durch einen Nebenwiderstand oder Shunt vorbeigeleitet werden **(Bild 8.2)**

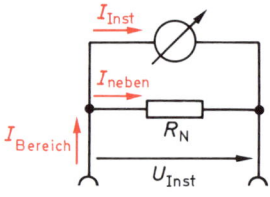

$$R_N = \frac{U_{Inst}}{I_{Bereich} - I_{Inst}}$$

$$R_N = \frac{R_i}{n - 1}$$

$$n = \frac{I_{Bereich}}{I_{Inst}}$$

Bild 8.2:
Meßbereichserweiterung beim Strommesser

R_i = Innenwiderstand des Meßinstruments
n = Faktor der Meßbereichserweiterung
R_N = Nebenwiderstand

Beispiel:

Ein Drehspulinstrument trägt die Beschriftung 10 V/20 mA. Es sollen mit diesem Instrument bei Vollausschlag unabhängig voneinander $U_{Bereich}$ = 100 V und $I_{Bereich}$ = 100 mA gemessen werden. Berechnen Sie die erforderlichen Werte der Widerstände zur Meßbereichserweiterung.

Lösung:

$$R_V = \frac{U_{Bereich} - U_{Inst}}{I_{Inst}} = \frac{100\ V - 10\ V}{20\ mA}$$

$$\underline{R_V = 4{,}5\ k\Omega}$$

$$P_{RV} = U_{RV} \cdot I_{Inst} = 90\ V \cdot 20\ mA$$

$$\underline{P_{RV} = 1{,}8\ W}$$

$$R_N = \frac{U_{Inst}}{I_{Bereich} - I_{Inst}} = \frac{10\ V}{100\ mA - 20\ mA}$$

$$\underline{R_N = 125\ \Omega}$$

$$P_{RN} = U_{Inst} \cdot I_{neben} = 10\ V \cdot 80\ mA$$

$$\underline{P_{RN} = 0{,}8\ W}$$

Aufgaben:

1. Das Meßwerk eines Drehspulinstrumentes trägt die Beschriftung 60 mV; 10 mA. Es soll mit diesem Instrument 1 V bei Vollausschlag gemessen werden. Berechnen Sie die Werte des Widerstandes zur Meßbereichserweiterung.

2. Ein Spannungsmesser hat einen Meßbereich von 2 V. Der Innenwiderstand beträgt 3 kΩ. Welcher Vorwiderstand ist erforderlich, um den Meßbereich auf 10 V zu erweitern?

3. Ein Meßinstrument trägt am Meßwerk die Beschriftung 500 mV; 40 mA. Es soll mit diesem Instrument ein Strom von 100 mA gemessen werden. Berechnen Sie die Werte des Widerstandes zur Meßbereichserweiterung.

4. Das Meßwerk eines Drehspulinstrumentes trägt die Beschriftung 60 mV; 10 mA. Es sollen mit diesem Instrument 150 mA bei Vollausschlag gemessen werden. Berechnen Sie die Werte des Meßbereichserweiterungswiderstandes.

5. Ein Strommesser nimmt bei Vollausschlag 2 A auf. Der Innenwiderstand beträgt 0,2 Ω. Wie groß muß der Nebenwiderstand sein, wenn der Meßbereich auf 6 A erweitert werden soll?

6. Ein Strom von $I = 15$ mA soll mit einem Instrument gemessen werden, das bei 3 mA Vollausschlag einen Systemwiderstand von 60 Ω hat. Wie groß ist der erforderliche Nebenwiderstand?

7. Das Meßwerk eines Drehspulinstrumentes trägt die Beschriftung 600 mV/40 mA. Es sollen mit diesem Instrument bei Vollausschlag unabhängig voneinander 15 V und 300 mA gemessen werden. Berechnen Sie die erforderlichen Werte der Widerstände zur Meßbereichserweiterung.

8. Ein Meßinstrument trägt am Meßwerk die Beschriftung 50 mV/10 mA. Es sollen unabhängig voneinander mit diesem Instrument 1 V und 150 mA bei Vollausschlag gemessen werden. Berechnen Sie die erforderlichen Werte der Widerstände zur Meßbereichserweiterung.

9. Ein Spannungsmesser mit dem Innenwiderstand von 25 kΩ hat einen Meßbereich von 60 V. Der Meßbereich soll auf 600 V erweitert werden. Berechnen Sie den erforderlichen Vorwiderstand.

8.2 Kennwiderstand, Eigenverbrauch

Den Innenwiderstand eines Meßinstrumentes gibt man entweder in Ohm oder bei Spannungsmessern als Kennwiderstand in Ohm pro Volt (Ω/V) an.

$$K_R = \frac{R_i}{B}$$

K_R = Kennwiderstand in Ω/V
R_i = Innenwiderstand
B = Meßbereich

Der Eigenverbrauch ergibt sich aus

$$P = U \cdot I$$

Beispiel:

Ein Vielfachmeßinstrument hat einen Kennwiderstand von 10 kΩ/V. Wie groß sind der Innenwiderstand und der Eigenverbrauch im 30 V-Bereich sowie im 500 V-Bereich?

Lösung:

30 V-Bereich

$$K_R = \frac{R_i}{B}$$

$$R_i = K_R \cdot B = 10\,\text{k}\Omega/\text{V} \cdot 30\,\text{V}$$

$$\underline{R_i = 300\,\text{k}\Omega}$$

$$P = \frac{U^2}{R} = \frac{(30\,\text{V})^2}{300\,\text{k}\Omega} = \frac{900\,\text{V}^2}{3 \cdot 10^5\,\Omega}$$

$$\underline{P = 3\,\text{mW}}$$

500 V-Bereich

$$K_R = \frac{R_i}{B}$$

$$R_i = K_R \cdot B = 10\,\text{k}\Omega/\text{V} \cdot 500\,\text{V}$$

$$\underline{R_i = 5\,\text{M}\Omega}$$

$$P = \frac{U^2}{R} = \frac{(500\,\text{V})^2}{5\,\text{M}\Omega} = \frac{25 \cdot 10^4\,\text{V}^2}{5 \cdot 10^6\,\Omega}$$

$$\underline{P = 50\,\text{mW}}$$

Aufgaben:

1. Ein Spannungsmesser hat einen Innenwiderstand von 100 Ω im 15 V-Bereich. Bestimmen Sie den Kennwiderstand.

2. Ein Vielfachmeßinstrument hat 1000 Ω/V. Wie groß ist sein Innenwiderstand im 16 V-Bereich und im 150 V-Bereich?

3. Ein Strommesser mit einem Meßbereichsendwert von 60 mA hat einen Innenwiderstand von 0,2 Ω. Berechnen Sie den Eigenverbrauch des Meßwerkes.

4. Ein Spannungsmesser mit 5 kΩ/V zeigt im 100 V-Meßbereich 50 V an. Wie groß sind der Meßstrom und der Eigenverbrauch?

5. Ein Dreheisenmeßwerk hat einen Eigenverbrauch von 2 VA. Wie groß ist der Meßstrom bei 125 V?

6. Ein Meßwerk nimmt bei 60 V einen Strom von 0,4 mA auf. Bestimmen Sie den Kennwert.

7. Bei einem Drehspul-Meßwerk fließt bei 5 V Vollausschlag ein Strom von $I = 80\,\mu\text{A}$. Bestimmen Sie den Kennwiderstand und den Eigenverbrauch dieses Meßwerkes!

8. Ein Vielfachmeßinstrument hat einen Kennwiderstand von 20 kΩ/V. Berechen Sie die Größe des Stromes und den Eigenverbrauch dieses Instruments bei Vollausschlag.

9. In einer Brückenschaltung wird als Instrument ein Galvanometer eingesetzt. Es besitzt einen Kennwiderstand von 100 MΩ/mV. Berechnen Sie den Eigenverbrauch dieses Meßwerkes!

8.3 Anzeigefehler

Elektrische Meßgeräte sind in Genauigkeitsklassen eingeteilt. Die Klasse gibt den prozentualen Anzeigefehler an, der auf den Meßbereichsendwert bezogen ist.

$$F = \pm \frac{G \cdot B}{100}$$

$$P = \pm \frac{F \cdot 100}{A}$$

F = Anzeigefehler
G = Genauigkeitsklasse
B = Meßbereichsendwert
P = prozentualer Fehler von A
A = angezeigter Wert

Beispiel:

Wie groß sind der Anzeigefehler und der prozentuale Fehler eines Spannungsmessers im 125 V-Meßbereich der Klasse 0,2 bei einer Messung von 80 V?

Lösung:

$$F = \pm \frac{G \cdot B}{100} = \pm \frac{0,2 \cdot 125\,V}{100}$$

$$F = \pm 0,25\,V$$

$$P = \pm \frac{F \cdot 100}{A} = \frac{\pm 0,25\,V \cdot 100}{80\,V}$$

$$P = \pm 0,3125\,\%$$

Aufgaben:

1. Ein Spannungsmesser der Klasse 2,5 hat einen Meßbereich von 250 V. Wie groß sind der mögliche Anzeigefehler und der prozentuale Fehler bei einer Messung von 130 V?

2. Ein Strommesser mit dem Meßbereichswert 1,5 A hat die Klasse 1,5. Wie groß ist die zulässige prozentuale Abweichung des Meßwertes, wenn der Zeiger auf 1,2 A steht?

3. Bei einer Messung von 100 V im 250 V-Bereich darf der prozentuale Fehler nur ±3,75 % betragen. Welche Klasse darf das verwendete Meßgerät besitzen?

4. Bei einer Messung darf der angezeigte Wert zwischen 79,6 und 80,4 liegen. Es soll der 150 V-Meßbereich benutzt werden. Welche Genauigkeitsklasse muß das zu benutzende Meßgerät besitzen?

5. Ein Vielfachmeßinstrument hat die Klasse 0,5. Im 30 V-Meßbereich wird eine Spannung $U = 22$ V gemessen. Wie groß ist der mögliche Anzeigefehler?

6. Ein Vielfachmeßinstrument der Klasse 1 ist auf den 50 V-Bereich geschaltet. Wie groß ist die zulässige prozentuale Abweichung des Meßwertes, wenn der Zeiger nach **(Bild A 8.3/6)** auf Teilstrich 82 steht?

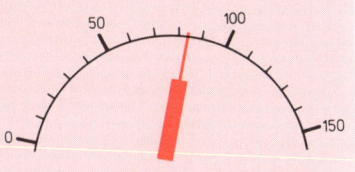

Bild A 8.3/6

7. Ein Vielfachmeßinstrument der Klasse 5 ist auf den 30 V-Bereich geschaltet. Wie groß sind die angezeigte Spannung und der Anzeigefehler, wenn der Zeiger auf dem Teilstrich 82 steht **(Bild A 8.3/6)**?

8. Ein Vielfachmeßinstrument ist als Strommesser auf den Meßbereich 60 mA geschaltet. Zwischen welchen Werten liegt die Anzeige, wenn das Instrument eine Genauigkeitsklasse 1,5 hat und die Anzeige dem **Bild A 8.3/8** entspricht?

9. Die im **Bild A 8.3/8** gezeigte Anzeige soll zu einem Strommesser gehören, der auf den Meßbereich 1,5 A geschaltet ist. Der prozentuale Fehler dieser Anzeige darf nur bei 0,5 % liegen. Welche Genauigkeitsklasse muß für das Instrument gewählt werden?

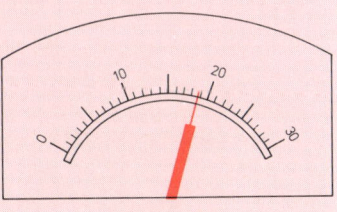

Bild A 8.3/8

8.4 Meßfehler-Berechnung

Bei einer Spannungsmessung in einer Schaltung ergibt sich als Ersatzschaltung stets ein belasteter Spannungsteiler. Dabei wird der Meßfehler um so größer, je niederohmiger der Innenwiderstand des Meßinstruments ist.

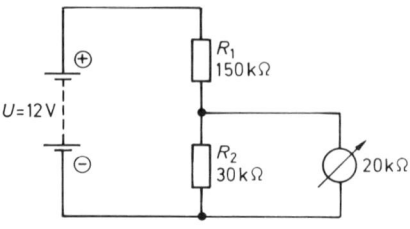

Bild 8.3:
Messung am Bassisspannungsteiler

Beispiel:

Die Spannung in einem Basisspannungsteiler soll mit einem Spannungsmesser, dessen Kennwiderstand 20 kΩ/V beträgt, im 3 V-Bereich gemessen werden.

Welche Spannung zeigt das Meßinstrument an, und wie groß ist der Meßfehler **(Bild 8.3)**?

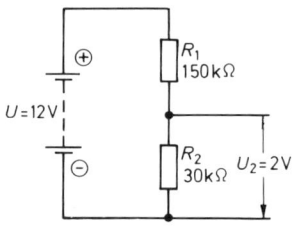

Bild 8.4:
Spannungsteiler ohne Spannungsmesser

Lösung:

Die tatsächlich anstehende Spannung am 30 kΩ-Widerstand ist **(Bild 8.4)**

$$U_2 = U \cdot \frac{R_2}{R_1 + R_2} = 12 \text{ V} \cdot \frac{30 \text{ k}\Omega}{180 \text{ k}\Omega}$$

$$\underline{U_2 = 2 \text{ V}}$$

Wird der Spannungsmesser angeschaltet, so ergibt sich die Schaltung eines belasteten Spannungsteilers **(Bild 8.5)**.

Zunächst muß der Innenwiderstand des Spannungsmessers berechnet werden

$$R_i = K_R \cdot B = 20 \text{ k}\Omega/\text{V} \cdot 3 \text{ V}$$

$$\underline{R_i = 60 \text{ k}\Omega}$$

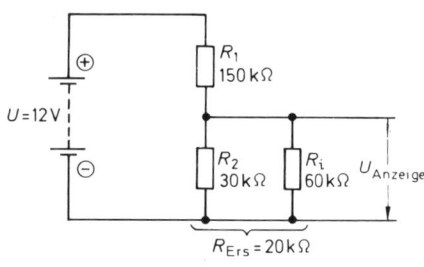

Bild 8.5:
Spannungsteiler mit Meßinstrument

Der Ersatzwiderstand ergibt sich zu

$$R_{Ers} = \frac{R_2 \cdot R_i}{R_2 + R_i} = \frac{30 \text{ k}\Omega \cdot 60 \text{ k}\Omega}{30 \text{ k}\Omega + 60 \text{ k}\Omega}$$

$$\underline{R_{Ers} = 20 \text{ k}\Omega}$$

Damit wird die angezeigte Spannung

$$U_{Anzeige} = U \frac{R_{Ers}}{R_{Ers} + R_1} = 12 \text{ V} \frac{20 \text{ k}\Omega}{170 \text{ k}\Omega}$$

$$\underline{U_{Anzeige} = 1,41 \text{ V}}$$

Der Meßfehler errechnet sich aus der tatsächlich vorhandenen Spannung von $U_2 = 2$ V ≙ 100 % und der angezeigten Spannung $U_{Anzeige} = 1{,}41$ V.

$$2\ V\quad ≙\ 100\%$$

$$1\ V\quad ≙\ \frac{100\%}{2\ V}$$

$$1{,}41\ V = \frac{100\%}{2\ V}\cdot 1{,}41\ V = 70{,}5\%\ .$$

Der Meßfehler beträgt demnach 100 % − 70,5 % = 29,5 %.

Aufgaben:

1. An einem Spannungsteiler, der an $U = 200$ V liegt und aus einer Reihenschaltung von $R_1 = 22$ kΩ und $R_2 = 270$ kΩ besteht, wird die Spannung am 270-kΩ-Widerstand mit einem Instrument von 500 Ω/V im 200-V-Bereich gemessen. Welche Spannung zeigt das Instrument an, und welche Spannung steht ohne Meßinstrument an diesem Widerstand?

2. a) Ein Spannungsteiler besteht aus $R_1 = 33$ kΩ und $R_2 = 220$ kΩ und liegt an 150 V Betriebsspannung. Wie groß ist die Spannung am 220-kΩ-Widerstand?

   b) Zur Kontrolle wird diese Spannung am 220-kΩ-Widerstand mit einem Instrument 500 Ω/V im 150-V-Bereich gemessen. Welche Spannung zeigt das Instrument?

3. An einem Spannungsteiler von $R_1 = 50$ kΩ und $R_2 = 100$ kΩ liegt eine Gesamtspannung $U_{ges} = 100$ V. Am R_2 wird die Spannung mit einem Spannungsmesser gemessen im 100-V-Bereich. Das Instrument zeigt dabei 40 V an. Wie hoch ist die tatsächliche Teilspannung, und wieviel Ohm pro Volt hat dieses Meßinstrument?

4. An einer Reihenschaltung von 600 Ω und 1,2 kΩ, die an 3 V Gesamtspannung liegt, wird die Spannung am 600-Ω-Widerstand gemessen mit einem Instrument 333 Ω/V im 3-V-Bereich. Was zeigt das Meßinstrument an, und um wieviel % ist der wirkliche Wert verfälscht?

● 5. Welchen Innenwiderstand darf ein Spannungsmesser haben, damit bei einer Messung an einem Teilwiderstand von 40 kΩ, der mit 80 kΩ zusammen als Spannungsteiler an 240 V liegt, das Meßergebnis nicht mehr als 10 % verfälscht wird?

● 6. Eine Spannung von 200 V soll durch einen Spannungsteiler von 37 kΩ in Reihe mit einem zweiten Widerstand so aufgeteilt werden, daß an R_2 $U_2 = 100$ V abgegriffen werden. Ein Spannungsmesser von 333 Ω/V im 150-V-Bereich soll ständig parallel zu R_2 angeschaltet sein. Wie groß muß der gesuchte Teilwiderstand sein?

7. An einer Reihenschaltung von 2 Widerständen $R_1 = 50$ kΩ, $R_2 = 200$ kΩ, die an einer Spannung von 100 V liegen, wird die Spannung am 200-kΩ-Widerstand mit einem Instrument von 500 Ω/V im 100-V-Bereich gemessen.
   a) Welche Spannung liegt tatsächlich am 200-kΩ-Widerstand?
   b) Welche Spannung zeigt der Spannungsmesser an?

8. Um wieviel Volt ist die Spannung verfälscht, wenn an einem Spannungsteiler von insgesamt 20 kΩ an 100 V Gesamtspannung, an dem einen Teilwiderstand von 5 kΩ die Spannung mit einem Spannungsmesser von 30 kΩ Eigenwiderstand gemessen wird?

9. Wird die Spannung am 8,2 kΩ-Widerstand eines Basisspannungsteilers mit einem Spannungsmesser im 1-V-Bereich gemessen, so zeigt das Instrument $U_{Anzeige} = 0{,}663$ V an. Der Spannungsteiler besteht aus den Widerständen $R_1 = 82$ kΩ und $R_2 = 8{,}2$ kΩ, die an 10 V Gesamtspannung liegen. Wie groß ist die tatsächliche Spannung am Widerstand R_2, und welchen Kennwiderstand hat dieser Spannungsmesser?

8.5 Messung von Widerständen, Kondensatoren und Spulen

8.5.1 Widerstände

Jeder Widerstand kann mittels des Ohmschen Gesetzes aus je einer Spannungs- und Strommessung errechnet werden. Hier geht jedoch der Eigenverbrauch der Meßinstrumente stark ein, so daß es zu Meßfehlern kommt. Die genaueste Widerstandsbestimmung erfolgt mit einer Meßbrücke **(Bild 8.6)**. Eine Variante ist die in **Bild 8.7** wiedergegebene Schleifdrahtmeßbrücke.

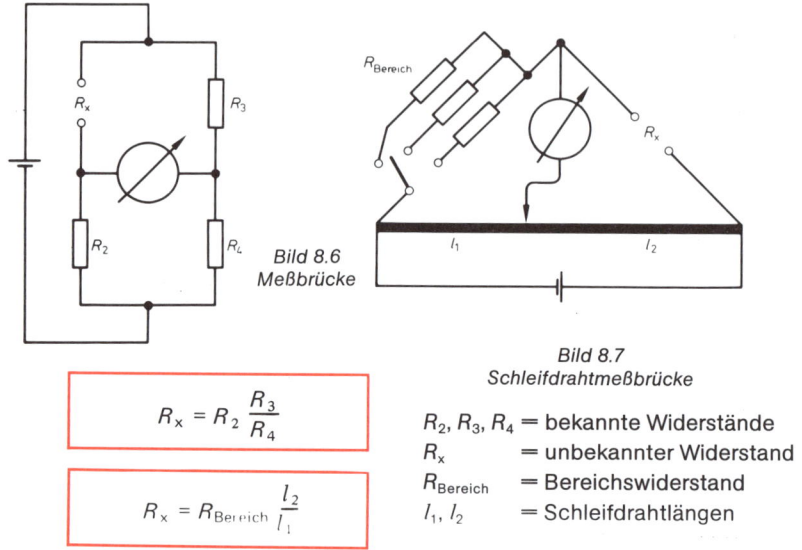

Bild 8.6
Meßbrücke

Bild 8.7
Schleifdrahtmeßbrücke

$$R_x = R_2 \, \frac{R_3}{R_4}$$

$$R_x = R_{Bereich} \, \frac{l_2}{l_1}$$

R_2, R_3, R_4 = bekannte Widerstände
R_x = unbekannter Widerstand
$R_{Bereich}$ = Bereichswiderstand
l_1, l_2 = Schleifdrahtlängen

Aufgaben:

1. Mit der in Bild 8.6 dargestellten Brückenschaltung soll ein unbekannter Widerstand bestimmt werden. Die anderen Widerstände haben die Werte: $R_2 = 4\,\Omega$; $R_3 = 12\,\Omega$; $R_4 = 8\,\Omega$. Wie groß ist R_x?

2. Mit einer in Bild 8.7 dargestellten Brückenschaltung soll ein unbekannter Widerstand bestimmt werden. Der Bereichs-Widerstand hat 10 kΩ, die Schleifdrähte haben die Längen $l_1 = 15$ cm, $l_2 = 25$ cm. Wie groß ist der gesuchte Widerstandswert?

3. Die Meßbrücke nach Bild 8.6 ist abgeglichen, wenn die Widerstände R_2 und R_4 in einem Verhältnis $R_4/R_2 = 4:1$ stehen und $R_3 = 120\,\Omega$ hat. Berechnen Sie den unbekannten Widerstand Rx.

4. Wie groß ist ein unbekannter Widerstand R_x, wenn in der Schaltung nach Bild 8.7 der Bereichswiderstand 1000 Ω hat und das Längenverhältnis der Schleifdrahtabschnitte $l_1 : l_2 = 5 : 2$ beträgt?

5. Ein Kupferdraht mit 1,3 mm Durchmesser wird mit einer Wheatstone-Meßbrücke ausgemessen. Die Widerstände haben folgende Werte: $R_2 = 1,6\,\Omega$; $R_3 = 6$ kΩ; $R_4 = 24$ kΩ. Berechnen Sie die Länge des Kupferdrahtes!

6. Ein Kupferdraht mit einem Querschnitt $A = 1,5$ mm² ist zu einem Ring aufgewickelt. Der Ring hat einen mittleren Durchmesser $dm = 20$ cm und 80 Lagen. In welchem Verhältnis l_1/l_2 muß der Schleifdraht einer Schleifdrahtmeßbrücke stehen, wenn die Meßbrücke bei einem Bereichswiderstand $R_{Bereich} = 1\Omega$ abgeglichen werden soll?

138

8.5.2 Kondensator

Zur Bestimmung des Kapazitätswertes von Kondensatoren hat man die Möglichkeiten der Spannungsvergleichsmessung nach **Bild 8.8,**

$$\frac{C_x}{C_n} = \frac{U_n}{U_x}$$

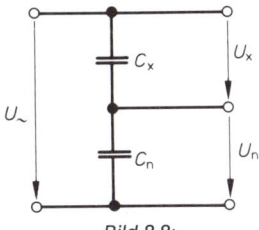

C_x = unbekannter Kondensator
C_n = Vergleichskondensator
U_n = Vergleichsspannung
U_x = Spannung am unbekannten Kondensator

Bild 8.8:
Spannungsvergleich

der Messung des Blindwiderstandes nach **Bild 8.9,**

$$X_c = \frac{U}{I} \; , \qquad\qquad X_c = \frac{1}{\omega C}$$

$$C = \frac{I}{2\pi \cdot f \cdot U}$$

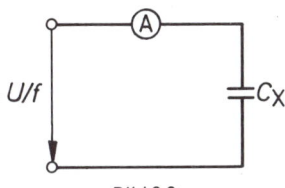

Bild 8.9:
Blindwiderstandsmessung

und der Messung mittels einer Brücke nach **Bild 8.10**

$$C_x = C_n \frac{R_4}{R_3}$$

Legt man in Reihe zum Vergleichs-kondensator C_n ein Potentiometer, so ist es mit der Meßbrücke nach Bild 8.10 möglich, auch gleichzeitig den Verlustfaktor des unbekannten Kondensators zu bestimmen. Bei abgeglichener Brücke gilt:

$$\tan \delta = R \cdot C_n \cdot 2\,\pi\,f$$

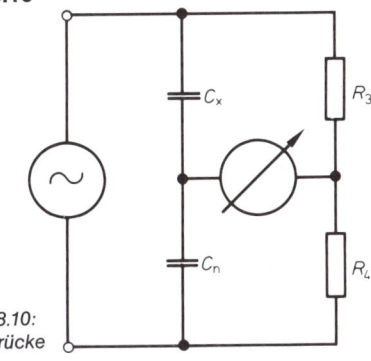

Bild 8.10:
Meßbrücke

Aufgaben:

1. Mit Hilfe der im Bild 8.8 dargestellten Meßschaltung soll der Kapazitätswert eines unbekannten Kondensators bestimmt werden. Am Vergleichskondensator C_n = 10 nF steht eine Spannung von 2,4 V. Am unbekannten Kondensator mißt man 24 V. Wie groß ist der gesuchte Kapazitätswert?

2. Mit Hilfe der im Bild 8.9 dargestellten Meßschaltung soll ein unbekannter Kondensator bestimmt werden. Man mißt bei 200 V, 1 kHz einen Strom von 5 mA. Welche Kapazität hat der Kondensator?

3. Ein unbekannter Kondensator wird mittels einer Brückenschaltung nach Bild 8.10 bestimmt. C_n = 12 nF, R_3 = 22 kΩ; R_4 = 8,2 kΩ. Bestimmen Sie C_x!

4. Bei einer Messung nach der Schaltung in Bild 8.8 werden folgende Werte ermittelt: C_n = 390 pF; U_n = 6,8 V; U_x = 8,9 V. Bestimmen Sie den Wert des unbekannten Kondensators!

8.5.3 Spulen

Zur Bestimmung des Induktivitäts-
wertes einer unbekannten Spule hat
man die Möglichkeit der Messung
des Gleich- und Blindwiderstandes
nach **Bild 8.11.**

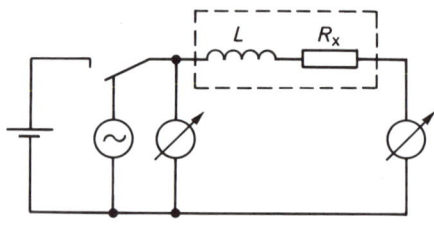

Bild 8.11:
Bestimmung der Induktivität

$$R_x = \frac{U_{Gleich}}{I_{Gleich}}$$

$$Z = \frac{U}{I} \qquad\qquad X_L = \omega L$$

$$L = \frac{\sqrt{Z^2 - R_x^2}}{2\pi \cdot f}$$

oder mittels einer Brückenschaltung
nach **Bild 8.12.**

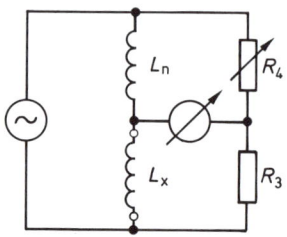

Bild 8.12:
Induktivitätsbestimmung
mittels Brückenschaltung

$$\frac{L_x}{L_n} = \frac{R_3}{R_4}$$

Aufgaben:

1. Die Werte einer unbekannten Spule werden mittels der Schaltung nach Bild 8.11 ermittelt. Dabei erhält man folgende Meßergebnisse: $U_{Gleich} = 25$ V, $I_{Gleich} = 80$ mA; $U = 24$ V/50 Hz; $I = 6$ mA. Bestimmen Sie R_x und L dieser Spule!

2. Die Induktivität einer Spule wird nach der Schaltung in Bild 8.12 ermittelt. Es ergeben sich die Werte $L_n = 100$ mH; $R_3 = 640$ Ω; $R_4 = 1,2$ kΩ. Wie groß ist L_x?

3. Eine Drossel hat bei 220 V/50 Hz einen Stromdurchgang von 42 mA. Bei einer Gleichspannung von 4 V beträgt der Strom 15,3 mA. Berechnen Sie die Werte dieser Drossel!

4. Bei einer abgeglichenen Brückenschaltung erhält man folgende Werte: $R_3 = 6,8$ kΩ; $R_4 = 2,7$ kΩ; $L_n = 0,05$ H. Berechnen Sie die Induktivität der unbekannten Spule!

5. Bei einer abgeglichenen Brückenschaltung stehen die Widerstände im Verhältnis $R_3/R_4 = 1/8$. Welchen Induktivitätswert hat die unbekannte Spule, wenn $L_n = 100$ mH hat?

● 6. Eine unbekannte Spule wird durchgemessen. An Gleichspannung $U = 12$ V fließt ein Strom $I = 1$ A. Wird diese unbekannte Spule an eine Wechselspannung von $U = 100$ V/400 Hz gelegt, so fließt ein Strom von $I = 25$ mA. Welche Induktivität und welchen Verlustfaktor hat diese Spule?

8.6 Messung elektrischer Arbeit und Leistung

Die elektrische Arbeit wird mit einem Elektrizitätszähler **(Bild 8.13)** bestimmt.

$$W = \frac{n}{C_z}$$

W = elektrische Arbeit
n = Umdrehungen der Zählerscheibe
C_z = Zählerkonstante in $\dfrac{1}{kWh}$

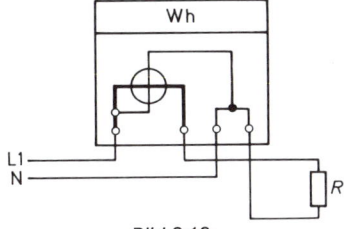

Bild 8.13:
Anschluß eines Elektrizitätszählers

Mit einem Elektrizitätszähler und einer Stoppuhr kann die elektrische Leistung bestimmt werden.

$$P = \frac{n}{t \cdot C_z}$$

P = elektrische Leistung
n = Umdrehungen der Zählerscheibe
t = Zeit
C_z = Zählerkonstante in $\dfrac{1}{kWh}$

Beispiel:

Die Leistungsaufnahme eines Farbfernsehempfängers wird 3 Minuten lang mit dem Zähler und mit einer Stoppuhr kontrolliert. In dieser Zeit macht die Zählerscheibe 20 Umdrehungen. Die Zählerkonstante ist mit 1200 1/kWh angegeben. Berechnen Sie die Leistungsaufnahme!

Lösung: $\quad P = \dfrac{n}{t \cdot C_z} = \dfrac{20}{3 \text{ min} \cdot 1200 \text{ 1/kWh}} = \dfrac{20 \text{ kWh} \cdot 60 \text{ min}}{3 \text{ min} \cdot 1200 \cdot 1 \text{ h}}$

$\underline{P = 0,333 \text{ kW}}$

Aufgaben:

1. Ein Heizlüfter wird 6 Minuten lang eingeschaltet und kontrolliert. Die Zählerscheibe macht 164 Umdrehungen bei einer Zählerkonstanten von C_z = 800 1/kWh. Hat der Heizlüfter tatsächlich einen Anschlußwert von P = 2 kW?

2. Ein Tonbandgerät mit einem Anschlußwert von P = 250 W soll mit einem Zähler überprüft werden. Der Zähler hat eine Zählerkonstante von C_z = 1500 1/kWh. Wie lange muß die Scheibe beobachtet werden, wenn 10 Umdrehungen gezählt werden sollen?

3. Die Heizleistung einer Kochplatte 220 V/1500 W soll mit Hilfe eines Zählers (C_z = 300 1/kWh) überprüft werden. Wie oft muß sich die Zählerscheibe bei voller Heizleistung in 2 Minuten drehen?

●4. Mit Hilfe eines Zählers (C_z = 600 1/kWh) sollen die Betriebskosten eines Farbfernsehgerätes festgestellt werden. Die Zählerscheibe dreht sich in 2,5 Minuten sechsmal. Der Arbeitspreis beträgt 12 Pf je kWh. Wie lange kann der Farbfernsehempfänger für 1,00 DM eingeschaltet sein?

5. Das Leistungsschild eines Infarot-Strahlers ist nicht mehr lesbar. Zur Bestimmung seiner Leistung wird der Zähler benutzt. In 30 Sekunden macht die Zählerscheibe 5 Umdrehungen. Die Zählerkonstante beträgt C_z = 480 1/kWh. Berechnen Sie die Leistung.

6. In einer 220 V-Anlage macht die Zählerscheibe in ½ Stunde 2 Umdrehungen, obwohl alle Geräte ausgeschaltet sind. Der Zähler hat eine Zählerkonstante von C_z = 700 1/kWh. Berechnen Sie den fließenden Fehlerstrom dieser Anlage.

8.7 Oszilloskopen-Meßtechnik

Mit einem Oszilloskop kann man die Amplituden von Spannungen beliebiger Form in Spitze-Spitze sowie deren Frequenz bestimmen.

Amplitude: **Frequenz:**

$$U_{ss} = y \cdot a$$

$$T = x \cdot b$$

$$f = \frac{1}{T}$$

a = Strichlänge in Teileinheit
y = Ablenkfaktor in V je Teileinheit
b = Strichlänge in Teileinheit
x = Ablenkfaktor in ms oder µs je Teileinheit

Beispiel:

Von der in **Bild 8.14** dargestellten Schwingung sollen die Amplitude und die Frequenz bestimmt werden.

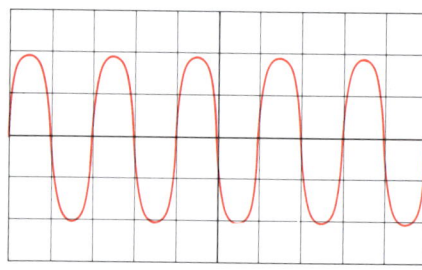

Bild 8.14
Schwingungsdarstellung
$y = 3$ V/cm; $x = 10$ ms/cm

Lösung:

$U_{ss} = y \cdot a = 3\,\text{V/cm} \cdot 4\,\text{cm}$
$\underline{U_{ss} = 12\,\text{V}}$

$T = x \cdot b = 10\,\text{ms/cm} \cdot 2\,\text{cm}$
$T = 20\,\text{ms}$

$f = \dfrac{1}{T} = \dfrac{1}{20\,\text{ms}}$

$\underline{f = 50\,\text{Hz}}$

Aufgaben:

1. Bei einer Messung erscheint auf dem Bildschirm des Oszilloskops die in **Bild A 8.7/1** dargestellte sinusförmige Spannung. Die Einstellungen am Oszilloskop sind: $y = 0,5$ V/cm; $x = 0,1$ ms/cm. Bestimmen Sie die Amplitude und die Frequenz!

2. Bei einer Messung mit einem Tastkopf 1 : 10 ergibt sich die in **Bild A 8.7/1** dargestellte Spannung. Die Einstellungen am Oszilloskop sind: $y = 20$ mV/cm; $x = 10$ µs/cm. Bestimmen Sie den Effektivwert der Spannung und die Frequenz.

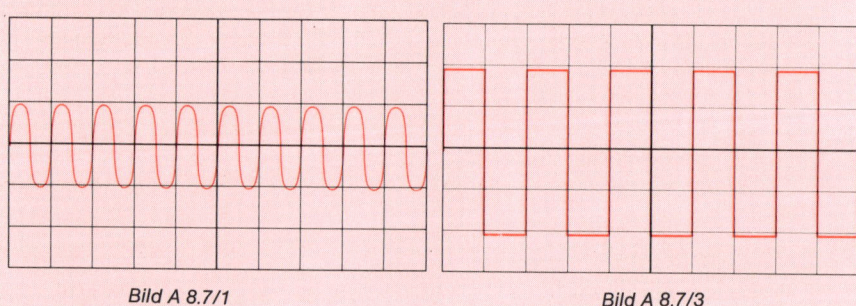

Bild A 8.7/1   *Bild A 8.7/3*

3. Mit einem Oszilloskop hat man die in **Bild A 8.7/3** dargestellte rechteckförmige Spannung gemessen. Die Einstellungen sind: $y = 50$ V/cm; $x = 0,2$ ms/cm. Berechnen Sie die Amplitude und die Frequenz dieser Schwingung!

4. Die im **Bild A 8.7/3** dargestellte Rechteckspannung hat eine Frequenz von $f = 200$ Hz. In welcher Stellung steht der Zeitablenkschalter?

5. Bestimmen Sie die Frequenz der im **Bild A 8.7/5** wiedergegebenen sinusförmigen Spannung, wenn der Zeitablenkschalter auf der Stellung 0,2 ms/Teilung steht.

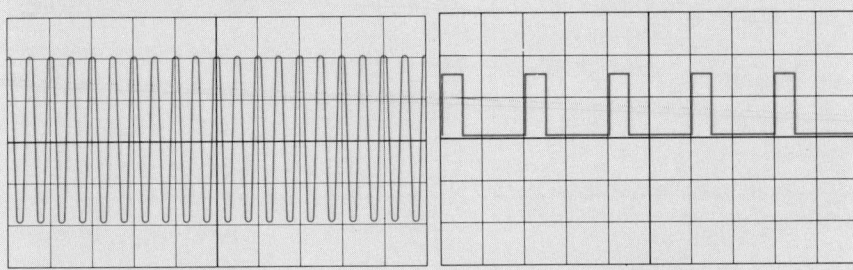

Bild A 8.7/5   Bild A 8.7/7

6. Gibt man auf einen Oszilloskopen eine sinusförmige Spannung mit einem Effektivwert von 5,66 V und einer Frequenz von 250 Hz, so ergibt sich der in **Bild A 8.7/5** dargestellte Schwingungszug. Welche Einstellung hatte das Oszilloskop?

7. Bei einer Messung erscheint auf dem Bildschirm des Oszilloskops die im **Bild A 8.7/7** dargestellte rechteckförmige Spannung. Die Frequenz dieser Spannung beträgt $f = 2,6$ kHz. Wie groß ist die Impulsdauer t_i der Rechteckspannung?

8. Die im **Bild A 8.7/7** dargestellte rechteckförmige Spannung wurde mit einem Tastkopf 1 : 10 aufgenommen. Das Oszilloskop hatte die Einstellung 2 V/cm. Berechnen Sie die Amplitude dieser Rechteckschwingung!

9. Das Oszilloskop ist auf folgende Werte eingestellt:
DC; $x = 25$ μs/Div; $y = 10$ V/Div. Welche Werte haben t_{an}; f und U_{ss} der im **Bild A 8.7/9** dargestellten Schwingung?

10. Das Oszilloskop ist auf folgende Werte eingestellt:
DC; $x = 0,2$ ms/Div; $y = 5$ V/Div. Welche Werte haben t_i, t_p, f, U_{max} und der Gleichspannungsanteil **(Bild A 8.7/10)**?

11. Die im **Bild A 8.7/10** dargestellte Schwingung erscheint auf dem Schirm eines Oszilloskops, wenn folgende Einstellungen vorgenommen wurden: DC; $x = 10$ μs/Div; $y = 2$ V/Div. Welche Werte haben t_i, t_p, f, U_{max} und der Gleichspannungsanteil?

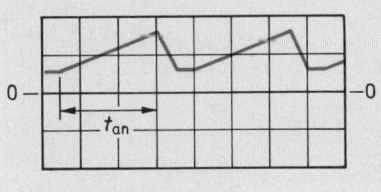

Bild A 8.7/9

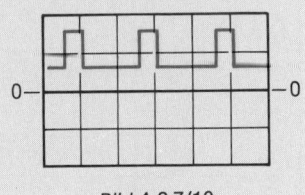

Bild A 8.7/10

9. Passive Vierpole

9.1 Frequenzglieder

Tabelle 9.1: Passive Vierpole			
Bezeichnung	Frequenzgang	Schaltung	Formel
Hochpaß		CR-Glied	$U_2 = U_1 \dfrac{R}{\sqrt{R^2 + X_C{}^2}}$; $f_{grenz} = \dfrac{1}{2\,\pi \cdot R \cdot C}$
		RL-Glied	$U_2 = U_1 \dfrac{X_L}{\sqrt{R^2 + X_L{}^2}}$; $f_{grenz} = \dfrac{R}{2\,\pi \cdot L}$
Tiefpaß		RC-Glied	$U_2 = U_1 \dfrac{X_C}{\sqrt{R^2 + X_C{}^2}}$; $f_{grenz} = \dfrac{1}{2\,\pi \cdot R \cdot C}$
		LR-Glied	$U_2 = U_1 \dfrac{R}{\sqrt{R^2 + X_L{}^2}}$; $f_{grenz} = \dfrac{R}{2\,\pi \cdot L}$
Bandpaß		LC-Bandpaß	$f_0 = \dfrac{1}{2\,\pi\,\sqrt{L \cdot C}}$; $b = \dfrac{f_0}{Q}$
		RC-Bandpaß	$U_{2max} = \dfrac{U_1}{1 + \dfrac{R_1}{R_2} + \dfrac{C_2}{C_1}}$ $f_0 = \dfrac{1}{2\,\pi\,\sqrt{R_1 \cdot R_2 \cdot C_1 \cdot C_2}}$
Bandsperre		LC-Bandsperre	$f_0 = \dfrac{1}{2\,\pi\,\sqrt{L \cdot C}}$; $b = \dfrac{f_0}{Q}$
		Wien-Robinson-Brücke	$f_0 = \dfrac{1}{2\,\pi \cdot R \cdot C}$ bei f_0 wird $U_2 = 0$ V.

In der Elektronik werden Siebschaltungen zur Unterdrückung bestimmter Bereiche eines Frequenzgemisches benutzt. Solche Schaltungen heißen Hoch-, Tief-, Bandpässe und Bandsperren **(Tabelle 9.1)**

Die Frequenz bei Hoch- und Tiefpässen, bei der Blindwiderstand und Wirkwiderstand gleich groß sind, nennt man Grenzfrequenz.

Beispiel:

Bei welcher Frequenz steht am Ausgang eines RL-Tiefpasses mit $R = 100\ \Omega$ und $L = 200$ mH 70,7 % der Eingangsspannung?

Lösung:

$$f_{grenz} = \frac{R}{2\pi \cdot L}$$

$$f_{grenz} = \frac{100\ \Omega}{2\pi \cdot 200\ \text{mH}} = \frac{10^2\ \Omega}{2\pi \cdot 2 \cdot 10^{-1}\ \text{H}}$$

$$f_{grenz} = 79{,}5\ \text{Hz}$$

Aufgaben:

1. Eine Nf-Verstärkerstufe mit Transistoren hat einen Koppelkondensator von $C = 15\ \mu\text{F}$. Der Eingangswiderstand setzt sich aus der Parallelschaltung von 1,5 kΩ und 22 kΩ zusammen. Berechnen Sie die untere Grenzfrequenz.

2. Die Brummspannung hinter einem Brückengleichrichter ($f = 100$ Hz) soll durch eine RC-Siebung auf 1/20 vermindert werden. Der Siebkondensator hat eine Kapazität von $C = 50\ \mu\text{F}$. Welche Größe muß der Siebwiderstand haben?

3. Ein Breitbandverstärker hat einen Lastwiderstand von $R = 4{,}7$ kΩ und eine obere Grenzfrequenz von $f_{go} = 10$ MHz. Wie groß sind die Ausgangs- und Schaltkapazitäten?

4. Berechnen Sie die Grenzfrequenz eines Tiefpasses, der aus $L = 36$ mH und $R = 150\ \Omega$ besteht?

5. Alle Frequenzen oberhalb der Grenzfrequenz von $f_g = 5{,}6$ kHz sollen nicht mehr am Ausgang erscheinen. Der Widerstand hat einen Wert von $R = 8\ \Omega$. Bestimmen Sie die Induktivität der Spule.

6. Die Entzerrernorm für Tonbandgeräte schreibt bei einer Bandgeschwindigkeit von 9,53 cm/s für die Höhen eine Zeitkonstante von 90 μs vor. Berechnen Sie die Übergangsfrequenz (Grenzfrequenz) und den erforderlichen Kondensator bei $R = 100$ kΩ.

7. Am Ladekondensator eines Netzgerätes wird mit einem Oszilloskop eine Wechselspannung von $U_{ss} = 20$ V ($f = 100$ Hz) gemessen. Der Siebwiderstand des nachgeschalteten Siebgliedes (Tiefpaß) hat einen Wert von 940 Ω. Die am Ausgang noch vorhandene Wechselspannung soll $U_{eff} = 70$ mV nicht überschreiten. Wie groß muß der Siebkondensator gewählt werden?

8. Bei einer Wien-Robinson-Brücke haben die Widerstände $R = 10$ kΩ und die Kondensatoren $C = 10$ nF. Welche Frequenz wird abgesenkt?

9. Eine LC-Bandsperre besteht aus einer Spule mit $L = 100$ mH und einem Kondensator mit $C = 4{,}7$ nF. Welche Frequenz wird am stärksten abgesenkt?

10. Ein RC-Bandpaß besteht aus folgender Beschaltung:
$R_1 = 4{,}7$ kΩ; $R_2 = 12$ kΩ; $C_1 = 470$ pF; $C_2 = 8{,}2$ nF. Wie groß ist die höchste Ausgangsspannung, und bei welcher Frequenz wird sie erreicht?

11. Es soll ein Bandpaß für die Frequenz von 8 kHz mit einer Spule von 20 mH aufgebaut werden. Die Bandbreite diese Bandpasses darf nur 2,5 kHz haben. Berechnen Sie:
a) den erforderlichen Kondensator; b) den zulässigen Verlustwiderstand der Spule.

9.2 Impulsformerglieder

Wird ein Hoch- bzw. ein Tiefpaß mit einer rechteckförmigen Spannung angesteuert, so erfolgt eine Verformung des Eingangssignals entsprechend der **Tabelle 9.2.**

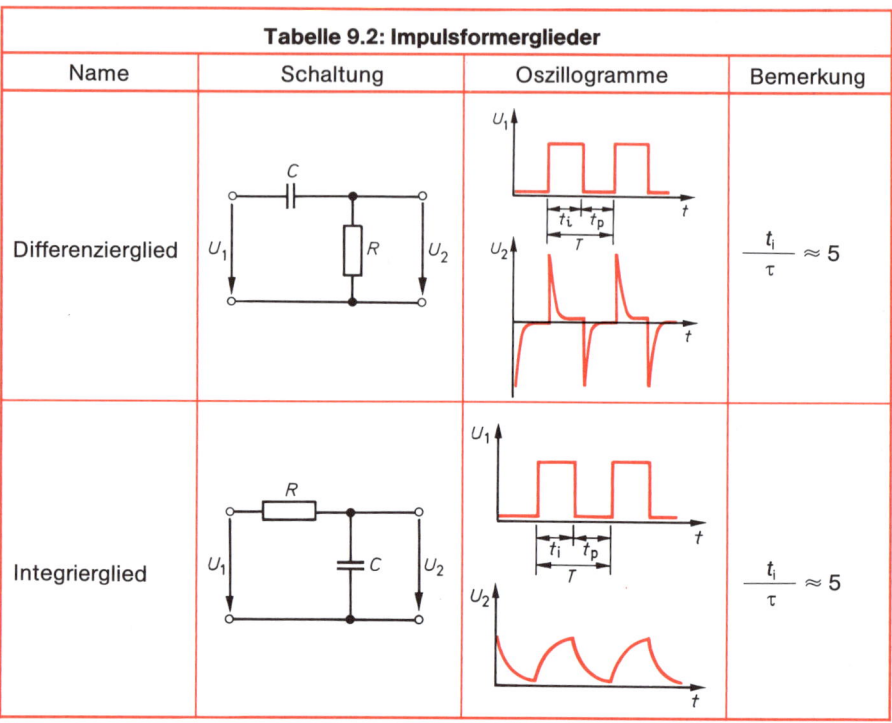

Tabelle 9.2: Impulsformerglieder			
Name	Schaltung	Oszillogramme	Bemerkung
Differenzierglied			$\dfrac{t_i}{\tau} \approx 5$
Integrierglied			$\dfrac{t_i}{\tau} \approx 5$

Beispiel:

Eine symmetrische Rechteckspannung mit einer Frequenz $f = 2,5\,kHz$ soll mit einem Differenzierglied so verformt werden, daß ein Nadelimpuls mit einer maximalen Impulsbreite von 6 μs entsteht. Welchen Wert muß der Widerstand erhalten, wenn der Kondensator mit $C = 10\,nF$ gewählt wird?

Lösung:

$6\,\mu s \approx 5\,\tau = 5 \cdot R \cdot C$

$$R = \frac{6\,\mu s}{5 \cdot C} = \frac{6\,\mu s}{5 \cdot 10\,nF}$$

Eingabe:

6 │EE│ 6 │+/−│ │÷│ 5 │÷│ 10 │EE│ 9 │+/−│ │=│

Anzeige: 120

$\underline{R = 120\,\Omega}$

146

Aufgaben:

1. Mit Hilfe eines Differenziergliedes sollen aus einer rechteckförmigen Spannung mit einer Frequenz $f = 1$ kHz und $t_i/t_p = 1$ nadelförmige Impulse erzeugt werden, für die ein Verhältnis von $t_i/\tau = 20$ gefordert wird. Welche Zeitkonstante muß das Differenzierglied erhalten?

● 2. An den Eingang eines Integriergliedes wird eine rechteckförmige Eingangsspannung mit $U_{Ess} = 2$ V; $f = 400$ Hz; $t_i/t_p = 3$ gelegt. Wie groß ist das Verhältnis t_i/τ, wenn $R = 33$ kΩ und $C = 22$ nF sind?

● 3. Eine symmetrische Rechteckspannung mit $\hat{u}_e = 12$ V/2 kHz wird durch ein Integrierglied verformt. Welche Zeitkonstante τ muß das RC-Glied mindestens haben, wenn die Ausgangsspannung $\hat{u}_a = 7{,}56$ V nicht unterschreiten soll?

● 4. Am Ausgang eines Differenziergliedes soll das Signal ein Verhältnis von $t_i/\tau = 1$ haben. Welche Frequenz muß das Eingangssignal besitzen, wenn das rechteckförmige Signal einen Tastgrad von $g = 0{,}33$ haben soll und der Widerstand mit $R = 12$ kΩ, der Kondensator mit $C = 4{,}7$ nF dimensioniert werden?

5. Eine symmetrische Rechteckspannung mit einer Frequenz $f = 15{,}625$ kHz soll mit einem Differenzierglied so verformt werden, daß ein nadelförmiger Impuls mit einer maximalen Impulsbreite von $t = 6$ μs entsteht. Welchen Wert muß der Kondensator erhalten, wenn der Widerstand einen Wert von $R = 8{,}2$ kΩ besitzt?

● 6. Eine rechteckförmige Spannung mit einer Frequenz von $f = 500$ Hz und einem Tastgrad von $g = 0{,}4$ soll differenziert werden. Das Differenzierglied mit einem Kondensator $C = 6{,}8$ nF soll eine Impulsform mit $t_i/\tau = 10$ erzeugen. Welchen Wert muß der Widerstand haben?

● 7. Am Ausgang eines Integriergliedes mit $R = 22$ kΩ und $C = 4{,}7$ nF soll bei einer Impulsformung mit $t_i/\tau = 1$ ein Ausgangssignal von $\hat{u}_a = 5$ V stehen. Welche Höhe u_e und welche Frequenz muß das Eingangssignal bei einem Tastgrad $g = 0{,}5$ haben?

8. Eine rechteckförmige Spannung mit einer Frequenz von $f = 1{,}2$ kHz und einem Tastgrad $g = 0{,}56$ soll differenziert werden. Das Differenzierglied mit einem Widerstand $R = 560$ Ω, soll eine Impulsform mit $t_i/\tau = 15$ erzeugen. Welche Induktivität muß die Spule besitzen?

9. Eine symmetrische rechteckförmige Spannung mit $f = 100$ Hz soll durch ein Integrierglied in eine sägezahnförmige Spannung mit $t_i/\tau = 1$ umgeformt werden. Es steht eine Induktivität $L = 0{,}3$ mH zur Verfügung. Welchen Wert muß der Widerstand haben?

10. Ein Differenzierglied besteht aus einer Spule $L = 2$ H und einem Widerstand $R = 400$ Ω. Wie groß ist das Verhältnis t_i/τ, wenn ein symmetrischer Rechteckimpuls mit $f = 500$ Hz auf dieses Differenzierglied gegeben wird?

11. Ein Rechteckimpuls mit einer Impulsdauer $t_i = 2$ ms soll mit einem RC-Glied integriert werden. Welchen Wert muß der Widerstand haben, wenn das Verhältnis $t_i/\tau = 0{,}6$ und der Kondensator $C = 8{,}2$ nF hat?

12. Welchen Tastgrad g muß eine rechteckförmige Spannung mit einer Frequenz $f = 1$ kHz besitzen, damit das aus einem Widerstand $R = 18$ kΩ und einem Kondensator $C = 3{,}3$ nF bestehende Differenzierglied einen nadelförmigen Impuls mit einem Verhältnis $t_i/\tau = 4{,}21$ erzeugt?

13. An den Eingang eines Differenzierglieds wird ein rechteckförmiges Signal $U_{ESS} = 5$V; $f = 1250$ Hz; $t_i/t_p = 1/5$ gelegt. Wie groß ist das Verhältnis t_i/τ, wenn der Kondensator mit $C = 1{,}8$ nF und der Widerstand mit $R = 56$ kΩ dimensioniert werden?

10. Wärme

10.1 Wärmemenge

Jede elektrische Arbeit kann in Wärme umgewandelt werden. Die erzeugte Wärmemenge Q wird in Joule angegeben. Die zur Erwärmung eines Stoffes erforderliche Wärmemenge ergibt sich zu:

$$Q = m \cdot c \cdot \Delta T$$

Q = Wärmemenge in Joule (J) oder Ws
m = Masse in kg

Merke: 1 J = 1 Ws

c = spezifische Wärmeeinheit $\dfrac{kJ}{kg\,K}$

(Werte aus der Werkstofftabelle im Anhang)

ΔT = Temperaturdifferenz in K

Das Verhältnis zwischen der Nutzwärme (abgegebene Wärmemenge) und der Stromwärme (zugefügte Wärmemenge) ergibt den Wirkungsgrad.

$$\eta = \frac{Q_{ab}}{Q_{zu}} = \frac{Q_{ab}}{P \cdot t}$$

Beispiel:

Das Wasser in einem 80-Liter-Speicher soll von 10 °C auf 80 °C aufgeheizt werden. Der Speicher hat einen Anschlußwert von $P = 2$ kW und einen Wirkungsgrad von $\eta = 92{,}5\%$. Berechnen Sie, wie lange der Speicher zum Aufheizen des Wassers benötigt?

Lösung:

$$Q_{ab} = m \cdot c \cdot \Delta T$$

$$P \cdot t = \frac{Q_{ab}}{\eta}$$

$$t = \frac{m \cdot c \cdot \Delta T}{P \cdot \eta} = \frac{80\ kg \cdot 4{,}1868\ kWs \cdot 70\ K}{2\ kW \cdot 0{,}925\ kg \cdot K}$$

$$\underline{t = 12673{,}557s = 3{,}52\ h}$$

Aufgaben:

1. In einer Minute liefert ein Durchlauferhitzer 2,5 Liter Heißwasser, das bei einem Wirkungsgrad von 94 % von 8 °C auf 65 °C erhitzt wird. Wie groß sind Nutzwärme, Stromwärme, elektrische Arbeit und Anschlußwert?

● 2. Ist ein Thyristor 18 s lang leitend, so erwärmt er seinen 400 g schweren Aluminiumkühlkörper ($c = 0{,}89$ kJ/kg · K) von 20 °C auf 26,3 °C. Welcher Strom fließt während dieser Zeit durch den Thyristor, wenn er im durchgeschalteten Zustand an $U = 10$ V liegt und der Wirkungsgrad 95 % beträgt?

● 3. Als Thermostat-Heizung wird ein Transistor verwendet. Der Transistor nimmt $P = 7{,}8$ W auf und erwärmt einen Kupferblock ($c = 0{,}385$ kJ/kg · K) mit 110 g in 300 s von 24 °C auf 65 °C. Wie groß ist der Wärmewirkungsgrad?

4. Ein Thyristor ist auf einen 100g schweren Aluminiumkühlkörper ($c = 0{,}89$ kJ/kg · K) montiert. Im durchgeschalteten Zustand liegt er an $U = 8{,}6$ V, und durch ihn fließt dann 26 s lang ein Strom $I = 18{,}4$ A. Auf welche Temperatur wird der Kühlkörper aufgeheizt, wenn der Wirkungsgrad $\eta = 95\%$ und die Umgebungstemperatur $\vartheta_u = 26°C$ betragen?

10.2 Wärmewiderstand

In der Sperrschicht eines jeden Halbleiterbauelements ensteht durch die totale Verlustleistung Wärme. Diese Wärme wird über die Wärmewiderstände von der Sperrschicht an die Umgebung abgegeben **(Bild 10.1)**.

mit Kühlkörper:

$$R_{thU} = R_{thJG} + R_{thG/K} + R_{thK}$$

$$R_{thU} = \frac{\vartheta_j - \vartheta_U}{P_V}$$

ohne Kühlkörper:

$$R_{thJU} = \frac{\vartheta_j - \vartheta_U}{P_V}$$

R_{thJU} = Wärmewiderstand zwischen Sperrschicht und Umgebung
R_{thU} = gesamter Wärmewiderstand zwischen Sperrschicht und Umgebung
R_{thJG} = Wärmewiderstand zwischen Sperrschicht und Gehäuse
$R_{thG/K}$ = Wärmewiderstand zwischen Gehäuse und Kühlkörper
R_{thK} = Wärmewiderstand des Kühlkörpers
ϑ_j = Sperrschichttemperatur
ϑ_U = Umgebungstemperatur
P_V = Verlustleistung

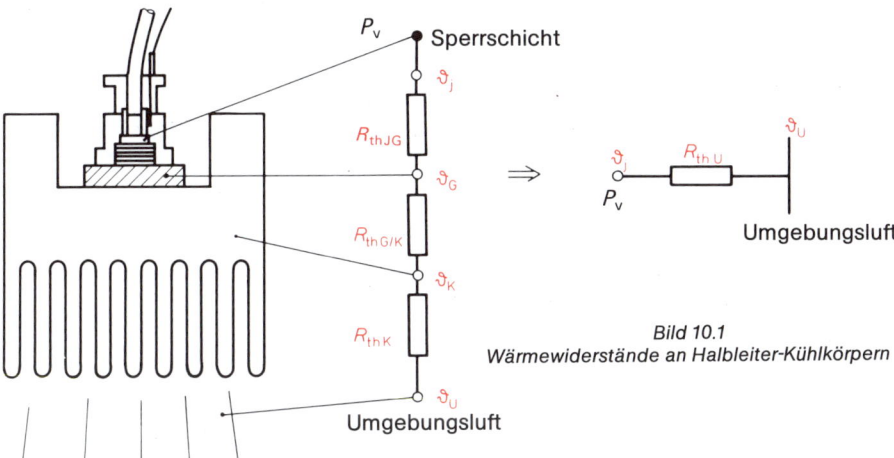

Bild 10.1
Wärmewiderstände an Halbleiter-Kühlkörpern

Bei Halbleiterbauelementen ohne Kühlkörper gibt der Hersteller stets den gesamten Wärmewiderstand R_{thJU}, bei Bauelementen mit Kühlkörper gibt er den Wärmewiderstand zwischen Sperrschicht und Gehäuse R_{thJG} an. Der Wärmewiderstand wird in Kelvin pro Watt (K/W) angegeben.

Merke: Mit Kühlkörper wird die Summe der Einzelwärmewiderstände kleiner als der Wärmewiderstand ohne Kühlkörper.

$$R_{thU} < R_{thJU}$$

Bei impulsförmiger Belastung können Halbleiterbauelemente je nach Tastverhältnis v und Impulsdauer t_i größere Augenblickleistungen aushalten als bei Dauerbetrieb. Der Hersteller gibt dann statt des Wärmewiderstandes R_{thJG} den Impuls-Wärmewiderstand r_{thJG} an. Dieser kann aus der Kennlinie im **Bild 10.2** entnommen werden.

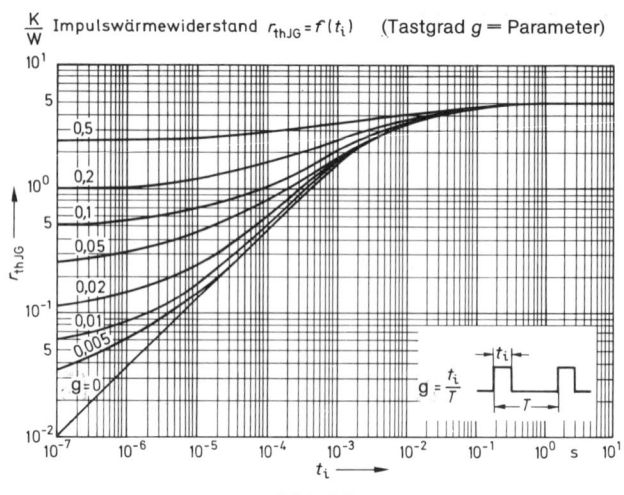

$\frac{K}{W}$ Impulswärmewiderstand $r_{thJG} = f(t_i)$ (Tastgrad g = Parameter)

Bild 10.2
Impuls-Wärmewiderstand r_{thJG} eines Leistungsschalttransistors

Beispiel:

Ein Si-Transistor hat eine höchstzulässige Sperrschichttemperatur von 200 °C und soll bei einer Umgebungstemperatur von ϑ_u = 50 °C betrieben werden. Der Wärmewiderstand zwischen Sperrschicht und Gehäuse beträgt 5 K/W. Der Wärmewiderstand $R_{thG/K}$ kann vernachlässigt werden. Es wird ein Kühlkörper mit einem Wärmewiderstand von R_{thK} = 3 kW benutzt. Ohne Kühlkörper hat dieser Transistor einen Wärmewiderstand von R_{thJU} = 100 K/W.

Berechnen Sie
a) die Verlustleistung ohne Kühlkörper
b) die Verlustleistung mit Kühlkörper
c) die Verlustleistung bei Impulsbelastung. Impulsdauer t_i = 10 μs, Impulsfrequenz
  f = 10 kHz

Lösung:

a) ohne Kühlkörper

$$P_v = \frac{\vartheta_j - \vartheta_u}{R_{thJU}} = \frac{200\ °C - 50°C}{100\ K/W} = \frac{150\ K}{100\ K}\ W$$

$$\underline{P_v = 1,5\ W}$$

b) mit Kühlkörper

$$P_v = \frac{\vartheta_j - \vartheta_u}{R_{thJG} + R_{thK}} = \frac{200\ °C - 50\ °C}{5\ K/W + 3\ K/W} = \frac{150\ K}{8\ K}\ W$$

$$\underline{P_v = 18,75\ W}$$

c) bei Impulsbelastung

$$T = \frac{1}{f} = \frac{1}{10^4 \text{ Hz}} = 10^{-4} \text{ s} \qquad g = \frac{t_i}{T} = \frac{10^{-5} \text{ s}}{10^{-4} \text{ s}} = 0,1$$

aus dem Diagramm in **Bild 10.2** wird für $t_i = 10^{-5}$ s und $g = 0,1$

$r_{thJG} = 0,7$ K/W ermittelt

$$P_v = \frac{\vartheta_j - \vartheta_u}{r_{thJG}} = \frac{200\ ^\circ\text{C} - 50\ ^\circ\text{C}}{0,7 \text{ K/W}} = \frac{150 \text{ K}}{0,7 \text{ K}} \text{ W}$$

$$P_v = 214,29 \text{ W}$$

Aufgaben:

1. Die Diode BYX 10 hat eine höchstzulässige Sperrschichttemperatur von 150 °C und einen Wärmewiderstand von $R_{thJU} = 150$ K/W. Berechnen Sie die Verlustleistung bei einer Umgebungstemperatur von 60 °C!

2. Ein Leistungsschalttransistor soll eine Rechteckspannung mit einer Impulsdauer von 0,2 ms und einer Frequenz von 1 kHz schalten. Die höchste Sperrschichttemperatur beträgt 180 °C.
   Berechnen Sie
   a) den Impulswärmewiderstand (Diagramm Bild 10.2)
   b) die zulässige Impulsverlustleistung bei 85 °C Umgebungstemperatur.

●3. Der Transistor AD 162 hat eine höchste Sperrschichttemperatur von 90 °C und einen Wärmewiderstand $R_{thG} = 4,5$ K/W. Weil dieser Transistor durch eine Glimmerscheibe isoliert aufgesetzt werden muß, ergibt sich ein Wärmewiderstand zwischen Gehäuseboden und Kühlkörper von $R_{thG/K} = 1,5$ K/W. Das verwendete Kühlblech hat einen Wärmewiderstand von $R_{thK} = 1,5$ K/W. Welcher maximale Strom darf durch diesen Transistor bei einer Umgebungstemperatur von 50 °C und einer Kollektor-Emitterspannung $U_{CE} = 16$ V fließen?

4. Die Z-Diode BZX55C9V1 hat eine Verlustleistung von 0,5 W. Ihre höchste Sperrschichttemperatur ist im Datenblatt mit 175 °C und ihr Wärmewiderstand R_{thJU} mit 300 K/W angegeben. Berechnen Sie die höchste Umgebungstemperatur!

●5. Die Z-Diode BZX85C8V2 hat eine Spannung von $U = 8,2$ V. Laut Datenblatt hat diese Diode einen Wärmewiderstand von $R_{thJU} = 110$ K/W und eine Sperrschichttemperatur von 175 °C. Wie groß kann der Strom werden, der durch diese Diode bei einer Umgebungstemperatur von 60 °C fließt?

6. Der Kleinthyristor BStA30 hat laut Datenblatt einen Wärmewiderstand $R_{thJU} = 72$ K/W. Welche Verlustleistung darf dieser Thyristor haben, wenn die Sperrschichttemperatur $\vartheta_j = 115$ °C und die Umgebungstemperatur $\vartheta_U = 50$ °C betragen?

●7. Eine Si-Leistungsdiode wird mit einem Kühlkörper, der einen Wärmewiderstand $R_{thK} = 3$ K/W hat, betrieben. Die Teilwärme-Widerstände haben die Werte $R_{thJG} = 5$ K/W und $R_{thGK} = 1,5$ K/W. Welcher Strom darf bei $U_F = 0,9$ V maximal durch diese Diode fließen, wenn die Sperrschichttemperatur $\vartheta_j = 150$ °C und die Umgebungstemperatur $\vartheta_U = 60$ °C betragen?

●8. Eine Si-Leistungsdiode hat eine Sperrschichttemperatur $\vartheta_j = 150$ °C und wird bei einer Umgebungstemperatur $\vartheta_U = 65$ °C betrieben. Bei einer Durchlaßspannung $U_F = 0,95$ V wird ein Strom $I_F = 3$ A verlangt. Welchen Wärmewiderstand muß der Kühlkörper besitzen, wenn die Teilwärmewiderstände die Werte $R_{thJG} = 3$ K/W und $R_{thGK} = 2$ K/W besitzen?

10.3 Kühlflächenberechnung

Der Wärmewiderstand des Kühlkörpers ist von der Größe der Kühlfläche, der Oberflächenbeschaffenheit und von der Montageweise abhängig.

$$R_{thK} = \frac{1}{s \cdot A}$$

Man kann den Wärmewiderstand einfacher durch das Kennlinienfeld im **Bild 10.3** ermitteln.

R_{thK} = Wärmewiderstand des Kühlkörpers

s = Wärmeaustauschkonstante liegt zwischen 1 und 2 mW/cm² · K

A = Kühlfläche

Die Kurven gelten für quadratische, blanke senkrecht freistehende Kühlbleche. Bei geschwärzten Blechen ist R_{thK} mit 1,7 zu multiplizieren. Bei waagerechter Anordnung des Kühlbleches muß man R_{thK} mit 0,7 multiplizieren.

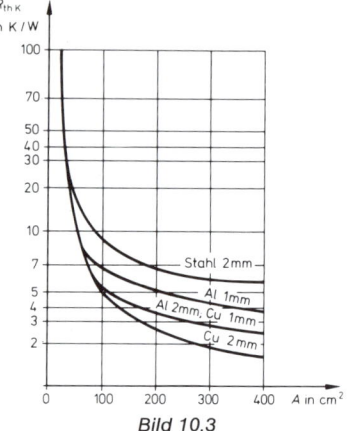

Bild 10.3
Wärmewiderstand-Kennlinienfeld

Beispiel:

Eine Halbleiterdiode ZL6 hat laut Datenblatt: $\vartheta_j = 150\,°C$, $R_{thJG} = 5\,K/W$; $R_{thG/K} = 1,5\,K/W$. Sie soll bei einer Umgebungstemperatur von $\vartheta_U = 40\,°C$ eine Spannung von 6 V bei einem Strom von 1,5 A stabilisieren. Berechnen Sie die erforderliche Kühlfläche des 2 mm starken Aluminiumkühlbleches.

Lösung:

$$R_{thU} = \frac{\vartheta_j - \vartheta_U}{P_{tot}} = \frac{150°C - 40°C}{6\,V \cdot 1,5\,A} = \frac{110\,K}{9\,W} = 12,2\,K/W$$

$$R_{thK} = R_{thU} - R_{thG} - R_{thG/K} = 12,2\,K/W - 5\,K/W - 1,5\,K/W = 5,7\,K/W$$

Aus der Kennlinie des Wärmewiderstandes für Kühlbleche im Bild 10.3 läßt sich die Fläche für 2 mm Al-Bleche ermitteln: $\underline{A = 70\,cm^2}$.

Aufgaben:

1. Ein Transistor soll mit einer Verlustleistung von 32 W betrieben werden. Die Sperrschichttemperatur darf 180 °C bei einer Umgebungstemperatur von 50 °C nicht überschreiten. Der Wärmewidestand ist $R_{thJG} \leq 1,5\,K/W$. $R_{thG/K}$ kann vernachlässigt werden. Wie groß muß ein quadratisches, 2 mm dickes Aluminium-Kühlblech sein bei a) senkrechter, b) waagerechter, c) senkrechter Anordnung und geschwärzt?

2. Mit dem Thryristor BTY 79/200R sollen 3,8 A geschaltet werden. Seine Durchlaßspannung ist dabei 4 V. Dieser Thyristor hat folgende Daten: $\vartheta_j = 125\,°C$; $R_{thG} = 3,1\,K/W$; $R_{thG/K} = 0,6\,K/W$. Berechnen Sie die erforderliche Fläche des Kühlkörpers, wenn die Wärmeaustauschkonstante für 2 mm dickes geschwärztes Aluminiumblech $s = 1,5\,mW/K \cdot cm^2$ und die Umgebungstemperatur 35 °C betragen.

●3. Eine Diode mit einer Sperrschichttemperatur von 180 °C soll bei einer Umgebungstemperatur von 60 °C betrieben werden. Die Durchlaßspannung dieser Diode beträgt $U = 1,1\,V$. Berechnen Sie
   a) den Strom durch diese Diode bei einem Wärmewiderstand $R_{thJG} \leq 60\,K/W$.
   b) Wie groß wird der Diodenstrom, wenn ein quadratisches, senkrecht stehendes, geschwärztes, 1 mm starkes Aluminiumblech mit einer Fläche von 200 cm² zur Kühlung der Diode verwendet wird? ($R_{thJG} = 1,8\,K/W$, $R_{thG/K} = 0,8\,K/W$.)

11. Halbleiterdioden

11.1 Gleichrichter- und Schaltdioden

11.1.1 Kennwerte

Durchlaßwiderstand	$R_F = \dfrac{U_F}{I_F}$
Sperrwiderstand	$R_R = \dfrac{U_R}{I_R}$
dynamischer Durchlaßwiderstand	$r_F = \dfrac{\Delta U_F}{\Delta I_F}$
Verlustleistung	$P_V = U_F \cdot I_F$ $P_V = \dfrac{\vartheta_j - \vartheta_U}{R_{thJU}}$

U_F = Spannung in Durchlaßrichtung
I_F = Strom in Durchlaßrichtung
U_R = Spannung in Sperrichtung
I_R = Strom in Sperrichtung
ΔU_F = Änderung der Durchlaßspannung
ΔI_F = Änderung des Durchlaßstromes
P_V = Verlustleistung
ϑ_j = Sperrschichttemperatur
ϑ_U = Umgebungstemperatur
R_{thJU} = Wärmewiderstand zwischen Sperr-schicht und Umgebung
P_{tot} = totale Verlustleistung

grundsätzlich gilt: $P_V \leqq P_{tot}$

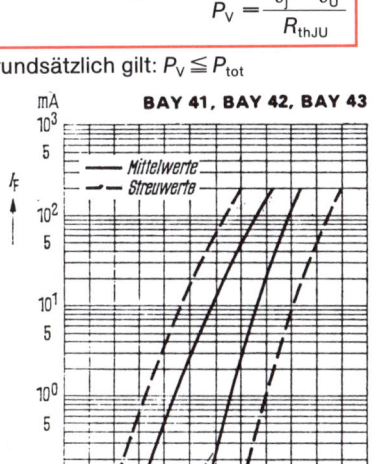

Bild 11.1
Durchlaßkennlinie

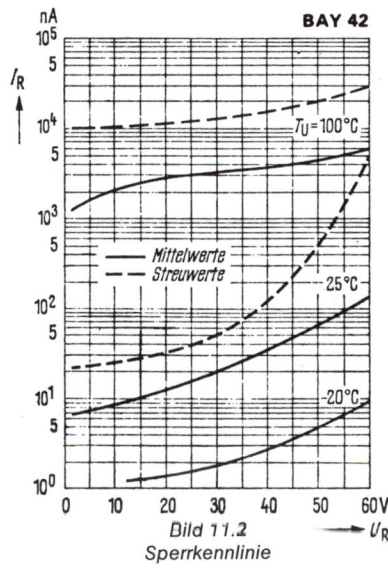

Bild 11.2
Sperrkennlinie

Aufgaben:

1. Wie groß ist der Durchlaßwiderstand der Diode BAY 42 bei einer Umgebungstemperatur $\vartheta_U = 20\,°C$, wenn $U_F = 0,8\,V$ beträgt **(Bild 11.1)**?

2. Wie groß ist der Sperrwiderstand der Diode BAY 42 **(Bild 11.2)** bei einer Sperrspannung von $U_R = 30\,V$ und einer Umgebungstemparatur a) $\vartheta_U = -20\,°C$; b) $\vartheta_U = 25\,°C$; c) $\vartheta_U = 100\,°C$?

3. An der Diode BAY 41 liegt eine Durchlaßspannung von $U_F = 0,6\,V$. Wie ändert sich der Durchlaßwiderstand dieser Diode, wenn die Umgebungstemperatur von $\vartheta_U = 20\,°C$ auf $\vartheta_U = 100\,°C$ ansteigt **(Bild 11.1)**?

4. Wie groß ist der dynamische Durchlaßwiderstand r_F der Diode BAY 43 bei einer Umgebungstemperatur $\vartheta_U = 20\,°C$, wenn die Durchlaßspannung von $U_F = 0,7\,V$ auf $U_F = 0,8\,V$ erhöht wird?

5. Von einer unbekannten Diode hat man folgende Meßwerte aufgenommen: $U_F = 0,7\,V$; $I_F = 5\,mA$; $U_R = 100\,V$; $I_R = 0,01\,\mu A$; $\Delta U_F = 0,1\,V$; $\Delta I_F = 20\,mA$. Berechnen Sie den Durchlaß-, den Sperrwiderstand und den dynamischen Durchlaßwiderstand.

6. Die Diode BY 127 hat im Arbeitspunkt einen Durchlaßwiderstand von $R_F = 0,36\,\Omega$. Auf welchen Wert ändert sich die Durchlaßspannung, wenn der Strom von 2,5 auf 4 A erhöht wird und diese Diode einen dynamischen Durchlaßwiderstand von $r_F = 0,33\,\Omega$ hat?

7. Eine Diode hat bei $I_F = 0,15\,A$ einen Durchlaßwiderstand von $12\,\Omega$. Berechnen Sie die Verlustleistung dieser Diode.

8. Die Diode BAX 18 hat eine höchstzulässige Sperrschichttemperatur von 200 °C und soll bei einer Umgebungstemperatur von 40 °C betrieben werden. Der Wärmewiderstand ist mit $R_{thJU} = 0,3\,K/mW$ angegeben. Berechnen Sie die Verlustleistung dieser Diode.

9. Die im **Bild A 11.1/9** angegebene Schaltung soll einen Rückstrom vom Ausgang auf den Eingang verhindern. Berechnen Sie die Verlustleistung der Diode, wenn am Eingang $U_1 = 10,8\,V$ angelegt werden und somit am Ausgang $U_2 = 5\,V$ stehen.

10. In der Schaltung nach **Bild A 11.1/9** wird statt der Diode BA 108 eine andere Diode mit einer Verlustleistung von $P_V = 150\,mW$ und $U_F = 0,7\,V$ verwendet. Wie groß darf die Spannung U_1 dann höchstens sein?

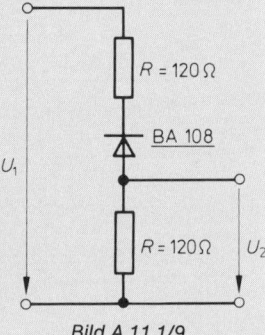

Bild A 11.1/9

11. Die Diode BY 127 hat im Arbeitspunkt die Daten: $U_F = 0,85\,V$, $I_F = 2\,A$. Welche Umgebungstemperatur ist bei diesem Arbeitspunkt zulässig, wenn die Sperrschichttemperatur 150 °C und der Wärme-Widerstand 60 K/W sind?

● 12. Die Universaldiode BAY 42 wird mit einer Durchlaßspannung von $U_F = 0,7\,V$ betrieben. Bestimmen Sie aus dem Datenblatt im Anhang
a) den Durchlaßwiderstand R_F für $\vartheta_U = 25\,°C$
b) den Durchlaßstrom der Diode bei $f = 50\,Hz$, wenn die Diode $t = 2\,ms$ leitend ist.
c) Um welchen Faktor ist die Verlustleistung der Diode bei diesem Impulsbetrieb größer als bei Gleichstrombetrieb mit $U_F = 0,7\,V$?

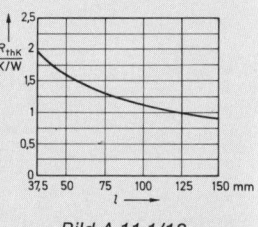

Bild A 11.1/13

● 13. Eine Leistungsdiode soll bei einer Umgebungstemperatur $\vartheta_U = 85\,°C$ bei $U_F = 1,2\,V$ einen Strom von $I_F = 5,6\,A$ liefern, wenn die Sperrschichttemperatur $\vartheta_j = 150\,°C$, $R_{thJG} = 6,2\,K/W$ und $R_{thGK} = 2\,K/W$ betragen.
a) Welche Länge muß der Kühlkörper bei waagerechter Montage haben **(Bild A 11.1/13)**?
b) Welcher Strom darf nur durch diese Diode fließen, wenn sie ohne Kühlkörper betrieben wird und $\vartheta_U = 85\,°C$, $R_{thJU} = 200\,K/W$ sind?

11.1.2 Gleichrichtung

11.1.2.1 Gleichrichterschaltungen

In der **Tabelle 11.1** (Seite 156) sind für die verschiedenen Gleichrichterschaltungen die Werte bei kapazitiver Belastung zusammengestellt. Dabei ist von dem heute in der Praxis üblichen Verhältnis zwischen Laststrom und Kapazität (1 μF je 1 mA Laststrom) ausgegangen. Ebenfalls sind in dieser Tabelle die Diodenspannung und die Frequenz der Welligkeit bei $f_{Netz} = 50$ Hz angegeben.

Aufgaben:

1. Aus einer Einwegschaltung will man $U_{Gleich} = 24$ V und $I_{Gleich} = 200$ mA entnehmen. Berechnen Sie:
   a) Spannung und Strom, die der Transformator abgeben muß
   b) die Leerlaufausgangsspannung und c) die Diodenspannung

2. Eine Diode hat als Grenzwert die Sperrspannung 300 V. Wie groß darf die Eingangswechselspannung sein, wenn diese Diode in einer Brückenschaltung eingesetzt werden soll?

3. Aus einer Kaskadenschaltung mit sechs Dioden soll eine Gleichspannung von $U_{gl} = 2400$ V entnommen werden. Welche Spannung muß der Transformator abgeben?

4. Der Netztransformator für ein stabilisiertes Netzgerät ist zu bestimmen. Es soll am Ausgang des Brückengleichrichters eine Gleichspannung von 20 V zur Verfügung stehen. Das Netzgerät soll einen Gleichstrom von 1,5 A liefern. Ermitteln Sie aus der Tabelle 7.7 den erforderlichen Transformatorkern.

•5. Für ein stromkonstantes Batterieladegerät ist der Netztransformator zu berechnen. Die Eingangsseite liegt an 220 V. Die Ausgangsseite weist zwei Wicklungen auf. An der einen Wicklung wird ein Brückengleichrichter angeschlossen, so daß man eine Gleichspannung von 8,3 V bei einem Gleichstrom von 1,2 A erhält. Aus der anderen Wicklung entnimmt man eine Vergleichsspannung, die man mit einem Einweggleichrichter erzeugt $U_{Gleich} = 14,1$ V; $I_{Gleich} = 9,25$ mA.

•6. Eine Stabilisierungseinheit benötigt eine Eingangsgleichspannung von 24 V und einen Gleichstrom von 6 A. Berechnen Sie den Netztransformator, wenn ein Brückengleichrichter verwendet wird und der Transformator an 220 V Wechselspannung angeschlossen werden soll.

7. Mit einem Transformator wird die Netzspannung von $U_1 = 220$ V auf $U_2 = 42$ V transformiert. a) Welche Ausgangsgleichspannung erhält man, wenn an diesen Transformator eine Verdopplerschaltung angeschlossen wird? b) Wie groß ist der auf der Primärseite des Transformators fließende Strom, wenn aus der Verdopplerschaltung ein Gleichstrom von $I_{gl} = 0,8$ A entnommen wird?

8. An einen Transformator, der $U_1 = 220$ V auf $U_2 = 300$ V transformiert, wird eine Kaskadenschaltung mit acht Dioden angeschlossen. a) Welche Gleichspannung kann dieser Schaltung entnommen werden? b) Welchen Wechselstrom muß der Transformator abgeben, wenn ein Gleichstrom von $I_{gl} = 0,5$ A entnommen werden soll? c) Wie hoch ist im unbelasteten Zustand die Ausgangsgleichspannung? d) Für welche maximale Sperrspannung muß jede Diode ausgelegt werden?

9. Einer Brückenschaltung, die an $U_{eff} = 24$ V liegt, soll ein Gleichstrom von $I_{gl} = 1,2$ A entnommen werden. a) Welche Gleichspannung erhält man am Ausgang? b) Welchen Wechselstrom muß der Transformator abgeben? c) Für welche maximale Sperrspannung müssen die Dioden bei einem Sicherheitsfaktor von 3 ausgelegt werden?

Tabelle 11.1: Gleichrichterschaltungen mit kapazitiver Belastung

Name	Einweg (E)	Mittelpunkt (M)	Brücke (B)	Verdoppler (V)	Kaskade
Schaltung					
$\dfrac{U_{gl}}{U_{eff}}$	1,2	1,3	1,3	2,5	$n \cdot 1,1$
$\dfrac{I_{gl}}{I_{eff}}$	0,5	0,9	0,6	1,4	0,5
Leerlauf-spannung U_{gl}	$\sqrt{2} \cdot U_{eff}$	$\sqrt{2} \cdot U_{eff}$	$\sqrt{2} \cdot U_{eff}$	$2 \cdot \sqrt{2} \cdot U_{eff}$	$n \cdot \sqrt{2} \cdot U_{eff}$
max. Sperrspg. U_{RM}	$2 \cdot \sqrt{2} \cdot U_{eff}$	$2 \cdot \sqrt{2} \cdot U_{eff}$	$\sqrt{2} \cdot U_{eff}$	$2 \cdot \sqrt{2} \cdot U_{eff}$	$2 \cdot \sqrt{2} \cdot U_{eff}$
Frequenz der Welligkeit bei $f_{Netz}=50\,Hz$	50 Hz	100 Hz	100 Hz	100 Hz	50 Hz

11.1.2.2 Brummspannungsberechnung

Die hinter einem Netzgleichrichter stehende Gleichspannung ist mit einer Wechselspannung überlagert. Diese Welligkeit nennt man Brummmspannung U_{Br}, sie hängt ab von der Gleichrichterschaltung, von der Kapazität des Lade- und Glättungskondensators und von der Gleichstromentnahme.

$$U_{Br} = \frac{k \cdot I}{C_L}$$

U_{Br} = Effektivwert der Brummspannung

I = Laststrom

C_L = Lade- oder Glättungskondensator

k = Schaltungskonstante siehe **Tabelle 11.2**

Tabelle 11.2: Schaltungskonstanten zur Brummspannung

Schaltung	Einweg	Mittelpunkt	Brücke	Verdoppler	Kaskade
für U_{Breff} k in s	$4{,}8 \cdot 10^{-3}$	$1{,}8 \cdot 10^{-3}$	$1{,}8 \cdot 10^{-3}$	bei $C_1 = C_2$ $$U_{Br} = \frac{0{,}4 \cdot I}{C \cdot f_{Br}}$$	$U_{Br} = \dfrac{I}{f_{Br}} \cdot$
für U_{Brss} k in s	$14 \cdot 10^{-3}$	$7 \cdot 10^{-3}$	$7 \cdot 10^{-3}$		$\left(\dfrac{1}{C_1} + \dfrac{1}{C_2} + \ldots + \dfrac{1}{C_n}\right)$

Diese Faktoren gelten nur für 50 Hz Netzfrequenz!

Theoretisch ist die Größe des Ladekondensators unbegrenzt. In der Praxis darf eine bestimmte Größe nicht überschritten werden, um den Gleichrichter nicht zu zerstören. Die Größe des zulässigen Ladekondensators ist aus den Datenblättern für Gleichrichter zu entnehmen.

Aufgaben:

1. Aus einer Einweg-Gleichrichter-Schaltung werden 60 mA entnommen. Wie groß ist die Brummspannung am Ladekondensator, wenn $C_L = 32\ \mu F$ groß ist?

2. Aus einer Mittelpunkt-Halbleitergleichrichter-Schaltung werden 60 mA entnommen. Wie groß muß der Ladekondensator ausgelegt werden, wenn nur eine Brummspannung von 4,2 V zulässig ist?

3. Am Ausgang einer Brückengleichrichter-Schaltung darf nur eine Brummspannung von 2,6 V stehen. Der zulässige Ladekondensator darf nur 50 μF haben. Welcher Strom ist aus dieser Schaltung zu entnehmen?

4. Aus einer Mittelpunkt-Gleichrichter-Schaltung werden 80 mA entnommen. Der Ladekondensator darf höchstens 50 μF haben. Wie groß ist die Brummspannung am Ladekondensator?

●5. Aus einer Brückengleichrichterschaltung werden 80 mA Strom entnommen. Der Ladekondensator hat 50 μF. Aus Versehen wurde bei einer Reparatur dieser Ladekondensator durch einen 10 μF-Kondensator ersetzt. Um wieviel Prozent hat sich die Brummspannung erhöht?

6. Aus einer Einweg-Halbleiter-Gleichrichterschaltung mit einem Ladekondensator von 50 μF werden 50 mA entnommen. Welchen Kapazitätswert muß der parallel zu schaltende Kondensator haben, wenn bei gleicher Brummspannung die Stromentnahme auf 80 mA steigt?

11.1.2.3 Siebung

Um die Brummspannung am Lade- oder Glättungskondensator weiter herabzusetzen, werden Siebglieder nachgeschaltet. Siebglieder sind Tiefpässe.

Der Sieb- oder Glättungsfaktor ist das Verhältnis der Brummspannung vor und hinter dem Siebglied. Sind mehrere Siebglieder hintereinander geschaltet, so ergibt sich als Gesamtsiebfaktor das Produkt der Einzelsiebfaktoren.

$$G = s = \frac{U_{Br1}}{U_{Br2}}$$

$$G_{ges} = G_1 \cdot G_2 \cdot \ldots \cdot G_n$$

$G = s =$ Glättungs- oder Siebfaktor
U_{Br1} = Brummspannung am Eingang
U_{Br2} = Brummspannung am Ausgang

In der Praxis werden Glättungsfaktoren von etwa 10 bis 20 angestrebt. Damit ergibt sich

$U_{Br1} \approx 10\ U_{Br2} \ldots 20\ U_{Br2}$

Tabelle 11.3 zeigt die RC- und LC-Siebung

Tabelle 11.3: Siebung		
Name	RC-Siebung	LC-Siebung
Schaltung		
Glättungsfaktor	$G \approx \dfrac{R_s}{X_{Cs}}$ $G \approx \omega_{Br} \cdot R_s \cdot C_s$	$G \approx \dfrac{X_{Ls}}{X_{Cs}}$ $G \approx \omega^2_{Br} \cdot L_s \cdot C_s$
Spannungsabfall	$U_A = U_{gl} - I_{gl} \cdot R_s$ $U_{Rs} \approx 0,1 \cdot U_{gl}$	$U_A = U_{gl} - I_{gl} \cdot R_v$

Beispiel:
Eine Brückengleichrichterschaltung liegt an U_{eff} = 18,46 V. Der Ladekondensator hat C_L = 1000 µF. Mit Hilfe eines RC-Siebgliedes mit C_s = 1000 µF soll die Ausgangsbrummspannung bei einem Laststrom von I_{gl} = 250 mA auf U_{Br2} = 0,1 V reduziert werden. Wie groß sind: a) der Glättungsfaktor; b) der Siebwiderstand; c) die Ausgangsgleichspannung

Lösungen:

a) $U_{Br1} = \dfrac{k \cdot I}{C_L} = \dfrac{1,8 \cdot 10^{-3}\,s \cdot 250\,mA}{1000\,µF} = 0,45\,V$ $G = \dfrac{U_{Br1}}{U_{Br2}} = \dfrac{0,45\,V}{0,1\,V} = \underline{4,5}$

b) $R_s \approx \dfrac{G}{2\,\pi \cdot f \cdot C_s} = \dfrac{4,5}{2\,\pi \cdot 100\,Hz \cdot 1000\,µF} = \underline{7,2\,\Omega}$

c) $U_{gl} = 1,3 \cdot U_{eff} = 1,3 \cdot 18,46\,V$ (Faktor 1,3 aus Tabelle 11.1)

$U_{gl} = 24\,V$

$U_A = U_{gl} - I_{gl} \cdot R_s = 24\,V - 250\,mA \cdot 7,2\,\Omega = \underline{22,2\,V}$

Aufgaben

1. Mit einem Oszilloskop mißt man am Ausgang eines Siebgliedes mit einem Glättungs-faktor von 68 einen Spitzen-Spitzen-Wert der Brummspannung von 80 mV. Berechnen Sie den Effektivwert der Brummspannung am Eingang.

2. Eine Siebschaltung besteht aus 3 Gliedern mit jeweils einem Siebfaktor von $s = 25$. Berechnen Sie die Ausgangsbrummspannung, wenn am Eingang $U_{Br1} = 25$ V stehen!

3. Aus einer Brückengleichrichter-Schaltung werden 75 mA entnommen. Der Lade- und der Siebkondensator haben je 32 µF. Der Siebwiderstand hat 560 Ω. Wie groß ist die Brummspannung am Siebkondensator?

4. Bei einem Fernsehgerät wird aus dem Netzteil 260 mA entnommen. Ein Einweg-gleichrichter versorgt diese Schaltung. Der Ladekondensator hat 100 µF. Am Ausgang des nachgeschalteten LC-Siebgliedes darf nur noch eine Brummspannung von 0,9 V stehen. Der Siebkondensator hat 50 µF. Wie groß muß die Siebdrossel ausgelegt werden?

5. In einem Rundfunkgerät wurde bei einer vorhergehenden Reparatur der Siebkonden-sator im Netzteil (Brückengleichrichter) mit 20 µF falsch ersetzt. Bei einem Siebwider-stand von 2 kΩ beträgt die Brummspannung U_{Br2} jetzt 3 V. Welcher Siebkondensator ist hier einzusetzen, um die Brummspannung auf 0,5 V herabzusetzen und damit die vom Kunden beanstandeten Brummgeräusche auf ein erträgliches Maß zu redu-zieren?

6. Zur Speisung eines Nf-Verstärkers mit Transistoren benötigt man einen Gleichstrom von 1,2 A. Als Gleichrichter werden ein Brückengleichrichter verwendet und ein Lade-kondensator von 1000 µF. Wie groß muß der Siebkondensator ausgelegt werden, wenn man eine Brummspannung am Ausgang von 100 mV bei einem Siebwiderstand von 10 Ω zuläßt?

7. In einem Netzgerät mit Brückengleichrichter hat der Ladekondensator 1500 µF und der Siebkondensator 1000 µF. Wie groß muß die Siebdrossel ausgelegt werden, wenn man einen Strom von 1,5 A entnehmen will und die Ausgangsbrummspannung nur 50 mV haben darf?

●8. Die Brummspannung hinter einem Brückengleichrichter soll durch eine RC-Siebung auf 1/20 vermindert werden. Der Siebkondensator hat eine Kapazität von 50 µF. Welche Größe muß der Siebwiderstand besitzen?

●9. Aus einer Brückengleichrichterschaltung mit nachgeschaltetem LC-Siebglied ent-nimmt man 80 mA. Der Lade- und Siebkondensator haben jeweils 50 µF, die Siebdros-sel hat 1 H. Auf welchen Wert muß die Drossel geändert werden, damit die Ausgangs-brummspannung U_{Br2} um 60 % verkleinert wird?

●10. Einer Brückengleichrichterschaltung mit nachgeschaltetem RC-Siebglied soll 40 % mehr Strom entnommen werden. Die Ausgangsbrummspannung soll jedoch ihren Wert behalten. Auf welchen Wert muß man den bisherigen Siebkondensator von 25 µF ändern?

●11. Es wird eine Ausgangsgleichspannung von $U_A = 24$ V gefordert, die bei einem Aus-gangstrom von $I = 300$ mA eine Brummspannung von $U_{Br2} = 0,05$ V haben darf. Es wird eine Brückengleichrichtung verwendet. Als Lade- und Siebkondensatoren werden je 1000 µF benutzt.
Berechnen Sie:
a) den Siebwiderstand R_s
b) die Transformatorausgangsspannung U_{eff}
c) das Übersetzungsverhältnis des Transformators
d) den Wert der Sicherung auf der Transformator-Eingangsseite

11.1.3 Diodenschalter

Eine Diode ist der einfachste elektronische Schalter, wenn ihr kleiner Durchlaßwiderstand R_F und ihr großer Sperrwiderstand R_R als Schalterfunktion ausgenutzt werden **(Bild 11.3)**.

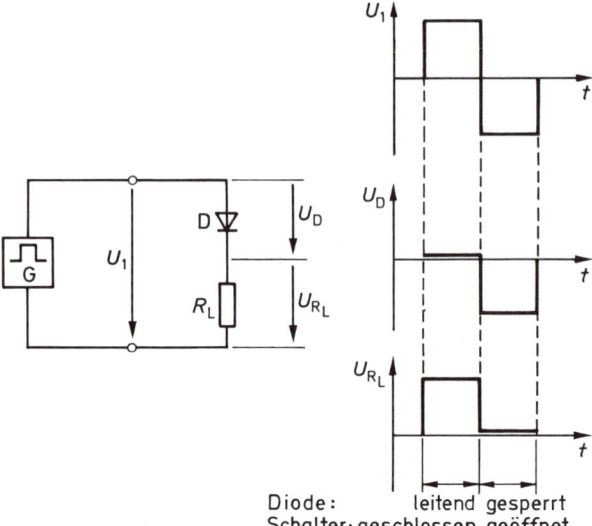

Diode: leitend gesperrt
Schalter: geschlossen geöffnet

Bild 11.3
Diodenschalter

Schalter geschlossen:	$U_{RL} = U_1 - U_F \approx U_1$ $U_{RL} = I_F \cdot R_L$
Schalter offen:	$U_{RL} = U_1 - U_R \approx 0\,V$ $U_{RL} = I_R \cdot R_L$
Diodenverlustleistung:	$P_V = U_F \cdot I_F \cdot \dfrac{t_i}{T}$
max. Schaltleistung:	$P_{Smax} = (\dfrac{U_1}{U_F} - 1)\, P_{tot}$
min. Lastwiderstand:	$R_{Lmin} = \dfrac{(U_1 - U_F)^2}{P_{Smax}}$

U_F = Diodendurchlaßspannung
I_F = Diodendurchlaßstrom
U_R = Diodensperrspannung
I_R = Diodensperrstrom
P_V = Diodenverlustleistung
t_i = Impulsdauer
T = Periodendauer
P_{tot} = totale Diodenverlustleistung

Beispiel:

Eine Diode mit $P_{tot} = 0{,}5\,W$ wird über einen Lastwiderstand $R_L = 1\,k\Omega$ an einer Spannung $U_1 = 10\,V$ betrieben. Hierbei liegt der Arbeitspunkt der Diode bei $U_F = 0{,}8\,V$ und $I_F = 9\,mA$. Wie groß ist die max. Schaltleistung, und welchen Wert muß ein Lastwiderstand R_{Lmin} haben?

Lösungen:

Schaltleistung:

$$P_{Smax} = (\frac{U_1}{U_F} - 1) \cdot P_{tot} = (\frac{10\,V}{0{,}8\,V} - 1) \cdot 0{,}5\,W$$

$$P_{Smax} = 5{,}75\,W$$

minimaler Lastwiderstand

$$R_{Lmin} = \frac{(U_1 - U_F)^2}{P_{Smax}} = \frac{(10\,V - 0{,}8\,V)^2}{5{,}75\,W}$$

$$R_{Lmin} = 14{,}7\,\Omega$$

Aufgaben:

1. Eine Diode wird mit einem Lastwiderstand $R_L = 470\,\Omega$ an eine Spannung von $U_1 = 6,3\,V$ mit $t_i/T = 0,2$ gelegt. Diese Diode hat dabei einen Arbeitspunkt bei $U_F = 0,7$ V; $I_F = 12$ mA. Der Diodensperrstrom beträgt $I_R = 25$ nA.

   Berechnen Sie:
   a) die Spannung am Lastwiderstand bei leitender und gesperrter Diode
   b) die Diodenverlustleistung

2. Eine Diode mit einer Verlustleistung $P_{tot} = 250$ mW wird an eine Spannung von $U_1 = 12$ V gelegt. Die Diode hat eine Durchlaßspannung von $U_F = 0,76$ V. Welchen Wert darf der Lastwiderstand mindestens haben?

● 3. Eine Schaltdiode mit $P_{tot} = 400$ mW hat bei $U_F = 0,8$ V einen Durchlaßstrom $I_F = 15$ mA. Diese Diode wird an eine Impulsspannung mit $U_1 = 8\,V/f = 2$ kHz und $t_i = 200\,\mu s$ gelegt.
   Berechnen Sie
   a) den minimalen Lastwiderstand (wählen Sie den nächsthöheren Wert aus der E 12-Normreihe)
   b) die Spannung am Lastwiderstand bei leitender Diode, wenn $R_L = 480\,\Omega$
   c) die Diodenverlustleistung

4. Eine Schaltdiode hat eine totale Verlustleistung $P_{tot} = 0,5$ W. Über einen Lastwiderstand liegt sie an $U_1 = 10$ V. Ihre Durchlaßspannung beträgt $U_F = 0,9$ V. Berechnen Sie
   a) die maximale Schaltleistung; b) den Wert des Lastwiderstandes.

● 5. Die Schaltdiode BAX12 hat laut Datenbuch einen Wärmewiderstand $R_{thJU} = 380$ K/W und eine Sperrschichttemperatur $\vartheta_j = 200$ °C. Diese Diode liegt über einen Lastwiderstand $R_L = 6,8\,\Omega$ an $U_1 = 5$ V. Welches Verhältnis t_i/T darf die angelegte Spannung besitzen, wenn bei einer Umgebungstemperatur $\vartheta_U = 60$ °C die Diode eine Durchlaßspannung von $U_F = 0,75$ V hat?

6. Eine Diode soll eine maximale Schaltleistung $P_{s\,max} = 4$ W bringen, wenn sie an $U_1 = 10$ V liegt und bei einem Lastwiderstand $R_L = 270\,\Omega$ ein Strom von $I_F = 34,4$ mA fließt. Welche totale Verlustleistung P_{tot} muß diese Diode besitzen?

7. Eine Diode wird über einen Lastwiderstand $R_L = 1,2$ kΩ an eine rechteckförmige Spannung von $U_1 = 20$ V mit einer Frequenz $f = 1$ kHz und einer Impulsdauer $t_i = 0,25$ ms gelegt. Es fließt ein Diodenstrom $I_F = 16$ mA. Der Diodensperrstrom beträgt $I_R = 20$ nA. Berechnen Sie: a) den Diodendurchlaß- und Sperrwiderstand; b) die Diodenverlustleistung; c) die Schaltleistung.

8. Eine Schaltdiode mit einer Durchlaßspannung $U_F = 0,8$ V soll bei einem Lastwiderstand $R_L = 120\,\Omega$ eine Schaltleistung $P_s = 2,4$ W bringen. Welchen Wert muß die angelegte Spannung U_1 besitzen?

● 9. Die Logik-Schaltdiode BAW 75 hat eine Totalverlustleistung $P_{tot} = 0,5$ W. Bei einer Durchlaßspannung $U_F = 1$ V fließt ein Durchlaßstrom $I_F = 30$ mA. Diese Diode wird an eine rechteckförmige Impulsspannung $U_1 = 5,5\,V/f = 2,5$ kHz und $t_i = 250\,\mu s$ gelegt.
   Berechnen Sie:
   a) den minimalen Lastwiderstand
   b) den Lastwiderstand bei $U_F = 1$ V
   c) die Diodenverlustleistung

10. Eine Schaltdiode mit einer Durchlaßspannung $U_F = 0,9$ V liegt in Reihe mit einem Lastwiderstand $R_L = 150\,\Omega$ an einer Spannung $U_1 = 20$ V. Welche Schaltleistung wird erreicht?

11.2 Z-Dioden

Z-Dioden sind Si-Dioden, die in Sperrichtung betrieben werden und eine kleine Durchbruchspannung haben **(Bild 11.4)**.

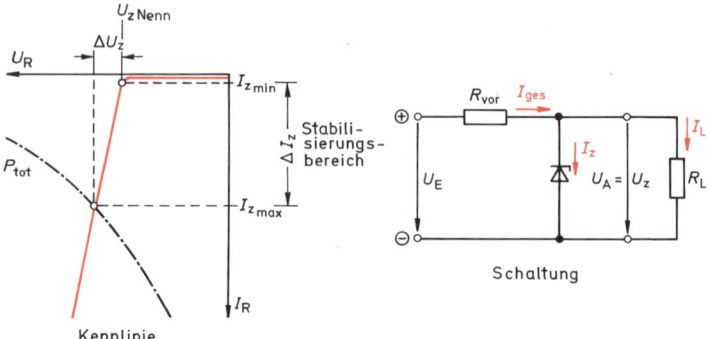

Bild 11.4
Kennlinie und Spannungsstabilisierungsschaltung

Für eine Spannungsstabilisierung mit einer Z-Diode gelten folgende Formeln:

$$R_{vor} = \frac{U_E - U_Z}{I_Z + I_L} = \frac{U_E - U_Z}{I_{Zmax}}$$

$$P_{Rvor} = (U_E - U_Z) \cdot I_{Zmax}$$

$$U_{Emin} \approx 1{,}2 \text{ bis } 2 \cdot U_Z$$

$$I_{Lmax} \approx 0{,}9 \cdot I_{Zmax}$$

$$r_Z = \frac{\Delta U_Z}{\Delta I_Z}$$

$$S = \frac{\Delta U_E \cdot U_Z}{\Delta U_Z \cdot U_E} = \left(1 + \frac{R_{vor}}{r_Z}\right) \frac{U_Z}{U_E}$$

$$U_{Zwarm} = U_{Z25}\,(1 + T_{Kuz} \cdot \Delta\vartheta)$$

$$P_v = U_Z \cdot I_Z \leqq P_{tot}$$

$$P_v = \frac{\vartheta_j - \vartheta_u}{R_{thJU}}$$

R_{vor}	= Vorwiderstand
U_E	= unstabilisierte Eingangsspannung
U_Z	= stabilisierte Ausgangsspannung, Spannung der Z-Diode
I_Z	= Strom durch die Z-Diode
I_L	= Laststrom
P_{Rvor}	= Leistung am R_{vor}
r_Z	= differentieller Widerstand, dynamischer Innenwiderstand
ΔU_Z	= Z-Spannungsänderung, Ausgangsspannungsänderung
ΔI_Z	= Stromänderung durch die Z-Diode
S	= Spannungsstabilisierungsfaktor
ΔU_E	= Eingangsspannungsänderung
U_{Zwarm}	= Z-Spannung bei höheren Temperaturen als 25 °C.
U_{Z25}	= Nennspannung der Z-Diode
T_{Kuz}	= Temperaturbeiwert einer Z-Diode in 1/K
ΔT	= Temperaturänderung in K
P_{tot}	= totale Verlustleistung
P_v	= Verlustleistung
ϑ_j	= Sperrschichttemperatur in °C
ϑ_U	= Umgebungstemperatur in °C
R_{thJU}	= Wärmewiderstand zwischen Sperrschicht und Umgebung in K/W

Beispiel:

Mit der Z-Diode BZX55/C9V1 soll aus einer unstabilisierten Eingangsspannung von $U_E = 18$ V, die sich um ± 1 V ändert, eine stabilisierte Ausgangsspannung von $U_A = 9{,}1$ V erzeugt werden. Der Arbeitsbereich der Z-Diode soll zwischen 0,9 und $0{,}1 \cdot I_{Zmax}$ liegen. Berechnen Sie: a) I_{Zmax} für $P_{tot} = 0{,}5$ W; b) R_{vor}; c) R_{Lmax} und R_{Lmin}; d) Stabilisierungsfaktor S; e) I_{Lmax} für 60 °C Umgebungstemperatur.

Lösung:

a) $\quad I_{Zmax} = \dfrac{P_{tot}}{U_Z} = \dfrac{0{,}5 \text{ W}}{9{,}1 \text{ V}}$

$\underline{I_{Zmax} = 54{,}95 \text{ mA}}$

b) Für den Arbeitsbereich gilt: **(Bild 11.5)**

$I_Z = 0{,}9 \cdot I_{Zmax} = 0{,}9 \cdot 54{,}95 \text{ mA}$

$I_Z = 49{,}46 \text{ mA}$

$R_{vor} = \dfrac{U_E - U_Z}{I_Z} = \dfrac{18 \text{ V} - 9{,}1 \text{ V}}{49{,}46 \text{ mA}}$

$\underline{R_{vor} = 179{,}94 \ \Omega}$

$P_{Rvor} = (U_E - U_Z) \cdot I_Z = (18 \text{ V} - 9{,}1 \text{ V}) \cdot 49{,}46 \text{ mA}$

$\underline{P_{Rvor} = 0{,}44 \text{ W}}$

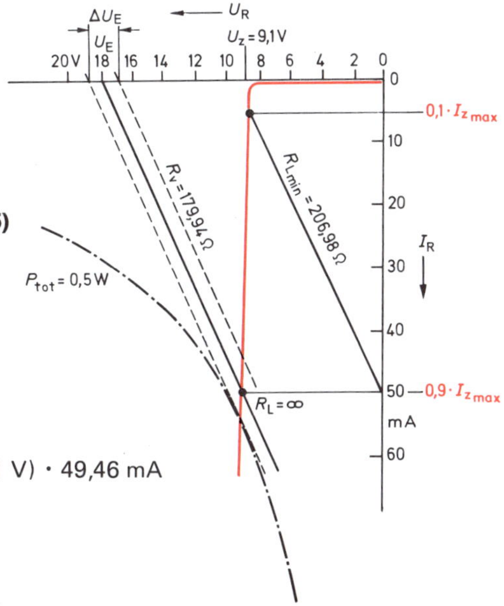

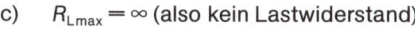

Bild 11.5
Kennlinie zum Berechnungsbeispiel

c) $\quad R_{Lmax} = \infty$ (also kein Lastwiderstand)

R_{Lmin} ergibt sich zu

$I_{Lmax} = 0{,}9 \cdot I_{Zmax} - 0{,}1 \cdot I_{Zmax} = 0{,}9 \cdot 54{,}95 \text{ mA} - 0{,}1 \cdot 54{,}95 \text{ mA}$

$I_{Lmax} = 43{,}97 \text{ mA}$

$R_{Lmin} = \dfrac{U_Z}{I_{Lmax}} = \dfrac{9{,}1 \text{ V}}{43{,}97 \text{ mA}}$

$\underline{R_{Lmin} = 206{,}98 \ \Omega}$

d) im Regelbereich gilt:

$\Delta U_Z = r_Z \cdot \Delta I_Z$

$\Delta U_Z = 10 \ \Omega \cdot 43{,}97 \text{ mA}$

$\Delta U_Z = 0{,}44 \text{ V}$

r_Z aus Datenblatt im Anhang: $r_Z = 10 \ \Omega$

$S = \dfrac{\Delta U_E \cdot U_Z}{\Delta U_Z \cdot U_E} = \dfrac{2 \text{ V} \cdot 9{,}1 \text{ V}}{0{,}44 \text{ V} \cdot 18 \text{ V}}$

$\underline{S = 2{,}3}$

e) $\quad P_v = \dfrac{\vartheta_j - \vartheta_u}{R_{thJU}} = \dfrac{175\ ^\circ\text{C} - 60\ ^\circ\text{C}}{300\ \text{K/W}}$ 　　Datenblatt im Anhang

$\quad P_v = 0{,}383\ \text{W}$

$\quad U_{Z\,warm} = U_{Z25}\,(1 + T_{Kuz} \cdot \Delta\vartheta) = 9{,}1\ \text{V}\ \left(1 + 3 \cdot 10^{-4}\ \dfrac{1}{\text{K}} \cdot 35\ \text{K}\right)$

$\quad U_{Z\,warm} = 9{,}1956\ \text{V}$

$\quad I_{Zmax_w} = \dfrac{P_v}{U_{Z\,warm}} = \dfrac{0{,}383\ \text{W}}{9{,}1956\ \text{V}}$

$\quad I_{Zmax_w} = 41{,}65\ \text{mA}$

$\quad I_{Lmax_w} = 0{,}9 \cdot I_{Zmax_w} - 0{,}1 \cdot I_{Zmax_w}$

$\quad \underline{I_{Lmax_w} = 33{,}32\ \text{mA}}$

Aufgaben:

1. Eine Z-Diode mit einer Spannung $U_Z = 8{,}2$ V soll über einen Vorwiderstand an $U_E = 12$ V gelegt werden. Es fließt durch diese Z-Diode ein Strom von $I_Z = 100$ mA. Berechnen Sie a) die Werte des Vorwiderstandes; b) auf welchen Wert sinkt die Ausgangsspannung, wenn durch einen angeschalteten Lastwiderstand ein Strom von $I_L = 80$ mA fließt und der differentielle Widerstand $r_z = 1{,}2\ \Omega$ hat?

2. Es wird eine stabilisierte Spannung von 8,2 V benötigt. Man benutzt deshalb eine ZL 8,2 mit den Daten: $r_z = 1\ \Omega$, $R_{thJU} = 80$ K/W, $I_{zmax} = 130$ mA, $\vartheta_j = 150\ ^\circ\text{C}$. Berechnen Sie den erforderlichen Vorwiderstand bei $U_E = 20$ V, Lastwiderstand $R_L = 205\ \Omega$ und $I_z = 80$ mA. Wie groß darf die Umgebungstemperatur werden, wenn die Last abgetrennt wird?

- 3. Die Z-Diode BZX/C 7V5 hat die Daten: $P_{tot} = 500$ mW; $\vartheta_j = 175\ ^\circ\text{C}$, $R_{thJU} = 300$ K/W. Im Arbeitspunkt besitzt diese Diode folgende Werte: $U_Z = 7{,}5$ V; $I_Z = 5$ mA; $r_z = 7\ \Omega$. Wie groß darf bei einer Spannungsstabilisierungsschaltung mit dieser Z-Diode a) der Lastwiderstand sein? b) die Umgebungstemperatur bei abgetrenntem Lastwiderstand werden? c) Welche Ausgangsspannung stellt sich bei abgetrennter Last ein? d) Wie groß muß R_{vor} werden, wenn der Stabilisierungsfaktor $S = 10$ werden soll bei $U_E = 20$ V?

- 4. Eine Spannungsstabilisierung mit der Z-Diode BZX85/C8V2 soll berechnet werden. Die Z-Diode hat folgende Daten: $P_{tot} = 1{,}3$ W; $r_z = 5\ \Omega$; $\vartheta_j = 175\ ^\circ\text{C}$; $T_{Kuz} = +3 \cdot 10^{-4}$ 1/K; $R_{thJU} = 110$ K/W. Die Eingangsspannung beträgt $U_E = 18$ V. Berechnen Sie:
   a) den maximalen Laststrom;
   b) den erforderlichen Vorwiderstand (Normwert aus der E24-Reihe) mit Belastbarkeit
   c) Zwischen welchen Werten ändert sich die Ausgangsspannung bei maximaler Laständerung?
   d) Wie groß kann der Laststrom bei einer Umgebungstemperatur von 60 °C werden?

- 5. Eine Spannungsstabilisierung wird mit der Z-Diode BZX55/C9V1 aufgebaut. Diese Z-Diode hat folgende Daten: $P_{tot} = 0{,}5$ W; $r_z = 10\ \Omega$; $R_{thJU} = 300$ K/W; $\vartheta_j = 175\ ^\circ\text{C}$; $T_{Kuz} = 6 \cdot 10^{-4}$ 1/K.
   Die Schaltung soll an eine Eingangsspannung von $U_E = 2 \cdot U_Z$ gelegt werden. Diese Eingangsspannung ändert sich um ± 1 V.
   Berechnen Sie: a) R_{vor}; b) P_{Rvor}; c) ΔU_Z; d) S; e) höchste Umgebungstemperatur im ungünstigsten Fall; f) Ausgangsspannungsänderung im Normalbetrieb bei einem Temperaturanstieg von 25 °C auf 65 °C.

11.3 Kapazitätsdioden

Kapazitätsdioden sind Si-Dioden, die in Sperrichtung betrieben werden. Ein Maß für den jeweiligen Kapazitätswert der Diode ergibt sich aus der Breite der Sperrschicht. Die Sperrschichtbreite richtet sich nach der Höhe der angelegten Sperrspannung.

Das Kapazitätsverhalten von Kapazitätsdioden gibt der Hersteller in Kennlinien an **(Bild 11.6)**.

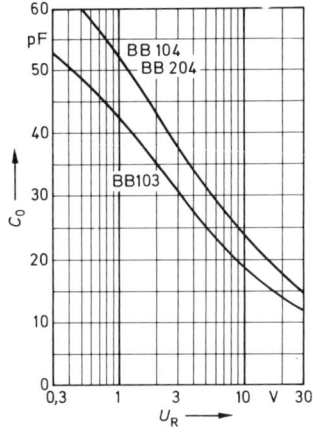

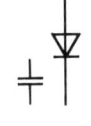

Schaltzeichen

Bild 11.6
Schaltzeichen einer Kapazitätsdiode und
Spannungsabhängigkeit der Diodenkapazität

Beispiel:

Ein Parallelschwingkreis mit $L = 100$ μH und $C = 100$ pF soll mit der Kapazitätsdiode BB103, die parallel geschaltet wird, verstimmt werden **(Bild 11.7)**.
Berechnen Sie die Resonanzfrequenz des Schwingkreises bei a) $U_R = 0,8$ V; b) $U_R = 20$ V.

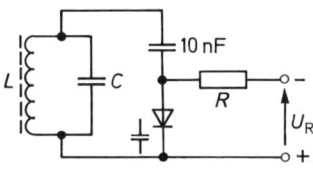

Bild 11.7
Nachstimmschaltung mit Kapazitätsdiode

Lösung:

a) bei $U_R = 0,8$ V ist $C_D = 45$ pF (aus der Kennlinie)

$$f_0 = \frac{1}{2\pi \cdot \sqrt{L \cdot (C + C_D)}} = \frac{1}{2\pi \cdot \sqrt{100 \text{ μH} \cdot (100 \text{ pF} + 45 \text{ pF})}}$$

Eingabe:

| 100 | EE | 6 | +/− | x | 145 | EE | 12 | +/− | = | √ | x | 2 | x | π | − | 1/x |

Anzeige: 1.3217 06

$\underline{f_0 = 1,32 \text{ MHz}}$

b) bei $U_R = 20$ V ist $C_D = 14$ pF (aus der Kennlinie)

$$f_0 = \frac{1}{2\pi\sqrt{L \cdot (C + C_D)}} = \frac{1}{2\pi\sqrt{100 \text{ μH} \cdot (100 \text{ pF} + 14 \text{ pF})}}$$

$\underline{f_0 = 1,49 \text{ MHz}}$

Aufgaben:

1. Bestimmen Sie die Kapazität **(Bild 11.6)**
   a) BB103 bei $U_R = 10$ V;   b) BB104 bei $U_R = 1$ V;   c) BB204 bei $U_R = 8$ V.

2. Bestimmen Sie die erforderliche Sperrspannung **(Bild 11.6)**
   a) BB103 für $C_D = 25$ pF;   b) BB204 für $C_D = 50$ pF;   c) BB104 für $C_D = 25$ pF.

3. Bestimmen Sie das Kapazitätsverhältnis **(Bild 11.6)** von
   a) BB103 C_{3V}/C_{25V};   b) BB104 C_{1V}/C_{10V};   c) BB204 C_{3V}/C_{30V}.

● 4. Ein Schwingkreis ist aus $L = 200$ µH und $C = 50$ pF aufgebaut.
   a) Berechnen Sie die Resonanzfrequenz dieses Schwingkreises.
   b) Mit diesem Schwingkreis soll der Frequenzbereich von 1,5 MHz bis 1,37 MHz über-strichen werden, indem eine Kapazitätsdiode vom Typ BB105B parallel zum Kondensator geschaltet wird. (Daten: siehe Anhang). Zwischen welchen Werten muß die Sperrspannung variiert werden?

● 5. Ein Schwingkreis ist aus $L = 0,2$ µH und $C = 10$ pF aufgebaut. Zur Frequenzabstimmung wird eine Kapazitätsdiode vom Typ BB105B in Reihe zum Kondensator geschaltet. (Daten: siehe Anhang). Berechnen Sie:
   a) die Resonanzfrequenz dieses Schwingkreises bei einer Sperrspannung von $U_R = 3$ V.
   b) Auf welche Frequenz wird dieser Schwingkreis hin verstimmt, wenn U_R auf 10 V ansteigt?
   c) Auf welche Frequenz wird der Schwingkreis hin verstimmt, wenn bei $U_R = 3$ V die Umgebungstemperatur auf 50 °C ansteigt?

● 6. Bei einem Rundfunkgerät soll im Kurzwellenbereich das 49-m-Band (Europa-Band) mit einer Kapazitätsdiode vom Typ BB103 durchgestimmt werden. Das 49-m-Band umfaßt den Frequenzbereich von 5,95 MHz bis 6,25 MHz. Der Eingangsschwingkreis hat eine Induktivität von $L = 10$ µH. Wird eine Sperrspannung von $U_R = 10$ V auf die Kapazitäts-diode gegeben, so empfängt man die Frequenz $f = 6,25$ MHz. Berechnen Sie:
   a) die erforderliche Kapazität des Parallelkondensators, der zur Kapazitätsdiode geschaltet werden muß.
   b) Welche Sperrspannung darf die Kapazitätsdiode erhalten, wenn die Frequenz $f = 5,95$ MHz empfangen werden soll?

● 7. In der Schaltung von **Bild 11.7** befindet sich die Kapazitätsdiode BB103. Die Regel-spannung wird von $U_R = 0,8$ V auf $U_R = 5$ V geändert. Es soll der Frequenzbereich von $f_1 = 3,6$ MHz bis $f_2 = 3,9$ MHz überstrichen werden. Berechnen Sie
   a) das Frequenzvariationsverhältnis
   b) das Kapazitätsvariationsverhältnis
   c) die Größe des Schwingkreiskondensators

8. Der Frequenzbereich von 20,6 MHz bis 22 MHz soll durchgestimmt werden. Parallel zum Schwingkreis mit $L = 2$ µH und $C = 20$ pF liegt die Kapazitätsdiode vom Typ BB105B (siehe Anhang). Welche Regelspannung muß der Kapazitätsdiode zugeführt werden, um diesen Frequenzbereich durchstimmen zu können?

9. Ein Parallel-Schwingkreis besteht aus einer Spule mit einer Induktivität $L = 10$ µH und der Reihenschaltung aus einem Kondensator mit einer Kapazität $C = 82$ pF und der Kapazitätsdiode BB103 **(Bild 11.6)**. Mit diesem Schwingkreis soll der Frequenzbereich von $f = 9,48$ MHz bis 13,1 MHz überstrichen werden. Zwischen welchen Werten muß die der Kapazitätsdiode zugeführte Regelspannung liegen?

10. Der Kapazitätsdiode BB204 **(Bild 11.6)** wird eine Regelspannung $U_R = 9$ V zugeführt. Auf welcher Frequenz schwingt ein Parallelschwingkreis, wenn in Reihe zu dieser Kapazitätsdiode ein Kondensator mit $C = 47$ pF und parallel zu beiden ein Kondensa-tor $C = 33$ pF liegt, die Spule hat eine Induktivität $L = 20$ µH?

12. Bipolare Transistoren

12.1 Kennwerte

Die Eigenschaften eines Transistors werden durch Kennlinien und Kennwerte beschrieben.

Bei **Großsignalverstärkern,** z.B. Leistungsverstärker, werden zur Arbeitspunktwahl und für Berechnungen die Kennlinien benutzt **(Bild 12.1).**

Bei **Kleinsignalverstärkern,** z.B. Nf-Vorstufen, wird der Transistor nur wenig um den Arbeitspunkt herum ausgesteuert. So kann hier von linearen Kennlinienstücken ausgegangen werden. Für einen bestimmten Arbeitspunkt geben die Hersteller deshalb Kennwerte an, die zur Berechnung eines solchen Kleinsignalverstärkers benutzt werden können.

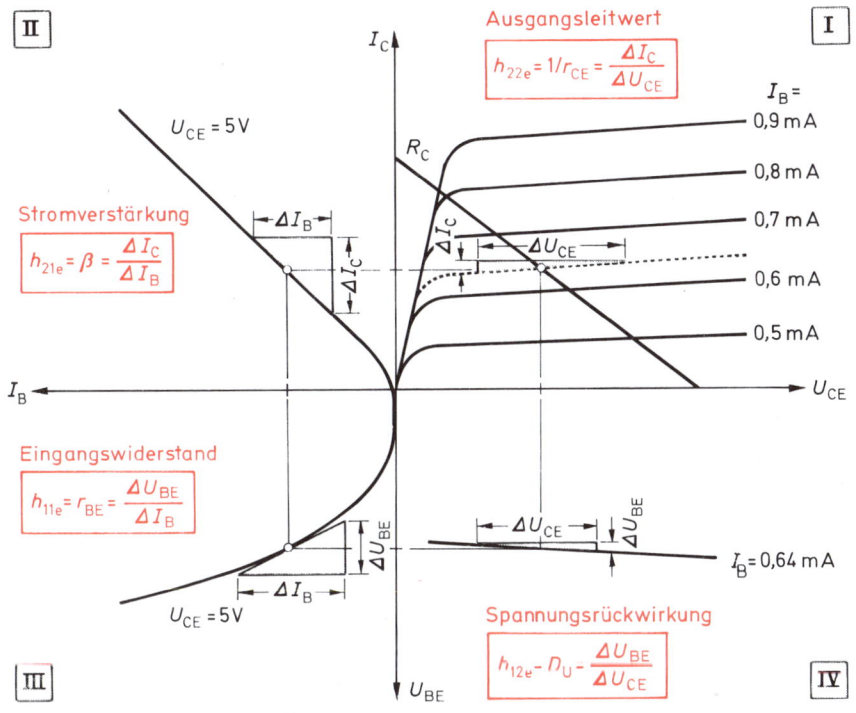

Bild 12.1
Vierpolparameter im Vierquadranten-Kennlinienfeld

statischer Kennwert

$$B = \frac{I_C}{I_B}$$

B = Gleichstromverstärkung
I_C = Kollektorgleichstrom
I_B = Basisgleichstrom

Dynamische Kennwerte

Dynamische Kennwerte werden häufig auch mittels der Vierpolparameter-Schreibweise angegeben **(Tabelle 12.1)**.

Tabelle 12.1: Dynamische Transistorkennwerte		
Bezeichnung	Kenngröße in Emitter-schaltung	Vierpolschreibweise
Kurzschluß-eingangswider-stand	$r_{BE} = \dfrac{\Delta U_{BE}}{\Delta I_B}$ bei $U_{CE} = $ const.	h_{11e}*
Kurzschluß-stromverstär-kung	$\beta = \dfrac{\Delta I_c}{\Delta I_B}$ bei $U_{CE} = $ const.	h_{21e}
Leerlaufausgangs-leitwert	$1/r_{CE} = \dfrac{\Delta I_c}{\Delta U_{CE}}$ bei $I_B = $ const.	h_{22e}
Leerlaufspannungs-rückwirkung	$D_u = \dfrac{\Delta U_{BE}}{\Delta U_{CE}}$ bei $I_B = $ const.	h_{12e}

* h-Parameter, h von hybrida (lat.) Mischling, auf der 2. Silbe betont; h_{11}: lies h-eins-eins

Der Hersteller gibt die Kenngröße eines Transistors in den Datenblättern nur für einen bestimmten Arbeitspunkt an. Soll der Transistor jedoch in einem anderen Arbeitspunkt betrieben werden, so kann man mit den in **Bild 12.2** wiedergegebenen Kennlinien die Werte umrechnen.

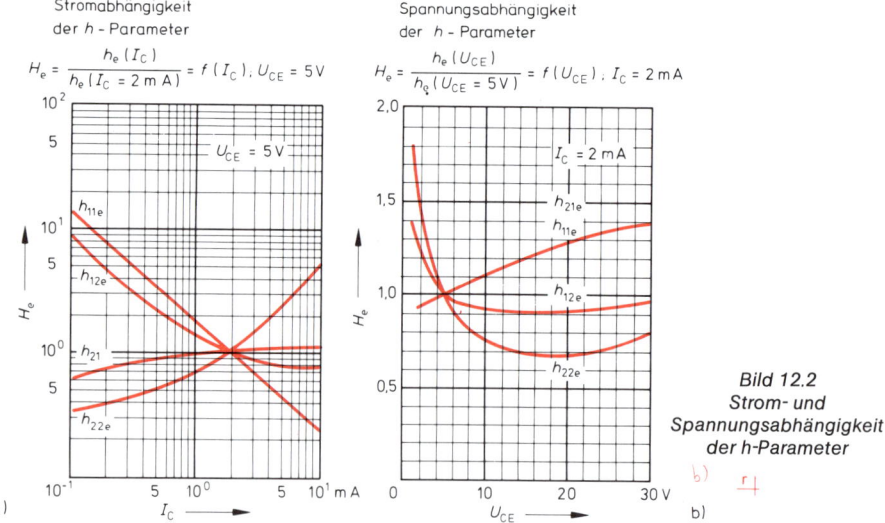

Bild 12.2
Strom- und
Spannungsabhängigkeit
der h-Parameter

$$\boxed{h_{neu} = H_e \cdot h_{gegeben}}$$

Beispiel:

Der Transistor BC 107 A hat laut Datenbuch für den Arbeitspunkt $U_{CE} = 5$ V und $I_C = 2$ mA, $f = 1$ kHz folgende dynamischen Kennwerte:

$h_{11e} = 2{,}7$ kΩ; $h_{12e} = 1{,}5 \cdot 10^{-4}$; $h_{21e} = 220$; $h_{22e} = 18$ µS.

Bestimmen Sie unter Benutzung der Kennlinien in **Bild 12.2** die h-Parameter für $I_C = 10$ mA und $U_{CE} = 10$ V.

Lösung:

Aus den Kennlinien in **Bild 12.2.** entnimmt man die H_e-Faktoren.

	h-Parameter-Wert für	
	$I_C = 10$ mA	$U_{CE} = 10$ V
dynamischer Eingangswiderstand $r_{BE} = h_{11e}$	$H_e = 0{,}25$ $h_{11e} = H_e \cdot h_{11e\,2\,mA}$ $h_{11e} = 0{,}25 \cdot 2{,}7$ kΩ $\underline{h_{11e} = 0{,}675\ kΩ}$	$H_e = 1{,}1$ $h_{11e} = H_e \cdot h_{11e\,5\,V}$ $h_{11e} = 1{,}1 \cdot 2{,}7$ kΩ $\underline{h_{11e} = 2{,}97\ kΩ}$
Spannungs-rückwirkung $D_U = h_{12e}$	$H_e = 0{,}8$ $h_{12e} = H_e \cdot h_{12e\,2\,mA}$ $h_{12e} = 0{,}8 \cdot 1{,}5 \cdot 10^{-4}$ $\underline{h_{12e} = 1{,}2 \cdot 10^{-4}}$	$H_e = 0{,}9$ $h_{12e} = H_e \cdot h_{12e\,5\,V}$ $h_{12e} = 0{,}9 \cdot 1{,}5 \cdot 10^{-4}$ $\underline{h_{12e} = 1{,}35 \cdot 10^{-4}}$
Stromverstärkung $\beta = h_{21e}$	$H_e = 1$ $h_{21e} = H_e \cdot h_{21e\,2\,mA}$ $h_{21e} = 1 \cdot 220$ $\underline{h_{21e} = 220}$	$H_e = 1{,}1$ $h_{21e} = H_e \cdot h_{21e\,5\,V}$ $h_{21e} = 1{,}1 \cdot 220$ $\underline{h_{21e} = 242}$
Ausgangsleitwert $1/r_{CE} = h_{22e}$	$H_e = 5$ $h_{22e} = H_e \cdot h_{22e\,2\,mA}$ $h_{22e} = 5 \cdot 18$ µS $\underline{h_{22e} = 90\ µS}$	$H_e = 0{,}75$ $h_{22e} = H_e \cdot h_{22e\,5\,V}$ $h_{22e} = 0{,}75 \cdot 18$ µS $\underline{h_{22e} = 13{,}5\ µS}$

Verlustleistung

$$P_V = U_{CE} \cdot I_C + U_{BE} \cdot I_B \leqq P_{tot}$$

$$P_V \approx U_{CE} \cdot I_C \leqq P_{tot}$$

$$P_V = \frac{\vartheta_j - \vartheta_U}{R_{thJU}}$$

$$R_{thU} = R_{thJG} + R_{thG/K} + R_{thK}$$

Transitfrequenz

$$f_T = \beta \cdot f_g$$

P_{tot} = totale Verlustleistung
P_V = Verlustleistung
U_{CE} = Kollektor-Emitterspannung
I_C = Kollektorstrom
U_{BE} = Basis-Emitterspannung
I_B = Basisstrom
ϑ_j = Sperrschichttemperatur
ϑ_U = Umgebungstemperatur
R_{thJU} = Wärmewiderstand zwischen Sperr-schicht und Umgebung in K/W
R_{thJG} = Wärmewiderstand zwischen Sperrschicht und Gehäuse in K/W
$R_{thG/K}$ = Wärmewiderstand zwischen Gehäuse und Kühlkörper in K/W
R_{thK} = Wärmewiderstand des Kühlkörpers in K/W
β = Stromverstärkung bei $f = 1$ kHz
f_g = Grenzfrequenz

Aufgaben:

1. Aus der Stromverstärkungskennlinie entnimmt man bei einer Kollektorspannung von $U_{CE} = 5\,V$, daß zu einem Basisstrom von $I_B = 50\,\mu A$ ein Kollektorstrom $I_C = 6\,mA$ gehört. Berechnen Sie die Gleichstromverstärkung!

2. Bei einem Transistor wurden folgende Werte gemessen: Bei $U_{CE} = 6\,V$ konnte man eine Änderung des Basisstromes um $\Delta I_B = 2\,\mu A$ feststellen, wenn die Basisspannung um $\Delta U_{BE} = 5\,mV$ geändert wurde. Diese Basisstromänderung hatte eine Kollektorstromänderung von $\Delta I_C = 1,5\,mA$ zur Folge. Bei $I_B = 20\,\mu A$ ergaben sich Werte $\Delta I_C = 0,5\,mA$; $\Delta U_{CE} = 2,5\,V$, und bei gleichem Basisstrom ergab sich $\Delta U_{CE} = 4\,V$; $\Delta U_{BE} = 5\,\mu V$. Berechnen Sie alle dynamischen Kenngrößen dieses Transistors!

3. Der Transistor BC 107 wurde bei $U_{CE} = 5\,V$ (const.) durchgemessen. Bei einer Basisspannungsänderung von 27 mV änderten sich der Basisstrom um 10 μA und der Kollektorstrom um 2,2 mA. Ließ man nun einen konstanten Basisstrom von 22,2 μA fließen, so änderte sich bei einer Kollektor-Emitterspannungsänderung von 12,2 V der Kollektorstrom um 220 μA. Berechnen Sie die dynamischen Kennwerte h_{11}, h_{21} und h_{22} dieses Transistors.

4. Der Transistor BC 143 hat laut Datenbuch bei $U_{CE} = 5\,V$ $h_{11e} = 4,5\,k\Omega$ und $h_{21e} = 330$. Wie groß ist die Kollektorstromänderung bei einer Basis-Emitterspannungsänderung von $\Delta U_{BE} = 10\,mV$?

5. Es sollen für den Transistor BC 169 die h-Parameter für einen neuen Arbeitspunkt umgerechnet werden. (Bild 12.2).
   Für a) $I_C = 0,5\,mA$;
        b) $U_{CE} = 20\,V$.
   Dieser Transistor hat bei $I_C = 2\,mA$ und $U_{CE} = 5\,V$ folgende Daten: $h_{11e} = 8,7\,k\Omega$; $h_{12e} = 3 \cdot 10^{-4}$; $h_{21e} = 600$; $h_{22e} = 60\,\mu S$.

6. Welche Verlustleistung kann der Transistor BD 130 höchstens aufnehmen, wenn die Umgebungstemperatur 50 °C und die Sperrschichttemperatur 200 °C beträgt? Der Wärmewiderstand hat $R_{thJU} = 1,5\,K/W$.

● 7. Der Transistor BD 433 hat eine höchste Sperrschichttemperatur von 150 °C und einen Wärmewiderstand zwischen Sperrschicht und Gehäuseboden von $R_{thJG} = 3,5\,K/W$. Weil dieser Transistor durch eine Glimmerscheibe isoliert aufgesetzt werden muß, ergibt sich ein Wärmewiderstand zwischen Gehäuseboden und Kühlkörper von $R_{thG/K} = 1,5\,K/W$. Welcher maximale Strom darf durch diesen Transistor bei einer Umgebungstemperatur von 50 °C und einer Kollektor-Emitterspannung von $U_{CE} = 15\,V$ fließen, wenn $R_{thK} = 2\,K/W$ beträgt.

8. Der Transistor BD 825 hat eine Gesamtverlustleistung von 8 W, eine Sperrschichttemperatur von 150 °C, einen Wärmewiderstand Sperrschicht-Gehäuseboden von 15 K/W, und der Wärmewiderstand des Kühlkörpers beträgt 1 K/W. Wie hoch darf die höchste Umgebungstemperatur sein?

9. Für den Transistor BC 107 werden im Datenbuch angegeben $f_T = 250\,MHz$, $\beta = 330$ (bei $f = 1\,kHz$). Berechnen Sie die Grenzfrequenz dieses Transistortyps.

10. Die Stromverstärkung des Transistors BC 109 soll den Wert 50fach nicht unterschreiten. Welche maximale Frequenz kann verstärkt werden, wenn die Transitfrequenz des Transistors 300 MHz beträgt?

11. Der Wärmewiderstand des Transistors BC 109 zwischen der Sperrschicht und der umgebenden Luft beträgt 500 K/W. Die Sperrschichttemperatur soll + 175 °C nicht überschreiten. Mit welcher Leistung darf der Transistor bei der Umgebungstemperatur + 25 °C, + 45 °C, + 65 °C und − 20 °C betrieben werden?

12. Ein Transistor hat im Arbeitspunkt die folgenden Betriebswerte:
$U_{BE} = 0,6$ V; $I_B = 20$ mA; $U_{CE} = 5$ V; $I_C = 1$ A.
Berechnen Sie die totale Verlustleistung!

13. Der Transistor BD 181 wird mit $U_{CE} = 15$ V und $I_C = 0,2$ A betrieben. Auf welchen Wert darf die Umgebungstemperatur ansteigen, wenn folgende Daten gelten: $\vartheta_j = 200$ °C, $P_V = 78$ W und $R_{thJU} = 45$ K/W?

14. Welche Verlustleistung darf ein Transistor BC 140 bei einer Umgebungstemperatur von 40 °C höchstens aufnehmen, wenn der Wärmewiderstand zwischen Sperrschicht und Umgebung $R_{thJU} = 200$ K/W beträgt? Als höchste Sperrschichttemperatur sind 175 °C angegeben.

15. Die Schaltung in **Bild A 12.1/15** zeigt einen einstufigen Verstärker. Der Arbeitspunkt dieses Transistors ist so eingestellt, daß ein Kollektorstrom von 12 mA fließt. Berechnen Sie die Verlustleistung dieses Transistors.

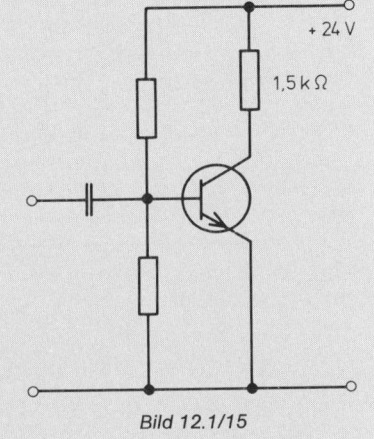

16. Die beiden Transistoren in der Schaltung in **Bild A 12.1/16** arbeiten in der sogenannten Darlington-Schaltung. Der Transistor T_1 hat eine Stromverstärkung von $B_1 = 75$ und T_2 hat $B_2 = 40$. Berechnen Sie die Verlustleistung des Transistors T_2, wenn der Basisstrom von T_1 $I_B = 0,6$ mA beträgt.

Bild 12.1/15

17. Die Schaltung in **Bild A 12.1/16** liegt an $U = 50$ V. Transistor T_1 hat eine Stromverstärkung von $B_1 = 100$, der Transistor T_2 eine Stromverstärkung von $B_2 = 40$. Wie groß ist die Verlustleistung von T_2, wenn $I_{B1} = 550$ µA beträgt?

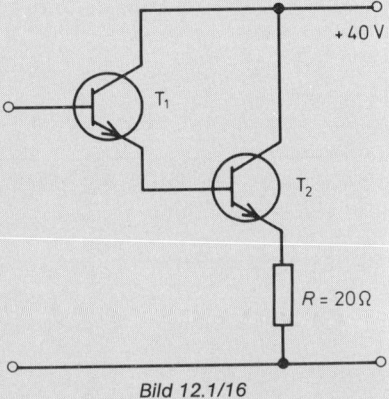

18. Die Schaltung in **A 12.1/15** zeigt einen einstufigen Verstärker. Der Basisspannungsteiler ist so dimensioniert, daß ohne Ansteuerung die Kollektor-Emitterspannung $U_{CE} = 9$ V beträgt. Berechnen Sie: a) den Kollektorstrom; b) die Transistorverlustleistung.

19. Die Schaltung in **Bild A 12.1/15** zeigt einen einstufigen Verstärker. Der Basisspannungsteiler ist so dimensioniert, daß ohne Ansteuerung ein Basisstrom $I_B = 12$ µA fließt. Die Kollektor-Emitter-

Bild 12.1/16

spannung beträgt dann $U_{CE} = 12$ V. Berechnen Sie die Gleichstromverstärkung dieses Transistors!

20. Die Darlington-Transistoren in **Bild A 12.1/16** haben folgende Stromverstärkungen: $T_1 : B = 100$; $T_2 : B = 20$. Wie groß ist die Leistungsaufnahme des Widerstandes, wenn der Transistor T_1 einen Basisstrom $I_B = 550$ µA zieht und die Schaltung an $U_B = + 24$ V liegt? (Bei der Ermittlung von I_E ist jeweils I_B zu berücksichtigen!)

12.2 Arbeitspunkteinstellung

Der Arbeitspunkt eines Transistors wird durch die Basisvorspannung und durch den Kollektorwiderstand bestimmt **(Tabelle 12.2)**.

Tabelle 12.2: Arbeitspunkteinstellung			
Name	Basisvorwiderstand	Basisspannungsteiler	Vorwiderstand Kollektor/Basis
Schaltung	(Schaltbild)	(Schaltbild)	(Schaltbild)
Formeln	$R_C = \dfrac{U_B - U_{CE}}{I_C}$ $R_1 = \dfrac{U_B - U_{BE}}{I_B}$	$R_C = \dfrac{U_B - U_{CE} - U_{RE}}{I_C}$ $R_1 = \dfrac{U_B - U_{BE} - U_{RE}}{I_q + I_B}$ $R_2 = \dfrac{U_{BE} + U_{RE}}{I_q}$ $I_q \approx 2 \cdot I_B$ bis $10 \cdot I_B$ $R_E = \dfrac{U_{RE}}{I_C + I_B} \approx \dfrac{U_{RE}}{I_C}$ $C_E = \dfrac{h_{21e}}{2\,\pi \cdot f_{gu}\,(h_{11e} + R_i)}$	$R_C = \dfrac{U_B - U_{CE}}{I_C + I_B + I_q}$ $R_1 = \dfrac{U_{CE} - U_{BE}}{I_B + I_q}$ $R_2 = \dfrac{U_{BE}}{I_q}$ $I_q \approx 2 \cdot I_B$ bis $10 \cdot I_B$

$\beta = h_{21e}$ = Kurzschlußstromverstärkung
f_{gu} = untere Grenzfrequenz

$r_{BE} = h_{11e}$ = Transistoreingangswiderstand
R_i = Generatorinnenwiderstand

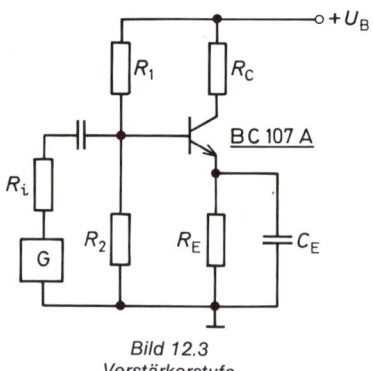

Bild 12.3
Verstärkerstufe

Beispiel:

Die Verstärkerstufe nach **Bild 12.3** soll dimensioniert werden. Folgende Werte sind vorgegeben: $U_B = 12$ V; $U_{RE} = 1$ V; $I_q = 5 \cdot I_B$; $f_{gu} = 30$ Hz; $R_i = 1$ kΩ.
Der verwendete Transistor BC 107 A hat die Daten: $h_{11e} = 2{,}7$ kΩ; $h_{21e} = 220$; $B = 170$.
Der Arbeitspunkt wird gewählt bei $U_{CE} = 5$ V; $I_C = 2$ mA; $U_{BE} = 0{,}62$ V.

Lösungen:

$$R_C = \frac{U_B - U_{CE} - U_{RE}}{I_C} = \frac{12\,\text{V} - 5\,\text{V} - 1\,\text{V}}{2\,\text{mA}} = 3\,\text{k}\Omega$$

$\underline{R_C = 3{,}3\,\text{k}\Omega}$ gewählter Normwert

$$I_B = \frac{I_C}{B} = \frac{2\,\text{mA}}{170} = 11{,}77\,\mu\text{A}$$

$$R_E = \frac{U_{RE}}{I_C + I_B} \approx \frac{U_{RE}}{I_C} = \frac{1\,\text{V}}{2\,\text{mA}} = 500\,\Omega$$

$\underline{R_E = 470\,\Omega}$ gewählter Normwert

$$R_2 = \frac{U_{RE} + U_{BE}}{I_q} = \frac{1\,\text{V} + 0{,}62\,\text{V}}{5 \cdot 11{,}77\,\mu\text{A}} = 27{,}5\,\text{k}\Omega$$

$\underline{R_2 = 27\,\text{k}\Omega}$ gewählter Normwert

$$R_1 = \frac{U_B - U_{BE} - U_{RE}}{I_q + I_B} = \frac{12\,\text{V} - 0{,}62\,\text{V} - 1\,\text{V}}{6 \cdot 11{,}77\,\mu\text{A}} = 146{,}98\,\text{k}\Omega$$

$\underline{R_1 = 150\,\text{k}\Omega}$ gewählter Normwert

$$C_E = \frac{h_{21e}}{2\,\pi \cdot f_{gu}\,(h_{11e} + R_i)} = \frac{220}{2\,\pi \cdot 30\,\text{Hz}\,(2{,}7\,\text{k}\Omega + 1\,\text{k}\Omega)} = 315{,}44\,\mu\text{F}$$

$\underline{C_E = 330\,\mu\text{F}}$ gewählter Normwert

Aufgaben:

1. Die Basisvorspannung für den Transistor BC 107 ($B = 170$) von $U_{BE} = 0{,}62\,\text{V}$ soll durch einen Vorwiderstand erzeugt werden. Die Betriebsspannung beträgt $U_B = 10\,\text{V}$. Der Arbeitspunkt liegt bei $U_{CE} = 5\,\text{V}$; $I_C = 2\,\text{mA}$. Berechnen Sie den Kollektor- und den Vorwiderstand (Normwerte der E-12-Reihe wählen)

2. Eine Verstärkerschaltung wird ohne Emitterwiderstand jedoch mit einem Basisspannungsteiler betrieben. Der Transistor BC 107 hat die Daten im Arbeitspunkt $U_{CE} = 5\,\text{V}$; $I_C = 2\,\text{mA}$; $B = 170$; $U_{BE} = 0{,}62\,\text{V}$. Die Schaltung liegt an $U_B = 10\,\text{V}$ und I_q soll $5 \cdot I_B$ sein. Berechnen Sie die Werte für R_C, R_1 und R_2 (Normwerte der E-12-Reihe wählen)

3. Für einen Transistor BC 107 A mit $B = 170$ soll die Basisvorspannung durch einen Vorwiderstand vom Kollektor zur Basis erzeugt werden. Die Betriebsspannung beträgt $U_B = 10\,\text{V}$. Der Arbeitspunkt des Transistors liegt bei $U_{CE} = 5\,\text{V}$; $I_C = 2\,\text{mA}$, $U_{BE} = 0{,}62\,\text{V}$. Welche Werte müssen die Widerstände R_C, R_1 und R_2 haben, wenn $I_q = 5 \cdot I_B$ sein soll (Normwerte der E-12-Reihe wählen).

4. Eine Verstärkerstufe mit dem Transistor BC 107 A soll aufgebaut werden. Im Arbeitspunkt ($U_{CE} = 5\,\text{V}$, $I_C = 2\,\text{mA}$, $U_{BE} = 0{,}6\,\text{V}$) hat dieser Transistor folgende Daten: $B = 180$; $h_{11e} = 2{,}7\,\text{k}\Omega$, $h_{21e} = 220$. Berechnen Sie für eine Betriebsspannung von 12 V und für eine untere Grenzfrequenz von 30 Hz bei einem Generatorinnenwiderstand von 600 Ω folgende Werte: R_1, R_2 (bei $I_q = 5 \cdot I_B$), R_E (bei $U_{RE} = 1\,\text{V}$), C_E.

5. Die Basisvorspannung von 0,3 V wird durch einen Basisspannungsteiler von $U_B = 9\,\text{V}$ gegen Masse eingestellt. Es fließt ein Basisstrom von 2,5 mA, $B = 90$, und der Emitterwiderstand hat 5,27 Ω. Berechnen Sie die Werte von R_1, R_2 und C_E bei $f_{gu} = 50\,\text{Hz}$. ($h_{11e} = 1{,}7\,\text{k}\Omega$, $h_{21e} = 125$, $R_i = 3\,\text{k}\Omega$, $I_q = 10 \cdot I_B$).

6. Bei einer Betriebsspannung von 6 V soll die Basisvorspannung von 220 mV durch einen Basisspannungsteiler eingestellt werden. Es fließt dabei ein Basisstrom von 50 μA, und die Gleichstromverstärkung ist dann 45. Am Emitterwiderstand fallen 0,8 V ab. Wie groß sind die Werte von R_1, R_2 und C_E bei f_{gu} = 16 Hz. (h_{11e} = 1 kΩ, h_{21e} = 100, R_i = 3 kΩ, I_q = 10 · I_B)?

7. In einem einfachen Transistorverstärker wird die Basisvorspannung von 0,3 V durch einen Vorwiderstand von U_B = 4,5 V zur Basis eingestellt. Es soll ein 70 μA großer Basisstrom fließen. Berechnen Sie die Werte des Vorwiderstandes.

● 8. Ein Verstärker ist zu berechnen. Die Basisvorspannung U_{BE} = 0,18 V soll durch einen Basisvorspannungsteiler eingestellt werden (U_B = 7 V). Am Emitterwiderstand soll ein Spannungsabfall von 1,2 V stehen. Der Basisstrom hat I_B = 7 μA, die Gleichstromverstärkung B = 90. Die untere Grenzfrequenz wählte man mit 26 Hz. In diesem Arbeitspunkt hat dieser Transistor folgende h-Matrix-Werte: h_{11e} = 2,6 kΩ, h_{21e} = 90, h_{22e} = 100 μS und R_2 = 3,9 kΩ. Berechnen Sie die Werte: R_1, R_2, R_E, C_E, bei R_i = 1 kΩ, wenn I_q = 10 · I_B ist.

● 9. Ein Transistor hat bei einer Basisvorspannung von 0,2 V einen Kollektorstrom von I_C = 700 μA und bei diesem Arbeitspunkt folgende Werte: h_{11e} = 1,8 kΩ, h_{21e} = 120, h_{22e} = 70 μS. Der Kollektorwiderstand soll 6,8 kΩ haben. Die Basisvorspannung wird durch einen Spannungsteiler von U_B = 6 V gegen Masse eingestellt. Der Emitterwiderstand hat eine Größe von 1,8 kΩ. Die Gleichstromverstärkung beträgt B = 90. Die untere Grenzfrequenz liegt bei 30 Hz. Die Werte R_1, R_2 und der Emitterkondensator bei R_i = 1 kΩ sind zu berechnen, wenn I_q = 10 · I_B ist.

10. Bei einem Transistor wird die Basisvorspannung durch einen Vorwiderstand und von der Betriebsspannung zur Basis eingestellt. Der NPN-Si-Transistor hat folgende Daten: I_C = 3 mA, B = 120. Die Betriebsspannung beträgt 10 V, der Emitterwiderstand besitzt einen Wert von 2 kΩ. Berechnen Sie die Größe des Vorwiderstandes.

● 11. Ein Mikrofon-Vorverstärker nach einer Schaltung nach Bild 12.3 soll berechnet werden. Es wird ein Transistor vom Typ BC 413 B mit folgenden Daten verwendet: U_{CE} = 5 V, I_C = 2 mA, h_{11e} = 4,5 kΩ, h_{21e} = 330, B = 290. Weiter wird gewählt: U_B = 10 V, U_{RE} = 1 V, R_i = 10 kΩ, I_q = 2 · I_B, f_{grenz} = 30 Hz. Berechnen sie alle Widerstände und die Größe des erforderlichen Emitterkondensators.

● 12. In einer Verstärkerschaltung mit dem Transistor BC 237 B (h_{21e} = 330, h_{11e} = 4,5 kΩ) hat der Emitterkondensator einen Wert von C_E = 100 μF. Der angeschlossene Generator hat einen Innenwiderstand von 1 kΩ. Berechnen Sie die Grenzfrequenz dieser Verstärkerschaltung.

● 13. Eine Verstärkerschaltung ist mit einem NPN-Si-Transistor nach Bild 12.3 aufgebaut; Die Bauelemente haben folgende Werte: R_C = 2 kΩ; R_1 = 100 kΩ, R_2 = 27 kΩ; R_E = 500 Ω; C_E = 250 μF. Der Transistor wird an 10 V Betriebsspannung betrieben, so daß er dann eine Kollektor-Emitterspannung von U_{CE} = 5 V erhält. Der Spannungsabfall am Emitterwiderstand beträgt 1 V. Schließt man an diesen Verstärker einen Generator mit einem Innenwiderstand von R_i = 1 kΩ an, so liegt die Grenzfrequenz bei f_{gu} = 50 Hz. Berechnen Sie h_{11e} und B dieses Transistors, wenn man I_C = I_E setzt und h_{21e} = 250 ist.

● 14. Eine Verstärkerstufe ist mit dem NPN-Si-Transistor BC 237 B nach Bild 12.3 aufgebaut. Dieser Transistor hat im Arbeitspunkt (U_{CE} = 5 V; I_C = 2 mA; U_{BE} = 0,62 V) die Kenndaten: h_{11e} = 4,5 kΩ; h_{21e} = 330 und B = 290. Berechnen Sie die Werte aller Widerstände für U_B = 12 V, U_{RE} = 1 V und I_q = 5 · I_B (Normwerte nach der E 12-Reihe), und den Wert des Emitterkondensators für f_{gu} = 30 Hz und R_i = 600 Ω.

12.3 Transistor-Grundschaltungen

Tabelle 12.3: Transistor-Grundschaltungen		
	Emitterschaltung	Kollektorschaltung	Basisschaltung

	Emitterschaltung	Kollektorschaltung	Basisschaltung
Schaltung			
Wechsel-stromeingangs-widerstand	$r_e = r_{BE} \parallel R_1 \parallel R_2$ $r_e \approx r_{BE}$ ohne C_E $r_e = (r_{BE} + \beta \cdot R_E) \parallel R_1 \parallel R_2$	$r_e = (r_{BE} + \beta \cdot R_E) \parallel R_1$	$r_e = \dfrac{r_{BE}}{\beta} \parallel R_E$
Wechsel-stromausgangs-widerstand	$r_a = R_C \parallel r_{CE}$ $r_a \approx R_C$	$r_a = \dfrac{r_{BE} + R_i}{\beta} \parallel R_E$	$r_a = R_C \parallel r_{CE}$ $r_a \approx R_C$
Spannungsverstärkung	$V_u = \dfrac{\beta}{r_{BE}} \cdot \dfrac{r_{CE} \cdot R_C}{r_{CE} + R_C}$ $V_u \approx \dfrac{\beta \cdot R_C}{r_{BE}}$ ohne C_E : $V_u \approx \dfrac{R_C}{R_E}$	$V_u = \dfrac{\beta \cdot R_E}{\beta \cdot R_E + r_{BE}}$ $V_u \approx 1$	$V_u = \dfrac{\beta}{r_{BE}} \cdot \dfrac{r_{CE} \cdot R_C}{r_{CE} + R_C}$ $V_u \approx \dfrac{\beta \cdot R_C}{r_{BE}}$
Stromverstärkung	$V_i = \dfrac{\beta \cdot r_{CE}}{R_C + r_{CE}}$ $V_i \approx \beta$	$V_i = \dfrac{r_{CE}(1 + \beta)}{R_E + r_{CE}}$ $V_i \approx \beta$	$V_i = \dfrac{\beta}{1 + \beta}$ $V_i \approx 1$
Leistungsverstärkung	$V_p = V_u \cdot V_i$ $V_p \approx \beta^2 \cdot \dfrac{R_C}{r_{BE}}$	$V_p = V_u \cdot V_i$ $V_p \approx \beta$	$V_p = V_u \cdot V_i$ $V_p \approx V_u$
Phasendrehung (tiefe Frequenzen)	$\varphi = 180°$	$\varphi = 0°$	$\varphi = 0°$
Anwendung	Standardschaltung für NF- und HF-Schaltungen	Impedanzwandler NF-Eingangsstufen	HF-Verstärker besonders bei $f > 100$ MHz

$\beta = h_{21e}$ = Kurzschlußstromverstärkung
$r_{CE} = 1/h_{22e}$ = Leerlauf-Ausgangswiderstand
$r_{BE} = h_{11e}$ = Kurzschluß-Eingangswiderstand
r_e = Wechselstrom-Eingangswiderstand
r_a = Wechselstrom-Ausgangswiderstand

R_C = Kollektorwiderstand
R_E = Emitterwiderstand

Beispiel:

Der Transistor BC 107 A wird in Kollektorschaltung betrieben. Im Arbeitspunkt hat dieser Transistor folgende Daten: $h_{11e} = 2,7$ kΩ; $h_{21e} = 220$ und $h_{22e} = 18$ µs. Der Emitterwiderstand wird mit $R_E = 100$ Ω gewählt, und der Generator hat einen Innenwiderstand von $R_i = 10$ kΩ. Berechnen Sie a) die Spannungsverstärkung; b) den Wechselstromeingangswiderstand; c) den Wechselstromausgangswiderstand.

Lösungen:

a) $V_U = \dfrac{\beta \cdot R_E}{\beta \cdot R_E + r_{BE}} = \dfrac{220 \cdot 100\,\Omega}{220 \cdot 100\,\Omega + 2,7\,\text{kΩ}}$

Eingabe:

220 [x] 100 [=] [STO] [÷] [(] [RCL] [+] 2,7 [EE] 3 [)] [=]

Anzeige: 0.8906882

$\underline{V_U = 0,89}$

b) $r_e = r_{BE} + \beta \cdot R_E = 2,7\,\text{kΩ} + 220 \cdot 100\,\Omega$

$\underline{r_e = 24,7\,\text{kΩ}}$

c) $r_a = \dfrac{r_{BE} + R_i}{\beta} \parallel R_E = \dfrac{2,7\,\text{kΩ} + 10\,\text{kΩ}}{220} \parallel 100\,\Omega$

Eingabe:

2.7 [EE] 3 [+] 10 [EE] 3 [=] [÷] 220 [=] [1/x] [+] 100 [1/x] [=] [1/x]

Anzeige: 36.599424

$\underline{r_a = 36,6\,\Omega}$

Aufgaben:

1. Welche Betriebswerte r_e, r_a, V_U, V_i, V_P ergeben sich für den NF-Vorstufen-Transistor BC 107 A in Emitterschaltung (Arbeitspunkt: $U_{CE} = 5$ V, $I_C = 2$ mA) bei einem Lastwiderstand von 2 kΩ und einem Generatorinnenwiderstand von $R_i = 100$ Ω? Die dynamischen Daten werden aus dem Datenblatt im Anhang entnommen.

2. Welche Betriebswerte ergeben sich für eine Vorverstärkerstufe mit dem Transistor BC 108 C in Emitterschaltung bei einem Kollektorwiderstand von 2,7 kΩ? Die Daten im Arbeitspunkt $U_{CE} = 5$ V; $I_C = 2$ mA sind aus dem Datenblatt im Anhang zu entnehmen.

● 3. Mit einer Emitterschaltung will man eine Spannungsverstärkung von 50 erreichen. Der Transistor BC 238 A hat im Arbeitspunkt die Daten: $h_{11e} = 2$ kΩ; $h_{21e} = 250$. Der Kollektorwiderstand ist 2,2 kΩ. Wie groß muß der unüberbrückte Emitterwiderstand gemacht werden, und welchen Eingangswiderstand hat dann diese Stufe?

4. Eine Verstärkerstufe soll in Emitterschaltung mit dem Transistor BC 149 aufgebaut werden. Im Arbeitspunkt hat dieser Transistor folgende Daten: $h_{11e} = 4,5$ kΩ; $h_{21e} = 330$. Der Außenwiderstand soll 1 kΩ betragen. Welche Spannungsverstärkung erreicht man mit diesem Transistor?

5. Der Transistor BC 108 A hat im eingestellten Arbeitspunkt die Kennwerte: $h_{11e} = 1,02\ k\Omega$, $h_{21e} = 220$; $h_{22e} = 30\ \mu s$. Welche Leistungsverstärkung erreicht man mit diesem Transistor bei einem Lastwiderstand von 500 Ω in der Emitter- und Kollektorschaltung?

● 6. In der Emitterschaltung nach **Bild A 12.3/6** wird ein Transistor BC 109 B im Arbeitspunkt $U_{CE} = 5\ V$; $I_C = 2\ mA$; $U_{BE} = 0,62\ V$ eingesetzt. Die Transistordaten sind dem Datenblatt im Anhang zu entnehmen. Zusätzlich sind folgende Werte noch gegeben: $U_B = 10\ V$; $U_{RE} = 1\ V$ und $I_q = 5 \cdot I_B$. (Die Widerstände nach der E 12-Normreihe auswählen)
   Berechnen Sie V_U, V_i, V_p, r_e und r_a, wenn
   a) kein Lastwiderstand
   b) ein Lastwiderstand $R_L = 1\ k\Omega$ angeschlossen ist.

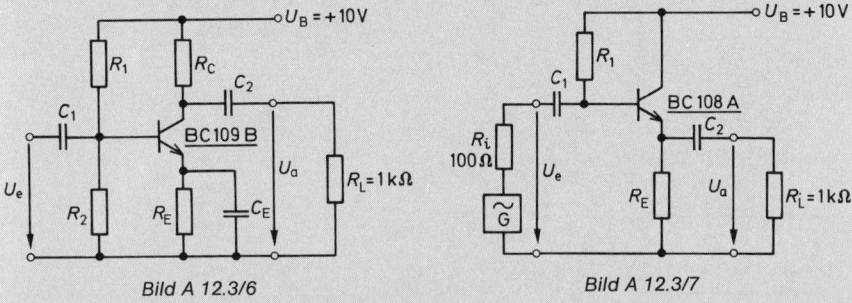

Bild A 12.3/6   *Bild A 12.3/7*

● 7. In der Kollektorschaltung nach **Bild A 12.3/7** wird ein Transistor BC 108 A im Arbeitspunkt $U_{CE} = 5\ V$; $I_C = 2\ mA$; $U_{BE} = 0,62\ V$ eingesetzt. Die Transistordaten sind dem Datenblatt im Anhang zu entnehmen.
   Welche Kennwerte r_e, r_a, V_U, V_i, V_p hat diese Verstärkerschaltung ohne und mit einem Lastwiderstand $R_L = 1\ k\Omega$? (Die Widerstände nach der E-12-Normreihe auswählen)

● 8. Der Transistor BC 107 A wird nach **Bild A 12.3/8** in Basisschaltung betrieben. Dieser Transistor hat im Arbeitspunkt $U_{CE} = 5\ V$; $I_C = 2\ mA$; $U_{BE} = 0,62\ V$ die im Datenblatt im Anhang angegebenen Daten. Weiter sind für die Schaltung vorgegeben: $U_B = 10\ V$; $U_{RE} = 1\ V$; $I_q = 5 \cdot I_B$. Welche Kennwerte r_e, r_a, V_U, V_i, V_p hat diese Schaltung? (Die Widerstände sind nach der E 12-Normreihe auszuwählen).

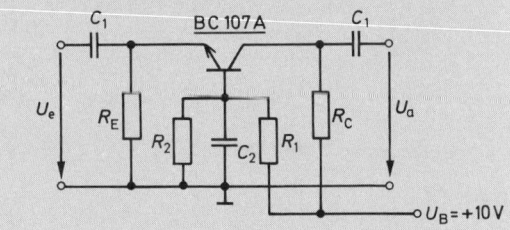

Bild A 12.3/8

9. Welchen Ein- und Ausgangswiderstand erreicht man mit dem Transistor AC 162 in Kollektorschaltung bei einem Lastwiderstand von 100 Ω und einem Generatorwiderstand von 50 kΩ? $h_{11e} = 1,5\ k\Omega$; $h_{21e} = 100$.

10. Welche Spannungsverstärkung erreicht man mit dem BC 107 B in Emitterschaltung, der die Kennwerte hat: $h_{11e} = 1,2\ k\Omega$; $h_{21e} = 150$ bei einem $R_C = 3,3\ k\Omega$

13. Feldeffekttransistoren

13.1 Kennwerte

13.1.1 Statische Kennwerte

Eingangswiderstand

Weil bei den Feldeffekttransistoren durch die Sperrschicht zwischen Source und Gate ein Reststrom fließt, hat jeder FET einen endlichen Eingangswiderstand R_{GS}. Er ergibt sich aus der Gleichung:

$$R_{GS} = \frac{U_{GS}}{I_{GSS}}$$

R_{GS} = Eingangswiderstand
U_{GS} = Gate-Source-Spannung
I_{GSS} = Gate-Source-Reststrom

Steilheit

Die Steilheit S, auch Vorwärtssteilheit y_{21} oder Transmittanz genannt, ergibt sich, indem man die Steigung der Eingangskennlinie **(Bild 13.1)** in einem bestimmten Punkt (Arbeitspunkt) ermittelt.

$$S = \frac{\Delta I_D}{\Delta U_{GS}}$$

bei U_{DS} = konstant

$S = y_{21}$ = Vorwärtssteilheit
ΔI_D = Drainstromänderung
ΔU_{GS} = Gate-Sourcespannungsänderung

Die Steilheit ist ein wichtiger Kennwert, da man hiermit die Spannungsverstärkung einer FET-Verstärkerstufe berechnen kann. Mit größerer Steilheit steigt auch die mögliche Verstärkung.

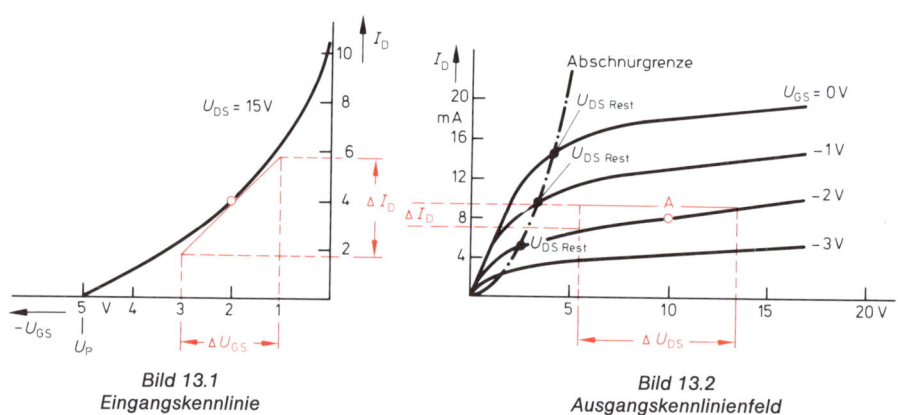

Bild 13.1
Eingangskennlinie

Bild 13.2
Ausgangskennlinienfeld

Ausgangswiderstand

Der Ausgangswiderstand eines FET läßt sich aus dem Ausgangskennlinienfeld **(Bild 13.2)** bestimmen. Da die Kennlinien gekrümmt sind, ist im gewählten Arbeitspunkt A die Tangente an die betreffende Kennlinie zu legen. Die Steigung dieser Tangente ergibt den Ausgangsleitwert.

$$y_{22} = \frac{\Delta I_D}{\Delta U_{DS}}$$

bei U_{GS} = konstant

ΔI_D = Drainstromänderung
ΔU_{DS} = Drain-Source-Spannungs-änderung
y_{22} = Ausgangsleitwert
r_{DS} = Ausgangswiderstand

$$r_{DS} = \frac{1}{y_{22}}$$

Abschnürspannung, Kniespannung

Es ist gleichgültig, ob der Kanal mit dem Betrag U_p der Gate-Source-Spannung auf der ganzen Kanallänge oder mit der Drain-Source-Spannung $U_{DS} = U_p$ nur im oberen Teil abgeschnürt wird. Daraus folgt die einfache Gleichung zur Ermittlung der Knie- oder Restspannung $U_{DS\,Rest}$, wenn U_p und U_{GS} bekannt sind:

$$U_{DS\,Rest} = U_{GS} - U_p$$

$U_{DS\,Rest}$ = Knie- oder Restspannung
U_{GS} = Gate-Source-Spannung
U_p = Abschnürspannung

Die Kniespannung ist deshalb als Kennwert interessant, weil man mit der Aussteuerung nicht unter diesen Wert kommen darf, um nicht unnötige Verzerrungen zu erhalten.

Beispiel:

Beim Durchmessen des FET 2N 3819 ermittelte man folgende Werte: $-I_{GSS} = 2$ nA bei $-U_{GS} = 15$ V; $-U_p = 8$ V; beim Arbeitspunkt $U_{GS} = 0,5$ V und $U_{DS} = 10$ V ergaben sich $\Delta I_D = 8$ mA bei $\Delta U_{GS} = 2,1$ V und $\Delta I_D = 0,3$ mA bei $\Delta U_{DS} = 9$ V. Berechnen Sie die statischen Kennwerte: R_{GS}, S, r_{DS}, und $U_{DS\,Rest}$ bei $U_{GS} = -1$ V.

Lösung:

$$R_{GS} = \frac{U_{GS}}{I_{GSS}}$$

$$R_{GS} = \frac{15\,V}{2\,nA} = \frac{15\,V}{2 \cdot 10^{-9}\,A} = 7,5 \cdot 10^9\,\Omega = \underline{7,5\,G\Omega}$$

$$S = \frac{\Delta I_D}{\Delta U_{GS}} \quad \text{bei } U_{DS} = \text{konstant}$$

$$S = \frac{8\,mA}{2,1\,V} = \underline{3,81\,mA/V} \text{ oder } \underline{S = 3,81\,mS}$$

$$r_{DS} = \frac{\Delta U_{DS}}{\Delta I_D} \quad \text{bei } U_{GS} = \text{konstant}$$

$$r_{DS} = \frac{9\,V}{0,3\,mA} = \frac{9\,V}{3 \cdot 10^{-4}\,A} = 3 \cdot 10^4\,\Omega = \underline{30\,k\Omega}$$

$$U_{DS\,Rest} = U_{GS} - U_p$$
$$U_{DS\,Rest} = -1\,V - (-8\,V) = \underline{7\,V}$$

Aufgaben:

1. Für den Feldeffekttransistor BFW 10 gibt der Hersteller an: Bei $\vartheta_j = 25\,°C$ und $-U_{GS} = 20$ V fließt ein Reststrom $I_{GSS} = 0,5$ nA. Bei $\vartheta_j = 150\,°C$ und $-U_{GS} = 20$ V ist der Reststrom $I_{GSS} = 0,5$ µA. Berechnen Sie den Eingangswiderstand für die beiden Temperaturen.

2. Berechnen Sie die Kniespannung des BFW 10 bei einer Gate-Source-Spannung $-U_{GS} = 2$ V und $-U_p = 8$ V.

3. Welche Steilheit hat der Feldeffekttransistor BFW 10 bei einem Arbeitspunkt $U_{GS} = -2$ V, $U_{DS} = 15$ V, wenn man bei 1 V Gate-Source-Spannungsänderung eine Drainstromänderung von $I_D = 3,5$ mA mißt?

4. Für den FET BFW 10 entnimmt man aus der Ausgangskennlinie bei $U_{GS} = 2$ V und $U_{DS} = 10$ V: $\Delta U_{DS} = 10$ V, $\Delta I_D = 0,4$ mA. Zu bestimmen sind der Ausgangsleitwert und der Ausgangswiderstand!

5. Wenn bei einem Feldeffekttransistor die Gatespannung von 0 V auf -2 V bei $U_{DS} = 15$ V geändert wird, so ändert sich der Drainstrom von 12,8 mA auf 5 mA. Bei einer Gatespannung von $-U_{GS} = 1$ V ändert sich der Drainstrom von 7,5 mA auf 8,5 mA, bei einer Drain-Sourcespannungsänderung von 3 V auf 15 V. Der Gatereststrom hat bei $-U_{GS} = 10$ V einen Wert von 10 pA. Bestimmen Sie die statischen Kennwerte R_{GS}, S, r_{DS} und $U_{DS\,Rest}$ bei $-U_{GS} = 3$ V und $-U_p = 8$ V.

6. Der Feldeffekttransistor BFW 12 hat die Daten: $U_{GS} = 10$ V, $I_{GSS} = 0,1$ nA, $y_{21} = 2$ mS, $y_{22} = 30$ µS. Berechnen Sie: a) den Eingangswiderstand; b) die Drainstromänderung ΔI_D, wenn $\Delta U_{GS} = 1,2$ V beträgt; c) die Drain-Source-Spannungsänderung ΔU_{DS} bei $\Delta I_D = 0,6$ mA.

13.1.2 Dynamische Kennwerte

Wird ein FET am Gate mit einer Wechselspannung u_G gesteuert, so erhält man am Drainanschluß eine Wechselspannung u_D, die mit der Spannungsverstärkung V_u multipliziert größer ist als u_G.

$$V_U = \frac{u_D}{u_G}$$

V_U = Spannungsverstärkung
u_D = Ausgangswechselspannung
u_G = Eingangswechselspannung

$$V_U = S \cdot \frac{R_D \cdot r_{DS}}{R_D + r_{DS}}$$

S $= y_{21}$ = Steilheit
R_D = Arbeitswiderstand
$r_{DS} = 1/y_{22}$ = Ausgangswiderstand

bei $r_{DS} \gg R_D$

$$V \approx S \cdot R_D$$

Beispiel:

Ein Feldeffekttransistor hat eine Steilheit von $y_{21} = 3,1$ mA/V und einen Ausgangsleitwert von 35 µS. Welche Verstärkung erreicht man bei einem Lastwiderstand von 5,6 kΩ?

Lösung:

$$V_U = y_{21} \frac{r_{DS} \cdot R_D}{r_{DS} + R_D} \qquad r_{DS} = 1/y_{22} = 1/35\mu S = 28,6 \text{ k}\Omega$$

$$V_U = 3,1 \text{ mA/V} \cdot \frac{28,6\,k\Omega \cdot 5,6\,k\Omega}{28,6\,k\Omega + 5,6\,k\Omega} = 3,1 \cdot 10^{-3} A/V \cdot 4,68 \cdot 10^3\,\Omega$$

$$\underline{V_U = 14,5\text{fach}}$$

Aufgaben:

1. Der MOS-FET BFW 96 hat eine Steilheit von $y_{21} = 2,5$ mS. Der Arbeitswiderstand beträgt 10 kΩ, der Ausgangswiderstand hat 105 kΩ. Welche Spannungsverstärkung erreicht man mit diesem Bauelement?

2. Bei einem Feldeffekttransistor wurde eine Verstärkung von 56 bei einem Arbeitswiderstand von $R_D = 25$ kΩ gemessen. Der Ausgangsleitwert beträgt $y_{22} = 40$ µS. Berechnen Sie die Vorwärtssteilheit dieses FETs!

3. Der Feldeffekttransistor BFW 11 hat die Daten: $y_{21} = 3,2$ mS; $y_{22} = 50$ µS. Wie groß ist die Spannungsverstärkung bei einem Arbeitswiderstand von $R_D = 20$ kΩ?

4. Der FET 2 N 3823 hat eine Steilheit von $y_{21} = 3,5$ mS, bei einem Arbeitswiderstand 18 kΩ erreicht man eine Spannungsverstärkung von $V_u = 21$fach. Wie groß ist der Ausgangsleitwert dieses FETs?

5. Der FET BF 246 A hat eine Vorwärtssteilheit von $y_{21} = 4$ mS. Wie groß ist die Spannungsverstärkung bei einem Arbeitswiderstand von $R_D = 15$ kΩ, wenn der Innenwiderstand vernachlässigt wird?

6. Der Feldeffekttransistor 2 N 3819 hat die Daten: $y_{21} = 3$ mS, $y_{22} = 50$ µS. Man will mit diesem Transistor bei $U_e = 0,73$ V eine Ausgangsspannung $U_a = 8$ V erreichen. Berechnen Sie die erforderliche Größe des Arbeitswiderstandes R_D.

13.2 Grenzwerte

Für jeden Feldeffekttransistor werden vom Hersteller Grenzwerte angegeben, die den Arbeitsbereich begrenzen.

Diese Grenzwerte, die man niemals überschreiten darf, sind:

die maximale Drain-Source-Spannung	$U_{DS\,max}$
den maximalen Drainstrom	$I_{D\,max}$
die Gesamtverlustleistung	P_{tot}
die höchste Sperrschichttemperatur	ϑ_j

Die Verlustleistung P_V eines Feldeffekttransistors entspricht dem Produkt aus Drain-Source-Spannung und Drainstrom.

$$P_V = U_{DS} \cdot I_D \leqq P_{tot}$$

P_V = Verlustleistung
P_{tot} = totale Verlustleistung
U_{DS} = Drain-Source-Spannung
I_D = Drainstrom

Der Hersteller gibt entweder die Gesamtverlustleistung P_{tot} für eine bestimmte Umgebungstemperatur ϑ_u an oder die zulässige Sperrschichttemperatur ϑ_j (auch oft die Kanaltemperatur ϑ_k) und den Wärmewiderstand R_{thU} zwischen Kanal und Umgebung. Damit läßt sich ebenfalls die Gesamtverlustleistung berechnen:

$$P_V = \frac{\vartheta_j - \vartheta_u}{R_{thU}} \leq P_{tot}$$

P_V = Verlustleistung
P_{tot} = totale Verlustleistung
ϑ_j = höchste Sperrschichttemperatur (auch ϑ_k = Kanaltemperatur)
ϑ_u = Umgebungstemperatur
R_{thU} = Wärmewiderstand zwischen Kanal und Umgebung

Beispiel:

Welche höchste Verlustleistung kann der Feldeffekttransistor BFW 10 aufnehmen, wenn $\vartheta_j = 200\ ^\circ C$, $R_{thU} = 0{,}59$ K/mW und $\vartheta_u = 60\ ^\circ C$ sind?

Lösung:

$$P_V = \frac{\vartheta_j - \vartheta_u}{R_{thU}} = \frac{200^\circ C - 60^\circ C}{0{,}59\,\text{K/mW}} = \frac{140\,\text{K}}{5{,}9 \cdot 10^{-1}\,\text{K}}\ \text{mW}$$

$$\underline{P_V = 237{,}5\text{mW}}$$

Aufgaben:

1. Welcher höchstzulässigen Umgebungstemperatur darf der FET BFW 11 ausgesetzt werden, wenn $P_V = 300$ mW, $R_{thU} = 0{,}59$ K/mW und $\vartheta_j = 200\ ^\circ C$ sind?

2. Welcher höchstzulässige Strom darf durch den MOS-FET BFW 96 bei folgenden Daten fließen? $\vartheta_u = 60\ ^\circ C$, $\vartheta_k = 125\ ^\circ C$, $U_{DS} = 30$ V und $R_{thU} = 0{,}5$ K/mW.

3. Welche höchste Verlustleistung kann der Feldeffekttransistor BFW 61 aufnehmen, wenn $\vartheta_j = 200\ ^\circ C$, $R_{thU} = 0{,}59$ K/mW und $\vartheta_u = 40\ ^\circ C$ sind?

4. Der Feldeffekttransistor 2 N 3822 mit einer Verlustleistung von $P_V = 300$ mW soll bei einer Umgebungstemperatur $\vartheta_u = 100\ ^\circ C$ eingesetzt werden. Die Kanaltemperatur darf höchstens 175 °C betragen. Wie groß muß man den Wärmewiderstand machen?

5. Der Feldeffekttransistor 2 N 4416 wird mit $U_{DS} = 20$ V und $I_D = 6$ mA betrieben. Welche höchste Umgebungstemperatur ist zulässig, wenn $\vartheta_j = 200\ ^\circ C$ und $R_{thU} = 0{,}59$ K/mW sind?

6. Der Feldeffekttransistor 2 N 3966 hat laut Datenbuch eine Verlustleistung von $P_{tot} = 300$ mW. Welcher höchstzulässige Drainstrom darf bei einer Drain-Source-Spannung von $U_{DS} = 20$ V fließen?

7. Der P-Kanal-Sperrschicht-Feldeffekt-Transistor 2 N 3820 soll bei einer Umgebungstemperatur von 60 °C betrieben werden. Seine Sperrschichttemperatur darf 125 °C nicht überschreiten. Er besitzt einen Wärmewiderstand von $R_{thU} = 0{,}5$ K/mW. Ist eine Kühlung erforderlich, wenn bei $U_{DS} = 20$ V ein Drainstrom von $I_D = 8$ mA fließt?

8. Welche Verlustleistung darf der N-Kanal-MOS-Feldeffekt-Transistor BFR 29 höchstens haben, wenn die Umgebungstemperatur $\vartheta_u = 80\ ^\circ C$, die Kanaltemperatur $\vartheta_k = 125\ ^\circ C$ und der Wärmewiderstand zwischen dem Kanal und der Umgebung $R_{thU} = 0{,}5$ K/mW betragen?

13.3 Arbeitspunkteinstellung

Der Arbeitspunkt wird bei den Verstärkerschaltungen in die Mitte des geradlinigen Kennlinienteils gelegt. Damit hat man bereits die Werte für U_{GS}, I_D und U_{DS}. Bei gegebener Betriebsspannung U_B ergibt sich dann für den Arbeits-, Last- oder Außenwiderstand R_D die Beziehung:

$$R_D = \frac{U_B - U_{DS}}{I_D}$$

U_B = Betriebsspannung
U_{DS} = Drain-Source-Spannung
I_D = Drainstrom
R_D = Arbeitswiderstand

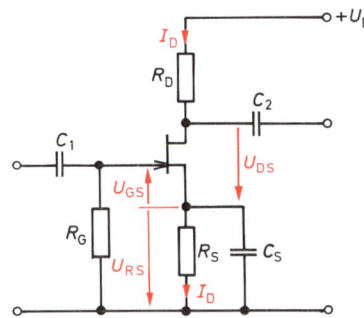

Bild 13.3
Automatische Gatevorspannungserzeugung

Man ist bestrebt, den Arbeitspunkt möglichst unabhängig von Temperatur- und Streuungseinflüssen festzulegen. Der Arbeitspunkt wird deshalb durch die automatische Gatevorspannungserzeugungsart nach **Bild 13.3** stabilisiert.

$$U_{RS} = -U_{GS} = R_S \cdot I_D$$

U_{GS} = Gate-Source-Spannung
I_D = Drainruhestrom im Arbeitspunkt
R_S = Sourcewiderstand

Der Gatewiderstand R_G wird so ausgelegt, daß der höchste Sperrstrom $-I_{GSS}$ an ihm höchstens einen Spannungsabfall von etwa 0,5 V erzeugt.

$$R_G \approx \frac{0,5 \text{ V}}{-I_{GSS}}$$

Benutzt man eine Verstärkerschaltung mit dieser automatischen Gatevorspannungserzeugungsart, so ergibt sich für die Berechnung des Arbeitswiderstandes die Formel:

R_D = Arbeitswiderstand
U_B = Betriebsspannung
U_{DS} = Drain-Source-Spannung
U_{RS} = Spannungsabfall
 am Sourcewiderstand $= U_{GS}$
I_D = Drainstrom im Arbeitspunkt

$$R_D = \frac{U_B - U_{DS} - U_{RS}}{I_D}$$

Die erforderliche Kapazität des Sourcekondensators kann überschlägig berechnet werden

$$C_S \approx \frac{S}{2\pi \cdot f_{gu}}$$

C_S = Sourcekondensator
S = y_{21} = Steilheit
f_{gu} = untere Grenzfrequenz

Der Koppelkondensator ergibt sich zu

$$C_1 \approx \frac{1}{2\pi \cdot f_{gu} \cdot R_G}$$

C_1 = Koppelkondensator
f_{gu} = untere Grenzfrequenz
R_G = Gatewiderstand

Beispiel:

Der Feldeffekttransistor BFW 10 hat bei einer Gatevorspannung von $-U_{GS} = 2$ V einen Drainstrom $I_D = 5$ mA bei einer Source-Drain-Spannung von $U_{DS} = 15$ V. Berechnen Sie den Lastwiderstand und den erforderlichen Sourcewiderstand für eine Betriebsspannung von 25 V.

Lösung:

$$R_D = \frac{U_B - U_{DS} - U_{RS}}{I_D} \qquad \text{hier ist } U_{RS} = U_{GS}$$

$$R_D = \frac{25 \text{ V} - 15 \text{ V} - 2 \text{ V}}{5 \text{mA}} = 1,6 \cdot 10^3 \, \Omega \qquad R_s = \frac{U_{GS}}{I_D} = \frac{2 \text{ V}}{5 \text{mA}} = 0,4 \cdot 10^3 \, \Omega$$

$$\underline{R_D = 1,6 \text{k}\Omega} \qquad\qquad\qquad \underline{R_s = 400 \, \Omega}$$

183

Aufgaben:

1. Berechnen Sie den Arbeits- und Sourcewiderstand einer FET-Verstärkerstufe, wenn $U_B = 30$ V; $U_{DS} = 15$ V, $U_{GS} = -3$ V und $I_D = 6$ mA betragen.

2. Welche Drain-Source-Spannung stellt sich bei einem FET ein, wenn bei einem Arbeitswiderstand von 25 kΩ, einer Betriebsspannung von $U_B = 30$ V ein Drainstrom von 1 mA fließt? Der Sourcewiderstand hat 1 kΩ.

3. Der Arbeitspunkt BFW 11 soll bei $U_{GS} = -1$ V und $U_{DS} = 10$ V liegen. Es fließt dann ein Drainstrom von $I_D = 3,5$ mA. Wie groß muß die erforderliche Betriebsspannung sein, wenn $R_D = 2,7$ kΩ gewählt wird? Wie groß muß der Sourcewiderstand gemacht werden?

4. Berechnen Sie den Drainstrom eines Feldeffekttransistors, der bei $R_S = 1,2$ kΩ eine Gatevorspannung von $U_{GS} = -1,5$ V hat.

5. Der Arbeitspunkt des MOS-FET BSV 81 soll bei $U_{GS} = 0,4$ V, $I_D = 3$ mA, $U_{DS} = 15$ V liegen. Wie groß kann der Arbeitswiderstand gemacht werden bei einer Betriebsspannung von 25 V?

6. Der Feldeffekttransistor BFW 10 hat folgende Daten: $y_{21} = 3,2$ mS, $y_{22} = 85$ µS. Bei einer Betriebsspannung von $U_B = 25$ V soll der Arbeitspunkt bei $-U_{GS} = 1$ V, $U_{DS} = 15$ V und $I_D = 8$ mA liegen. Welche Verstärkung kann man mit diesem FET erreichen?

7. Wie groß wird das Ausgangssignal einer Vorverstärkerstufe mit einem FET BFW 11, wenn diese Stufe mit 2 mV gesteuert wird? Dieser FET soll bei $U_{GS} = 0$ V einen Strom von $I_D = 400$ µA bei $U_{DS} = 10$ V liefern. Die Steilheit beträgt $y_{21} = 4$ mS und $y_{22} = 50$ µS. Die Betriebsspannung beträgt 20 V.

8. Der Arbeitspunkt des Feldeffekt-Transistors BFW 61 liegt bei $-U_{GS} = 2$ V, $U_{DS} = 15$ V und $I_D = 0,4$ mA. Die Daten sind: $y_{21} = 3$ mS, $y_{22} = 20$ µS. Die Betriebsspannung beträgt 25 V, $P_{tot} = 300$ mW, $\vartheta_j = 200$ °C und $R_{thU} = 0,59$ K/mW. Berechnen Sie: R_D, R_S, V_u und die höchstzulässige Umgebungstemperatur.

9. Welcher Drainstrom muß beim N-Kanal-Sperrschicht-Feldeffekt-Transistor fließen, wenn eine Gate-Source-Spannung von $U_{GS} = 3$ V bei einem Sourcewiderstand von $R_S = 2$ kΩ entstehen soll?

10. Der P-Kanal-Sperrschicht-Feldeffekttransistor 2 N 3820 hat laut Datenbuch die Daten: $-U_{GS} = 1$ V; $-U_{DS} = 10$ V; $y_{21} = 2$ mS; $y_{22} = 200$ µS. Man will mit diesem Transistor eine Eingangsspannung von 20 mV auf 0,12 V verstärken. Berechnen Sie den erforderlichen Arbeits- und Sourcewiderstand von dieser Schaltung, wenn die Betriebsspannung $U_B = 20$ V beträgt.

11. Berechnen Sie den Arbeitswiderstand für den N-Kanal-Sperrschicht-Feldeffekt-Transistor BSV 80, wenn bei einer Betriebsspannung von 24 V die Drain-Sourcespannung $U_{DS} = 12$ V und der Drainstrom $I_D = 25$ mA bei $U_{GS} = 0$ V betragen sollen.

12. Welchen Wert hat der Drainstrom bei einem FET, wenn eine Gatevorspannung von $-U_{GS} = 2$ V am Sourcewiderstand von $R_S = 1,2$ kΩ erzeugt werden soll?

13. Ein N-Kanal-MOS-Feldeffekt-Transistor vom Typ BFR 29 liegt an 26 V Betriebsspannung. Sein Arbeitswiderstand hat 12 kΩ. Seine Gatevorspannung hat $-U_{GS} = 1$ V bei einem Sourcewiderstand von $R_S = 1$ kΩ. Berechnen Sie die Verlustleistung dieses MOS-Feldeffekt-Transistors.

14. Der N-Kanal-Sperrschicht-Feldeffekt-Transistor BFW 10 hat im Arbeitspunkt die Daten: $y_{21} = 3,75$ mS und $y_{22} = 85$ µS, wenn $U_{DS} = 15$ V; $I_D = 5$ mA; $-U_{GS} = 2$ V sind. Berechnen Sie die Größe des erforderlichen Arbeitswiderstandes, des Sourcewiderstandes und die erforderliche Betriebsspannung, wenn mit diesem FET eine Verstärkung von $V_u = 8,27$ erreicht werden soll.

13.4 FET-Verstärker

In der **Tabelle 13.1** sind die gebräuchlichsten FET-Schaltungen mit ihren Berechnungsformeln aufgeführt.

Tabelle 13.1: FET-Verstärker		
	Sourceschaltung	Drainschaltung	Gateschaltung
Schaltung			
Wechselstrom-Eingangswiderstand	$r_e = R_G \parallel R_{GS}$ $r_e \approx R_G$	$r_e = (1 + S \cdot R_S) \cdot R_{GS} \parallel R_G$	
Wechselstrom-Ausgangswiderstand	$r_a = R_D \parallel r_{DS}$ $r_a \approx R_D$	$r_a = \dfrac{1}{S} \parallel R_S$ $r_a \approx \dfrac{1}{S}$	$r_a \approx R_D$
Spannungsverstärkung	$V_U = S \cdot \dfrac{r_{DS} \cdot R_D}{r_{DS} + R_D}$ $V_U \approx S \cdot R_D$	$V_U = \dfrac{S \cdot R_S}{1 + S \cdot R_S}$ $V_U \approx 1$	$V_U \approx S \cdot R_D$
Phasendrehung	$\varphi = 180°$	$\varphi = 0°$	$\varphi = 0°$
Anwendung	Standardschaltung für NF- u. HF-Schaltungen	Impedanzwandler	Spezialfälle

R_G = Gatewiderstand $R_G \approx \dfrac{0{,}5\ \text{V}}{-I_{GSS}}$

R_{GS} = Eingangswiderstand $R_{GS} - \dfrac{U_{GS}}{I_{GSS}}$

r_{DS} $= 1/y_{22}$ = Ausgangswiderstand (aus Datenbuch)
S $= y_{21}$ = Vorwärtssteilheit (aus Datenbuch)
$-I_{GSS}$ = Gate-Reststrom (Sperrstrom) (aus Datenbuch)
U_{GS} = Gate-Vorspannung

Beispiel:

Ein einstufiger Verstärker, in Sourceschaltung, mit dem Feldeffekttransistor BFW 11 soll berechnent werden.

Gegeben:

U_B = 20 V; $-U_{GS}$ = 2 V; U_{DS} = 10 V; I_D = 5 mA; y_{21} = 4 mS; y_{22} = 50 μS;

f_{gu} = 25,5 Hz; $-I_{GSS}$ = 0,5 μA.

Lösung:

$$R_D = \frac{U_B - U_{DS} - U_{Rs}}{I_D} \qquad U_{Rs} = U_{GS}$$

$$R_D = \frac{20\,V - 10\,V - 2\,V}{5\,mA} = \frac{8\,V}{5\,mA} = 1,6 \cdot 10^3\,\Omega$$

$$\underline{R_D = 1,6\,k\Omega}$$

$$R_s = \frac{U_{SG}}{I_D} = \frac{2\,V}{5\,mA} = 0,4 \cdot 10^3\,\Omega$$

$$\underline{R_s = 400\,\Omega}$$

$$R_G = \frac{0,5\,V}{I_{GSS}} = \frac{0,5\,V}{0,5\,\mu A} = \frac{0,5\,V}{0,5 \cdot 10^{-6}\,A} = 1 \cdot 10^6\,\Omega$$

$$\underline{R_G = 1\,M\Omega}$$

$$R_{aus} = 1/y_{22} = \frac{1}{50\,\mu S} = 0,2 \cdot 10^5\,\Omega$$

$$\underline{R_{aus} = 20\,k\Omega}$$

$$V_U = S \cdot \frac{R_{aus} \cdot R_D}{R_{aus} + R_D} = 4\,mS\,\frac{20\,k\Omega \cdot 1,6\,k\Omega}{20\,k\Omega + 1,6\,k\Omega}$$

$$\underline{V_U = 5,92}$$

$$C_1 = \frac{1}{2\pi \cdot f \cdot R_G} = \frac{1}{2\pi \cdot 25,5\,Hz \cdot 1\,M\Omega} = \frac{1}{2\pi \cdot 2,55 \cdot 10^1\,Hz \cdot 1 \cdot 10^6\,\Omega}$$

$$\underline{C_1 = 6,23\,nF}$$

$$C_s = \frac{S}{2\pi \cdot f_{gu}} = \frac{4\,mS}{2\pi \cdot 25,5\,Hz}$$

$$\underline{C_S = 24,97\,\mu F}$$

Aufgaben:

1. Ein Verstärker mit FET BFW 61 ist in Sourceschaltung aufgebaut. Gegeben sind folgende Daten: U_B = 20 V; U_{GS} = − 1,5 V; U_{DS} = 10 V; I_D = 6 mA; y_{21} = 5 mS, y_{22} = 85 μS; f_u = 15,3 Hz; I_{GSS} = − 1μA. Berechnen Sie: R_D; R_S; R_G; C_S; C_1; V_u!

2. Eine Mikrofonverstärkerstufe mit dem FET BFW 12 erhält eine Eingangsspannung von 0,6 mV. Welche Eingangswechselspannung erhält ein nachgeschalteter Transistor-Verstärker, wenn dieser FET folgende Daten hat: y_{21} = 2 mS; r_a = 20 kΩ; R_D = 1,5 kΩ.

3. Im Eingang eines elektronischen Spannungsmessers liegt ein Feldeffekttransistor in Drainschaltung von Typ 2 N 3819. Seine Daten sind: − I_{GSS} = 2 nA bei − U_{GS} = 15 V, y_{21} = 3 mS. In seiner Sourceleitung liegt ein Instrument mit U = 100 mV und I = 10 μA bei Vollausschlag. Wie groß sind der Ein- und Ausgangswiderstand dieses elektronischen Spannungsmessers?

4. Im Eingang eines Verstärkers liegt der FET BFW 61 in Drainschaltung mit folgenden Daten: $-U_{GS} = 20$ V; $-I_{GSS} = 1$ nA; $y_{21} = 5$ mS. In der Sourceleitung liegt ein 500-Ω-Widerstand. Der Ein- und Ausgangswiderstand dieser Schaltung sowie die Spannungsverstärkung sind zu berechnen!

5. Der FET BFW 10 soll in Drainschaltung betrieben werden. Er hat folgende Daten: $y_{21} = 4$ mS; $y_{22} = 85$ µS; bei $-U_{GS} = 20$ V ist $I_{GSS} = 0,5$ nA. $R_S = 1$ kΩ.
Berechnen Sie den Eingangs- und Ausgangswiderstand und die Spannungsverstärkung!

6. Es wird ein Vorverstärker mit einem FET vom Typ BFW 10 aufgebaut. Gegeben sind: $U_B = 15$ V; $-U_{GS} = 2$ V; $I_D = 5$ mA; $U_{DS} = 6$ V; $y_{21} = 5$ mS; $y_{22} = 85$ µS; bei $-U_{GS} = 20$ V ist $I_{GSS} = 0,5$ µA und $f_u = 30$ Hz. Berechnen Sie alle Widerstände und Kondensatoren, wenn im Eingang nur ein Koppelkondensator liegt. Welche Verstärkung erreicht man mit dieser Stufe bei einem Lastwiderstand von 10 kΩ?

7. Ein Feldeffekttransistor in einer Vorverstärkerstufe hat eine Steilheit von $y_{21} = 2,5$ mS und einen Innenwiderstand von $r_a = 40$ kΩ. Sein Arbeitswiderstand beträgt $R_D = 5$ kΩ. Der nachgeschaltete Transistor hat einen Eingangswiderstand von $h_{11} = 2,5$ kΩ, der Basisspannungsteiler besteht aus $R_2 = 50$ kΩ und $R_1 = 100$ kΩ. Berechnen Sie die Stufenverstärkung dieser Vorstufe.

● 8. Die Verstärkerstufe nach dem **Bild A 13.4/8** zeigt einen Vorverstärker mit dem N-Kanal-MOS-Feldeffekttransistor BFR 29. Dieser MOS-FET hat im Arbeitspunkt $U_{DS} = 15$ V; $I_D = 7$ mA; $-U_{GS} = 1$ V die Daten: $S = 6$ mS; $y_{22} = 0,4$ mS und $I_{GSS} = 10$ pA. Gesucht: a) alle Widerstände bei $U_B = 25$ V; b) alle Kondensatoren für $f_u = 30$ Hz; c) die Steuerspannung des nachgeschalteten Transistors, wenn der Generator eine Leerlaufspannung von $E = 20$ mV abgibt.

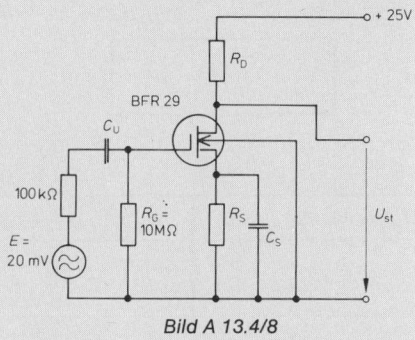

Bild A 13.4/8

● 9. In der Schaltung nach **Bild A 13.4/9** arbeitet ein N-Kanal-Sperrschicht-Feldeffekt-Transistor vom Typ BFW 12 in Drainschaltung. Im Arbeitspunkt $U_{DS} = 15$ V; $I_D = 1$ mA; $-U_{GS} = 0,25$ V hat dieser FET folgende Daten: $I_{GSS} = 0,1$ µA; $y_{21} = 2$ mS; $y_{22} = 30$ µS. Die Schaltung wird an 20 V Betriebsspannung gelegt. Berechnen Sie: a) den Sourcewiderstand R_S; b) den Gatewiderstand R_G; c) den Vorwiderstand R_1; d) den Koppelkondensator C_1 für $f = 50$ Hz und e) die Ausgangsspannung U_a bei einer Leerlaufspannung des Generators von $E = 100$ mV und $R_i = 100$ kΩ.

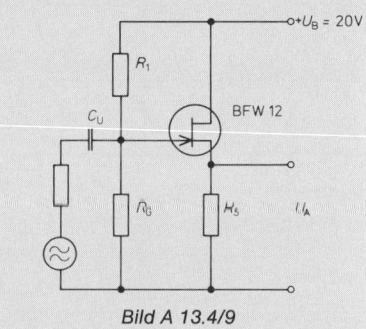

Bild A 13.4/9

10. Der N-Kanal-Sperrschicht-Feldeffekt-Transistor BFW 11 hat im Arbeitspunkt $U_{DS} = 15$ V; $-U_{GS} = 1$ V; $I_D = 3,5$ mA folgende Daten: $y_{21} = 4$ mS; $y_{22} = 50$ µS und $I_{GSS} = 0,5$ µA bei $-U_{GS} = 20$ V. Dieser FET liegt an einer Betriebsspannung von $U_B = 20$ V. Berechnen Sie: den Ein- und Ausgangswiderstand sowie die Verstärkung für a) die Sourceschaltung und b) die Drainschaltung.

14. Fotohalbleiter

14.1 Lichttechnische Grundgrößen

Licht ist eine elektromagnetische Schwingung, deren Wellenlänge berechnet wird nach:

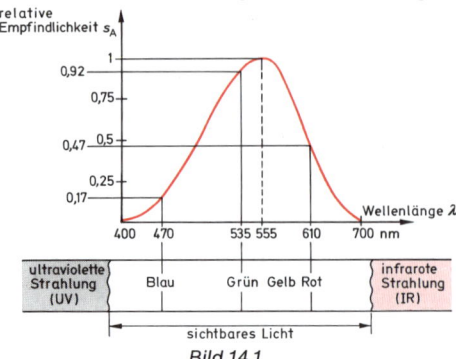

Bild 14.1
Empfindlichkeitskurve des menschlichen Auges

$$\lambda = \frac{3 \cdot 10^8 \text{ m/s}}{f \text{ 1/s}}$$

Der Lichtstrom Φ_v in Lumen (lm) ist die von einer Lichtquelle nach allen Richtungen abgestrahlte Lichtleistung. Die Strahlungsleistung $P = 1$ W von Licht der Wellenlänge $\lambda = 555$ nm entspricht physiologisch genau dem Lichtstrom. Bei anderen Wellenlängen muß zusätzlich die relative Augenempfindlichkeit s_A berücksichtigt werden **(Bild 14.1).**

$$\Phi_v = P \cdot M_v \cdot s_A$$

Φ_v = Lichtstrom in Lumen (lm)
M_v = Lichtgleichwert = 682 lm/W
P = Leistung in W
s_A = relative Empfindlichkeit

Bei unsichtbarem Licht entfällt die Augenempfindlichkeit aus Bild 14.1. Damit ergeben sich folgende Grundgrößen

sichtbares Licht	unsichtbares Licht
$I_v = \dfrac{\Phi_v}{\Omega}$	$I_e = \dfrac{\Phi_e}{\Omega}$
$E_v = \dfrac{I_v}{r^2}$	$E_e = \dfrac{I_e}{r^2}$
$E_v = \dfrac{\Phi_v}{A}$	$E_e = \dfrac{\Phi_e}{A}$
$\eta_v = \dfrac{\Phi_v}{P}$	$\eta_e = \dfrac{\Phi_e}{P}$

I_v = Lichtstärke in $\dfrac{\text{lm}}{s_r}$ = cd (Candela)

I_e = Strahlstärke in $\dfrac{\text{W}}{s_r}$

Φ_v = Lichtstrom in Lumen (lm)
Φ_e = Strahlungsleistung in Watt (W)
Ω = Raumwinkel in Steradiant (s_r)
E_v = Beleuchtungsstärke in Lux (lx)

E_e = Bestrahlungsstärke in $\dfrac{\text{W}}{\text{m}^2}$

r = Entfernung in m
A = beleuchtete Fläche in m^2
$\eta_e = \eta_v$ = Lichtausbeute

Aufgaben:

●1. Eine Meßlampe gibt über den gesamten sichtbaren Bereich gleichmäßig eine Strahlungsleistung von $P = 25$ W ab. Berechnen Sie den Lichtstrom für die Frequenzen $f_1 = 6{,}38 \cdot 10^{14}$ Hz; $f_2 = 5{,}61 \cdot 10^{14}$ Hz und $f_3 = 4{,}92 \cdot 10^{14}$ Hz. (Benutzen Sie Bild 14.1).

●2. Eine 40 W-Leuchtstofflampe hat einen Lichtstrom von $\Phi_v = 2400$ lm, eine Glühlampe von 40 W einen Lichtstrom von $\Phi_v = 400$ lm.
a) Welche Beleuchtungsstärke rufen diese Lampen jeweils auf einer 2,5 m x 3,5 m großen Fläche hervor, wenn der Beleuchtungswirkungsgrad $\eta_B = 45$ % beträgt?
b) Wie groß ist die Lichtausbeute der beiden Lampen?

3. Welche Beleuchtungsstärke E_v ergibt die Leuchtdiode CQX 37 Gruppe B in 50 cm Abstand bei $\lambda = 600$ nm? (Siehe Kennlinien im Anhang).

14.2 Fotowiderstand

Fotowiderstände, auch LDR genannt, sind Widerstände, die mit steigender Beleuchtungsstärke niederohmiger werden. Das Widerstandsverhalten von Fotowiderständen gibt der Hersteller in Kennlinien an **(Bild 14.2).**

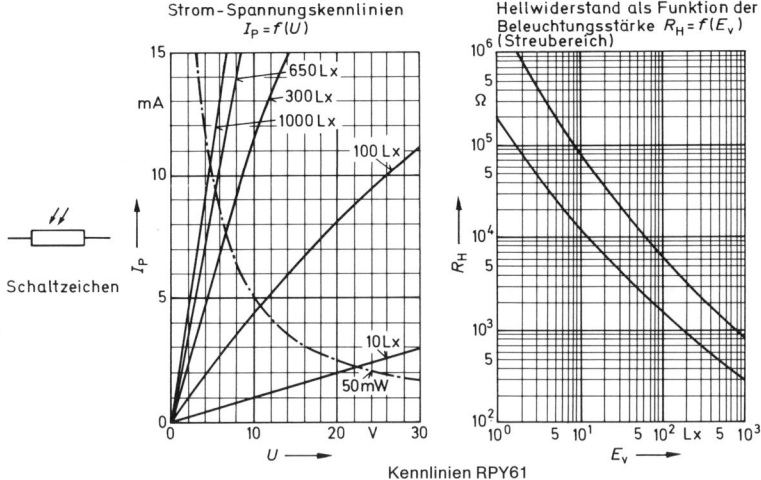

Schaltzeichen

Kennlinien RPY61

Bild 14.2
Schaltzeichen und
Kennlinien von Fotowiderständen

Beispiel:

Bei einem Dämmerungsschalter liegt in Reihe mit dem Fotowiderstand ein Festwiderstand mit $R = 4,7$ kΩ **(Bild 14.3)**. Die Gesamtspannung beträgt $U = 10$ V. Die Schaltspannung wird am Fotowiderstand abgegriffen und soll 1,7 V betragen. Bei welcher Beleuchtungsstärke schaltet dieser Dämmerungsschalter bei Berücksichtigung des Streubereiches?

Lösung:

$$R_H = R \cdot \frac{U_{RH}}{U_R} = 4,7 \text{ k}\Omega \cdot \frac{1,7 \text{ V}}{8,3 \text{ V}}$$

$$\underline{R_H = 962,65 \ \Omega}$$

aus der Kennlinie Bild 14.2 ergibt sich
eine Beleuchtungsstärke

$E_{V\,min} - 200$ lx
$E_{V\,max} = 800$ lx

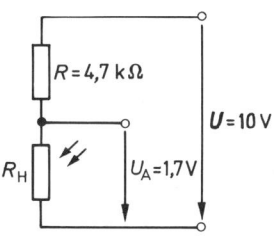

Bild 14.3
Spannungsteiler
mit Fotowiderstand

189

Aufgaben:

1. Bestimmen Sie den Widerstand eines Fotowiderstandes **(Bild 14.2)** bei $P_v = 50$ mW bei
   a) $E_v = 10$ lx; b) $E_v = 300$ lx; c) $E_v = 1000$ lx

2. Bei welcher Beleuchtungsstärke hat der Fotowiderstand RPY 61 einen Hellwiderstand (untere Streubereichsgrenze) von
   a) $R_H = 480$ Ω; b) $R_H = 50$ kΩ c) $R_H = 4,5$ kΩ

3. Bei einem Dämmerungsschalter liegt ein Fotowiderstand in Reihe mit einem Festwiderstand von $R = 680$ Ω, an dem eine Schaltspannung von $U \geqq 1,7$ V abgegriffen werden muß. Diese Reihenschaltung liegt an einer Gesamtspannung von $U = 12$ V. Bei welcher Beleuchtungsstärke schaltet dieser Dämmerungsschalter (unterer Streubereich)?

● 4. Das **Bild A 14.2/4** zeigt eine Brückenschaltung mit einem Fotowiderstand. Auf welchen Wert muß das Potentiometer $R2$ eingestellt werden, damit bei einer Beleuchtungsstärke $E = 650$ lx ein Null-Abgleich der Brücke eintritt?

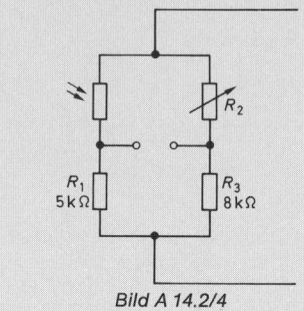

Bild A 14.2/4

5. Ein Fotowiderstand liegt mit einem Widerstand von $R = 1,2$ kΩ in Reihe an $U = 15$ V. Bei Beleuchtung fällt am Fotowiderstand eine Spannung von 1,2 V ab. Bei Dunkelheit fließt ein Strom von $I = 50$ µA durch diese Schaltung. Welche Widerstandswerte hat der Fotowiderstand im belichteten und im unbelichteten Zustand?

● 6. Bei einer Lichtschranke **(Bild 14.2/6)**, bei der ein Fotowiderstand mit einem Festwiderstand in Reihe liegt, muß der Fotowiderstand so stark beleuchtet werden, daß an ihm, bei einer Gesamtspannung von $U = 12$ V, $U_{LDR} = 6,5$ V abfallen. Die Verlustleistung des Fotowiderstandes von $P_v = 50$ mW darf dabei nicht überschritten werden.

Berechnen Sie:
a) die erforderliche Beleuchtungsstärke
b) den Festwiderstand
c) die Beleuchtungsstärke, die noch auf den Fotowiderstand einfallen darf, wenn die Lichtschranke schaltet. Die Lichtschranke soll bei $U_{schalt} = 10$ V schalten.

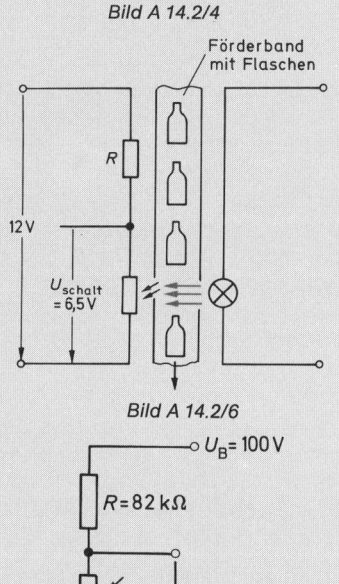

Bild A 14.2/6

Bild A 14.2/7

7. Aus der Kennlinie eines Fotowiderstandes lassen sich die Werte $R_{H100} \approx 22$ kΩ und $R_{H10} \approx 200$ kΩ ablesen. Wie groß ist die Verlustleistung P_v des Fotowiderstandes in der Schaltung nach **Bild A 14.2/7** für Beleuchtungsstärken $E_v = 100$ lx und $E_v = 10$ lx?

14.3 Fotoelement und Solarzelle

Fotolemente wandeln Lichtenergie in elektische Energie um. Soll diese Umwandlung praktisch ausgenutzt werden, so muß ein Lastwiderstand R_L an das Fotoelement angeschlossen werden. Einer Spannungsquelle kann die größte Leistung entnommen werden, wenn $R_L = R_i$, also eine Leistungsanpassung vorliegt.

Der Innenwiderstand R_i eines Fotoelementes kann aus Leerlaufkennlinie und Kurzschlußstromkennlinie **(Bild 14.4)** ermittelt werden, denn es gilt:

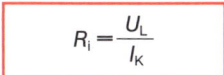

$$R_i = \frac{U_L}{I_K}$$

für $E_v = $ const.

U_L Leerlaufspannung
I_K Kurzschlußstrom

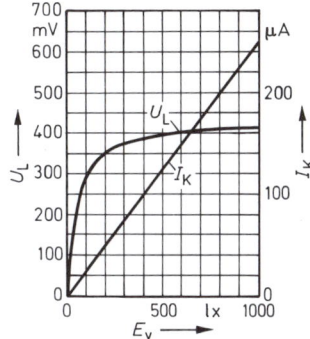

Schaltzeichen

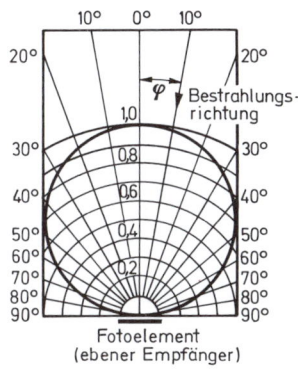

Bild 14.4

Leerlauf- und Kurzschlußkennlinien des
Fotoelementes BPY 64

Richtcharakteristik $I_K = f (\varphi)$
der Fotoelemnte BPY 11/BPY 64

Aufgaben:

1. Wie groß ist der Innenwiderstand R_i des Fotoelementes BPY 64 bei einer Beleuchtungsstärke $E_v = 500$ lx?

2. Das Fotoelement BPY 64 wird mit einer Beleuchtungsstärke $E_v = 700$ lx unter einem Winkel $\varphi = 60°$ bestrahlt. Wie groß ist unter dieser Bedingung der Kurzschlußstrom I_K?

3. Ein Solarzellenmodul mit 15 in Reihe geschalteten 2-Zoll-Scheiben wird zur Ladung eines Nickel-Cadmium-Akkus eingesetzt. Bei einer bestimmten Beleuchtungsstärke liefert jede Scheibe einen Ladestrom $I_L = 50$ mA bei $U_L = 0,3$ V. Welche Gesamtleistung P liefert das Solarzellenmodul in dem angegebenen Betriebsfall?

4. Ein Solarzellenmodul mit 10 in Reihe geschalteten Fotoelementen vom Typ BPY 64 wird unter einem Winkel $\varphi = 30°$ mit einer Beleuchtungsstärke $E_v = 100$ lx bestrahlt. Wie groß darf der Lastwiderstand gewählt werden, um Leistungsanpassung zu erreichen?

5. Wird ein Fotoelement vom Typ BPY 64 unter einem bestimmten Winkel bestrahlt, so gibt es bei Leistungsanpassung mit $R_L = 17,857$ kΩ eine Gesamtleistung mit $P = 7,875$ µW ab. Bestimmen Sie: a) die Leerlaufspannung U_L; b) die Beleuchtungsstärke E_v; c) den Bestrahlungswinkel φ.

191

14.4 Fotodiode und Fototransistor

Fotodiode

Der technologische Aufbau von Fotodioden entspricht dem Aufbau von Fotoelementen. Fotodioden besitzen jedoch eine höhere Sperrspannung. Weil Fotodioden grundsätzlich in Sperrichtung betrieben werden, müssen sie über einen Vorwiderstand an die Betriebsspannung gelegt werden. Ohne Beleuchtung fließt durch eine Fotodiode wie bei jeder normalen Halbleiterdiode ein Sperrstrom, der als Dunkelstrom bezeichnet wird.

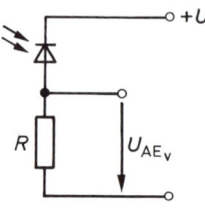

$$R = \frac{U_B - U_{AEv}}{I_P}$$

Bild 14.5
Fotodiode mit Vorwiderstand

Fotostrom $I_P = f(E_v)$

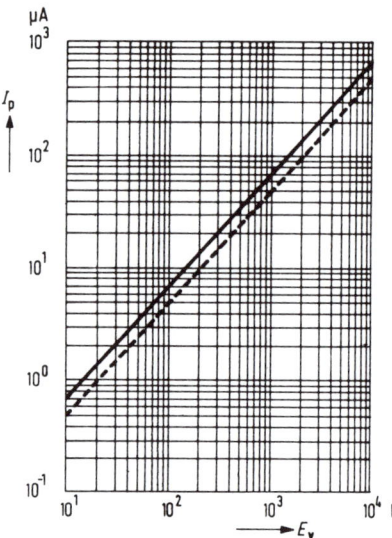

Trifft Licht auf eine Fotodiode, so werden durch die Energiezufuhr Ladungsträger frei. Somit erhöht sich der Sperrstrom zum Fotostrom, der linear mit der Beleuchtung ansteigt. Das **Bild 14.6** zeigt den typischen Zusammenhang zwischen dem Fotostrom und der Beleuchtungsstärke E_v bei Fotodioden.

Bild 14.6
Kennlinie der
Fotodiode BPW 34

Fototransistor

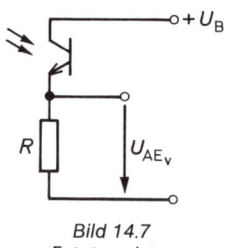

$$R = \frac{U_B - U_{CE}}{I_P}$$

Bild 14.7
Fototransistor

Fototransistoren können sowohl in ihrem Aufbau als auch in ihrer Arbeitsweise als eine Zusammenschaltung einer Fotodiode mit einem normalen bipolaren Transistor aufgefaßt werden. Der von der Fotodiode gelieferte Fotostrom ist gleichzeitig der Basisstrom des Transistors, der mit der Stromverstärkung B des Transistors verstärkt wird.

Hauptvorteile der Fototransistoren gegenüber Fotodioden sind ihre wesentlich höhere Empfindlichkeit und der um den Faktor B vergrößerte, von der Beleuchtungsstärke abhängige Kollektorstrom. Das **Bild 14.8** zeigt den typischen Zusammenhang zwischen dem Fotostrom I_P und der Beleuchtungsstärke E_v bei Fototransistoren.

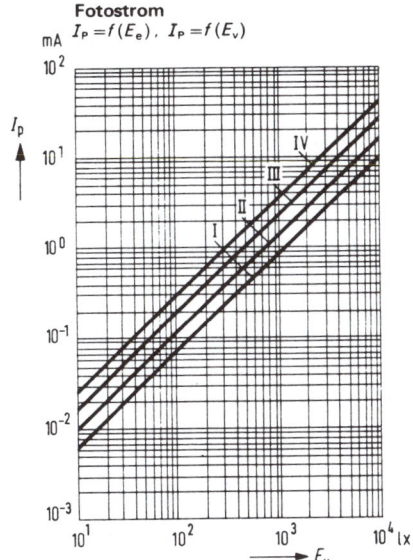

Bild 14.8
Kennlinie des Fototransistors BPX 81

Aufgaben:

1. Ein Spannungsteiler mit der Fotodiode BPW 34 nach **Bild 14.5** soll an $U_B = 15$ V gelegt werden. a) Welchen Wert muß der Widerstand R haben, wenn bei $E_V = 1000$ lx die Ausgangsspannung $U_A = 4,76$ V betragen soll? b) Wie groß wird die Ausgangsspannung bei $E_V = 1000$ lx?

● 2. Die Schaltung in **Bild A 14.4/2** liefert bei $U_{GS} = 0$ V eine Ausgangsspannung $U_A = 12$ V. Wie groß muß die Beleuchtungsstärke sein?

3. Ein Fototransistor BPX 81/III liegt über einem Widerstand $R = 12$ kΩ an $U_B = 15$ V. Welche Ausgangsspannung U_A stellt sich ein, wenn er mit $E_V = 500$ lx bestrahlt wird?

● 4. Der Transistor in **Bild A 14.4/4** hat eine Gleichstromverstärkung von $B = 80$. a) Wie groß ist das Ausgangssignal, wenn der Fototransistor BPX 81/I mit einer Beleuchtungsstärke $E_v = 30$ lx bestrahlt wird und $U_{BE} = 0,7$ V beträgt? b) Ab welcher Beleuchtungsstärke ist die Ausgangsspannung $U_A = 12$ V?

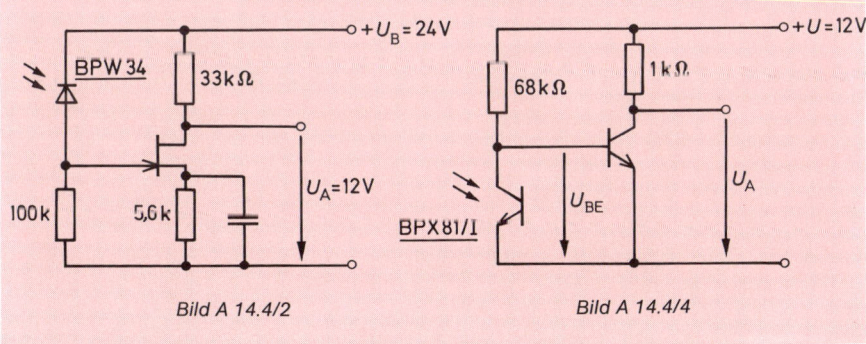

Bild A 14.4/2　　　　　*Bild A 14.4/4*

14.5 Lumineszenzdiode (LED)

Lumineszenzdioden, auch Leuchtdioden oder LED genannt, sind Dioden, die in Durchlaßrichtung betrieben werden und je nach Ausgangsmaterial in verschiedenen Farben leuchten. Je größer der Durchlaßstrom ist, um so größer wird auch die abgestrahlte Lichtstärke I_v (Daten: siehe Anhang). Lumineszenzdioden können nur über einen Vorwiderstand an die Betriebsspannung angeschlossen werden **(Bild 14.9)**.

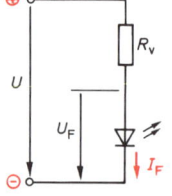

Bild 14.9
Schaltung einer
Lumineszenzdiode

$$R_v = \frac{U - U_F}{I_F}$$

R_v = Vorwiderstand
U = Betriebsspannung
U_F = Durchlaßspannung
I_F = Durchlaßstrom

Beispiel:

Eine LED CQX 35A soll mit einer Lichtstärke von $I_v = 1$ mcd leuchten und dabei von einem TTL-Baustein mit einer Betriebsspannung von $U = 5$ V angesteuert werden. Berechnen Sie den erforderlichen Vorwiderstand.

Lösung:

Aus der Kennlinie im Anhang ergibt sich für $I_v = 1$ mcd ein Durchlaßstrom von $I_F = 5{,}5$ mA. Aus der Kennlinie ergibt sich für $I_F = 5{,}5$ mA eine Durchlaßspannung von $U_F = 1{,}6$ V.

$$R_v = \frac{U - U_F}{I_F} = \frac{5 \text{ V} - 1{,}6 \text{ V}}{5{,}5 \text{ mA}}$$

$$\underline{R_v = 618{,}18 \ \Omega}$$

Aufgaben:

1. Eine LED wird mit einem Durchlaßstrom von $I_F = 10$ mA und einer Durchlaßspannung von $U_F = 1{,}6$ V betrieben. Berechnen Sie den Vorwiderstand, wenn die Betriebsspannung $U = 10$ V beträgt.

● 2. Die LED CQX 35B (Daten im Anhang) wird über einen Vorwiderstand von $R_v = 420\,\Omega$ an $U = 10$ V gelegt. Die Durchlaßspannung beträgt dabei $U_F = 1.6$ V. Wie groß sind a) der Durchlaßstrom; b) die Lichtstärke; c) die Lichtstärke, wenn die LED unter einem Winkel von 10° betrachtet wird?

● 3. Die LED CQX 37B (Daten im Anhang) soll noch unter einem Winkel von 10° mit einer Lichtstärke von $I_v = 7$ mcd leuchten. Wie groß muß der Vorwiderstand ausgelegt werden, wenn die Betriebsspannung $U = 6$ V beträgt? (Gewählt wird der nächste Normwert der E12-Reihe)

● 4. Die LED CQX 35 wird im Arbeitspunkt betrieben (Daten im Anhang). Wie groß wird die Lichtstärke dieser LED, wenn die Umgebungstemperatur auf 60 °C ansteigt?

5. Wie groß muß die Betriebsspannung gewählt werden, wenn die LED CQX 37A eine Lichtstärke von 5 mcd haben soll und der Vorwiderstand 680 Ω groß ist?

194

14.6 Optokoppler

Bei Optokopplern **(Bild 14.10)** ist neben der Hochspannungsfestigkeit der Stromübertragungsfaktor V_i, auch Koppelfaktor K genannt, wesentlichstes Merkmal.

$$V_i = K = \frac{I_C}{I_F}$$

Die Angabe des Koppelfaktors erfolgt in % ($I_C/I_F = 100$ %). Optokoppler werden nach dem Doppelfaktor gruppiert, üblicherweise bei $I_F = 10$ mA und $U_{CE} = 5$ V **(Bild 14.12)**.

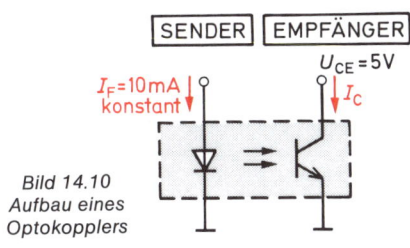

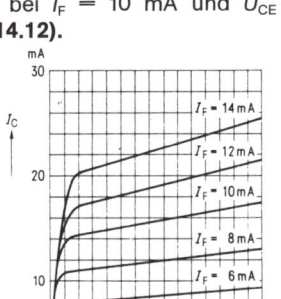

Bild 14.11
Ausgangskennlinie des
Optokopplers CNY 17
(Basis nicht beschaltet)

Bild 14.10
Aufbau eines
Optokopplers

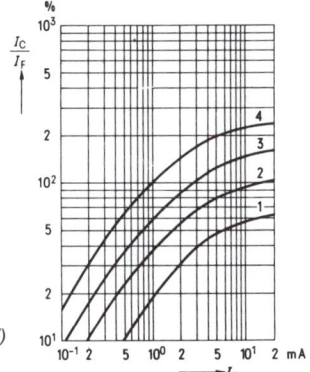

Bild 14.12
Stromübertragungs-
faktor des CNY 17
($T_U = 50\ °C$; $U_{CE} = 5$ V)

Aufgaben:

1. Bestimmen Sie das Stromübertragungsverhältnis des Optokopplers CNY 17/2 für a) $I_F = 10$ mA; b) $I_F = 5$ mA; c) $I_F = 0,4$ mA **(Bild 14.12)**.

2. Auf welche Werte muß der Durchlaßstrom I_F eingestellt werden, wenn beim
   a) CNY 17/3 $V_i = 100$ %;
   b) CNY 17/4 $V_i = 200$ %;
   c) CNY 17/1 $V_i = 30$ %
   erreicht werden sollen **(Bild 14.12)**.

● 3. a) In welchen Grenzen ändert sich die Ausgangsspannung U_A bei der in **Bild A 14.6/3** angegebenen Schaltung eines Optokopplers, wenn der Trimmer vom Anschlag a zum Anschlag b verstellt wird und $U_F = 1,25$ V beträgt? (Kennlinie in Bild 14.11 verwenden.)
   b) Welche Stromübertragungsfaktoren stellen sich jeweils ein?

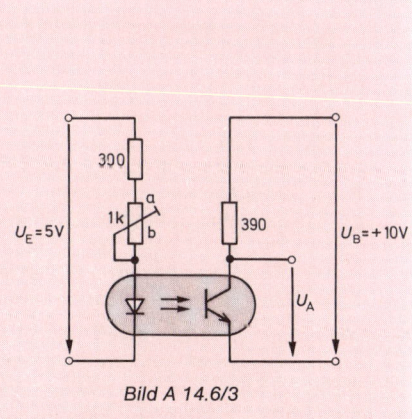

Bild A 14.6/3

15. Nichtlineare Widerstände
15.1 NTC-Widerstand

NTC-Widerstände, auch Heißleiter genannt, sind Widerstände, die mit steigender Temperatur niederohmiger werden. Den Widerstandsverlauf geben deshalb die Hersteller in Kennlinen an (**Bild 15.1**). Der Nennwiderstand R_{20} eines NTC-Widerstandes wird bei 20 °C angegeben.

Beispiel:

Einem Metalloxydwiderstand, der einen Widerstandswert von $R = 4,7$ kΩ und einen Temperaturbeiwert von $\alpha = 200 \cdot 10^{-6}$ 1/K hat, wird ein NTC-Widerstand mit $R_{20} = 1$ kΩ parallel geschaltet. Berechnen Sie den Ersatzwiderstand dieser Schaltung bei 20 °C und bei 90 °C.

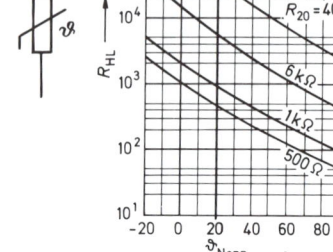

Lösung:
Bei 20 °C: $R_{Ers} = \dfrac{R \cdot R_{HL}}{R + R_{HL}} = \dfrac{4,7 \text{ kΩ} \cdot 1 \text{ kΩ}}{5,7 \text{ kΩ}}$

$\underline{R_{Ers} = 0,825 \text{ kΩ}}$

Bei 90 °C:
$R_w = R_K (1 + \alpha \cdot \Delta\vartheta) = 4,7 \text{ kΩ} \, (1 + 200 \cdot 10^{-6} \text{ 1/K} \cdot 70 \text{ K})$
$\underline{R_w = 4,766 \text{ kΩ}}$

R_{HL} aus der Kennlinie **Bild 15.1**.
$R_{HL} = 100 \text{ Ω}$

$R_{Ers} = \dfrac{4,766 \text{ kΩ} \cdot 100 \text{ Ω}}{4,866 \text{ kΩ}} \quad \Rightarrow \quad \underline{R_{Ers} = 97,945 \text{ Ω}}$

Bild 15.1
Schaltzeichen und Kennlinie von NTC-Widerständen

Aufgaben:

1. Bestimmen Sie den Widerstandswert von folgenden NTC-Widerständen
   a) $R_{20} = 40$ kΩ bei 70 °C; b) $R_{20} = 6$ kΩ bei 30 °C; c) $R_{20} = 1$ kΩ bei 115 °C;

2. Bei welcher Temperatur hat ein NTC-Widerstand folgenden Wert?
   a) $R_{20} = 500$ Ω; $R_w = 50$ Ω;   c) $R_{20} = 1$ kΩ, $R_w = 3,5$ kΩ;
   b) $R_{20} = 40$ kΩ, $R_w = 1$ kΩ;

● 3. Zur Temperaturmessung wird ein NTC-Widerstand mit $R_{20} = 500$ Ω/0,1 W verwendet. Es soll der Temperaturbereich von − 20 °C bis + 50 °C gemessen werden. Zur Anzeige dient ein Drehspulinstrument mit $U_{Inst} = 0,2$ V, $I_{Inst} = 10$ mA. Die Betriebsspannung soll 4,5 V betragen. Berechnen Sie:
   a) Welcher Widerstand muß dem NTC und dem Instrument in Reihe geschaltet werden, damit bei + 50 °C das Instrument Vollausschlag hat?
   b) Welcher Meßwerkstrom ergibt sich bei − 20 °C?
   c) Welche maximale Leistung erhält der NTC-Widerstand?

● 4. Der Basisspannungsteiler eines Transistors wird durch einen NTC-Widerstand temperaturkompensiert, indem man parallel zu einem 40 kΩ-Widerstand einen NTC-Widerstand schaltet. Diese Parallelschaltung soll bei + 50 °C einen Gesamtwiderstand von 8 kΩ haben. Bestimmen Sie den Nennwiderstand R_{20} des erforderlichen NTC-Widerstandes.

15.2 PTC-Widerstand

PTC-Widerstände, auch Kaltleiter genannt, sind Widerstände, die mit steigender Temperatur hochohmiger werden **(Bild 15.2)**.

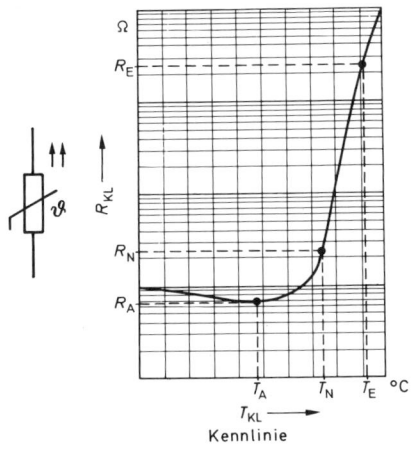

T_A = Anfangstemperatur
(Beginn des positiven α_R)
R_A = Anfangswiderstand (bei T_A)
T_N = Nenntemperatur
(Beginn des steilen Widerstandsanstiegs)
R_N = Nennwiderstand (bei T_N)
T_E = Endtemperatur
(Ende des steilen Widerstandsanstiegs)
R_E = Endwiderstand (bei T_E)

Bild 15.2
Schaltzeichen und Kennlinie
eines PTC-Widerstandes

Das Temperaturverhalten von PTC-Widerständen gibt der Hersteller in Kennlinien an **(Bild 15.3)**.

Beispiel:

Einem Kohleschichtwiderstand von $R = 1$ kΩ mit einem Temperaturbeiwert von $\alpha = -200 \cdot 10^{-6}$ 1/K wird ein PTC-Widerstand vom Typ P 330-C13 parallelgeschaltet. Berechnen Sie den Ersatzwiderstand dieser Parallelschaltung bei a) 20 °C, b) 100 °C.

Lösung:

a) **20 °C:**

Aus der Kennlinie **Bild 15.3** $R_{KL} = 40$ Ω

$$R_{Ers} = \frac{R \cdot R_{KL}}{R + R_{KL}} = \frac{1\ k\Omega \cdot 40\ \Omega}{1\ k\Omega + 40\ \Omega}$$

$$\underline{R_{Ers} = 38{,}46\ \Omega}$$

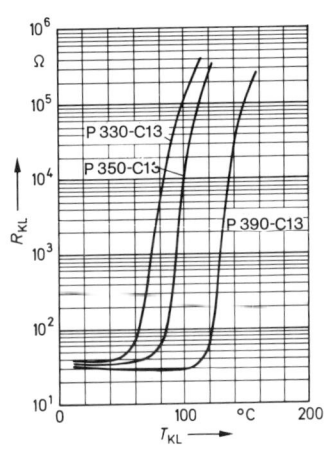

Bild 15.3
PTC-Widerstand als
Funktion der Temperatur

b) **100 °C**:

$R_w = R_{20} (1 + \alpha \cdot \Delta \vartheta) = 1\ k\Omega\ (1 - 200 \cdot 10^{-6}\ 1/K \cdot 80\ K)$
$R_w = 984\ \Omega$

aus der Kennlinie **Bild 15.3** $R_{KL} = 100\ k\Omega$

$$R_{Ers} = \frac{R_w \cdot R_{KL}}{R_w + R_{KL}} = \frac{984\ \Omega \cdot 100\ k\Omega}{984\ \Omega + 100\ k\Omega}$$

$\underline{R_{Ers} = 974{,}41\ \Omega}$

Aufgaben:

1. Bestimmen Sie nach **Bild 15.3** die Widerstandswerte der PTC-Widerstände:
   a) P330-C13 bei 80 °C   b) P350-C13 bei 120 °C   c) P390-C13 bei 40 °C

2. Bei welcher Temperatur haben nach **Bild 15.3** folgende PTC-Widerstände folgenden Wert:
   a) P390-C13 $R_{KL} = 60\ \Omega$;   b) P330-C13 $R_{KL} = 4\ k\Omega$;   c) P350-C13 $R_{KL} = 70\ k\Omega$

3. Ein PTC-Widerstand vom Typ P330-C13 wird zum Zwecke der thermischen Arbeitspunktstabilisierung eines Transistors dem Emitterwiderstand eines Transistors von $R = 120\ \Omega$ parallelgeschaltet. Berechnen Sie den wirksamen Widerstand der Schaltung bei einer Transistortemperatur von a) 60 °C, b) 80 °C.

● 4. Um die Wassertemperatur einer Waschmaschine zu überwachen, wird ein PTC-Widerstand vom Typ P330-C13 verwendet. Dieser PTC-Widerstand liegt in Reihe mit einem Festwiderstand von $R = 27\ k\Omega$ an einer Gesamtspannung von $U = 24\ V$. Die Schaltspannung wird am PTC-Widerstand abgegriffen. Wenn diese Spannung einen Wert von $U \geqq 12{,}6\ V$ erreicht hat, schaltet die Heizung aus. Bei welcher Temperatur wird die Heizung ausgeschaltet?

5. In der angegebenen Schaltung **Bild A 15.2/5** ist ein PTC-Widerstand als Überlastungsschutz eingesetzt. Bei Nennbetrieb beträgt sein Widerstand $R_N = 20\ \Omega$. Auf welchen Wert ist R_{KL} angestiegen, wenn infolge eines Teilkurzschlusses der Lastwiderstand nur noch einen Widerstandswert von $R_L = 120\ \Omega$ hat und dabei infolge der Strombegrenzung durch den PTC-Widerstand nur noch ein Strom $I_K = 50\ mA$ fließt?

6. Ein PTC-Widerstand vom Typ P330-C13 soll in der angegebenen Brückenschaltung **(Bild A 15.2/6)** als Meßwiderstand eingesetzt werden. Wie groß ist die Spannung U_{AB} bei $\vartheta_U = 100\ °C$, wenn die Brücke bei $\vartheta_U = 20\ °C$ auf $U_{AB} = 0\ V$ abgeglichen wurde? (Kennlinie Bild 15.3)

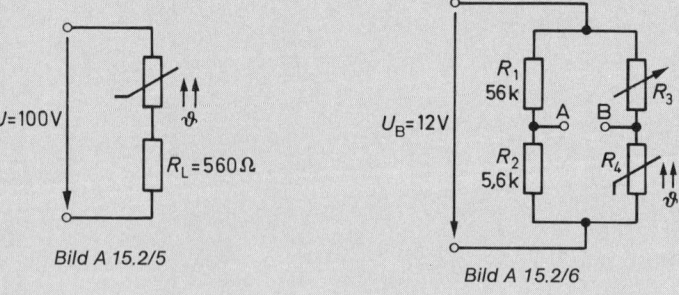

Bild A 15.2/5   Bild A 15.2/6

15.3 Spannungsabhängiger Widerstand

Spannungsabhängige Widerstände, auch VDR genannt, sind Widerstände, die mit steigender Spannung niederohmiger werden **(Bild 15.4)**.

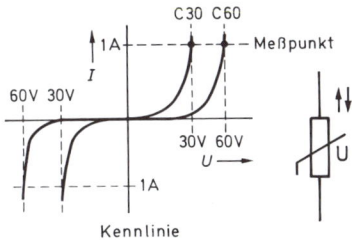

Bild 15.4
Schaltzeichen und Kennlinie eines VDRs

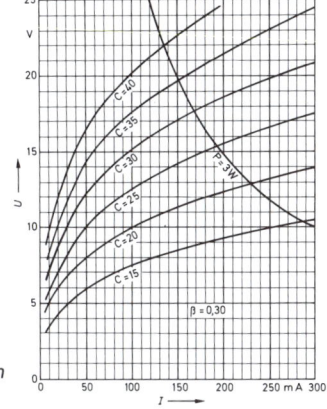

Bild 15.5
VDR-Kennlinien

Beispiel:

Zur Begrenzung der Selbstinduktionsspannung einer Spule von 1 H, durch die ein Strom von 1 A fließt, der in 0,1 s abgeschaltet wird, wird ein VDR C20 parallelgeschaltet. Welchen Widerstand hat der VDR, und welche Leistung wird in ihm umgesetzt?

Lösung:

$$U = L \cdot \frac{\Delta I}{\Delta t} = 1\,\text{H} \cdot \frac{1\,\text{A}}{0,1\,\text{s}} \quad \Rightarrow \quad \underline{U = 10\,\text{V}}$$

aus der Kennlinie im Bild 15.5 ergibt sich für C20 10 V/100 mA

$$R_{VDR} = \frac{10\,\text{V}}{100\,\text{mA}} \qquad \underline{R_{VDR} = 100\,\Omega} \qquad \underline{P = U \cdot I = 10\,\text{V} \cdot 0,1\,\text{A} = 1\,\text{W}}$$

Aufgaben:

1. Welche Widerstände ergeben sich nach **Bild 15.5** für folgende VDRs?
   a) C35 bei $I = 60\,\text{mA}$;   b) C20 bei $I = 200\,\text{mA}$;   c) C30 bei $I = 80\,\text{mA}$

2. Welcher VDR-Typ gehört nach **Bild 15.5** zu folgenden Daten?
   a) $U = 9\,\text{V}, I = 0,19\,\text{A}$;   b) $U = 16\,\text{V}, I = 0,12\,\text{A}$;   c) $P = 3\,\text{W}, U = 13\,\text{V}$

3. Zur Begrenzung der Selbstinduktionsspannung einer 2-H-Spule, die von einem Strom $I = 0,5\,\text{A}$ durchflossen wird, legt man einen VDR parallel. Der Strom durch die Spule wird in 50 ms abgeschaltet. Bestimmen Sie aus dem Diagramm a) einen geeigneten VDR; b) Welchen Widerstand hat dann dieser VDR?

● 4. Ein Festwiderstand von $R = 270\,\Omega$ wird zu einem VDR vom Typ C25 parallelgeschaltet. Diese Parallelschaltung liegt an einer Spannung a) $U = 6\,\text{V}$; b) $U = 15\,\text{V}$. Berechnen Sie den jeweiligen Gesamtwiderstand.

● 5. Ein VDR vom Typ C35 wird mit einem Festwiderstand von $R = 82\,\Omega$ in Reihe geschaltet. Durch diese Reihenschaltung fließt ein Strom von $I = 60\,\text{mA}$. Berechnen Sie:
   a) die Gesamtspannung und die Teilspannungen
   b) die Gesamt- und die Teilspannungen bei einem Strom von $I = 100\,\text{mA}$.
   c) die prozentuale Eingangsspannungsänderung und die prozentuale Spannungsänderung am VDR (Bezogen auf die Werte bei $I = 60\,\text{mA}$).

15.4 Feldplatte

Feldplatten sind magnetfeldabhängige Widerstände. Bei größer werdender magnetischer Flußdichte erhöht sich ihr Widerstandswert **(Bild 15.6)**.

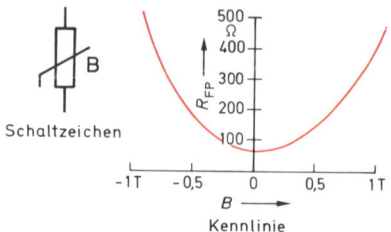

Schaltzeichen

Bild 15.6
Schaltzeichen und
Widerstandskennlinie einer Feldplatte

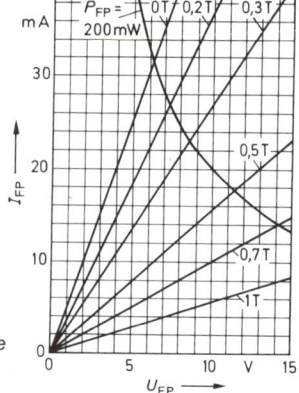

Bild 15.7
Strom und Spannungskennlinie
der Feldplatte FP 17L200E

Beispiel:

Bestimmen Sie die Änderung des Feldplattenwiderstandes ΔR_{FP}, wenn die magnetische Induktion von $B = 0,2$ T auf $B = 0,3$ T erhöht wird bei $P_{FP} = 200$ mW.

Lösung: Aus der Kennlinie in **Bild 15.7** ergeben sich:

für $B = 0,2$ T: $R_{FP} = \dfrac{7,5 \text{ V}}{27 \text{ mA}} = 277,78 \ \Omega$; 　　für $B = 0,3$ T: $R_{FP} = \dfrac{8,5 \text{ V}}{23 \text{ mA}} = 369,57 \ \Omega$;

$\Delta R_{FP} = 369,57 \ \Omega - 277,78 \ \Omega \Rightarrow \underline{\Delta R_{FP} = 91,79 \ \Omega}$

Aufgaben:

1. Bestimmen Sie nach **Bild 15.7** den Feldplattenwiderstand bei $P_v = 0,2$ W für
   a) $B = 0$ T; 　　　　　　　　b) $B = 0,3$ T; 　　　　　　c) $B = 0,7$ T

2. Wie groß muß nach **Bild 15.7** die magnetische Induktion sein, wenn folgende Werte erreicht werden sollen
   a) $U = 11,5$ V, $P_v = 0,2$ W; 　　b) $U = 11$ V, $I = 6$ mA, 　　c) $U = 6$ V, $I = 22$ mA

3. Wie groß ist die Feldplattenänderung ΔR_{FP}, wenn die magnetische Induktion von $B = 0,3$ T auf $B = 0,7$ T erhöht wird, bei $P_v = 0,2$ W?

● 4. In einen prellfreien Taster ist eine Feldplatte eingebaut. Die magnetische Flußdichte ändert sich beim Betätigen von $B = 0,2$ T auf $B = 0,5$ T. Wie groß dürfen der minimale und der maximale Stromfluß durch die Feldplatte sein, wenn $P_v = 0,2$ W und $U = 6$ V sind?

● 5. Bei der kontaktlosen Signalgabe an einer Transistorschaltstufe **(Bild 15.4/5)** wird die erforderliche Schaltspannung durch eine Feldplatte, die mit einem Festwiderstand von $R = 470 \ \Omega$ in Reihe liegt, erzeugt. Die Schaltspannung an der Feldplatte muß 3,8 V betragen, um den Transistor durchzusteuern. Der Transistor zieht dann einen Basisstrom von $I_B = 3,2$ mA. Ermitteln Sie aus der Kennlinie **(Bild 15.7)** die notwendige magnetische Flußdichte.

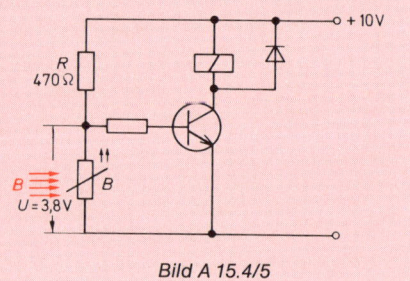

Bild A 15.4/5

15.5 Hallgenerator

Bei einem Hallgenerator fließt durch ein dünnes Halbleiterplättchen ein konstanter Erregerstrom I von den Elektroden 1 nach 2 **(Bild 15.9).** Unter der Einwirkung eines senkrecht zum Plättchen verlaufenden Magnetfeldes werden die elektrischen Ladungen von ihrer ursprünglich geradlinigen Bahn abgelenkt. Dadurch tritt ein Ladungsunterschied zwischen den Elektroden 3 und 4 auf. Dieser Ladungsunterschied ist die Hallspannung U_H.

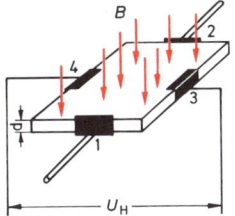 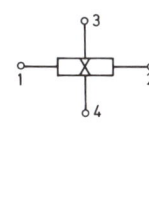 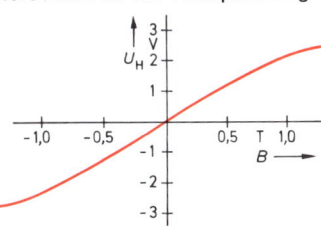

Bild 15.9
Aufbau, Schaltzeichen und Kennlinie eines Hallgenerators

Die Hallspannung ergibt sich zu

$$U_H = R_H \frac{I \cdot B}{d}$$

U_H = Hallspannung in V
I = Erregerstrom in A
B = magnetische Flußdichte in $\frac{Vs}{m^2} = T$
d = Dicke des Plättchens in m
R_H = Hallkonstante in m^3/As

Material	Hallkonstante R_H in m^3/As
Germanium (Ge)	$1 \cdot 10^{-3}$
Wismut (Bi)	$0,5 \cdot 10^{-6}$
Indiumantimonid (InSb)	$240 \cdot 10^{-6}$
Indiumarsenid (InAs)	$120 \cdot 10^{-6}$

Aufgaben:

1. Zur Drehzahlmessung wird ein Hallgenerator aus InSb mit einer Stärke von 0,5 mm eingesetzt. Der Erregerstrom beträgt 0,2 A. Welche magnetische Flußdichte muß der auf die Welle aufgeklebte Dauermagnet haben, damit der Hallgenerator eine Spannung von 0,8 V abgibt?

2. Zur Messung von größeren Gleichströmen wird ein Hallgenerator aus Ge mit einer Dicke von 0,3 mm eingesetzt. Welcher Erregerstrom ist erforderlich, damit ein Meßinstrument mit 1 V-Vollausschlag bei einer magnetischen Flußdichte von 3 T eine Spannung $U = 1$ V anzeigen kann?

● 3. Ein unbekannter Hallgenerator mit einer Dicke von 0,3 mm wird von einem Erregerstrom von 40 mA durchflossen. Unter dem Einfluß der Flußdichte von 0,6 T stellt sich eine Hallspannung von 0,9 mV ein. Bestimmen Sie das Material dieses Hallgenerators.

● 4. Ein Hallgenerator aus InSb mit einer Dicke von 0,1 mm wird in den Luftspalt eines Lautsprechers gesteckt. Bei einem Erregerstrom von 0,2 A wird eine Hallspannung von $U_H = 0,2$ V gemessen. Berechnen Sie die magnetische Flußdichte!

5. Ein magnetischer Näherungsschalter ist mit einem Hallgenerator aus InSb aufgebaut, der eine Dicke von 0,2 mm hat. Die Schaltung ist so ausgelegt, daß ein Erregerstrom von 100 mA fließt. Einschalten soll der Näherungsschalter bei einer magnetischen Induktion von $B = 0,037$ T, Ausschalten bei $B < 0,02$ T. Berechnen Sie die Ein- und Ausschaltspannungen.

16. Mehrschichtbauelemente

16.1 Unijunction-Transistor

Unijunction-Transistoren (UJT) werden in Sägezahngeneratoren und in Zündschaltungen für Thyristoren eingesetzt **(Bild 16.1)**

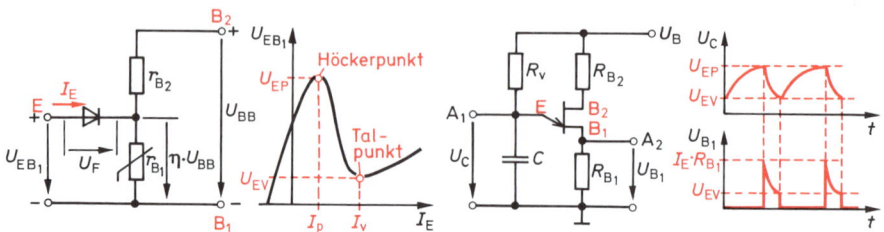

Bild 16.1
Ersatzschaltbild, Kennlinie und Schaltung eines Unijunction-Transistors

$U_{EB1} > U_{EP} = U_F + \eta \cdot U_{BB}$
$P_v = \dfrac{U_{BB}^2}{R_{BB}}$
$R_{B1} \approx 5 \cdot \dfrac{U_{EP}}{I_{E\,max}}$
$R_{B2} \approx \dfrac{0{,}7\ \text{V} \cdot R_{BB}}{\eta \cdot U_B}$
$t_L \approx R_v \cdot C \cdot \ln \dfrac{U_B}{U_B - U_{EP}}$
$t_E = R_{B1} \cdot C \cdot \ln \dfrac{U_{EP}}{U_{EV}}$
$f = \dfrac{1}{t_L + t_E} \approx \dfrac{1}{t_L}$
$f = \dfrac{I}{(U_{EP} - U_{EV}) \cdot C}$

U_{EB1} = Eingangsspannung
U_{EP} = Höckerspannung
U_{EV} = Talspannung
U_F = Durchlaßspannung $U_F \approx 0{,}7$ V
η = inneres Spannungsverhältnis
$\quad\quad \eta \approx 0{,}6$ bis $0{,}8$
U_{BB} = Interbasisspannung
P_v = Verlustleistung
R_{BB} = Interbasiswiderstand
$I_{E\,max}$ = maximaler Emitterstrom
U_B = Betriebsspannung
t_L = Ladezeit des Kondensators
t_E = Entladezeit des Kondensators
f = Frequenz der Sägezahn- und
$\quad\quad$ Impulsspannung
I = konstanter Aufladestrom des
$\quad\quad$ Kondensators

Aufgaben:

1. Mit einem UJT vom Typ 2N2646 soll ein Sägezahngenerator aufgebaut werden. Die Betriebsspannung soll $U_B = 15$ V und die Generatorfrequenz $f \approx 80$ Hz betragen, wenn $C = 0{,}15$ µF gewählt wird. Der UJT hat folgende Daten: $\eta = 0{,}7$; $R_{BB} = 7$ kΩ, $I_{E\,max} = 2$ A, $U_{BB} = 10$ V. Berechnen Sie: R_{B1}, R_{B2} und R_v.

2. Der UJT-Typ 2N2646 hat folgende Daten: $\eta = 0{,}65$; $U_F = 0{,}5$ V; $I_{Emax} = 2$ A; $R_{BB} = 7$ kΩ; $U_{EV} = 1{,}5$ V; $P_v = 161{,}15$ mW. Berechnen Sie: a) die erforderlichen Werte für die Widerstände R_{B1} und R_{B2} bei $U_B = 35$ V; b) die Größe der Sägezahnspannung.

3. Ein Unijunction-Transistor liegt an einer Spannung $U_{BB} = 14$ V und hat laut Datenblatt folgende Werte: $\eta = 0,6$ und $U_F = 0,6$ V. Wie groß ist die Höckerspannung?

4. Berechnen Sie die Größe des Widerstandes R_{B2} eines UJT, wenn $U_B = 12$ V; $R_{BB} = 12$ kΩ und $\eta = 0,7$ sind.

5. Ein Sägezahngenerator mit einem UJT gibt eine Spannung von $U_{SS} = 14$ V ab. Dieser UJT hat eine Talspannung von 1,2 V. Berechnen Sie die Höckerspannung.

●6. Ein UJT mit den Spannungen $U_{EP} = 10$ V und $U_{EV} = 1$ V ist als Sägezahngenerator geschaltet. Der Kondensator $C = 2,5$ µF wird über einen Transistor (Konstantstromquelle) mit $I = 4$ mA aufgeladen. Berechnen Sie: a) die Frequenz der Sägezahnspannung bei Vernachlässigung der Entladezeit des Kondensators! b) In welchem Bereich ist die Frequenz des Generators einstellbar, wenn der Strom der Konstantstromquelle zwischen 1 mA und 10 mA wählbar ist? c) Korrigieren Sie die errechneten Frequenzen durch Berücksichtigung der Entladezeit des Kondensators, nehmen Sie 100 Ω als gesamten Entladewiderstand an!

●7. Ein Unijunction-Transistor ($U_{EP} = 8$ V, $U_{EV} = 2$ V) wird als Sägezahngenerator an $U_B = 12$ V betrieben. Die RC-Schaltung besteht aus $R = 27$ kΩ und $C = 10$ nF. Berechnen Sie: a) die Frequenz der Ausgangsspannung unter Vernachlässigung der Entladezeit! b) Welche Frequenz ergibt sich, wenn der Kondensator mit dem Konstantstrom $I = 3$ mA geladen wird?

8. Ein Sägezahngenerator mit einem UJT und einem Transistor als Konstantstromquelle soll auf der Frequenz 15,625 kHz arbeiten. Der UJT hat die Daten: $U_{EP} = 9$ V und $U_{EV} = 1,8$ V. Der Kondensator besitzt die Kapazität $C = 15$ nF. Berechnen Sie den erforderlichen (konstanten) Ladestrom, der fließen muß! Die Entladezeit des Kondensators wird vernachlässigt.

9. Ein UJT-Sägezahngenerator wird mit einem FET als Konstantstromquelle betrieben. Der UJT hat die Höckerspannung $U_{EP} = 8$ V und die Talspannung $U_{EV} = 1,2$ V; der FET liefert einen Drainstrom $I_D = 2$ mA. Wie groß ist der erforderliche Kapazitätswert des Kondensators, wenn eine Sägezahnspannung mit der Frequenz von $f = 2,5$ kHz erzeugt werden soll?

●10. Ein Sägezahngenerator mit einem UJT ($U_{EP} = 12$ V, $U_{EV} = 1,4$ V) wird mit einer Transistor-Konstantstromquelle (**Bild A 16.1/10**) an der Spannung $U_B = 26$ V betrieben. Der Transistor hat im Arbeitspunkt folgende Daten: $B = 80$, $U_{BE} = 0,3$ V bei $I_C = 10$ mA. Im Spannungsteiler R_1, R_2 fließt der Querstrom $I_q = 3 \cdot I_B$. Der Kondensator besitzt die Kapazität $C = 220$ nF, und als Widerstand R_E sind 500 Ω eingeschaltet. a) Dimensionieren Sie die Widerstände R_1 und R_2! b) Berechnen Sie unter Vernachlässigung der Entladezeit des Kondensators die Frequenz der Sägezahnspannung! c) Zwischen welchen Spitze-Spitze-Werten schwanken die Spannungen an A_1 und A_2? d) Welche Entladezeit benötigt der Kondensator, um sich von U_{EP} auf U_{EV} zu entladen, wenn $R_4 = 100$ Ω ist und der Widerstand E/B1 des UJT vernachlässigt wird?

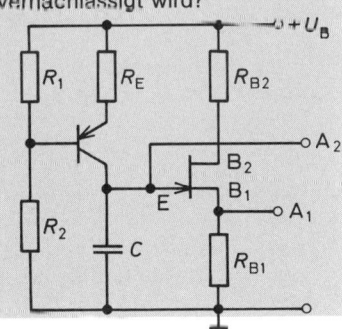

Bild A 16.1/10

16.2 Vierschichtdiode

Vierschichtdioden, auch Einrichtungs-Thyristordioden genannt, werden in Sägezahngeneratoren oder in Zündschaltungen für Thyristoren eingesetzt (**Bild 16.2**)

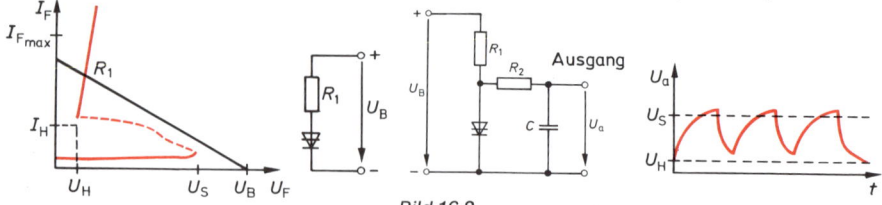

Bild 16.2
Kennlinie, Grundschaltung und Sägezahngenerator mit einer Vierschichtdiode

Der Vorwiderstand einer Vierschichtdiode muß mindestens einen Wert haben von

$$R_1 > \frac{U_B}{I_{H\,min}}$$

U_B = Betriebspannung
I_H = Haltestrom
I_F = Durchlaßstrom

$$\frac{U_s}{I_{H\,max}} > R_2 > \frac{U_s}{I_{F\,max}}$$

Beim Sägezahngenerator ergeben sich folgende Zusammenhänge

$$t_L = (R_1 + R_2) \cdot C \ln \frac{U_B}{U_B - U_S}$$

$$t_E = R_2 \cdot C \ln \frac{U_S}{U_H}$$

$$f = \frac{1}{t_L + t_E} \approx \frac{1}{t_L}$$

t_L = Ladezeit des Kondensators
t_E = Entladezeit des Kondensators
U_B = Betriebsspannung
U_S = Schaltspannung
U_H = Haltespannung
f = Frequenz der Sägezahnspannung

Aufgaben:

● 1. Die Spannung eines Sägezahngenerators nach **Bild A 16.2/1** soll eine Frequenz von 60 kHz erhalten. Die Vierschichtdiode in der Schaltung besitzt eine Schaltspannung von 30 V, eine Haltespannung U_H = 1 V. Die Kapazität des Kondensators beträgt 450 pF. Berechnen Sie: a) den Spitzen-Spitzen-Wert der Sägezahnspannung; b) den erforderlichen Widerstand R, wenn die Entladezeit vernachlässigbar klein und die Ladezeit so groß wie die Zeitkonstante τ ist; c) die erforderliche Betriebsspannung!

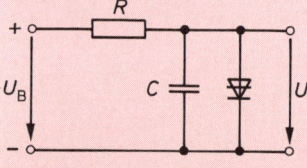
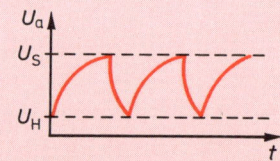

Bild A 16.2/1

● 2. Die Haltespannung der Vierschichtdiode eines Sägezahngenerators (**Bild A 16.2/1**) beträgt 1 V. Am Eingang der Schaltung mit R = 100 kΩ und C = 20 nF liegt eine Spannung von 39,1 V. Berechnen Sie: a) die Frequenz der Sägezahnspannung für $T = \tau$, b) den Spitze-Spitze-Wert der Sägezahnspannung, c) die Schaltspannung der Vierschichtdiode!

● 3. Ein Sägezahngenerator entsprechend **Bild 16.2** wird mit einer Vierschichtdiode vom Typ 4E20-8 und für eine Betriebsspannung von U_B = 50 V aufgebaut. Welchen Wert kann R_1 maximal haben, wenn der Haltestrom laut Datenbuch I_H = 1 mA beträgt, und welche Frequenz hat die Sägezahnspannung, wenn U_H = 1 V, C = 0,1 µF und R_2 = 1 kΩ gewählt werden.

16.3 Thyristor und Triac

16.3.1 Grundfunktion

Thyristoren und Triacs werden als Leistungsschalter in Gleich-, Wechsel- und Drehstromkreisen eingesetzt. Die Grundschaltung zeigt **Bild 16.3**.

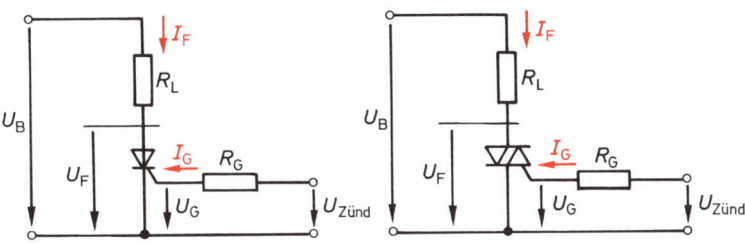

Bild 16.3
Grundschaltungen
(links Thyristor, rechts Triac)

$$I_F = \frac{U_B - U_F}{R_L}$$

$$I_F \approx \frac{U_B}{R_L}$$

$$R_F = \frac{U_F}{I_F}$$

$$P_V = U_F \cdot I_F + U_G \cdot I_G$$

$$P_V \approx 1,1 \cdot U_F \cdot I_F$$

$$R_G = \frac{U_{Z\ddot{u}nd} - U_G}{I_G}$$

I_F = Durchlaßstrom
U_F = Durchlaßspannung
U_B = Netz- oder Betriebsspannung
R_F = Durchlaßwiderstand
P_V = Verlustleistung
R_G = Gatevorwiderstand
$U_{Z\ddot{u}nd}$ = Zündspannung
U_G = Gatespannung
I_G = Gatestrom

Aufgaben:

1. Der Durchlaßwiderstand eines Thyristors beträgt $R_F = 0,12\ \Omega$, der Durchlaßstrom hat $I_F = 15$ A. Berechnen Sie: a) die auftretende Durchlaßspannung; b) die Verlustleistung.

2. Ein Lastwiderstand mit $R_L = 40\ \Omega$ liegt über einen Thyristor an $U_B = 220$ V. Die Durchlaßspannung beträgt $U_F = 1,2$ V. Berechnen Sie: a) den Durchlaßstrom; b) den Durchlaßwiderstand; c) die Verlustleistung.

3. Zwei Thyristoren in Antiparallelschaltung liegen an $U_B = 180$ V. Der Durchlaßstrom eines gezündeten Thyristors beträgt $I_F = 8,5$ A, die Durchlaßspannung $U_F = 1,2$ V. Der Sperrstrom hat $I_R = 0,8$ mA. Berechnen Sie: a) den Lastwiderstand; b) die Verlustleistung des gesperrten und des durchgeschalteten Thyristors.

4. Aus den Kennlinien eines Thyristors ist zu entnehmen, daß bei $\vartheta_j = 70\,°C$ zum sicheren Zünden eine Gatespannung $U_G = 1{,}2\ V$ und ein Gatestrom $I_G = 35\ mA$ erforderlich sind. Welchen maximalen Wert darf bei der in **Bild A 16.3/4** angegebenen Schaltung der Gatewiderstand haben, damit der Thyristor sicher zündet?

5. Ein Thyristor wird in der Schaltung nach **Bild A 16.3/4** betrieben. Bei einem Durchlaßstrom von $I_F = 10\ A$ liegt am Thyristor eine Spannung $U_F = 1{,}5\ V$. Wie groß sind die im Lastwiderstand und im Thyristor umgesetzten Leistungen?

6. Ein Thyristor wird in der Schaltung nach **Bild A 16.3/4** betrieben. Zum sicheren Zünden wird ein Zündstrom $I_G = 53\ mA$ benötigt. Der Gatewiderstand hat $R_G = 68\ \Omega$. Der Thyristor hat eine Durchlaßspannung von $U_F = 1{,}8\ V$ und schaltet eine Leistung von $P_{RL} = 3\ kW$. Berechnen Sie: a) die Gatespannung U_G; b) den Lastwiderstand; c) die Verlustleistung des Thyristors.

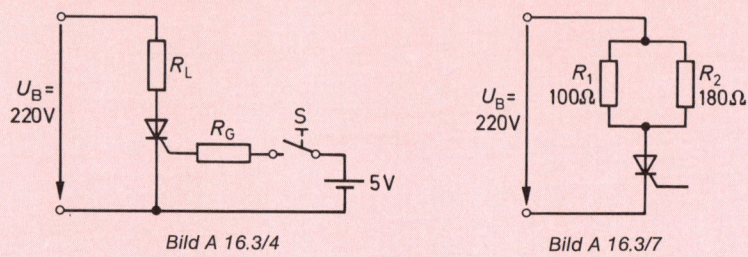

Bild A 16.3/4   Bild A 16.3/7

7. Als Lastwiderstand eines Thyristors sind zwei verschiedene Heizwiderstände zusammengeschaltet. Der Thyristor hat eine Durchlaßspannung von $U_F = 1{,}5\ V$. Berechnen Sie für die im **Bild A 16.3/7** gezeigte Schaltung: a) die Gesamtleistung; b) die Leistung der einzelnen Lastwiderstände; c) den Durchlaßstrom I_F.

16.3.2 Anwendungen

Thyristoren im Gleichstromkreis

Werden Thyristoren in einem Gleichstromkreis eingesetzt **(Bild 16.4)**, so kann die Kapazität des erforderlichen Löschkondensators nach folgender Formel berechnet werden:

$$C \geq \frac{I \cdot t_f}{U_B}$$

C	= Löschkondensator
I	= Laststrom
t_f	= Freiwerdezeit des Thyristors
U_B	= Betriebsspannung

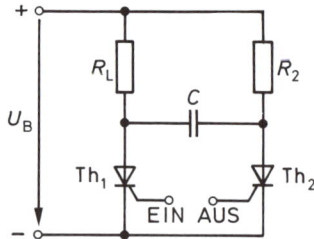

Th$_1$: Haupt-Thyristor
Th$_2$: Lösch-Thyristor

Bild 16.4
Thyristoren in einem Gleichstromkreis

Phasenanschnittsteuerung

Das Grundprinzip einer Phasenanschnittsteuerung zeigt **Bild 16.5.**

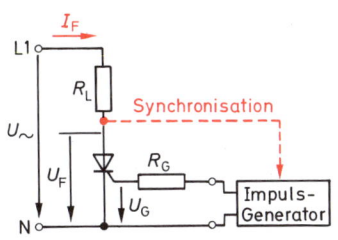 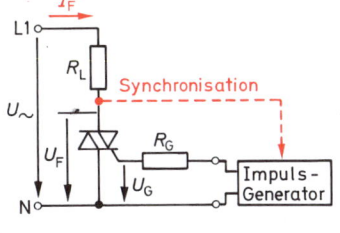

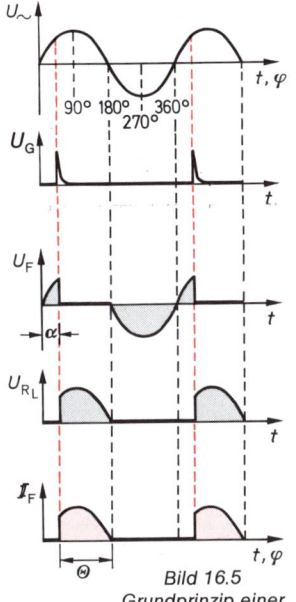 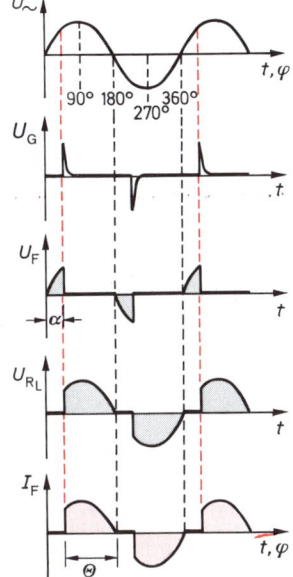

Bild 16.5
Grundprinzip einer
Phasenanschnittsteuerung
mit Impulszündung
(links mit Thyristor,
rechts mit Triac)

$$\alpha + \Theta = 180°$$

α: Zündverzögerungswinkel

Θ: Stromflußwinkel

P_α: am Lastwiderstand umgesetzte Leistung bei einem Zündverzögerungswinkel α

P: größte am Lastwiderstand
umgesetzte Leistung

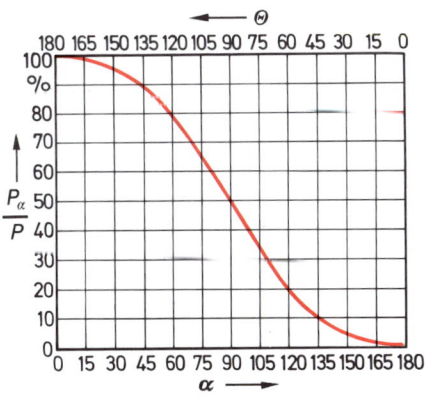

Bild 16.6
Zusammenhang zwischen P und α bzw. Θ
bei einer Phasenanschnittsteuerung

Bei der Spannungs- und Strommessung in Phasenanschnittsteuerungen ergeben sich mit üblichen Drehspulinstrumenten mit Meßgleichrichter erhebliche Fehlmessungen. Durch

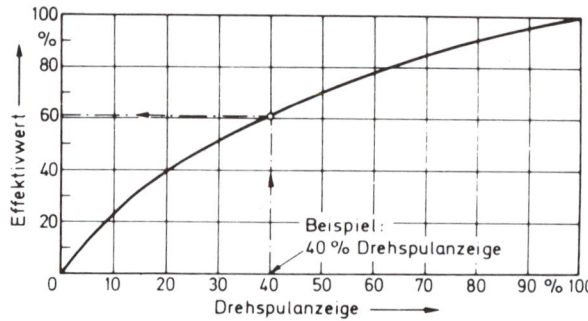

die im **Bild 16.7** wiedergegebene Korrekturkurve kann der vom Drehspulinstrument angezeigte Wert in den tatsächlichen Effektivwert umgerechnet werden.

Bild 16.7
Korrekturkurve

Beispiel:

Bei voller Sinuskurve zeigt ein Drehspulinstrument 2,5 A an. Durch eine Zündpunktverschiebung ging die Anzeige auf 1 A zurück. Wie groß ist in diesem Falle der Effektivwert?

Lösung:

$$\text{Verhältnis} = \frac{I_{\text{Anzeige}}}{I_{\text{max}}} = \frac{1\,\text{A}}{2,5\,\text{A}} = 0,4 \qquad \Rrightarrow 40\,\%$$

aus der Kurve **(Bild 16.7)** ergibt sich für 40 % = 61 % Effektivwert

$$I_{\text{eff}} = I_{\text{max}} \cdot 0,61 = 2,5\,\text{A} \cdot 0,61 \qquad \Rrightarrow \underline{I_{\text{eff}} = 1,53\,\text{A}}$$

Schwingungspaketsteuerung

Bei der Schwingungspaketsteuerung, auch Vollwellensteuerung genannt, wird ein Verbraucher abwechselnd für eine bestimmte Anzahl von Perioden ein- und ausgeschaltet. Dabei erfolgt das Ein- und Ausschalten jeweils im Nulldurchgang der Netzspannung **(Bild 16.8)**. Die im Verbraucher umgesetzte Leistung ergibt sich zu:

$$P = \frac{t_E}{T_S} \cdot P_{\text{max}}$$

t_E = Einschaltdauer
T_S = Schaltperiodendauer
P_{max} = Leistung ohne Schwingungspaketsteuerung

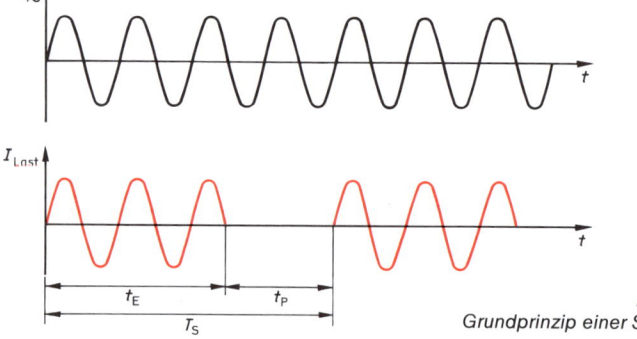

Bild 16.8
Grundprinzip einer Schwingungspaketsteuerung

Aufgaben:

1. Die Thyristoren in einer Gleichstromschaltung nach **Bild 16.4** haben eine Freiwerdezeit von $t_f = 15\,\mu s$ und $U_F = 1,2\,V$. Diese Schaltung wird mit einer Betriebsspannung von 80 V betrieben, und der Lastwiderstand hat 470 Ω. Berechnen Sie die Größe des Löschkondensators.

2. Die Thyristoren in einem Gleichstromkreis haben eine Durchlaßspannung von $U_F = 1,5\,V$ und einen Durchlaßstrom von $I_F = 12\,A$. Diese Schaltung liegt an $U_B = 150\,V$, und es wird ein Löschkondensator mit $C = 10\,\mu F$ verwendet. Welche Freiwerdezeit müssen die Thyristoren haben, und wie groß ist der Lastwiderstand?

3. Ein Verbraucher mit $R = 40\,\Omega$ wird einmal direkt, zum anderen über einen Thyristor in Einwegschaltung an $U_B = 220\,V$ Wechselspannung geschaltet. Berechnen Sie die Stromaufnahme und die Leistung a) ohne Thyristor; b) mit Thyristor, wenn die volle Halbwelle durchgeschaltet wird; c) das Leistungsverhältnis!

4. Ein Heizwiderstand $R_L = 100\,\Omega$ wird a) über einen Thyristor; b) über einen Triac an 220 V gelegt und periodisch geschaltet. Welche Leistung nimmt der Heizwiderstand aus dem Netz auf, wenn mit Hilfe des Zündimpuls-Generators ein Zündverzögerungswinkel $\alpha = 90°$ und $270°$ eingestellt wird?

5. Eine Phasenanschnittsteuerung mit einem Triac wird in jeder Halbwelle mit einem Zündverzögerungswinkel $\alpha = 60°$ gezündet. Wie groß ist die im Lastwiderstand $R_L = 220\,\Omega$ umgesetzte Leistung P_α, wenn der Spannungsabfall am Triac vernachlässigt werden kann und $U_B = 220\,V$ ist? (Diagramm Bild 16.6).

6. Eine Phasenanschnittsteuerung mit einem Triac liegt an $U_B = 220\,V$ und wird in jeder Halbwelle mit einem Zündverzögerungswinkel $\alpha = 120°$ gezündet. Wie groß ist der Durchlaßstrom I_{eff} bei einem Lastwiderstand $R_L = 100\,\Omega$, wenn der Spannungsabfall am Triac vernachlässigt werden kann? (Diagramm Bild 16.6).

7. Ein Verbraucher nimmt an $U_B = 220\,V$ Wechselspannung einen Strom von $I_{eff} = 10\,A$ auf. Berechnen Sie die Leistungsaufnahme des Verbrauchers, wenn er über einen Thyristor in Einwegschaltung mit einem Zündwinkel a) $\alpha = 0°$; b) $\alpha = 60°$ und c) $\alpha = 135°$ gezündet wird und der Spannungsabfall am Thyristor vernachlässigt werden kann. (Diagramm Bild 16.6).

8. Die Leistung eines Verbrauchers an 220 V beträgt 1,5 kW. Über einen Thyristor in Einwegschaltung erhält derselbe Verbraucher nur noch 262,5 W. Ermitteln Sie den Zündwinkel des Thyristors. (Diagramm Bild 16.6).

9. Die Leistung eines Verbrauchers, der an 220 V einen Strom von $I_{eff} = 15\,A$ zieht, soll über einen Triac geschaltet werden, so daß seine Leistung auf $P = 660\,W$ zurückgeht. Ermitteln Sie den Zündwinkel. (Diagramm Bild 16.6).

10. Thyristoren können mittels einer Phasenbrücke nach **Bild A 16.3/10** gezündet werden. Berechnen Sie die Größe des Stellwiderstandes R, wenn der Phasenwinkel $\alpha = 90°$ betragen soll. Der Kondensator hat einen Wert von $C = 4\,\mu F$ und $f = 50\,Hz$.

• 11. Wie groß ist die Winkeldifferenz zwischen dem Phasenwinkel φ und dem Phasenanschnittswinkel α, wenn bei einer Phasenbrückenspitzenspannung von $U_{AB} = 8\,V$ **(Bild A 16.3/10)** der Winkel $\varphi = 40°$ hat. Der Thyristor zündet bei 1,25 V.

12. Bei der RC-Phasenbrücke **(Bild A 16.3/10)** soll der Phasenwinkel $\alpha = 90°$ betragen. Berechnen Sie den erforderlichen Widerstand, wenn der Kondensator eine Kapazität von 1 µF besitzt und die Frequenz 50 Hz beträgt!

●13. Die Gesamtspannung an einer RC-Phasenbrücke **(Bild A 16.3/10)** beträgt $U = 10$ V, die Spannung am Widerstand 9 V. Durch den Kondensator fließt ein Strom von 6,83 mA. Berechnen Sie a) die Spannung am Kondensator; b) die Kapazität des Kondensators; c) den Phasenwinkel φ!

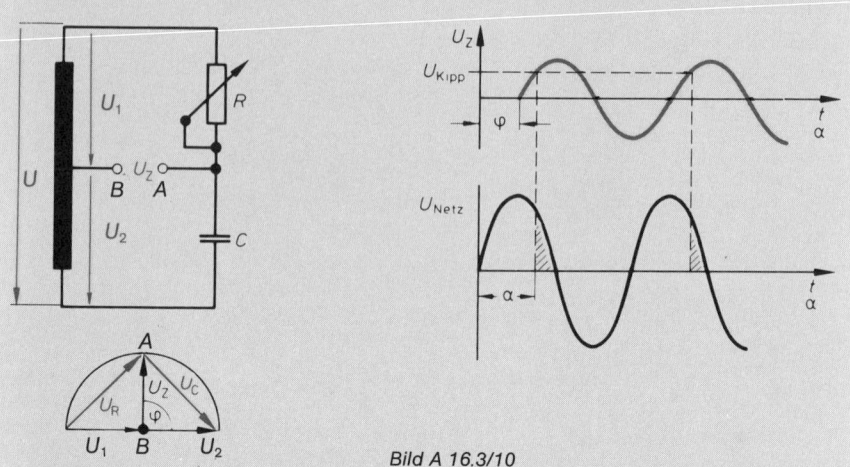

Bild A 16.3/10

●14. Eine RC-Phasenbrücke hat einen Phasenwinkel $\varphi = 60°$. Die Zündspannung beträgt 5 V. Die Zündspannung des Thyristors beträgt 1,5 V. Berechnen Sie den Zündwinkel α!

15. Bei voller Sinuskurve zeigt ein Drehspulinstrument 4,44 A an, bei einer Zündpunktverschiebung aber nur noch 2,8 A. Berechnen Sie den Effektivwert des Stromes.

●16. Um wieviel Prozent kann man die Leistung bei einer Anschnittsteuerung ändern, wenn man mit einem Drehspulinstrument folgende Werte mißt: voller Sinus: $U_{RL} = 220$ V, $I = 8$ A; Anschnittsteuerung: $U_{RL} = 110$ V; $I = 5$ A. Auf welchen Wert ist der Zündverzögerungswinkel einzustellen?

17. Bei voller Sinuskurve zeigt ein Drehspulinstrument 10 A an. Durch eine Zündpunktverschiebung geht der Strom auf 2 A zurück. Berechnen Sie den Effektivwert.

18. Die Nennleistung eines Brennofens beträgt $P_N = 2$ kW. Mit Hilfe einer Schwingungspaketsteuerung soll die Leistung auf $P = 800$ W verringert werden. Die Schaltperiode beträgt $T_S = 5$ s. Welche Einschaltdauer muß eingestellt werden?

●19. Die Nennleistung eines Heizofens beträgt $P_N = 3$ kW. Mit Hilfe einer Schwingungspaketsteuerung läßt sich die Leistung einstellen bei $t_{E\,max} = 5,6$ s auf $P_{max} = 2800$ W, bei $t_{E\,min} = 1,6$ s auf $P_{min} = 0,8$ kW. Berechnen Sie die Schaltperiode!

20. Die Nennleistung eines Heizstabes beträgt $P_N = 1,6$ kW. Wie groß wird die im Heizstab umgesetzte Leistung, wenn die Einschaltdauer $t_E = 1,6$ s und die Pausendauer $t_P = 2,3$ s betragen?

●21. Die Temperatur eines Brennofens wird mit Hilfe einer Schwingungspaketsteuerung eingestellt. Die Nennleistung beträgt $P_N = 3$ kW bei 220 V/50 Hz.
a) Wie viele Schwingungen muß eine Schaltperiode T_S haben, wenn bei einer Einschaltdauer von $t_E = 2,5$ s eine Leistung $P = 1,2$ kW umgesetzt wird?
b) Wie groß ist der Strom I_{eff}, wenn bei einer Schaltperiodendauer $T_S = 6,25$ s die Pausendauer $t_P = 2,5$ s beträgt?

17. Netzgeräte

17.1 Kennwerte stabilisierter Netzgeräte

Innenwiderstand:

Ändert man bei einem stabilisierten Netzgerät den Laststrom, so ändert sich die Ausgangsspannung geringfügig. Der Innenwiderstand des Gerätes ruft nämlich diese Spannungsänderung hervor.

$$R_i = \frac{\Delta U}{\Delta I}$$

R_i = Innenwiderstand des Gerätes
ΔU = Ausgangsspannungsänderung
ΔI = Ausgangsstromänderung

Glättungsfaktor:

Als Glättungsfaktor bezeichnet man das Verhältnis der Eingangsspannungsschwankung zur Ausgangsspannungsschwankung **(Bild 17.1)**.

$$G = \frac{\Delta U_E}{\Delta U_A}$$

$U_E + \Delta U_i$ → stabilisiertes Netzgerät → $U_A + \Delta U_A$

G = Glättungsfaktor
ΔU_E = Eingangsspannungsschwankung
ΔU_A = Ausgangsspannungsschwankung

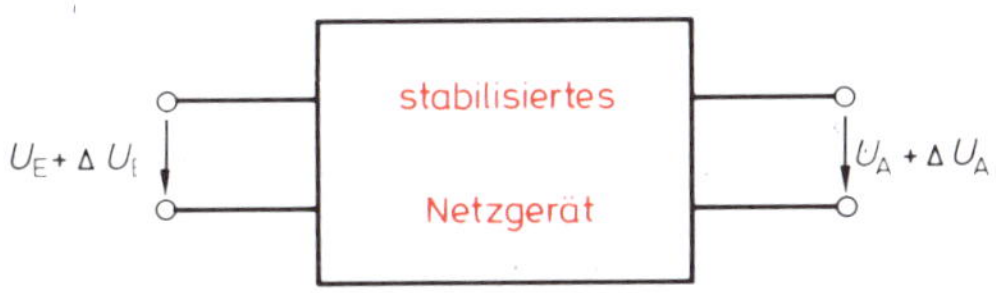

Bild 17.1
Stabilisiertes Netzgerät als Vierpol

Stabilisierungsfaktor:

Um die Güte einer Gleichspannungsstabilisierung zu charakterisieren, gibt man das Verhältnis der relativen Eingangsspannungsänderung zur relativen Ausgangsspannungsänderung an und bezeichnet dieses als Stabilisierungsfaktor.

$$S = \frac{\Delta U_E / U_E}{\Delta U_A / U_A}$$

$$S = \frac{\Delta U_E \cdot U_A}{\Delta U_A \cdot U_E}$$

$$S = S_1 \cdot S_2 \cdot S_3 \cdot \ldots \cdot S_n$$

S = Stabilisierungsfaktor
ΔU_E = Eingangsspannungsänderung
ΔU_A = Ausgangsspannungsänderung
U_E = unstabilisierte Eingangsspannung
U_A = stabilisierte Ausgangsspannung

Der Stabilisierungsfaktor gibt an, um welchen Faktor die relative Eingangsspannungsänderung vorkleinert wird. Um einen hohen Stabilisierungsfaktor zu erreichen, muß man die Eingangsspannung etwa 1,5- bis 3mal so groß machen wie die Ausgangsspannung.

Temperaturverhalten:

Das Temperaturverhalten der Ausgangsspannung hängt vom Temperaturbeiwert der in der Stabilisierungsschaltung verwendeten Bauteile ab. Der Temperaturbeiwert eines stabilisierten Netzgerätes ergibt sich zu:

$$T_K = \frac{\Delta U_A \cdot 100}{U_A \cdot \Delta T}$$

T_K = Temperaturbeiwert in %/K
ΔU_A = Ausgangsspannungsänderung
U_A = Ausgangsspannung
ΔT = Temperaturänderung

Beispiel:

Ein stabilisiertes Netzgerät benötigt eine Eingangsspannung von 24 V und liefert am Ausgang 15 V bei 300 mA Stromentnahme. Wird dieses Gerät mit 500 mA belastet, so sinkt die Ausgangsspannung auf 14,8 V ab. Welchen Glättungsfaktor und welchen Stabilisierungsfaktor hat dieses Netzgerät, wenn bei einer Eingangsspannungsänderung von 23 V auf 25 V der Laststrom sich um 80 mA ändert?

Lösung:

$$R_i = \frac{\Delta U}{\Delta I} = \frac{15\,V - 14,8\,V}{500\,mA - 300\,mA} = \frac{0,2\,V}{0,2\,A}$$

$$R_i = 1\,\Omega$$

$$\Delta U_E = 25\,V - 23\,V = 2\,V$$

$$\Delta U_A = \Delta I \cdot R_i = 80\,mA \cdot 1\,\Omega = 80\,mV$$

$$G = \frac{\Delta U_E}{\Delta U_A} = \frac{2\,V}{80\,mV}$$

$$G = 25$$

$$S = \frac{\Delta U_E \cdot U_A}{\Delta U_A \cdot U_E} = \frac{2\,V \cdot 15\,V}{80\,mV \cdot 24\,V}$$

$$S = 15,625$$

Aufgaben:

1. Um den Innenwiderstand eines Netzgerätes zu bestimmen, belastet man dieses Gerät. Bei einem Laststrom von $I = 100\,mA$ hat die Ausgangsspannung einen Wert von 24 V. Bei einem Laststrom von 75 mA ist die Ausgangsspannung auf 25 V angestiegen. Wie groß ist der Innenwiderstand?

2. Bei einem stabilisierten Netzgerät mit einer Ausgangsspannung von 12 V bei 18 V Eingangsspannung ändert sich die Ausgangsspannung um 50 mV, wenn man die Eingangsspannung um 3 V verändert. Berechnen Sie den Glättungs- und Stabilisierungsfaktor!

3. Ein Netzgerät hat einen Glättungsfaktor von $G = 16$. Wie groß erscheint am Ausgang eine Eingangsspannungsänderung von 3,7 V?

4. Bestimmen Sie den Glättungs- und Stabilisierungsfaktor eines Netzgerätes. Dieses Gerät hat einen Innenwiderstand von $R_i = 5\,\Omega$ und eine Ausgangsspannung von 15 V. Wenn sich die unstabilisierte Eingangsspannung von 40 V um 3 V ändert, ergibt sich eine Laststromänderung von 40 mA.

5. Die Eingangsspannung des Stabilisierungsteiles eines Netzgerätes hat $U = 40\,V$. Wenn sich die Eingangsspannung auf 60 V erhöht, so steigt die Ausgangsspannung von 24 V auf 25 V an. Berechnen Sie den Stabilisierungsfaktor!

6. Ein stabilisiertes Netzgerät hat eine Ausgangsspannung von 16 V bei einer Umgebungstemperatur von 20 °C. Steigt die Temperatur auf 40 °C an, so steigt die Ausgangsspannung auf 16,8 V. Berechnen Sie den Temperaturbeiwert dieser Schaltung!

●7. Der relative Temperaturbeiwert eines Spannungskonstanthalters ist in einem Datenblatt mit $+ T_K = 0,01$ %/K angegeben. Bei einer Umgebungstemperatur von 20 °C hat man eine Ausgangsspannung von 10 V. Wie groß ist die Ausgangsspannung, wenn die Umgebungstemperatur 40 °C beträgt?

●8. Die Ausgangsspannung eines Netzgerätes beträgt bei einer Umgebungstemperatur von 20 °C $U_A = 20\,V$. Bei einer Temperatur von 60 °C ist die Ausgangsspannung auf 20,08 V angestiegen. Berechnen Sie den Temperaturbeiwert dieses Spannungskonstanthalters!

17.2 Spannungsstabilisierte Netzgeräte

Spannungsstabilisierte Netzgeräte werden auch Konstantspannungsquellen genannt.

Spannungsstabilisierung mit Transistor

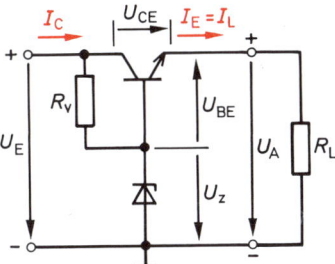

Bild 17.2
Spannungsstabilisierung mit Transistor

$$I_E = I_{Last} \approx I_c$$

$$U_E = U_A + U_{CE}$$

$$U_A = U_Z - U_{BE}$$

$$R_v = \frac{U_0 - U_Z}{I_Z + I_B}$$

$$I_B = \frac{I_c}{B}$$

U_E = unstabilisierte Eingangsspannung
U_A = stabilisierte Ausgangsspannung
U_Z = Z-Spannung
U_{CE} = Kollektor-Emitterspannung
U_{BE} = Basis-Emitterspannung
I_Z = Strom durch die Z-Diode
I_c = Kollektorstrom
I_B = Basisstrom
B = Gleichstromverstärkung

Beispiel:

Berechnen Sie R_v und den Lastwiderstand, wenn $U_E = 20$ V; $U_{BE} = 0,6$ V; $I_Z = 20$ mA bei einer $U_Z = 5,6$ V; $B = 23$ und $I_{Last} = 100$ mA betragen!

Lösung:

$$R_v = \frac{U_0 - U_Z}{I_Z + I_B}$$

$$I_B - \frac{I_c}{B}$$

$$I_B = \frac{100\,\text{mA}}{23} = 4,35 \text{ mA}$$

$$I_c \approx I_E = I_{Last}$$

$$R_v = \frac{20\,\text{V} - 5,6\,\text{V}}{20\,\text{mA} + 4,35\,\text{mA}} = \frac{14,4\,\text{V}}{24,35\,\text{mA}} = \underline{592\,\Omega}$$

$$U_A = U_Z - U_{BE} = 5,6\,\text{V} - 0,6\,\text{V} = 5\,\text{V}$$

$$R_L = \frac{U_A}{I_{Last}} = \frac{5\,\text{V}}{100\,\text{mA}} = \underline{50\,\Omega}$$

Spannungsstabilisierung mit Operationsverstärker

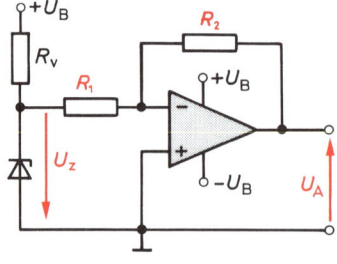

Bild 17.3
Konstantspannungsquelle mit Op

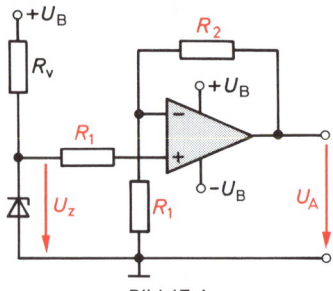

Bild 17.4
Konstantspannungsquelle mit Op

$$U_A = - \frac{R_2}{R_1} \cdot U_Z$$

$$R_v = \frac{U_B - U_Z}{I_Z}$$

$$U_A = \left(1 + \frac{R_2}{R_1}\right) \cdot U_Z$$

$$R_v = \frac{U_B - U_Z}{I_Z}$$

U_A = stabilisierte Ausgangsspannung
U_Z = Z-Spannung
R_1, R_2 = Gegenkopplungswiderstände
R_v = Vorwiderstand
U_B = Betriebsspannung
I_Z = Strom durch die Z-Diode

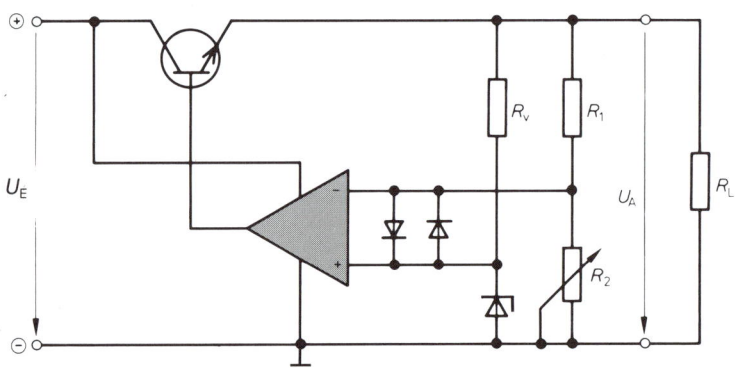

Bild 17.5
Spannungsstabilisierungsschaltung mit Operationsverstärker und Längstransistor

$$U_A = \left(1 + \frac{R_1}{R_2}\right) \cdot U_Z$$

$$R_v = \frac{U_A - U_Z}{I_Z}$$

Beispiel:

Eine Spannungsstabilisierungsschaltung mit einem invertierenden Operationsverstärker hat die Beschaltung $R_1 = 10$ kΩ; $R_2 = 100$ kΩ. Es wird eine Z-Diode Z 6 benutzt. Die Ausgangsspannung ist zu ermitteln.

Lösung:

$$U_A = -\frac{R_2}{R_1} U_Z = -\frac{100 \text{ kΩ}}{10 \text{ kΩ}} \cdot 6 \text{ V}$$

$$\underline{U_A = -60 \text{ V}}$$

Spannungsstabilisierung mit integrierter Schaltung

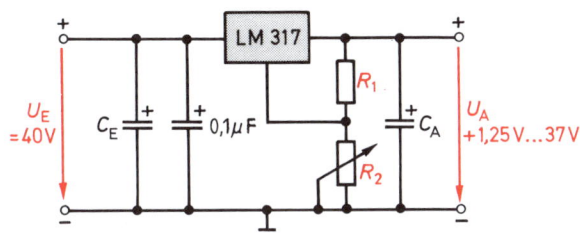

Bild 17.6
Spannungsstabilisierung mit IC

$$U_A = 1,25 \text{ V} \left(1 + \frac{R_2}{R_1}\right)$$

Beispiel:

Eine Spannungsstabilisierung mit der integrierten Schaltung LM 317 **(Bild 17.6)** gibt eine Ausgangsspannung $U_A = 24$ V ab. Auf welchen Wert muß R_2 eingestellt werden, wenn $R_1 = 10$ kΩ hat?

Lösung:

$$U_A = 1,25 \text{ V} \left(1 + \frac{R_2}{R_1}\right)$$

$$R_2 = R_1 \cdot \left(\frac{U_A}{1,25 \text{ V}} - 1\right) = 10 \text{ kΩ} \left(\frac{24 \text{ V}}{1,25 \text{ V}} - 1\right)$$

Eingabe:

| 10 | EE | 3 | x | (| 24 | ÷ | 1.25 | − | 1 |) | = |

Anzeige: 1.82 05

$$\underline{R_2 = 182 \text{ kΩ}}$$

215

Aufgaben:

1. Man fordert eine stabilisierte Ausgangsspannung von 12 V bei einem Laststrom von $I_{Last\,max} = 1$ A. Der Si-Transistor soll eine $U_{CE} = 3$ V haben ($B = 40$). Berechnen Sie den Vorwiderstand der Z-Diode bei einem Z-Strom von 20 mA.

● 2. Bei einer Spannungsstabilisierungsschaltung mit einem Si-Transistor soll eine Eingangsspannung von 20 V auf 12 V stabilisiert werden. Der Laststrom beträgt 2 A. Die Gleichstromverstärkung des Transistors beträgt $B = 40$. Der Strom durch die Z-Diode soll $2 \cdot I_B$ sein. Berechnen Sie a) R_v für die Z-Diode; b) die Verlustleistung der Z-Diode; c) die Verlustleistung des Transistors; d) die Verlustleistung des Transistors bei einem Kurzschluß am Ausgang!

3. Eine Spannungsstabilisierungsschaltung wird mit einem Si-Transistor aufgebaut, der eine Verlustleistung von 8 W und eine Gleichstromverstärkung von $B = 40$ hat. Durch die Z-Diode mit $U_Z = 8,6$ V soll der doppelte Basisstrom fließen. $I_z = 60$ mA. Berechnen Sie die höchste Eingangsspannung und den R_v!

4. Welchen Innenwiderstand R_i hat eine Konstantspannungsquelle nach **Bild 17.2**, wenn bei einer Änderung des Lastwiderstandes von $R_L = 68\ \Omega$ auf $R_L = 47\ \Omega$ die Ausgangsspannung sich von $U_A = 12$ V auf $U_A = 11,95$ V ändert?

5. Welche Verlustleistung entsteht am Si-Längstransistor einer Konstantspannungsquelle nach **Bild 17.2**, wenn die Eingangsspannung $U_E = 24$ V, die Z-Diode eine Spannung $U_Z = 12,6$ V, die Basisvorspannung $U_{BE} = 0,6$ V und der Lastwiderstand $R_L = 56\ \Omega$ haben? (Bei der Rechnung ist $I_E = I_C$ zu setzen).

● 6. Das im **Bild A 17.2/6** dargestellte stabilisierte Netzgerät ist zu berechnen. Gegeben: $R_L = 100\ \Omega$; $U_A = 15$ V; $R_v = 500\ \Omega$; $I_B = 1,5$ mA; $U_{BE} = 0,6$ V; $U_{CS} = 30$ V; $C_S = 1000\ \mu F$; $R_S = 50\ \Omega$. Berechnen Sie: a) den Emitterstrom I_E; b) die Spannung der Z-Diode; c) den Kollektorstrom I_C; d) den Strom durch die Z-Diode; e) den Strom durch den Siebwiderstand; f) die Gleichspannung am Ladekondensator C_L ohne Berücksichtigung der Brummspannung; g) die Transformatorausgangsspannung, wenn die Brummspannung und die Schleusenspannung vernachlässigt werden können; h) den Siebfaktor des Siebgliedes.

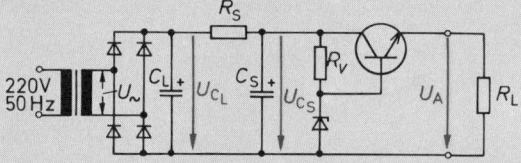

Bild A 17.2/6

● 7. Aus dem im **Bild A 17.2/6** dargestellten stabilisierten Netzgerät will man eine Ausgangsspanung von $U_A = 12$ V und einen Ausgangsstrom von $I_A = 0,4$ A entnehmen. Der verwendete Si-Transistor hat eine Basisvorspannung von $U_{BE} = 0,7$ V und eine Gleichstromverstärkung von $B = 80$. Der Strom durch die Z-Diode soll $I_Z = 5 \cdot I_B$ betragen. Der Transistor hat eine Kollektor-Emitter-Spannung von $U_{CE} = 5$ V. Der Lade- und der Siebkondensator werden mit 1000 μF gewählt. Berechnen Sie: a) die Verlustleistung des Transistors; b) die Z-Spannung; c) die Verlustleistung der Z-Diode; d) den Vorwiderstand; e) die Brummspannung am Ladekondensator U_{Br1}; f) die Brummspannungen am Siebkondensator, wenn ein Siebfaktor von $s = 13,8$ gewählt wird; g) den Siebwiderstand; h) die Gleichspannung am Ladekondensator U_{CL}; i) die Transformatorspannung $U_\sim$; j) das Übersetzungsverhältnis des Transformators $\ddot{u}$; k) wie hoch muß dieses Netzgerät auf der Eingangsseite des Transformators abgesichert werden?

8. Bei einer Spannungsstabilisierungsschaltung mit Operationsverstärker nach **Bild 17.4** wird eine Z-Diode mit $U_Z = 8$ V benutzt. Die Beschaltung des Operationsverstärkers ist: $R_1 = 10$ kΩ; $R_2 = 56$ kΩ. Berechnen Sie die Ausgangsspannung!

9. Mit einer Spannungsstabilisierungsschaltung nach **Bild 17.4** will man eine Ausgangsspannung von 24 V erreichen. Berechnen Sie den Widerstand R_2, wenn $R_1 = 22$ kΩ und $U_Z = 6$ V sind.

●10. Eine Spannungsstabilisierungsschaltung nach **Bild 17.4** ist zu berechnen. Es wird eine Ausgangsspannung von $U_A = 16$ V gefordert. Die verwendete Z-Diode BZX61/C7V5 hat die Daten $U_Z = 7,5$ V; $P = 1,3$ W. Die zur Verfügung stehende unstabilisierte Eingangsspannung hat 15 V, und der Widerstand R_2 soll 100 kΩ haben. Berechnen Sie die Werte der Widerstände R_v und R_1.

11. In einer Spannungsstabilisierungsschaltung nach **Bild 17.5** haben die Widerstände $R_1 = 82$ kΩ; $R_2 = 30$ kΩ. Die verwendete Z-Diode hat $U_Z = 8$ V. Berechnen Sie die Ausgangsspannung!

●12. In einer Spannungsstabilisierungsschaltung nach **Bild 17.5** wird eine Z-Diode BZY88/C6V2 mit den Daten $U_Z = 6,2$ V bei $I_Z = 5$ mA verwendet. Berechnen Sie a) die Ausgangsspannung dieser Schaltung, wenn $R_1 = 120$ kΩ; $R_2 = 50$ kΩ sind; b) den Vorwiderstand der Z-Diode.

13. Zwischen welchen Werten kann man die Ausgangsspannung einer Spannungsstabilisierungsschaltung nach **Bild 17.5** variieren, wenn $U_Z = 5,9$ V; $R_1 = 100$ kΩ betragen, und das Potentiometer R_2 zwischen 10 kΩ und 100 kΩ einstellbar ist?

14. Welche Spannung muß die Z-Diode in einer Schaltung nach **Bild 17.5** haben, wenn die Ausgangsspannung $U_A = 30$ V sein soll? Die Widerstände besitzen die Werte $R_1 = 82$ kΩ und $R_2 = 20$ kΩ.

15. Welchen Wert muß das Potentiometer in der Schaltung nach **Bild 17.5** haben, wenn bei einer Z-Spannung von 7,5 V die Ausgangsspannung 20 V ist? Der Widerstand R_1 hat 150 kΩ.

16. Berechnen Sie die maximale Verlustleistung am Längstransistor nach der Schaltung im **Bild 17.5**, wenn $U_Z = 6,7$ V, $R_1 = 10$ kΩ, R_2 (ein Potentiometer) = 10 kΩ, $U_E = 20$ V und $I_{max} = 500$ mA groß sind.

●17. In einer Stabilisierungsschaltung nach **Bild 17.4** wird eine Z-Diode BZX55/C6V2 mit folgenden Daten verwendet: $U_Z = 6,2$ V, $I_Z = 5$ mA, $r_Z = 10$ Ω. Die unstabilisierte Eingangsspannung beträgt 15 V. Die Beschaltungswiderstände des Operationsverstärkers sind $R_1 = 12$ kΩ, $R_2 = 82$ kΩ. Um wieviel Prozent ändert sich die Ausgangsspannung, wenn sich die Eingangsspannung um 20 % ändert?

18. Die Ausgangsspannung der Stabilisierungsschaltung nach **Bild 17.5** beträgt 26 V. Der Spannungsteiler hat folgende Werte: $R_1 = 56$ kΩ, $R_2 = 18$ kΩ. Berechnen Sie den Arbeitspunkt der Z-Diode U_Z und I_Z, wenn $r_Z = 10$ Ω und der Stabilisierungsfaktor $S = 15$ betragen.

19. In einer Spannungsstabilisierungsschaltung nach **Bild 17.6** wird der Widerstand R_2 zwischen 250 kΩ und 12 kΩ geändert. Zwischen welchen Werten ändert sich die Ausgangsspannung, wenn $R_1 = 10$ kΩ ist?

20. Bei der Schaltung nach **Bild 17.6** hat ein Widerstand $R_2 = 27$ kΩ. Welchen Wert muß R_1 haben, wenn die Ausgangsspannung $U_A = 15$ V betragen soll?

21. Bei der Schaltung nach **Bild 17.6** soll die Ausgangsspannung $U_A = 9$ V betragen. Auf welchen Wert muß R_2 eingestellt werden, wenn $R_1 = 4,7$ kΩ hat?

17.3 Stromstabilisiertes Netzgerät

Bei manchen Schaltungen ist ein konstanter Strom wichtig, und deshalb benutzt man hier eine Stromstabilisierungsschaltung, auch Konstantstromquelle genannt, nach **Bild 17.7**. Der Transistor liegt hier ebenfalls in Reihe mit der Last. Bei einer Laststromänderung ändert sich demnach auch der Strom durch den Transistor und ändert den Spannungsabfall am Emitterwiderstand R_E. Dadurch ändert sich die Basisvorspannung des Transistors, weil die Spannung U_Z durch die Z-Diode konstant gehalten wird. Bei einer Änderung der Basisvorspannung wird der Transistor entweder mehr leitend oder mehr gesperrt, womit sich dann zwangsläufig der Laststrom mit ändern muß. Somit wird der Laststrom automatisch konstant gehalten.

Man rechnet:
bei Si-Transistoren $U_{BE} = 0,6$ V
bei Ge-Transistoren $U_{BE} = 0,3$ V

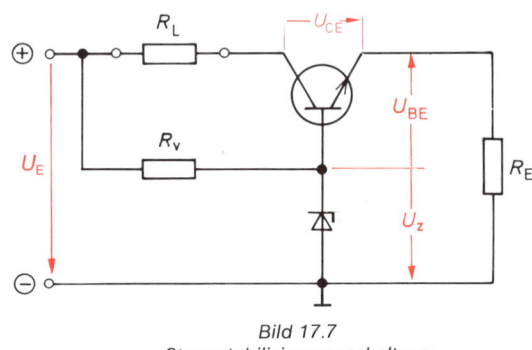

$$I_E \approx I_c = I_{Last}$$
$$U_E = U_{RL} + U_{CE} + U_{RE}$$
$$U_{RE} = U_Z - U_{BE}$$
$$R_E = \frac{U_{RE}}{I_E}$$
$$R_v = \frac{U_0 - U_Z}{I_Z + I_B}$$

Bild 17.7
Stromstabilisierungsschaltung

U_E = unstabilisierte Eingangsspannung
U_{CE} = Kollektor-Emitterspannung

U_{BE} = Basis-Emitterspannung
R_L = Lastwiderstand
U_Z = Z-Dioden-Spannung

Beispiel:

Am Lastwiderstand soll eine Spannung von 10 V abfallen. Der Laststrom soll auf 100 mA konstant gehalten werden. Die unstabilisierte Eingangsspannung beträgt 20 V. $U_{BE} = 0,6$ V; $U_Z = 5,6$ V; $I_Z = 15$ mA und $B = 23$. Berechnen Sie a) den Vorwiderstand R_v; b) den Lastwiderstand R_L; c) den Emitterwiderstand R_E!

Lösung:

a) $I_B = \dfrac{I_{Last}}{B} = \dfrac{100\,\text{mA}}{23} = 4,35\,\text{mA}$

$R_v = \dfrac{U_0 - U_Z}{I_Z + I_B}$

$R_v = \dfrac{20\,\text{V} - 5,6\,\text{V}}{15\,\text{mA} + 4,35\,\text{mA}} = \dfrac{14,4\,\text{V}}{19,35\,\text{mA}} \Rightarrow \underline{R_v = 745\,\Omega}$

b) $R_L = \dfrac{U_{RL}}{I_{Last}} = \dfrac{10\,\text{V}}{100\,\text{mA}} \Rightarrow \underline{R_L = 100\,\Omega}$

c) $U_{RE} = U_Z - U_{BE} = 5,6\,\text{V} - 0,6\,\text{V} = 5$ V

$R_E = \dfrac{U_{RE}}{I_E}$ mit $I_E \approx I_{Last}$

$R_E = \dfrac{5\,\text{V}}{100\,\text{mA}} \Rightarrow \underline{R_E = 50\,\Omega}$

Aufgaben:

1. Bei einem stromstabilisierenden Netzgerät hat der Ausgangsstrom $I = 0,8$ A. Der Lastwiderstand soll $R_L = 8$ Ω haben. Die Kollektor-Emitter-Spannung des Si-Transistors beträgt $U_{CE} = 2,6$ V. Die Z-Diode hat folgende Daten: $U_Z = 6$ V; $I_Z = 30$ mA. Die Gleichstromverstärkung des Transistors liegt bei $B = 50$. Berechnen Sie: a) den Vorwiderstand der Z-Diode R_V; b) den Emitterwiderstand R_E!

2. Berechnen Sie R_V, R_L und R_E bei einem stromstabilisierten Netzgerät, mit $I_L = 200$ mA, wenn $U_{RL} = 10$ V, $U_{CE} = 2$ V, $U_Z = 5,4$ V, $I_Z = 40$ mA und $B = 30$ beim NPN-Si-Transistor sind.

● 3. Ein stromstabilisiertes Netzgerät liefert bei $U_E = 15$ V einen Laststrom von $I = 1$ A. Die Z-Diode hat eine Z-Spannung von $U_Z = 8,6$ V. Der Strom durch die Z-Diode soll $I_Z = 2 \cdot I_B$ sein. Der Si-Transistor hat eine Stromverstärkung von $B = 30$. Man will einen Lastwiderstand von $R_L = 4$ Ω benutzen. Berechnen Sie: a) den Vorwiderstand der Z-Diode R_V; b) den Emitterwiderstand R_E; c) die Transistorverlustleistung bei einem Lastwiderstand von $R_L = 6$ Ω; d) die Transistorverlustleistung bei einem Kurzschluß des Lastwiderstandes!

4. Berechnen Sie die Verlustleistung des Transistors BD236 mit $B = 25$ in einem stromstabilisierten Netzgerät, wenn in der Schaltung folgende Widerstände liegen: $R_V = 22$ Ω, $R_L = 1$ Ω. Die Eingangsspannung hat 15 V, und es wird eine Z-Diode mit $U_Z = 7,5$ V verwendet. Diese Schaltung ist so ausgelegt, daß $I_Z = 2 \cdot I_B$ ist.

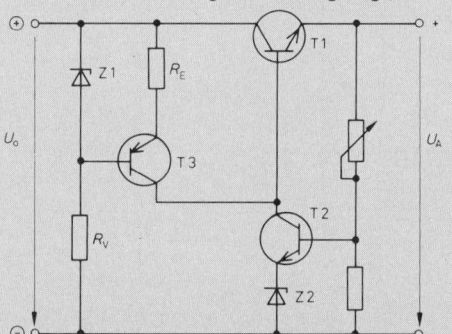

Bild A 17.3/5

● 5. In der Spannungsstabilisierungsschaltung nach **Bild A 17.3/5** liefert die Konstantstromquelle mit dem Transistor T3 den Kollektorstrom für den Regeltransistor T2. Damit wird der Kollektorstrom von 20 mA weitgehend unabhängig von der unstabilisierten Eingangsspannung von 25 V. Für den Transistor T3 benutzt man den Typ BCY77 mit $U_{BE} = 0,65$ V und $B = 80$. Als Z-Diode Z1 wird der Typ BZX55/C6V8 mit $I_Z = 5$ mA verwendet. Berechnen Sie: a) R_E; b) R_V; c) die Verlustleistung des Transistors T3, wenn U_{CE} von T2 − 5 V und $U_{Z2} = 7,5$ V betragen.

6. In einer Stromstabilisierungsschaltung nach **Bild 17.3/6** verwendet man einen BD135. Berechnen Sie für diesen Transistor die Verlustleistung, wenn $U_{BE} = 0,6$ V und $R_E = 5$ Ω $+ 1$ Ω $= 6$ Ω angenommen werden.

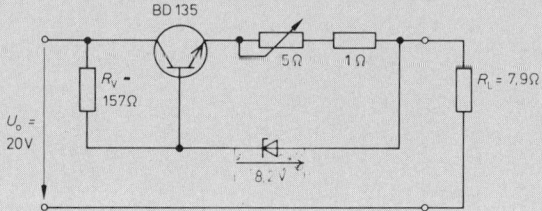

Bild A 17.3/6

17.4 Schaltnetzgerät

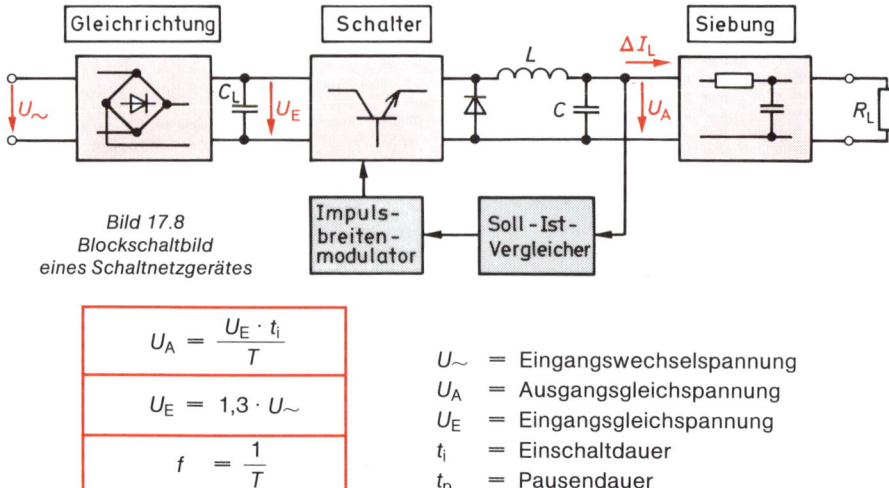

Bild 17.8
Blockschaltbild
eines Schaltnetzgerätes

$$U_A = \frac{U_E \cdot t_i}{T}$$

$$U_E = 1{,}3 \cdot U_\sim$$

$$f = \frac{1}{T}$$

$$T = t_i + t_p$$

$$L = \frac{(U_E - U_A) \cdot U_A}{\Delta I_L \cdot f \cdot U_E}$$

$$C \approx 20\, \frac{\Delta I_L \cdot t_p}{\Delta U_A}$$

$U_\sim$ = Eingangswechselspannung
U_A = Ausgangsgleichspannung
U_E = Eingangsgleichspannung
t_i = Einschaltdauer
t_p = Pausendauer
T = Periodendauer
f = Schaltfrequenz
ΔI_L = Laststromänderung
ΔU_A = Ausgangsspannungsschwankung
L = Längsdrossel
C = Ladekondensator

Aufgaben:

1. Ein Schaltnetzteil liegt an einer Wechselspannung $U_\sim = 24$ V. Die Schaltfrequenz beträgt $f = 20$ kHz. Welche Ausgangsgleichspannung stellt sich bei einer Schaltdauer von $t_i = 30$ µs ein?

2. Die Eingangsgleichspannung eines Schaltnetzteils ist $U_E = 35$ V und die Ausgangsgleichspannung $U_A = 20$ V. Welche Induktivität ist nötig, wenn der Laststrom um $\Delta I_L = 0{,}2$ A schwankt und die Schaltfrequenz $f = 20$ kHz ist?

3. Welche Kapazität ist erforderlich, wenn die Laststromänderung $\Delta I_L = 0{,}3$ A, die Ausgangsspannungsschwankung $\Delta U_A = 0{,}7$ V und die zu überbrückende Pausendauer $t_p = 30$ µs betragen?

●4. Ein Schaltnetzteil liegt an einer Eingangswechselspannung von $U_\sim = 30$ V. Die Schaltfrequenz beträgt $f = 100$ kHz und die Einschaltdauer soll bei $t_i = 4$ µs liegen. Die Ausgangsspannung darf sich nur um $\Delta U_A = 0{,}8$ V ändern, wenn die Laststromänderung $\Delta I_L = 0{,}2$ A beträgt. Berechnen Sie a) die Ausgangsgleichspannung; b) die Induktivität; c) die Kapazität.

●5. Bei einem Schaltnetzteil hat der Kondensator eine Kapazität von $C = 120$ µF. Diese Schaltung arbeitet mit einer Schaltfrequenz von $f = 80$ kHz, und die Einschaltdauer beträgt $t_i = 8$ µs. Welche Laststromänderung ist bei dieser Schaltung möglich, wenn die Ausgangsspannungsänderung $\Delta U_A = 1$ V beträgt?

18. Verstärker

18.1 Wechselspannungsverstärker

18.1.1 Einstufiger Verstärker

Bei der Berechnung einer Verstärkerstufe nach **Bild 18.1** muß man alle Widerstände bestimmen und die Verstärkung berechnen. Aber auch die Größen des Koppel- oder Übertragungskondensators $C_ü$ und des Emitterkondensators C_E müssen ermittelt werden.

Man wählt für den Arbeitspunkt, wenn nicht angegeben:

$$I_C \approx 0,1\,mA \ldots 10\,mA$$

$$U_{CE} \approx \frac{U_B}{2}$$

$$U_{RE} \approx 1\,V \ldots \frac{U_B}{4}$$

damit ergibt sich:

$$R_C = \frac{U_B - U_{CE} - U_{RE}}{I_C}$$

$$R_E \approx \frac{U_{RE}}{I_C}$$

oder $R_E \approx 0,05 \ldots 0,2 R_C$

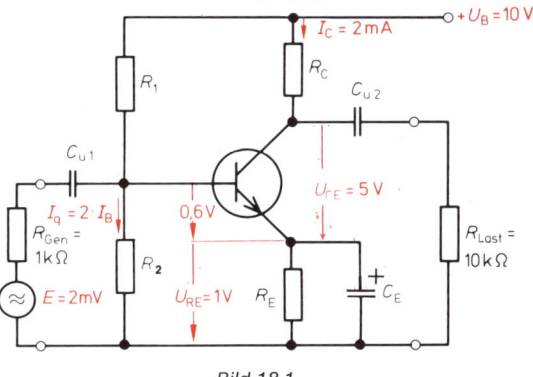

Bild 18.1
Wechselspannungsverstärker zum Rechenbeispiel

$$R_2 = \frac{U_{RE} + U_{BE}}{I_q}$$

$$I_q = I_B \ldots 10 I_B$$

$$R_1 = \frac{U_B - U_{RE} - U_{BE}}{I_q + I_B}$$

Zur Ermittlung der Kondensatorwerte legt man die Formel für die Grenzfrequenz zugrunde:

$$f_{grenz} = \frac{1}{2\pi \cdot R \cdot C}$$

Errechnet man nach dieser Formel die Kapazitätswerte, so bringen der Koppelkondensator und der Emitterkondensator bei der Grenzfrequenz je 3 dB Abfall. Damit ergibt sich für eine Verstärkerstufe mit zwei Kondensatoren bei der gewünschten Grenzfrequenz 6 dB Verstärkungsverlust.

Für die untere Grenzfrequenz darf die Abnahme der Verstärkung über den gesamten Verstärker jedoch nur $0,707 = 1/\sqrt{2}$ betragen.

Bei der Anzahl von n Kondensatoren, die den Frequenzgang des Verstärkers beeinflussen, ergibt sich eine Schwächung pro Stufe von

$$S = \sqrt[n]{0,707}$$

$S =$ Schwächung pro Stufe
$n =$ Anzahl der Ursachen der Frequenzbeeinflussung

Aus dieser Schwächung pro Stufe errechnet man einen Faktor $y = \sqrt{1/S^2 - 1}$, um den die geforderte Grenzfrequenz herabgesetzt werden muß. Mit dieser neuen, tieferen Frequenz bestimmen sich nun die Kapazitätswerte der Kondensatoren. Die Kondensatoren werden größer ausfallen und deshalb keinen Abfall von 3 dB bei der Grenzfrequenz bringen. Wählt man also eine tieferliegende Frequenz als die Grenzfrequenz, so ergibt sich dann über den ganzen Verstärker gesehen 3 dB Abfall bei der geforderten Grenzfrequenz.

$$f = f_{\text{grenz}} \cdot y$$

Ursachen	y
2	0,64
3	0,51
4	0,43
5	0,39

Bei der Berechnung der Kondensatoren muß man berücksichtigen, daß stets alle Widerstände, die mit dem Kondensator in Reihe liegen, mit in die Rechnung eingehen.

$$C_{\text{ü}} = \frac{1}{2\pi \cdot f(r_e + R_{\text{Gen}})}$$

$$C_E = \frac{\beta}{2\pi \cdot f(R_{\text{Gen}} + h_{11e})}$$

R_{Gen} ist meistens R_C der Vorstufe

$r_e \quad = h_{11e} \parallel R_1 \parallel R_2$

$C_{\text{ü}} \quad =$ Koppelkondensator
$r_e \quad =$ wirksamer Eingangswiderstand der Stufe
$R_{\text{Gen}} =$ Generatorinnenwiderstand
$R_1, R_2 =$ Basisspannungswiderstand
$h_{11e} =$ Transistoreingangswiderstand
$f \quad =$ untere Übertragungsfrequenz

Beispiel:

Der Transistor BC 107 B wird in einer Vorverstärkerstufe eingesetzt. Der Generator mit einem Innenwiderstand von 1 kΩ gibt eine Leerlaufspannung von $E = 2$ mV ab. Der Transistor soll einen Arbeitspunkt haben bei $U_{CE} = 5$ V; $I_C = 2$ mA; dann hat er folgende Daten: $B = 150$; $h_{11e} = 4,5$ kΩ; $h_{21e} = 330$. Die Betriebsspannung soll 10 V betragen, der Querstrom soll $2 \cdot I_B$ sein, und am Emitterwiderstand sollen 1 V abfallen. Die untere Grenzfrequenz liegt bei 40 Hz. Berechnen Sie alle Werte dieser Schaltung. Welches Ausgangssignal kann man über einen Koppelkondensator an einem Lastwiderstand von 10 kΩ abnehmen?

Lösung:

$$R_a = \frac{U_B - U_{CE} - U_{RE}}{I_C}$$

$$R_a = \frac{10\,\text{V} - 5\,\text{V} - 1\,\text{V}}{2\,\text{mA}} = \frac{4\,\text{V}}{2\,\text{mA}}$$

$$\underline{R_a = 2\,\text{k}\Omega}$$

$$R_E = \frac{U_{RE}}{I_E}; I_E \approx I_C$$

$$R_E = \frac{1\,\text{V}}{2\,\text{mA}} = 0,5 \cdot 10^3\,\Omega$$

$$\underline{R_E = 500\,\Omega}$$

$$I_B = \frac{I_C}{B}$$

$$I_B = \frac{2 \cdot 10^{-3}\,\text{A}}{1,5 \cdot 10^2} = 1,335 \cdot 10^{-5}\,\text{A}$$

$$\underline{I_B = 13,35\,\mu\text{A}}$$

$$R_2 = \frac{U_{RE} + U_{BE}}{I_q}; I_q = 2 \cdot I_B$$

$$R_2 = \frac{1\,\text{V} + 0,6\,\text{V}}{2 \cdot 13,35\,\mu\text{A}} = \frac{1,6\,\text{V}}{2,67 \cdot 10^{-5}\,\text{A}}$$

$$\underline{R_2 = 60\,\text{k}\Omega}$$

$$R_1 = \frac{U_B - U_{RE} - U_{BE}}{3 \cdot I_B}$$

$$R_1 = \frac{10\,V - 1\,V - 0,6\,V}{40\,\mu A} = \frac{8,4\,V}{4 \cdot 10^{-5}\,A} = 2,1 \cdot 10^5\,\Omega \;\Rightarrow\; \underline{R_1 = 210\,k\Omega}$$

Bestimmung der Kondensatoren:

Hier sind es drei Ursachen, die den Frequenzgang beeinflussen, deshalb rechnet man nicht mit $f_u = 40\,Hz$, sondern bei

$$y = 0,51$$

$$f = f_{grenz} \cdot y = 40\,Hz \cdot 0,51$$

$$\underline{f = 20,4\,Hz}$$

$$r_e = \frac{1}{\dfrac{1}{h_{11}} + \dfrac{1}{R_1} + \dfrac{1}{R_2}} = \frac{1}{\dfrac{1}{4,5\,k\Omega} + \dfrac{1}{210\,k\Omega} + \dfrac{1}{60\,k\Omega}}$$

Eingabe:

4.5 $\boxed{EE}$ 3 $\boxed{1/x}$ $\boxed{+}$ 210 $\boxed{EE}$ 3 $\boxed{1/x}$ $\boxed{+}$ 60 $\boxed{EE}$ 3 $\boxed{1/x}$ $\boxed{=}$ $\boxed{1/x}$

Anzeige: 4.1042 03

$$\underline{r_e = 4,1\,k\Omega}$$

$$C_{\ddot{u}1} = \frac{1}{2\,\pi \cdot f\,(r_e + R_{Gen})}$$

$$C_{\ddot{u}1} = \frac{1}{2\pi \cdot 20,4\,Hz \cdot (4,1\,k\Omega + 1\,k\Omega)} = \frac{1}{2\pi \cdot 2,04 \cdot 10^1\,Hz \cdot 5,1 \cdot 10^3\,\Omega}$$

$$\underline{C_{\ddot{u}1} = 1,53\,\mu F}$$

$$C_E = \frac{\beta}{2\,\pi \cdot f\,(R_{ein} + R_{Gen})}$$

$$R_{Gen} \approx R_{Gen} \;\|\; R_1 \;\|\; R_2$$

weil R_1 und R_2 sehr hochohmig gegenüber dem 1 kΩ-Widerstand sind, rechnet man hier mit 1 kΩ.

$$C_E = \frac{330}{2\pi \cdot 20,4\,Hz\,(4,5\,k\Omega + 1\,k\Omega)} = \frac{330}{2\pi \cdot 2,04 \cdot 10^1\,Hz \cdot 5,5 \cdot 10^3\,\Omega}$$

$$\underline{C_E = 468\,\mu F}$$

$$C_{\ddot{u}2} = \frac{1}{2\pi \cdot f\,(R_a + R_L)} = \frac{1}{2\pi \cdot 20,4\,Hz\,(2\,k\Omega + 10\,k\Omega)}$$

$$C_{\ddot{u}2} = \frac{1}{2\pi \cdot 2,04 \cdot 10^1\,Hz \cdot 1,2 \cdot 10^4\,\Omega}$$

$$\underline{C_{\ddot{u}2} = 650\,nF}$$

Der Generator wird durch den wirksamen Eingangswiderstand der Transistorstufe belastet. So steht zur Steuerung des Transistors an der Basis ein Signal von:

$$U_{\text{steuer}} = E \cdot \frac{r_e}{R_{\text{Gen}} + r_e}$$

$$U_{\text{steuer}} = 2\,\text{mV} \cdot \frac{4,1\,\text{k}\Omega}{1\,\text{k}\Omega + 4,1\,\text{k}\Omega} = 2\,\text{mV} \cdot \frac{4,1\,\text{k}\Omega}{5,1\,\text{k}\Omega}$$

$$\underline{U_{\text{steuer}} = 1,608\,\text{mV}}$$

$$V_u = \frac{h_{21} \cdot R_{\text{Last}}}{h_{11}} \; ; \qquad R_{\text{Last}} = \frac{R_a \cdot R_L}{R_a + R_L} = \frac{2\,\text{k}\Omega \cdot 10\,\text{k}\Omega}{12\,\text{k}\Omega} \qquad \Rightarrow \underline{R_{\text{Last}} = 1,66\,\text{k}\Omega}$$

$$V_u = \frac{330 \cdot 1,66\,\text{k}\Omega}{4,5\,\text{k}\Omega} = \frac{3,3 \cdot 10^2 \cdot 1,66 \cdot 10^3\,\Omega}{4,5 \cdot 10^3\,\Omega} = 1,22 \cdot 10^2 \qquad \Rightarrow \underline{V_u = 122}$$

$$U_{\text{aus}} = U_{\text{steuer}} \cdot V_u = 1,608\,\text{mV} \cdot 122 \qquad \Rightarrow \underline{U_{\text{aus}} = 196\,\text{mV}}$$

Aufgaben:

- 1. Es soll eine Verstärkerstufe mit dem Transistor BC238A aufgebaut werden. Der angeschlossene Generator hat einen Innenwiderstand von 2 kΩ und liefert eine Leerlaufspannung von $E = 10$ mV. Der Transistor hat im Arbeitspunkt ($U_{CE} = 5$ V; $I_C = 2$ mA) folgende Daten: $B = 180$, $h_{11e} = 2,7$ kΩ, $h_{21e} = 220$. Die Betriebsspannung beträgt 12 V, am Emitterwiderstand sollen 2 V abfallen und $I_q = 3 \cdot I_B$. Die untere Grenzfrequenz soll bei 30 Hz liegen. Wie groß ist das Ausgangssignal, das man an einem Lastwiderstand von 5 kΩ abnimmt? Der Lastwiderstand ist über einen Koppelkondensator an diese Stufe angeschlossen.

- 2. Ein Transistor hat im Arbeitspunkt ($U_{CE} = 3$ V; $I_C = 4$ mA) folgende Daten: $B = 100$; $h_{11e} = 1,6$ kΩ; $h_{21e} = 170$. Dieser Transistor wird von einem Generator mit $R_i = 5$ kΩ und $E = 10$ mV angesteuert. Die Betriebsspannung beträgt 7 V, am Emitterwiderstand soll 1 V abfallen und $I_q = 5 \cdot I_B$. Ein Belastungswiderstand von 50 kΩ wird kapazitiv an den Kollektor dieses Transistors angeschlossen. Die untere Grenzfrequenz liegt bei 50 Hz. Berechnen Sie die am Belastungswiderstand stehende Ausgangsspannung!

- 3. Mit dem Transistor BC238B will man in Emitterschaltung eine Spannungsverstärkung von $V_u = 100$ erreichen. Der Kollektorwiderstand hat $R_C = 1,2$ kΩ. Der Transistor besitzt im Arbeitspunkt folgende Kennwerte: $h_{11} = 3$ kΩ; $h_{21} = 350$. Wie groß muß der unüberbrückte Emitterwiderstand sein, um ein $V_u = 100$ zu erreichen?

- 4. Ein Mikrofon-Vorverstärker soll mit dem Transistor BC413B laut dem Schaltbild nach **Bild A 18.1/4** aufgebaut werden. Die Transistordaten im Arbeitspunkt $U_{CE} = 5$ V, $I_C = 2$ mA; $U_{BE} = 0,6$ V sind: $h_{11e} = 4,5$ kΩ; $h_{21e} = 330$; $h_{22e} = 30\,\mu$S; $B = 290$. Weiter wird vorgegeben: $U_B = 10$ V; $f_u = 30$ Hz; $I_q = 2 \cdot I_B$; $U_{RE} = 1$ V. Berechnen Sie: a) alle Widerstände; b) alle Kondensatoren; c) die Ausgangsspannung am Lastwiderstand $R_L = 1,5$ kΩ.

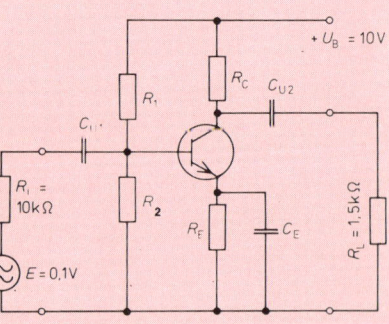

Bild A 18.1/4

224

5. Die im Schaltbild **Bild A 18.1/5** dargestellte Vorverstärkerstufe mit dem Transistor BC182B mit dem Arbeitspunkt $U_{CE} = 5$ V; $I_C = 2$ mA darf nur eine Spannungsverstärkung von $V_U = 50$ haben ($h_{11e} = 4{,}5$ kΩ; $h_{21e} = 330$). Berechnen Sie: a) die Spannungsverstärkung ohne Gegenkopplung (vereinfachte Formel); b) die Größe des unüberbrückten Emitterwiderstandes.

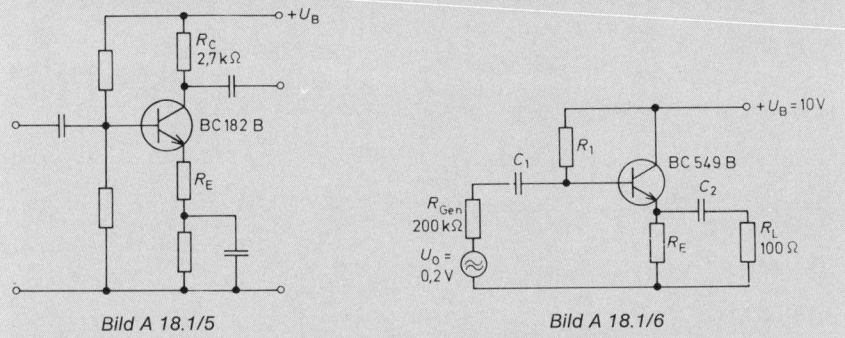

Bild A 18.1/5   Bild A 18.1/6

● 6. Als Eingangsstufe für einen Verstärker soll eine Kollektorschaltung laut Schaltbild **Bild A 18.1/6** mit dem Transistor BC549B aufgebaut werden. Berechnen Sie für den Arbeitspunkt: $U_{CE} = 5$ V; $I_C = 2$ mA; $h_{11e} = 4{,}5$ kΩ; $h_{21e} = 330$; $U_{BE} = 0{,}6$ V; $B = 290$. a) alle Widerstände; b) den Eingangswiderstand dieser Schaltung; c) den Ausgangswiderstand dieser Schaltung; d) alle Kondensatoren für $f_{grenz} = 20$ Hz; e) die Spannungsverstärkung. Für Widerstände und Kondensatoren Normwerte nach der E12-Reihe angeben (aufrunden!).

7. Die Kollektorschaltung nach **Bild A 18.1/7** wird an 10 V Betriebsspannung gelegt. Der Transistor hat bei $U_{CE} = 4$ V und $I_C = 3$ mA, $U_{BE} = 0{,}6$ V die Daten: $h_{11} = 3$ kΩ; $h_{21} = 200$; $B = 120$. Der angeschlossene Generator hat einen Innenwiderstand von $R_i = 100$ kΩ und gibt eine Leerlaufspannung von $E = 0{,}5$ V ab. Berechnen Sie: a) den Emitterwiderstand R_E und den Vorwiderstand R_1; b) die am Lastwiderstand $R_L = 1$ kΩ stehende Ausgangsspannung.

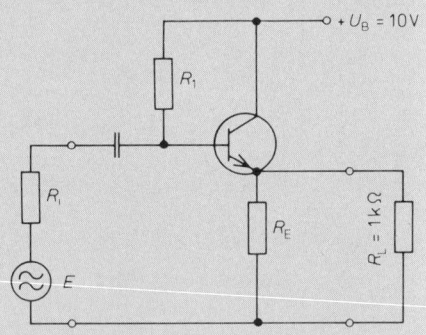

Bild A 18.1/7

8. Es wird ein Vorverstärker mit einem FET BFW 10 aufgebaut. Gegeben: $U_R = 15$ V; $-U_{GS} = 2$ V; $I_D = 5$ mA; $U_{DS} = 6$ V; $y_{21} = 5$ mS; $y_{22} = 85$ µS; $f_u = 30$ Hz. Berechnen Sie alle Widerstände und Kondensatoren, wenn im Eingang und im Ausgang ein Koppelkondensator liegt. Berechnen Sie die Verstärkung dieser Stufe bei einem Lastwiderstand von 10 kΩ (bei $-U_{GS} = 20$ V ist $-I_{GSs} = 0{,}5$ µA).

● 9. Eine Mikrofonvorverstärkerstufe ist mit einem FET BC264D aufgebaut. Er hat eine Steilheit von 4 mS und einen Innenwiderstand von 25 kΩ. Der Außenwiderstand beträgt 1 kΩ. Sein Gatewiderstand hat 22 MΩ, und der Übertragungskondensator im Eingang hat 1,5 nF. Welche Wechselspannung erhält ein nachgeschalteter Transistor-Verstärker an der Basis, wenn sein gesamter Eingangswiderstand 5 kΩ beträgt und das Mikrofon 0,3 mV abgibt? Wo liegt die untere Grenzfrequenz?

18.1.2 Mehrstufiger Verstärker

Bei einem mehrstufigen Nf-Verstärker mit kapazitiver Kopplung nach **Bild 18.2** würden die beiden *CR*-Glieder (C1-r_{eT1} und C3-r_{eT2}) das Wechselspannungssignal bei der unteren Grenzfrequenz jeweils um den Faktor $1/\sqrt{2}$ absenken. Bei dieser Grenzfrequenz f_u der Einzelverstärker ergibt sich dann für den Gesamtverstärker nur noch ein Verstärkungsfaktor von:

$$V_{f\ddot{u}} \approx 1/\sqrt{2} \cdot V_1 \cdot 1/\sqrt{2} \cdot V_2 = 0{,}7 \cdot V_1 \cdot 0{,}7 \cdot V_2 \approx 0{,}5 \cdot V_1 \cdot V_2$$

$$\boxed{V_{f\ddot{u}} = (1/\sqrt{2})^n \cdot (V_1 \cdot V_2 \cdot \ldots \cdot V_n)}$$

n = Anzahl der Verstärkerstufen

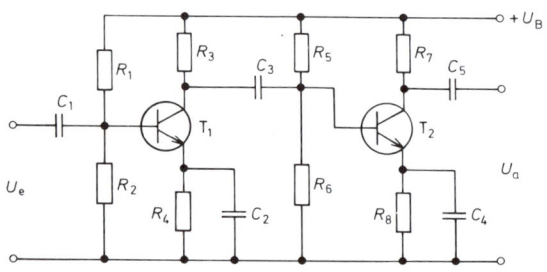

Bild 18.2
Zweistufiger Nf-Verstärker mit kapazitiver Kopplung

Sinngemäß gilt dieser Sachverhalt auch für die obere Grenzfrequenz eines mehrstufigen Verstärkers. Somit wird, wie aus dem **Bild 18.3** hervorgeht, die Bandbreite des Gesamtverstärkers eingeengt.

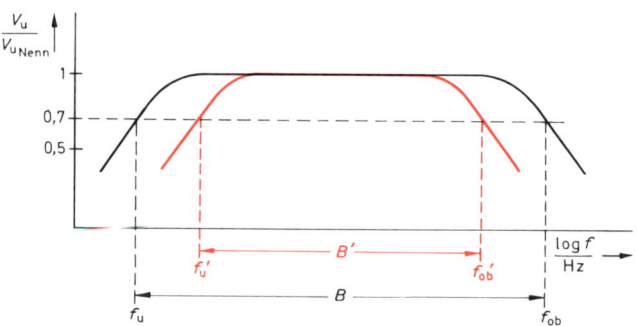

Bild 18.3
Frequenzgang eines 1stufigen und 2stufigen Verstärkers

Damit gilt für einen mehrstufigen Verstärker, der aus gleichartigen Einzelstufen aufgebaut ist:

$$f'_u \approx \sqrt{n} \cdot f_u$$

$$f'_{ob} \approx \frac{1}{\sqrt{n}} \cdot f_{ob}$$

n = Anzahl der Verstärkerstufen
f_u = untere Grenzfrequenz der Einzelstufe
f'_u = untere Grenzfrequenz des Gesamtverstärkers
f_{ob} = obere Grenzfrequenz der Einzelstufe
f'_{ob} = obere Grenzfrequenz des Gesamtverstärkers

Beispiel:

Ein Nf-Vorverstärker soll aus drei gleichen Einzelverstärkerstufen aufgebaut werden. Der Gesamtverstärker soll dann eine untere Grenzfrequenz von $f'_u = 20$ Hz und eine obere Grenzfrequenz von $f'_{ob} = 50$ kHz haben. Welche Grenzfrequenzen müssen die Einzelverstärker haben?

Lösung:

$$f_u = \frac{f'_u}{\sqrt{n}} = \frac{20 \text{ Hz}}{\sqrt{3}}$$

$$\underline{f_u = 11{,}55 \text{ Hz}}$$

$$f_{ob} = \sqrt{n} \cdot f'_{ob} = \sqrt{3} \cdot 50 \text{ kHz}$$

$$\underline{f_{ob} = 86{,}6 \text{ kHz}}$$

Aufgaben:

1. Welche Bandbreite hat ein 4stufiger Verstärker, wenn die gleich aufgebauten Einzelverstärker eine untere Grenzfrequenz von $f_u = 20$ Hz und eine obere Grenzfrequenz von $f_{ob} = 25$ kHz haben?

2. Welche obere Grenzfrequenz erreicht man mit einem 2stufigen Verstärker, wenn die gleich aufgebauten Einzelverstärker eine untere Grenzfrequenz von $f_u = 25$ Hz und eine Bandbreite von 24,975 kHz haben?

3. Welche Bandbreite hat ein 3stufiger Verstärker, wenn jeder der gleich aufgebauten Einzelverstärker eine Bandbreite von $B = 19{,}98$ kHz hat?

4. Ein Vorverstärker ist aus drei gleichen Einzelverstärkerstufen aufgebaut. Der gesamte Verstärker soll eine untere Grenzfrequenz $f'_u = 20$ Hz und eine obere Grenzfrequenz $f'_{ob} = 45$ kHz besitzen.
   a) Berechnen Sie die obere und untere Grenzfrequenz der Einzelverstärkerstufen.
   b) Berechnen Sie die Gesamtverstärkung, wenn jeder Einzelverstärker eine Spannungsverstärkung $V_u = 35$ hat.

5. Ein Analogverstärker besteht aus drei gleichaufgebauten Einzelverstärkerstufen Dieser Verstärker hat eine untere Grenzfrequenz $f'_u = 40$ Hz und eine obere Grenzfrequenz $f'_o = 22$ kHz. Berechnen Sie die Bandbreite einer Einzelverstärkerstufe.

6. Ein aus vier baugleichen Stufen aufgebauter analoger Regelverstärker hat eine Gesamtverstärkung $V_{Uges} = 5000$. Berechnen Sie die Spannungsverstärkung einer einzelnen Verstärkerstufe.

7. Ein aus fünf gleichartigen Stufen aufgebauter Wechselspannungsverstärker soll eine untere Grenzfrequenz $f'_u = 25$ Hz haben.
   a) Berechnen Sie die untere Grenzfrequenz f_u der Einzelverstärkerstufe.
   b) Welche Gesamtverstärkung hat dieser Wechselspannungsverstärker, wenn eine Stufe eine Spannungsverstärkung $V_u = 12$ hat?

●8. In der Schaltung nach **Bild A 18.1.2/8** wird in beiden Stufen der Transistor BC149B verwendet, der im Arbeitspunkt folgende Daten hat: $I_C = 2$ mA; $h_{11e} = 4,5$ kΩ; $h_{21e} = 330$; $B = 290$. Berechnen Sie:

a) alle Widerstände dieser Schaltung, wenn $I_q = 2 \cdot I_B$ ist; b) alle Kondensatoren, wenn $f_u = 50$ Hz betragen soll; c) die Gesamtverstärkung dieser Schaltung; d) den Ein- und Ausgangswiderstand dieser Schaltung.

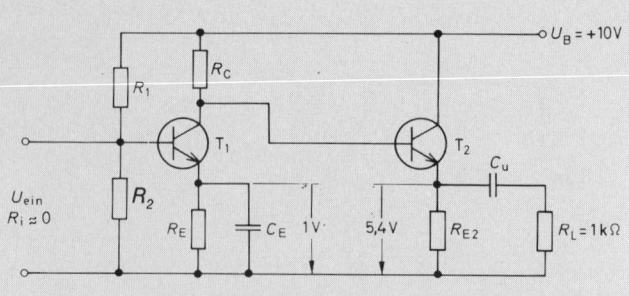

Bild A 18.1.2/8

●9. Gegeben ist die Schaltung eines Nf-Vorverstärkers nach **Bild 18.1.2/9**. Berechnen Sie: a) alle Widerstände, wobei zum Schluß die geforderte Gesamtverstärkung $V = 500$ durch den Widerstand R_g einzustellen ist; b) den Eingangswiderstand des Verstärkers; c) den für eine untere Grenzfrequenz von 100 Hz benötigten Emitterkondensator C_{E2}. Daten: $I_{C1} = I_{C2} = 2$ mA; $h_{11} = 2,6$ kΩ; $h_{21} = 120$; $B = 80$; $U_{BE} = 0,6$ V.

(für beide Transistoren gleichen Arbeitspunkt)

für T_1: $I_q = 2 \cdot I_B$; $U_{Emitter-Masse} = 2$ V; $U_{RC} = 3$ V

für T_2: $I_q = 4 \cdot I_B$; $U_{RE} = 1$ V; $U_{RC} = 3$ V.

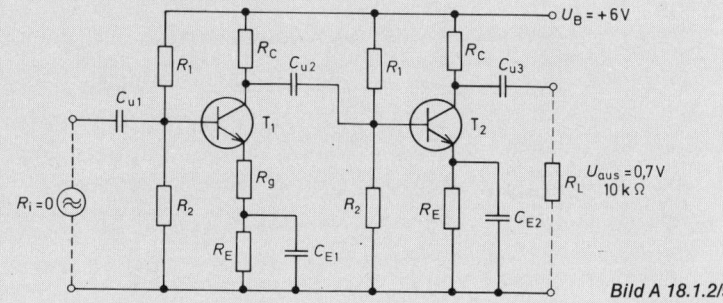

Bild A 18.1.2/9

●10. Der zweistufige Nf-Verstärker nach **Bild A 18.1.2/10** ist zu berechnen. Bestimmen Sie:

a) alle Widerstände (Normwerte der E 12-Reihe abrunden)

b) alle Kondersatoren (Normwerte der E 12-Reihe aufrunden)

c) die Wechselspannung am Lastwiderstand

Daten:
BC 550 C: $B = 500$
$U_{CE} = 5$ V $h_{11e} = 8,7$ kΩ
$I_C = 2$ mA $h_{21e} = 600$
$U_{BE} = 660$ mV $h_{22e} = 60 \mu$S
BC 237 B: $B = 290$
$U_{CE} = 5$ V $h_{11e} = 4,5$ kΩ
$I_C = 2$ mA $h_{21e} = 330$
$U_{BE} = 620$ mV $h_{22e} = 30 \mu$S
$I_q = 8 \cdot I_B$; $U_{RE} = 1$ V; $f_u = 25$ Hz

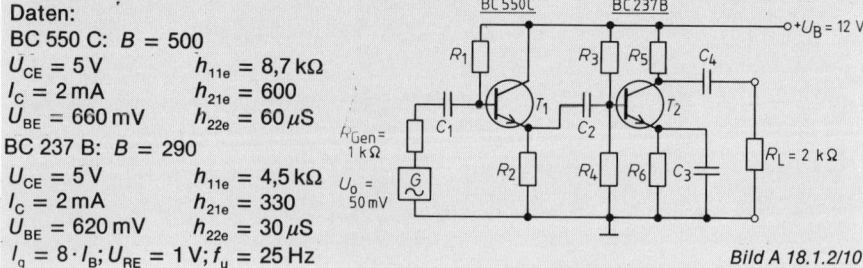

Bild A 18.1.2/10

● 11. Die im **Bild A 18.1.2/11** angegebene 2stufige Verstärkerschaltung soll berechnet werden.

Daten: BC413C: $U_{CE} = 5$ V; $I_C = 2$ mA; $U_{BE} = 0,62$ V; $B = 500$; $h_{11e} = 8,7$ kΩ; $h_{21e} = 600$; $h_{22e} = 60$ µS.

BC148B: $U_{CE} = 5$ V; $I_C = 2$ mA; $U_{BE} = 0,62$ V; $B = 290$; $h_{11e} = 4,5$ kΩ; $h_{21e} = 330$; $h_{22e} = 30$ µS.

a) alle Widerstände, wenn $U_{RE} = 1$ V und $I_q = 3 \cdot I_B$ (Normwerte E12-Reihe, zu wählen ist der nächstgelegene Wert, ggf., abrunden) Es muß mit dem Normwert weitergerechnet werden!

b) alle Kondensatoren, wenn eine untere Grenzfrequenz von 40 Hz für den gesamten Verstärker gefordert wird. (Normwerte E12-Reihe, aufrunden).

c) die Ausgangsspannung am Lastwiderstand.

d) wird der Verstärker übersteuert? Wenn ja, welche Verstärkung dürfte diese Schaltung höchstens haben?

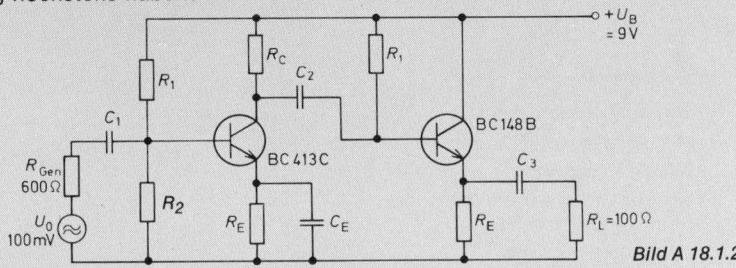

Bild A 18.1.2/11

● 12. Der Nf-Anpassungsverstärker nach **Bild A 18.1.2/12** soll eine untere Grenzfrequenz $f_u = 20$ Hz haben. Bestimmen Sie:

a) alle Widerstände, Normwerte nach er E 12-Reihe (aufrunden), $U_{RE} = 1$ V und $I_q = 5 \cdot I_B$.

b) alle Kondensatoren, Normwerte nach der E 12-Reihe (aufrunden).

c) die effektive Wechselspannung, die der Generator im Leerlauf abgeben muß, damit am Lastwiderstand eine Spitzen-Spitzen-Ausgangswechselspannung von $U_{ass} = 5$ V steht.

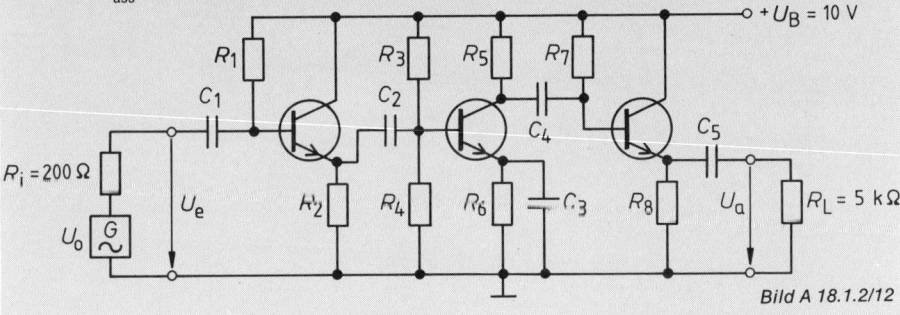

Bild A 18.1.2/12

BC 413 C: $I_c = 2$ mA		BC 238 B: $I_C = 2$ mA		BC 546 B: $I_c = 2$ mA	
$U_{CE} = 5$ V	$h_{11e} = 8,7$ kΩ	$U_{CE} = 5$ V	$h_{21e} = 330$	$U_{CE} = 5$ V	$h_{11e} = 4,5$ kΩ
$U_{BE} = 0,62$ V	$h_{21e} = 600$	$U_{BE} = 0,62$ V	$h_{22e} = 30\,\mu$S	$U_{BE} = 0,66$ V	$h_{21e} = 330$
$B = 500$	$h_{22e} = 60\,\mu$S	$B = 290$	$U_{RE} = 1$ V	$B = 290$	$h_{22e} = 30\,\mu$S
		$h_{11e} = 4,5$ kΩ	$I_q = 5 \cdot I_B$		

18.2 Leistungsverstärker

18.2.1 Eintakt-A-Endstufe

In den Ausgang einer Transistor-Eintakt-A-Endstufe muß, um den Klirrfaktor klein und die Ausgangsleistung groß zu halten, der erforderliche Arbeitswiderstand geschaltet werden. Seinen Wert entnimmt man einer Datentabelle. Auf diesen Widerstandswert muß die vorhandene Lautsprecherimpedanz mit einem Ausgangsübertrager transformiert werden **(Bild 18.4)**.

Die Lautsprecherimpedanz kann aus dem Gleichstromwiderstand des Lautsprechers über folgende Formel ermittelt werden:

$$Z_L = R_L \cdot 1{,}25$$

Z_L = Lautsprecherimpedanz
R_L = Lautsprechergleich-
stromwiderstand
1,25 = experimentell ermittelter
Umrechnungsfaktor

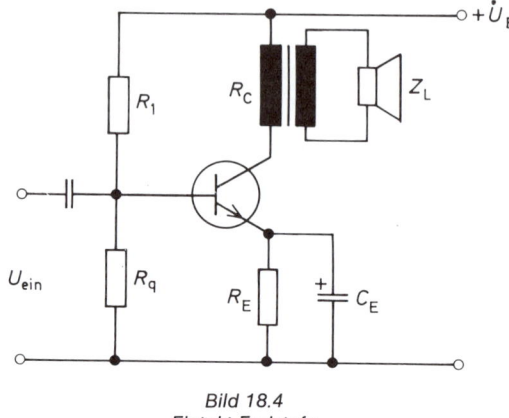

Bild 18.4
Eintakt-Endstufe

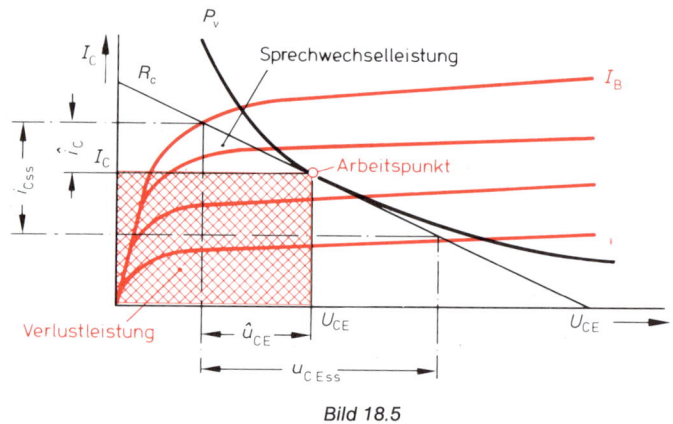

Bild 18.5
Endstufen-Kennlinie

Wie man an Hand der Kennlinie in **Bild 18.5** erkennen kann, ergeben sich für eine Endstufe folgende Zusammenhänge:

$$R_C = \frac{U_{CE}}{I_C}$$

$$\ddot{u} = \frac{u_{CE}}{u_L} = \sqrt{\frac{R_C}{Z_L}}$$

$$P \sim = \frac{i_C \cdot u_{CE}}{2} \approx \frac{U_B{}^2}{2 \cdot \ddot{u}^2 \cdot Z_L}$$

$$P_- = I_C \cdot U_{CE}$$

$$\eta = \frac{P\sim}{P_-}$$

$$P_{verlust} = P_- - P\sim$$

R_C = erforderlicher Kollektorwiderstand
U_{CE} = Kollektorgleichspannung
I_C = Kollektorgleichstrom
u_{CE} = Effektivwert der Kollektor-
wechselspannung
u_L = Effektivwert der Lautsprecher-
wechselspannung
$P\sim$ = Sprechwechselleistung

P_- = Gleichstromleistung
u_{CEs} = Spitzenwert der Kollektor-
wechselspannung
i_C = Spitzenwert des Kollektor-
wechselstromes
η = Wirkungsgrad
$P_{verlust}$ = Kollektorverlustleistung

Beispiel:

Der Lautsprecher-Gleichstromwiderstand beträgt 4 Ω. Der Arbeitspunkt des Transistors liegt bei U_{CE} = 8 V und I_C = 1,4 A. Beim Aussteuern betragen die Spitzenwerte u_{CEs} = 7 V und i_C = 1,2 A.

Berechnen Sie: a) das Übersetzungsverhältnis des Ausgangsübertragers; b) die Sprechwechselleistung; c) die Gleichstromleistung; d) die Verlustleistung des Transistors und e) den Wirkungsgrad.

Lösung: Die Impedanz des Lautsprechers ist:

a) $Z_L = 1,25 \cdot R_L = 1,25 \cdot 4\,\Omega$
$\underline{Z_L = 5\,\Omega}$

Er muß auf den Wert

$R_C = \dfrac{U_{CE}}{I_C} = \dfrac{8\,V}{1,4\,A}$

$\underline{R_C = 5,7\,\Omega}$

herauf transformiert werden. Der Ausgangsübertrager benötigt dann folgendes Übersetzungsverhältnis:

$$\ddot{u} = \sqrt{\frac{R_C}{Z_L}} = \sqrt{\frac{5,7\,\Omega}{5\,\Omega}} \qquad \Rightarrow \underline{\ddot{u} = 1,07 : 1}$$

An den Lautsprecher wird folgende Leistung abgegeben:

b) $P\sim = \dfrac{i_C \cdot u_{CEs}}{2} = \dfrac{1,2\,A \cdot 7\,V}{2}$

$\underline{P\sim = 4,2\,W}$

Die gesamte aufgenommene Leistung ist.

c) $P_- = I_C \cdot U_{CE} = 1,4\,A \cdot 8\,V$ $\qquad \Rightarrow \underline{P_- = 11,2\,W}$

Davon wird in Wärme umgesetzt:

d) $P_{Verlust} = P_- - P\sim = 11,2\,W - 4,2\,W$ $\qquad \Rightarrow \underline{P_{Verlust} = 7\,W}$

Der Wirkungsgrad des Verstärkers ist:

e) $\eta = \dfrac{P\sim}{P_-} = \dfrac{4,2\,W}{11,2\,W} = 0,375$ $\qquad \Rightarrow \underline{\eta = 37,5\,\%}$

Aufgaben:

1. Bei einer Kollektorspannung von 6 V fließt ein Kollektorstrom von 80 mA. Der Lautsprecher hat einen Gleichstromwiderstand von 7,6 Ω. Berechnen Sie das Übersetzungsverhältnis des Ausgangsübertragers.

2. Der Lautsprecher-Gleichstromwiderstand beträgt 3,2 Ω. Der Arbeitspunkt des Transistors liegt bei $U_{CE} = 6$ V und $I_c = 500$ mA. Beim Aussteuern betragen $u_{CEs} = 5$ V und $i_c = 450$ mA. Berechnen Sie: a) das Übersetzungsverhältnis des Ausgangsübertragers; b) die Sprechwechselleistung; c) die Gleichstromleistung; d) die Verlustleistung des Transistors; e) den Wirkungsgrad.

3. Eine Eintakt-A-Endstufe mit dem Transistor **BD 135** soll dimensioniert werden. Dieser Transistor hat im Arbeitspunkt folgende Daten: $U_B = U_{CE} = 10$ V; $I_c = 1$ A. Berechnen Sie: a) das Übersetzungsverhältnis des Ausgangstransformators bei $Z_L = 8$ Ω; b) die Sprechwechselleistung bei $u_{CEs} = 9,5$ V und $i_c = 0,9$ A; c) den Wirkungsgrad.

4. Der Transistor **BC 140** wird in einer Eintakt-A-Endstufe eingesetzt. Sein Arbeitspunkt liegt bei $U_{CE} = 6$ V; $I_c = 0,4$ A. Er wird soweit ausgesteuert, daß bei der einen Halbwelle $U_{CE} = 1$ V und $I_c = 0,72$ A betragen. Ermitteln Sie: a) die Verlustleistung für den unausgesteuerten und den ausgesteuerten Transistor; b) die Sprechwechselleistung.

5. Der Transistor BD **329** wird in einer Eintakt-A-Endstufe betrieben und gibt eine Ausgangsleistung von $P\sim = 2,6$ W ab. Es sind noch folgende Daten bekannt: $U_B = 100$ V; $I_c = 55$ mA; $R_c = 1,8$ kΩ, $Z_L = 5$ Ω. Es sind zu bestimmen: a) der Kollektorspitzenstrom und der Spitzenwert der Kollektorwechselspannung; b) die Transistorverlustleistung und c) der Wirkungsgrad.

18.2.2 Gegentakt-Endstufe

Um eine größere Sprechwechselleistung und einen höheren Wirkungsgrad zu erzielen, wendet man das Gegentakt-Prinzip an **(Tabelle 18.1)**. Hier verstärkt jeder Transistor nur eine Signalhalbwelle **(Bild 18.6)**. Weil bei einer Gegentakt-B-Endstufe nur während einer Signalhalbwelle in dem jeweiligen Transistor ein Strom fließt, muß **Bild 18.7** beachtet werden.

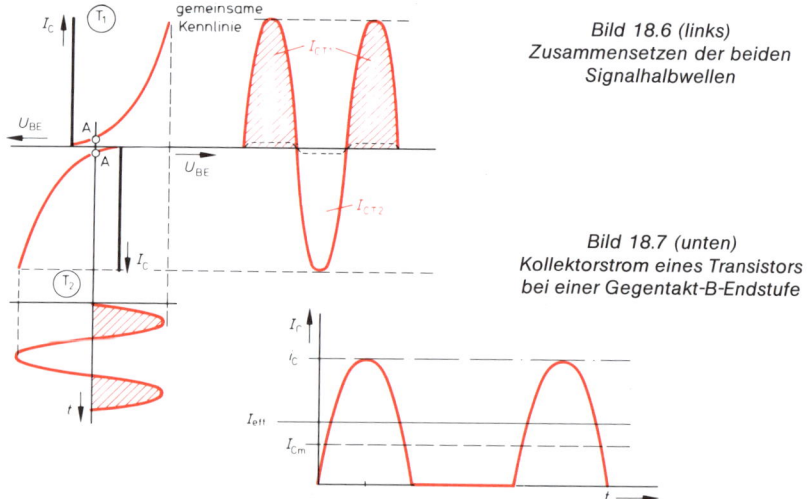

Bild 18.6 (links)
Zusammensetzen der beiden
Signalhalbwellen

Bild 18.7 (unten)
Kollektorstrom eines Transistors
bei einer Gegentakt-B-Endstufe

Tabelle 18.1: Gegentakt-Endstufe

	Parallel-Gegentakt-Endstufe	Serien-Gegentakt-Endstufe mit Komplementär-Transistoren
Schaltung		
erforderlicher Kollektorwiderstand Außenwiderstand	$R_C = \dfrac{U_B - U_{CESat}}{i_C}$ $R_{CC} = 4 \cdot R_C$	Z_L
Übersetzungsverhältnis	$\ddot{u} = \sqrt{\dfrac{R_{CC}}{Z_L}}$	—
Übertragungskondensator	—	$C = \dfrac{1}{2\,\pi \cdot f_{gu} \cdot Z_L}$
arithmetischer Mittelwert des Kollektorstromes	$I_{Cm} = \dfrac{i_C}{\pi}$	$I_{Cm} = \dfrac{i_C}{\pi}$
Betriebsspannung	U_B	$U_B = 2\,(i_C \cdot Z_L + U_{CESat} + i_C \cdot R_E)$
Sprechwechselleistung	$P_\sim = \dfrac{(U_B - U_{CESat}) \cdot i_C}{2}$	$P_\sim = \dfrac{i_C{}^2 \cdot Z_L}{2}$ $P_\sim \approx \dfrac{U_B{}^2}{8 \cdot Z_L}$
Gleichstromleistung	$P_- = 2 \cdot U_B \cdot I_{Cm}$	$P_- = U_B \cdot I_{Cm}$
Transistorverlustleistung	$P_v = \dfrac{P_- - P_\sim}{2}$	$P_v = \dfrac{P_- - P_\sim}{2}$
Wirkungsgrad	$\eta = \dfrac{P_\sim}{P_-}$	$\eta = \dfrac{P_\sim}{P_-}$

i_C = Kollektorspitzenstrom
U_{CESat} = Kollektor-Emitter-Restspannung
U_B = Betriebsspannung

f_{gu} = untere Grenzfrequenz
Z_L = Lautsprecherimpedanz

Beispiel:

Eine Komplementär-Endstufe liefert bei voller Aussteuerung 30 W Sprechleistung an den 5-Ω-Lautsprecher. $U_{CESat} = 1\,V$; $R_E = 0,5\,\Omega$. Berechnen Sie: a) die erforderliche Speisespannung; b) die gesamte Gleichstromleistung; c) die Verlustleistung eines Transistors und d) den Wirkungsgrad!

Lösung:

Der Spitzenstrom ist:

$$\text{a) } P\sim = \frac{i_c{}^2 \cdot Z_L}{2} \qquad i_c = \sqrt{\frac{2 \cdot P\sim}{Z_L}} = \sqrt{\frac{2 \cdot 30\,W}{5\,\Omega}} = \sqrt{\frac{60\,W}{5\,\Omega}} \qquad \Rightarrow \underline{i_c = 3,46\,A}$$

Die Betriebsspannung ist:

$$U_B = 2(i_c \cdot Z_L + U_{CESat} + U_{RE}) \qquad\qquad U_{RE} = i_c \cdot R_E = 3,46\,A \cdot 0,5\,\Omega$$
$$U_B = 2(3,46\,A \cdot 5\,\Omega + 1\,V + 1,73\,V) \qquad\qquad U_{RE} = 1,73\,V$$
$$\underline{U_B = 40,06\,V}$$

Der arithmetische Mittelwert des Kollektorstromes ist:

$$\text{b) } I_{cm} = \frac{i_c}{\pi} = \frac{3,46\,A}{\pi} \qquad\qquad \Rightarrow \underline{I_{cm} = 1,1\,A}$$

Daraus erhält man die Gleichstromleistung:

$$P_- = U_B \cdot I_{cm} = 40\,V \cdot 1,1\,A \qquad\qquad \Rightarrow \underline{P_- = 44\,W}$$

Es ist folgende Verlustleistung aufzuwenden:

$$\text{c) } P_{verlust} = \frac{P_- - P\sim}{2} = \frac{44\,W - 30\,W}{2} = \frac{14\,W}{2} \qquad \Rightarrow \underline{P_{verlust} = 7\,W}$$

Der Wirkungsgrad ist:

$$\text{d) } \eta = \frac{P\sim}{P_-} = \frac{30\,W}{44\,W} \qquad\qquad \Rightarrow \underline{\eta = 69\,\%}$$

Aufgaben:

1. Eine Gegentakt-B-Endstufe ist mit den Transistoren BD 181 bestückt. Diese ziehen einen mittleren Kollektorstrom von 4 A. Der erforderliche Kollektorwiderstand beträgt 15 Ω, der Lautsprecher hat einen Gleichstromwiderstand von 6,4 Ω. Berechnen Sie die Spitzen-Spitzen-Spannung am Lautsprecher.

●2. Eine Gegentaktendstufe wird mit dem Transistor BD 135 aufgebaut und soll an 15 V Betriebsspannung liegen. Der zulässige Kollektorspitzenstrom beträgt $i_C = 1,5\,A$, und die Restspannung $U_{CESat} = 0,5\,V$. Der Lautsprecher hat eine Impedanz von $Z_L = 5\,\Omega$. Berechnen Sie: a) das Übersetzungsverhältnis des Ausgangsübertragers; b) die Sprechwechselleistung; c) die Verlustleistung eines Transistors; d) den Wirkungsgrad.

●3. Mit dem Transistor BD 130 soll eine Gegentakt-B-Endstufe gebaut werden, die eine Ausgangsleistung von $P\sim = 50\,W$ abgibt. Diese Schaltung soll mit einer Betriebsspannung von $U_B = 30\,V$ betrieben werden. Die Kollektor-Emitter-Restspannung hat $U_{CESat} = 1,1\,V$. Berechnen Sie: a) den Kollektorspitzenstrom i_C; b) das Übersetzungsverhältnis des Übertragers, wenn der Lautsprecher eine Impedanz von $Z_L = 5\,\Omega$ hat; c) die Transistorverlustleistung; d) den Wirkungsgrad.

4. Bei einer Komplementärendstufe muß das Transistorpaar ausgewechselt werden. Weil es den alten Transistortyp nicht mehr gibt, wird eine Vergleichstype gesucht. Es muß deshalb der Kollektorspitzenstrom berechnet werden. Von dieser Endstufenschaltung sind folgende Daten bekannt: $U_B = 15$ V; $U_{CESat} = 0,5$ V; $R_E = 0,47$ Ω; $Z_L = 8$ Ω. Berechnen Sie die Sprechwechselleistung dieser Endstufe.

5. Eine Komplementärendstufe mit dem Transistorpaar AD161/AD162 gibt eine Leistung von 8 W an die Lautsprecherimpedanz von 4 Ω ab. Die Restspannung beträgt 1 V, und die Emitterwiderstände haben je 0,47 Ω. Berechnen Sie: a) die erforderliche Speisespannung; b) die gesamte Gleichstromleistung; c) die Verlustleistung eines Transistors; d) den Wirkungsgrad; e) den Kondensator für $f_u = 20$ Hz.

6. Es soll eine Komplementärendstufe aufgebaut werden. Dazu benutzt man die Transistoren BD135/136 mit einem zulässigen Kollektorspitzenstrom von 1,5 A, $P_{tot} = 6,5$ W, und $U_{CESat} = 2$ V. In die Emitterleitung der Transistoren soll je ein Emitterwiderstand mit 0,5 Ω gelegt werden, weiterhin steht ein Lautsprecher mit einer Impedanz von $Z_L = 4$ Ω zur Verfügung. Berechnen Sie: a) die Betriebsspannung; b) die Sprechwechselleistung; c) die Transistorverlustleistung und vergleichen Sie sie mit der angegebenen Verlustleistung; d) den Wirkungsgrad; e) die Grenzfrequenz, wenn $C = 500$ µF.

7. Eine Komplementärendstufe hat einen Lautsprecher mit $Z_L = 15$ Ω. Der Verstärker liegt an 40 V Betriebsspannung. Die Restspannung beträgt 1 V, in der Emitterleitung liegen keine Emitterwiderstände. a) Welcher Kollektorstrom kommt bei den Transistoren beim Aussteuern höchstens vor? b) Wie groß ist der arithmetische Mittelwert des Kollektorstromes, wenn der Verstärker mit Sinuston angesteuert wird? c) Berechnen Sie die Verlustleistung eines Transistors; d) den Kondensator für $f_u = 50$ Hz.

8. Eine Komplementär-Endstufe soll mit den Transistoren BD433 / BD434 aufgebaut werden. An der Lautsprecherimpedanz von $Z_L = 8$ Ω will man eine Sprechwechselleistung von $P\sim = 20$ W erreichen. Berechnen Sie: a) den Kollektorspitzenstrom; b) die erforderliche Betriebsspannung; c) die Verlustleistung eines Transistors; d) den Wirkungsgrad; e) die untere Grenzfrequenz bei $C = 470$ µF.

9. Eine Komplementär-Endstufe wird mit einer Betriebsspannung von $U_B = 25$ V betrieben. Die Endstufen-Transistoren haben eine Kollektor-Emitter-Restspannung von $U_{CESat} = 0,6$ V. Der Lautsprecher hat eine Impedanz von $Z_L = 5$ Ω, und die Emitterwiderstände haben je $R_E = 1$ Ω. Berechnen Sie: a) den Kollektorspitzenstrom i_c; b) die Sprechwechselleistung $P\sim$; c) den Wirkungsgrad dieser Endstufe.

● 10. Eine Komplementär-Endstufe soll mit den Transistoren BD139/BD140 aufgebaut werden. Diese Transistoren haben einen höchstzulässigen Kollektorstrom von 1,5 A und eine Kollektor-Emitter-Restspannung von $U_{CESat} = 0,5$ V. Der Emitterwiderstand soll je Transistor einen Wert von $R_E = 1$ Ω haben, und der Lautsprecher hat einen Gleichstromwiderstand von 6,4 Ω. Berechnen Sie: a) die erforderliche Betriebsspannung; b) die Sprechwechselleistung; c) die Verlustleistung eines Transistors; d) den Wirkungsgrad der Endstufe.

● 11. Eine Komplementär-Endstufe soll mit den Leistungstransistoren BD440/BD439 aufgebaut werden. Diese Transistoren haben einen Kollektorspitzenstrom von $i_C = 7$ A und eine Kollektor-Emitter-Restspannung von $U_{CESat} = 1,6$ V. Der Emitterwiderstand jedes Transistors hat 0,2 Ω, und der Lautsprecher besitzt eine Impedanz von $Z_L = 4$ Ω. Berechnen Sie: a) die erforderliche Ausgangsleistung des Stromversorgungsgerätes; b) die Ausgangssprechleistung; c) die Transistorverlustleistung; d) den Wirkungsgrad.

● 12. Eine Komplementär-Endstufe liefert bei $U_B = 30$ V eine Sprechwechselleistung von 16 W an einen Lautsprecher mit einer Impedanz von $Z_L = 6$ Ω. Berechnen Sie: a) den Kollektorspitzenstrom; b) die Gleichstromleistung; c) die Verlustleistung eines Transistors; d) den Wirkungsgrad; e) den Kondensator für $f_u = 20$ Hz.

18.2.3 Integrierter Leistungsverstärker

Immer häufiger werden Leistungsverstärker als integrierte Schaltungen angeboten. Der Schaltungsaufbau vereinfacht sich dadurch. Im **Bild 18.**8 ist eine Anwendungsschaltung eines Nf-Leistungsverstärkers mit der integrierten Schaltung TDA 1037 mit den dazugehörigen Kennlinien wiedergegeben. Dieser Nf-Leistungsverstärker ist für den Einsatz in Geräten der Unterhaltungselektronik entwickelt worden. Durch den großen Betriebsspannungsbereich dieser Schaltung ist ein vielseitiger Einsatz möglich. Dieser Verstärker arbeitet im Gegentakt-B-Betrieb. Die eingebaute elektronische Sicherung schützt den IC vor thermischer Überlastung.

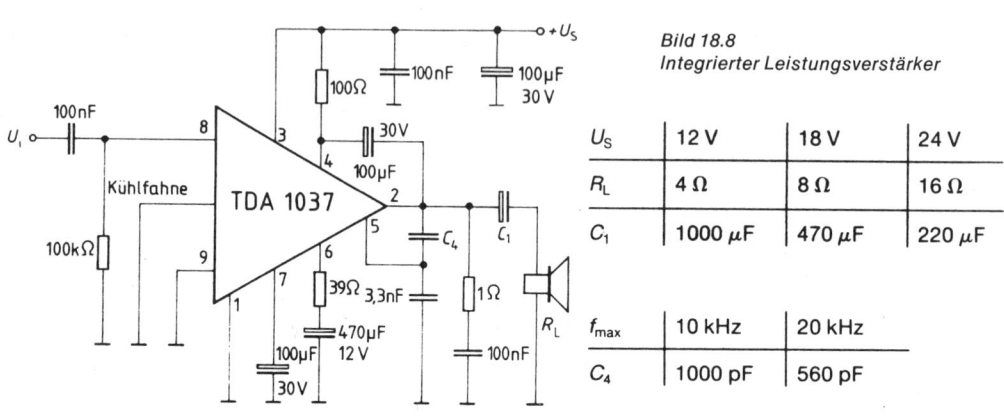

Bild 18.8
Integrierter Leistungsverstärker

U_S	12 V	18 V	24 V
R_L	4 Ω	8 Ω	16 Ω
C_1	1000 μF	470 μF	220 μF
f_{max}	10 kHz	20 kHz	
C_4	1000 pF	560 pF	

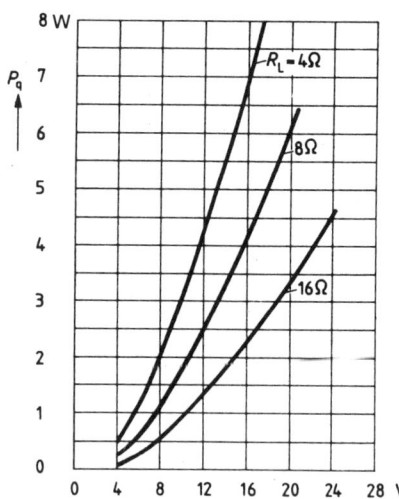

Ausgangsleistung $P_q = f(U_S)$
$k = 10\ \%;\ R_L = 4, 8, 16\ \Omega;\ f = 1\ \text{kHz}$

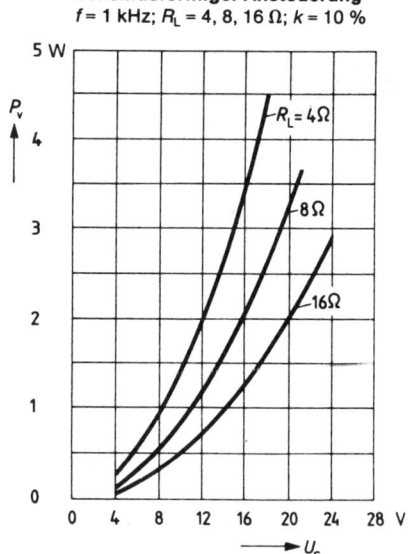

Max. Verlustleistung $P_v = f(U_S)$
bei sinusförmiger Ansteuerung
$f = 1\ \text{kHz};\ R_L = 4, 8, 16\ \Omega;\ k = 10\ \%$

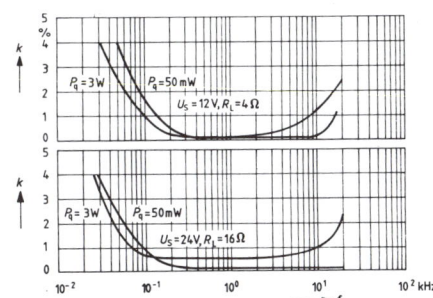

Klirrfaktor $k = f(f)$

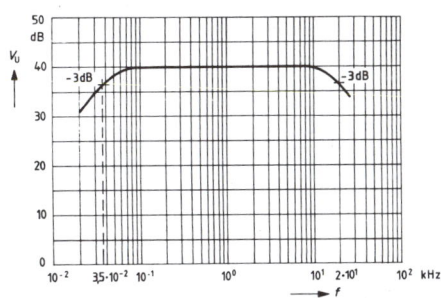

Verstärkung $V_U = f(f)$
$U_S = 12\,V;\ R_L = 4\,\Omega$

Bild 18.9 Kennlinien

Aufgaben:

1. Ermitteln Sie aus den Kennlinien **Bild 18.8** die Wechselstrom-Ausgangsleistung für eine Betriebsspannung $U_S = 16\,V$
   a) $R_L = 4\,\Omega$
   b) $R_L = 8\,\Omega$
   c) $R_L = 16\,\Omega$

2. Ermitteln Sie aus den Kennlinien **Bild 18.8** die Wechselstrom-Ausgangsleistung und die Verlustleistung bei einer Betriebsspannung $U_S = 12\,V$
   a) $R_L = 4\,\Omega$
   b) $R_L = 8\,\Omega$
   c) $R_L = 16\,\Omega$

3. Ermitteln Sie aus den Kennlinien **Bild 18.8** den Klirrfaktor bei $f = 100\,Hz$ für:
   a) $U_S = 12\,V, R_L = 4\,\Omega, P_q = 3\,W$
   b) $U_S = 24\,V, R_L = 16\,\Omega, P_q = 3\,W$

4. Welche Bandbreite hat diese integrierte Schaltung bei einer Betriebsspannung $U_S = 12\,V$ und einem Lastwiderstand $R_L = 4\,\Omega$?

5. Welche obere und untere Frequenz erreicht man mit diesem integrierten Leistungsverstärker bei einem geforderten Klirrfaktor k = 2 % für:
   a) $U_S = 12\,V, R_L = 4\,\Omega, P_q = 3\,W$
   b) $U_S = 24\,V, R_L = 16\,\Omega, P_q = 3\,W$

6. Welche Ausgangswechselspannung Ua_{SS} mißt man mit einem Oszilloskopen am Lastwiderstand $R_L = 4\,\Omega$ bei einer Betriebsspannung $U_S = 10\,V$?

7. Mit welcher Eingangswechselspannung Ue_{SS} muß dieser integrierte Leistungsverstärker angesteuert werden, um bei einer Frequenz $f = 1\,kHz$ Vollaussteuerung bei einer Betriebsspannung $U_S = 12\,V$ und einem Lastwiderstand $R_L = 4\,\Omega$ zu erhalten?

18.3 Gegenkopplung

Grundsätzlich unterscheidet man zwischen einer Spannungs- und einer Stromgegenkopplung **(Tabelle 18.2)**. In beiden Fällen wird die Spannungsverstärkung des Verstärkers
herabgesetzt. Bei einer Stromgegenkopplung wird jedoch der Eingangswiderstand der
Verstärkerstufe durch die Gegenkopplung erhöht, bei der Spannungsgegenkopplung
aber herabgesetzt.

	Tabelle 18.2: Gegenkopplung	
Name	Paralleleingespeiste Spannungsgegenkopplung	Serieneingespeiste Stromgegenkopplung
Schaltung	Bedingung $X_C \ll R$	
Spannungs verstärkung	$V'_u \approx V_u$ $V'_u = \dfrac{\beta}{h_{11e}}(R_C \parallel r_{CE} \parallel R)$	$V'_u = \dfrac{V_u}{1 + K \cdot V_u}$ $V_u = \dfrac{\beta}{h_{11e}}(R_C \parallel r_{CE})$
Strom- verstärkung	$V_i = \beta$ $V'_i = \dfrac{V_i}{1 + K \cdot V_i}$ $V'_i \approx \dfrac{R}{R_C}$	$V'_i = V_i = \beta$
Kopplungs- faktor	$K = \dfrac{r_e}{r_e + R}$ mit $r_e = h_{11e} \parallel R_1 \parallel R_q$	$K = \dfrac{R_E}{R_C}$
Stufen- eingangs- widerstand	$r'_e \approx \dfrac{R}{V_u} \parallel h_{11e} \parallel R_1 \parallel R_q$	$r'_e = (h_{11e} + \beta \cdot R_E) \parallel R_1 \parallel R_q$

V'_u = Spannungsverstärkung mit Gegenkopplung K = Kopplungsfaktor
V_u = Spannungsverstärkung ohne Gegenkopplung r_e = Eingangswiderstand
V'_i = **Stromverstärkung mit Gegenkopplung** h_{11e} = **Transistoreingangswiderstand**
V_i = **Stromverstärkung ohne Gegenkopplung** β = **Stromverstärkung**
r_{CE} = Transistorausgangswiderstand

Frequenzabhängige Gegenkopplung

Legt man in die Gegenkopplungs-
zweige frequenzabhängige Bauteile,
so erhält man eine frequenzabhängige Gegenkopplung **(Bild 18.10)**, für
die dann folgende rechnerischen
Zusammenhänge gelten:

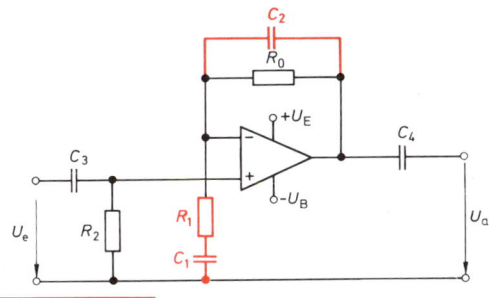

Bild 18.10
Verstärker mit frequenzabhängiger
Gegenkopplung

$$V = \frac{U_a}{U_e} = 1 + \cfrac{1}{\sqrt{\left[\left(\frac{1}{R_o}\right)^2 + \left(\frac{1}{X_{C2}}\right)^2\right] \cdot \left[R_1^2 + X_{C1}^2\right]}}$$

für $f = 1$ kHz gilt:

$$V = \frac{U_a}{U_e} \approx 1 + \frac{R_0}{\sqrt{R_1^2 + X_{C1}^2}}$$

$$f_u = \frac{1}{2\pi \cdot R_1 \cdot C_1}$$

$$f_{ob} = \frac{1}{2\pi \cdot R_0 \cdot C_2}$$

Beispiel:

In einer Verstärkerschaltung hat der Transistor einen Kollektorwiderstand von $R_c = 2,2$ kΩ.
Zur thermischen Arbeitspunktstabilisierung wird ein Emitterwiderstand verwendet. Das
Widerstandsverhältnis R_c / R_E soll dabei 3,73 sein. Der Transistor hat die Daten
$h_{11e} = 4,5$ kΩ; $h_{21e} = 330$. Diese Verstärkerstufe darf nur eine Verstärkung von $V'_u = 16,5$
haben. Berechnen Sie: a) den Emitterwiderstand zur thermischen Arbeitspunktstabilisierung; b) den Emitterwiderstand zur Stromgegenkopplung. c) Geben Sie die Schaltung des
Emitterwiderstandes an.

Lösung:

a) $R_E = \dfrac{R_c}{3,73} = \dfrac{2,2 \text{ k}\Omega}{3,73}$

$R_E = 589,8 \ \Omega$

b) $V_u = \dfrac{h_{21e} \cdot R_c}{h_{11e}} = \dfrac{330 \cdot 2,2 \text{ k}\Omega}{4,5 \text{ k}\Omega}$

$V_u = 161,33$

$V'_u = \dfrac{V_u}{1 + K \cdot V_u}$

$K = \dfrac{V_u}{V'_u} - 1/V_u = \dfrac{161,33}{16,5} \quad 1/161,33$

$K = 0,054$

$K = \dfrac{R_E}{R_c}$

$R_E = K \cdot R_c = 0,054 \cdot 2,2 \text{ k}\Omega$

$R_E = 119,7 \ \Omega$

c) Der erforderliche Emitterwiderstand von 590 Ω wird in zwei Widerstände mit 470 Ω
und 120 Ω aufgeteilt. Dabei wird der 470 Ω-Widerstand kapazitiv überbrückt.

Aufgaben:

1. Eine Verstärkerstufe hat ohne Gegenkopplung eine Spannungsverstärkung von $V_u = 150$. Wie groß wird die Spannungsverstärkung, wenn eine Gegenkopplung mit einem Kopplungsfaktor von 0,3 eingebaut wird?

2. Ein Verstärker ohne Gegenkopplung hat eine Spannungsverstärkung von $V_u = 80$. Wird eine Gegenkopplung eingebaut, so sinkt die Verstärkung auf $V'_u = 2$. Berechnen Sie den Kopplungsfaktor.

3. Bei einem Verstärker wird eine Gegenkopplung mit einem Kopplungsfaktor von $K = 30\%$ eingebaut. Dann hat der Verstärker eine Spannungsverstärkung von $V'_u = 3$. Wie groß wäre die Verstärkung ohne Gegenkopplung?

4. Bei einem Transistorverstärker hat der Kollektorwiderstand $R_c = 3,3$ kΩ und der unüberbrückbare Emitterwiderstand $R_E = 680$ Ω. Durch diese Stromgegenkopplung erreicht man mit dieser Verstärkerstufe eine Verstärkung von $V'_u = 4$. Welche Spannungsverstärkung kann erreicht werden, wenn der Emitterwiderstand kapazitiv überbrückt wird?

5. In einer Verstärkerschaltung hat der Kollektorwiderstand $R_c = 2,7$ kΩ. Die Spannungsverstärkung beträgt $V_u = 160$. Das Widerstandsverhältnis R_c / R_E beträgt 5,7. Berechnen Sie: a) den Kopplungsfaktor; b) die Verstärkung mit Gegenkopplung.

● 6. Eine Verstärkerschaltung mit einem Kollektorwiderstand $R_c = 2,7$ kΩ hat eine Stromverstärkung von $V_i = 120$. Der Transistor hat einen Eingangswiderstand von $h_{11e} = 2,5$ kΩ, und der Basisspannungsteiler besteht aus $R_1 = 150$ kΩ, $R_q = 33$ kΩ. Durch eine Spannungsgegenkopplung mit einem Widerstand von $R = 68$ kΩ soll die Verstärkung herabgesetzt werden. Berechnen Sie: a) den Kopplungsfaktor; b) die Verstärkung mit Gegenkopplung; c) den Stufeneingangswiderstand mit Gegenkopplung.

7. Eine Verstärkerstufe hat eine Stromverstärkung von $V_i = 200$. Es wird nur eine Verstärkung von $V'_i = 50$ benötigt. Welchen Wert muß der Widerstand der Spannungsgegenkopplung haben, wenn $h_{11e} = 4,5$ kΩ, $R_1 = 120$ kΩ und $R_q = 27$ kΩ groß sind?

● 8. In einer Verstärkerschaltung mit Stromgegenkopplung hat $R_c = 2,7$ kΩ, $R_c / R_E = 10$, $V_u = 180$, $V'_u = 16,34$. Berechnen Sie: a) den erforderlichen Emitterwiderstand zur thermischen Arbeitspunktstabilisierung; b) den Kopplungsfaktor; c) den erforderlichen Emitterwiderstand zur Stromgegenkopplung; d) Geben Sie die Schaltung des Emitterwiderstandes an.

● 9. Der Transistor einer Verstärkerstufe hat einen Eingangswiderstand von $h_{11e} = 3,2$ kΩ. Der Basisspannungsteiler besteht aus $R_1 = 270$ kΩ, $R_q = 68$ kΩ. Berechnen Sie: a) den Eingangswiderstand dieser Schaltung; b) den erforderlichen Widerstand zur Spannungsgegenkopplung, wenn die Verstärkung von $V_i = 160$ auf $V'_i = 25$ herabgesetzt werden soll; c) den Stufeneingangswiderstand der Schaltung mit Gegenkopplung bei $V_u = 200$.

10. Ein Nf-Verstärker mit einem Operationsverstärker nach **Bild 18.10** hat eine frequenzabhängige Gegenkopplung mit folgender Dimensionierung: $R_1 = 12$ kΩ, $C_1 = 1$ µF; $R_0 = 100$ kΩ; $C_2 = 0,1$ nF. Berechnen Sie: a) die untere Grenzfrequenz; b) die obere Grenzfrequenz.

●11. Auf den Eingang eines Verstärkers mit einem Operationsverstärker wird ein Signal von $U_e = 0,5$ V gegeben. Der Operationsverstärker ist wie folgt beschaltet: $R_0 = 120$ kΩ; $R_1 = 12$ kΩ; $C_1 = 470$ nF. Berechnen Sie: a) die untere Grenzfrequenz; b) das Ausgangssignal bei f_u.

12. Um Schwingneigungen eines Verstärkers mit Operationsverstärker zu vermeiden, sollen Frequenzen oberhalb $f_{ob} = 50$ kHz gegengekoppelt werden. Berechnen Sie den Kapazitätswert des erforderlichen Kondensators C_2, wenn $R_2 = 220$ kΩ ist.

18.4 Gleichspannungsverstärker

Gleichspannungsverstärker dürfen keine frequenzabhängigen Bauelemente enthalten.

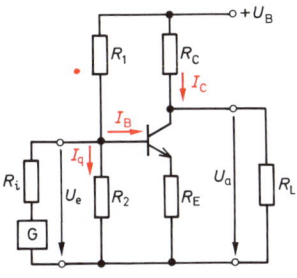

$$R_C = \frac{U_B - U_{CE} - U_{RE}}{I_C}$$

$$R_E = \frac{U_{RE}}{I_C}$$

$$R_2 = \frac{U_{RE} + U_{BE}}{I_q}$$

$$I_q = 2 \ldots 10 \cdot I_B$$

$$R_1 = \frac{U_B - U_{BE} - U_{RE}}{I_B + I_q}$$

$$V_u = \frac{\beta \cdot R_c}{r_{BE} + \beta \cdot R_E}$$

$$r_e = r_{BE} + \beta \cdot R_E$$

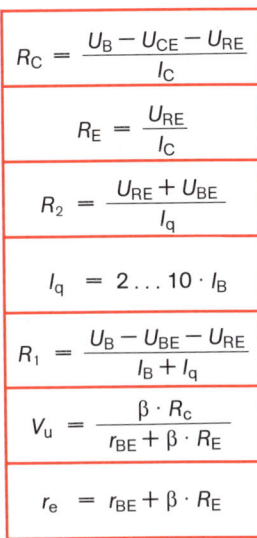

Bild 18.11
Gleichspannungsverstärker mit Transistor

U_{CE} = Kollektor-Emitterspannung
I_C = Kollektorstrom
U_{RE} = Spannungsabfall an R_E
U_{BE} = Basisvorspannung
I_q = Querstrom
I_B = Basisstrom
β = Stromverstärkung
r_{BE} = Kurzschlußeingangswiderstand
r_e = Stufeneingangswiderstand

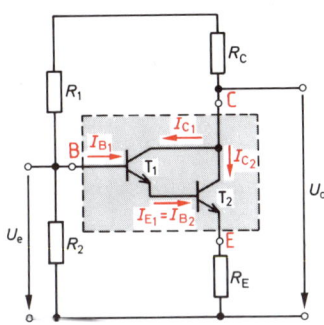

Bild 18.12
Gleichspannungsverstärker mit Darlington-Verstärker

$$U_{BE} = U_{BE1} + U_{BE2}$$

$$B = B_1 \cdot B_2$$

$$\beta = \beta_1 \cdot \beta_2$$

$$r_{BE} = r_{BE1} + r_{BE2}$$

$$r_{CE} = r_{CE2} \| \frac{r_{CE1}}{\beta_2}$$

$$r_e \approx \beta \cdot R_E$$

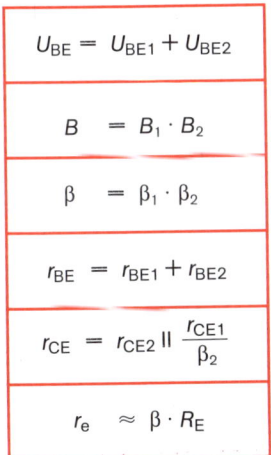

U_{BE} = Basisvorspannung
B = Gleichstromverstärkung
β = Stromverstärkung
r_{BE} = Kurzschlußeingangswiderstand
r_{CE} = Leerlaufausgangswiderstand
r_e = Stufeneingangswiderstand

Aufgaben:

● 1. Ein Gleichspannungsverstärker nach **Bild 18.11** liegt an $U_B = 10$ V. Der verwendete Transistor BC413B hat im Arbeitspunkt: $U_{CE} = 5$ V, $I_c = 2$ mA die Daten: $h_{11e} = 4,5$ kΩ; $h_{21e} = 330$; $B = 290$. Gewählt werden: $U_{RE} = 0,8$ V; $I_q = 3 \cdot I_B$, $U_{BE} = 0,62$ V. Berechnen Sie: a) den Stufeneingangswiderstand; b) die Spannungsverstärkung.

2. Der Transistor BC546A hat im Arbeitspunkt die Daten: $h_{11e} = 2,7$ kΩ; $h_{21e} = 220$. Der Kollektorwiderstand wird mit $R_C = 2,2$ kΩ und der Emitterwiderstand $R_E = 470$ gewählt. Berechnen Sie die Gleichspannungsverstärkung.

3. Der Transistor BC549B hat im Arbeitspunkt die Daten: $h_{11e} = 4,5$ kΩ; $h_{21e} = 330$. Welchen Wert muß der Emitterwiderstand besitzen, wenn die Gleichspannungsverstärkung $V_u = 12$ bei $R_C = 2,7$ kΩ betragen soll?

4. Welchen Eingangswiderstand hat der Gleichspannungsverstärker mit dem Transistor BC238C ($h_{21e} = 600$, $h_{11e} = 8,7$ kΩ), wenn $U_B = 15$ V, $U_{RC} = 6$ V, $U_{CE} = 6$ V und $I_c = 3,5$ mA betragen?

● 5. Zwei Transistoren sind in Darlington-Schaltung an die Betriebsspannung $U = 30$ V angeschlossen. Im Emitterkreis von T 2 ist der Lastwiderstand $R_L = 25$ Ω in Reihe geschaltet. Die Stromverstärkung der Transistoren beträgt $B_1 = 60$ und $B_2 = 20$. a) Berechnen Sie die einzelnen Ströme in der Schaltung, wenn der Transistor T 1 den Basisstrom $I_{B1} = 0,5$ mA erhält! b) Welche Leistung wird an der Darlingtonstufe und am Lastwiderstand verbraucht? c) Berechnen Sie einen Spannungsteiler zur Festlegung des Arbeitspunktes, wenn bei beiden Transistoren (Silizium) $U_{BE} = 0,65$ V beträgt; wählen Sie $I_q = 5 \cdot I_B$!

● 6. Zwei Transistoren sind in Darlington-Schaltung zusammengeschaltet. Die Transistoren haben folgende Daten:
T 1: $U_{BE} = 0,6$ V; $B = 180$; $\beta = 220$; $r_{BE} = 4,5$ kΩ; $r_{CE} = 33$ kΩ.
T 2: $U_{BE} = 0,65$ V; $B = 100$; $\beta = 150$; $r_{BE} = 2,7$ kΩ; $r_{CE} = 15$ kΩ.
Berechnen Sie die Basisvorspannung, die Gleichstromverstärkung, die Stromverstärkung, den Ein- und Ausgangswiderstand dieser Schaltung.

7. In einem geregelten Netzgerät soll der Strom für den Verbraucher mit Hilfe einer Darlingtonstufe zwischen 5 A und 10 A eingestellt werden können. Die Stromverstärkung der beiden Transistoren beträgt $B_1 = 50$ und $B_2 = 40$. In welchem Bereich muß der Basisstrom am Eingang verändert werden?

8. Die Endstufe eines Verstärkers ist als Darlington-Schaltung ausgeführt. Die Stromverstärkung der beiden Transistoren ist mit jeweils $B = 80$ angegeben, als Lastwiderstand wird in die Emitterleitung von T2 ein Widerstand $R = 10$ Ω gelegt. Am Lastwiderstand soll die Leistung 40 W erreicht werden. Berechnen Sie den Eingangswiderstand der Schaltung und den erforderlichen Basisstrom (ΔI_{B1}) als Spitze-Spitze-Wert am 1. Transistor!

9. Welchen Wert darf der Lastwiderstand einer Darlington-Schaltung aufweisen, wenn der Eingangswiderstand 20 kΩ haben darf und $V_{i1} = 120$, $V_{i2} = 50$ sind?

● 10. Ein Gleichspannungsverstärker nach **Bild 18.11** liegt an $U_B = 15$ V. Der verwendete Transistor BC 238B hat im Arbeitspunkt $U_{CE} = 5$ V; $I_c = 4$ mA die Daten: $h_{11e} = 4,5$ kΩ; $h_{21e} = 330$; $h_{22e} = 30$ µS; $B = 290$, $U_{BE} = 0,62$ V. Gewählt wurde $U_{RE} = 1,6$ V und $I_q = 3 \cdot I_B$. Berechnen Sie: a) den Stufeneingangswiderstand unter Berücksichtigung des Basisspannungsteilers, b) die Spannungsverstärkung. Wählen Sie die Widerstandswerte nach der E12-Normreihe (abrunden) und rechnen Sie damit weiter.

18.5 Hf-Verstärker

18.5.1 Selektiver Verstärker

Soll nur eine Spannung bestimmter Frequenz verstärkt werden, wie es bei jedem Resonanzverstärker der Fall ist, so legt man in die Kollektorleitung eines Hf-Transistors einen abgestimmten Parallelschwingkreis **(Bild 18.13)**. Damit ergibt sich für die Spannungsverstärkung:

$$V_u = y_{21e}\, \frac{r_{CE} \cdot Z_0}{r_{CE} + Z_0}$$

$$Z_0 = \frac{L}{C \cdot R_v} = Q \cdot X_L = Q \cdot X_C$$

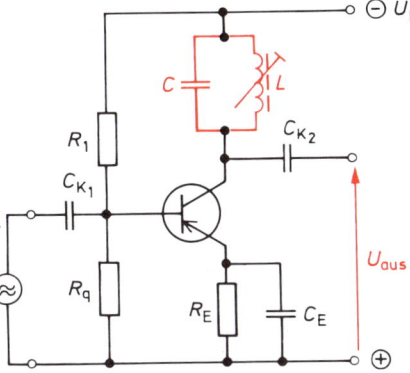

Arbeitet der Transistor auf ein kritisch gekoppeltes Bandfilter, gelten folgende Formeln:

$$Z_{0Bf} = \frac{Z_0}{2} \qquad Q_{BF} = \frac{Q}{\sqrt{2}} \qquad b_{BF} = b \cdot \sqrt{2}$$

Bild 18.13
Selektiver Verstärker

Z_{0Bf} = Resonanzwiderstand des Bandfilters
Q_{BF} = Güte des Bandfilters
b_{BF} = Bandbreite des Bandfilters
b = Bandbreite des Einzelkreises
y_{21e} = Vorwärtssteilheit

$r_{CE} = \dfrac{1}{g_{22e}}$ = Innenwiderstand

Z_0 = Resonanzwiderstand des Parallelschwingkreises

R_v = Verlustwiderstand des Kreises (hauptsächlich Verlustwiderstand der Spule)

Q = Güte des Kreises

Beispiel:

Der Transistor AF126 mit den Daten: $y_{21e} = 37$ mS und $g_{22e} = 1$ μS wird in einem selektiven Verstärker für $f_0 = 450$ kHz eingesetzt. Der Parallelschwingkreis hat eine Spule mit $L = 550$ μH und $R_v = 10\ \Omega$. Das Ausgangssignal soll an einen Lastwiderstand mit $R = 10$ kΩ gegeben werden. Berechnen Sie: a) die Spannungsverstärkung ohne Belastung; b) die Spannungsverstärkung mit Belastung; c) das Ausgangssignal, wenn der Basiswechselstrom 0,1 μA und $\beta = 150$ betragen!

Lösung: a) $f_0 = \dfrac{1}{2\pi\sqrt{L\,C}}$

$$C = \frac{1}{4\pi^2 \cdot f_0{}^2 \cdot L} = \frac{1}{4 \cdot \pi^2 \cdot (450\,\text{kHz})^2 \cdot 500\,\mu H}$$

$$Z_0 = \frac{L}{C \cdot R_v} = \frac{500\,\mu H}{246\,\text{pF} \cdot 10\,\Omega} = \frac{5 \cdot 10^{-4}\,\text{H}}{2{,}46 \cdot 10^{-10}\,\text{F} \cdot 1 \cdot 10^1\,\Omega} = \underline{203\,\text{k}\Omega}$$

$$r_{CE} = \frac{1}{g_{22e}} = \frac{1}{1\,\mu S} = \frac{1}{10^{-6}\,\text{S}} = \underline{1\,\text{M}\Omega}$$

$$V_u = y_{21e}\, \frac{r_{CE} \cdot Z_0}{r_{CE} + Z_0} = 37 \cdot 10^{-3}\,\text{S}\, \frac{10^6 \cdot 2{,}03 \cdot 10^5\,\Omega}{1{,}203 \cdot 10^6\,\Omega} = \underline{6244}$$

b) Bei Belastung liegt wechselspannungsmäßig der Lastwiderstand parallel zum Schwingkreis und parallel zum Transistor **(Bild 18.14)**. Damit wird

$$V_u = y_{21e} \left(\frac{1}{r_{CE,}} + \frac{1}{Z_0} + \frac{1}{R} \right)^{-1}$$

$$V_u = 37\,mS \left(\frac{1}{1\,M\Omega} + \frac{1}{203\,k\Omega} + \frac{1}{10\,k\Omega} \right)^{-1}$$

$$V_u = 37\,mS \cdot 9{,}44\,k\Omega = \underline{349}$$

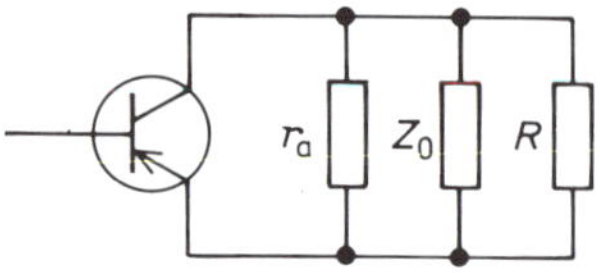

Bild 18.14
Lage des Lastwiderstandes

c) $U_{aus} = \beta \cdot i_B \cdot R_{ges} = 150 \cdot 0{,}1\,\mu A \cdot 9{,}44\,k\Omega = \underline{141{,}5\,mV}$

Aufgaben:

1. Der Transistor BF185 mit den Daten: $y_{21e} = 35\,mS$ und $g_{22e} = 4\,\mu S$ wird in einem selektiven Verstärker für $f_0 = 600\,kHz$ eingesetzt. Der in der Kollektorleitung liegende Parallelschwingkreis hat einen Kondensator von $C = 330\,pF$ und eine Güte von $Q = 100$. Berechnen Sie: a) die Spannungsverstärkung dieser Stufe; b) die Kreisinduktivität; c) den Verlustwiderstand des Kreises.

● 2. Für die Frequenz $f_0 = 27\,MHz$ soll ein selektiver Verstärker mit dem Transistor BF115 aufgebaut werden. Dieser Transistor hat die Daten: $y_{21e} = 34\,mS$ und $g_{22e} = 5{,}5\,\mu S$. Dieser Verstärker soll eine Verstärkung von $V_u = 250$ bei einer Kreisspule von $L = 5\,\mu H$ haben. Berechnen Sie: a) die Kreiskapazität; b) den Verlustwiderstand der Spule; c) das Ausgangssignal, wenn der Basiswechselstrom $0{,}1\,\mu A$ und $\beta = 150$ betragen.

3. Ein selektiver Verstärker für $f_0 = 1\,MHz$ soll mit dem Transistor BF335 aufgebaut werden. Dieser Transistor hat die Daten: $y_{21e} = 36\,mS$; $g_{22e} = 5\,\mu S$. Der Schwingkreis hat eine Induktivität von $L = 100\,\mu H$ und einen Verlustwiderstand von $R_v = 10\,\Omega$. Berechnen Sie die Spannungsverstärkung dieser Stufe, wenn sie mit einem Lastwiderstand von $R = 20\,k\Omega$ arbeitet.

● 4. Ein selektiver Verstärker für $f_0 = 450\,kHz$ und mit einer Bandbreite $b = 10\,kHz$ nach der Schaltung im **Bild 18.13** soll mit dem Transistor BF184 aufgebaut werden. Dieser Transistor hat folgende Daten: $y_{21e} = 35\,mS$; $g_{22e} = 4\,\mu S$; $g_{11e} = 0{,}3\,mS$; $B = 115$; bei $U_{BE} = 0{,}7\,V$ fließt ein Kollektorstrom von $I_c = 1\,mA$, dabei ist die Kollektor-Emitterspannung $U_{CE} = 10\,V$. Diese Schaltung soll an 12 V Betriebsspannung gelegt werden. Der Querstrom für den Basisspannungsteiler soll $I_q = 5 \cdot I_B$ sein. Der Lastwiderstand hat $R_L = 10\,k\Omega$. Der Generator-Innenwiderstand ist $R_{Gen} = 100\,\Omega$. Berechnen Sie für diese Schaltung alle Widerstände und Kondensatoren sowie die Verstärkung bei einer Schwingkreisspule mit $L = 200\,\mu H$ und $R_v = 100$!

● 5. Eine selektive Verstärkerstufe für $f_0 = 450\,kHz$ und mit einer Bandbreite von $b = 10\,kHz$ soll nach der Schaltung in **Bild 18.13** mit dem Transistor AF126 aufgebaut werden. Dieser Transistor hat folgende Daten: $g_{11e} = 250\,\mu S$; $y_{21e} = 37\,mS$; $g_{22e} = 1\,\mu S$; $\beta = 150$, $B = 40$. Bei einer Basis-Emitterspannung von $U_{BE} = 0{,}2\,V$ fließt ein Kollektorstrom von $I_C = 1\,mA$ bei $U_{CE} = 6\,V$. Die Betriebsspannung soll bei dieser Schaltung $U_B = 9\,V$ betragen. Der Generator hat einen Innenwiderstand von $R_{Gen} = 1\,k\Omega$, und der angeschlossene Lastwiderstand hat $R_L = 1\,k\Omega$. Die Schwingkreisspule soll eine Induktivität von $L = 100\,\mu H$ mit einem Verlustwiderstand von $R_v = 10\,\Omega$ haben. Berechnen Sie alle Widerstände und Kondensatoren sowie die Spannungsverstärkung dieser Schaltung, wenn $I_q = 5 \cdot I_B$ ist!

18.5.2 Anzapfung an Schwingkreisen

Der niederohmige Eingangswiderstand von Transistoren würde einen Schwingkreis oder ein Bandfilter so stark bedämpfen, daß das Filter oder der Schwingkreis nur eine sehr kleine Güte bekommen würde. Man legt deshalb den Transistor an eine Anzapfung des Kreises, damit der niederohmige Eingangswiderstand r_e in den gesamten Kreis herauftransformiert wird. Das Übersetzungsverhältnis bestimmt man entweder durch das Windungszahl-, das Induktivitäts- oder das Kapazitäts-Verhältnis **(Bild 18.15** und **Bild 18.16)**. Ist der Teiler niederohmig, d. h. $\omega L_2 < r_e$ bzw. $1/\omega C_2 < r_e$ und damit die Parallelschaltung von L_2 und r_e bzw. C_2 und r_e vorwiegend induktiv bzw. kapazitiv, teilt sich die Gesamtspannung praktisch im Verhältnis der induktiven bzw. kapazitiven Blindwiderstände auf.

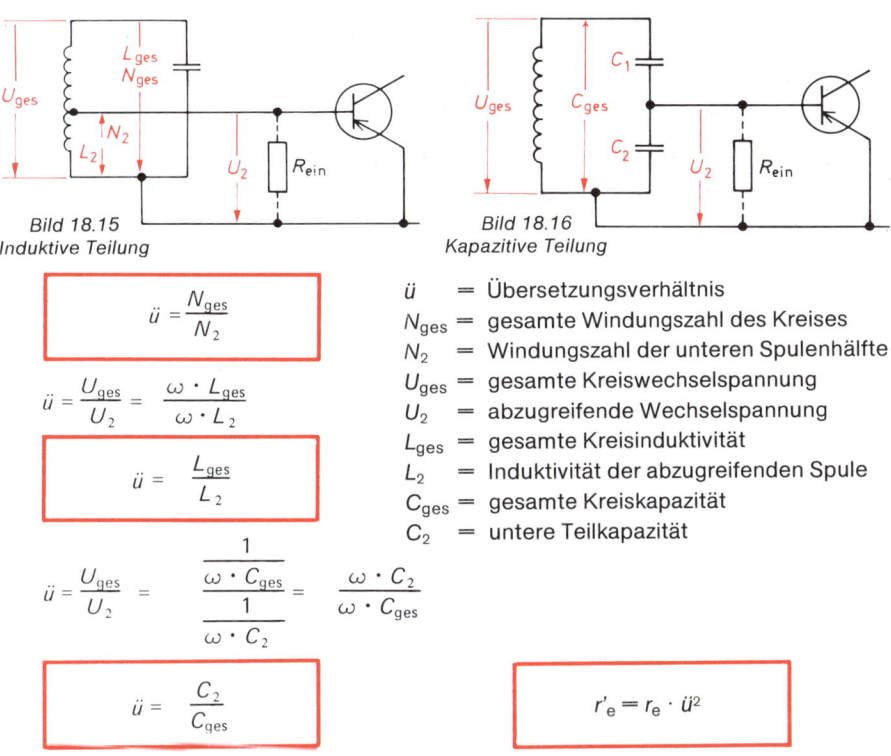

Bild 18.15
Induktive Teilung

Bild 18.16
Kapazitive Teilung

$$\ddot{u} = \frac{N_{ges}}{N_2}$$

$$\ddot{u} = \frac{U_{ges}}{U_2} = \frac{\omega \cdot L_{ges}}{\omega \cdot L_2}$$

$$\ddot{u} = \frac{L_{ges}}{L_2}$$

$$\ddot{u} = \frac{U_{ges}}{U_2} = \frac{\dfrac{1}{\omega \cdot C_{ges}}}{\dfrac{1}{\omega \cdot C_2}} = \frac{\omega \cdot C_2}{\omega \cdot C_{ges}}$$

$$\ddot{u} = \frac{C_2}{C_{ges}}$$

$$r'_e = r_e \cdot \ddot{u}^2$$

$\ddot{u}$	= Übersetzungsverhältnis
N_{ges}	= gesamte Windungszahl des Kreises
N_2	= Windungszahl der unteren Spulenhälfte
U_{ges}	= gesamte Kreiswechselspannung
U_2	= abzugreifende Wechselspannung
L_{ges}	= gesamte Kreisinduktivität
L_2	= Induktivität der abzugreifenden Spule
C_{ges}	= gesamte Kreiskapazität
C_2	= untere Teilkapazität

Beim abgestimmten Schwingkreis geht die gesamte Eingangsleistung auf den Belastungswiderstand mit $P_1 = P_2$ über. Dadurch wird der Belastungswiderstand in jedem Falle mit $\ddot{u}^2$ transformiert.

Beispiel:

Ein Zf-Transistor ist an eine Anzapfung der Schwingkreisspule mit 16 Windungen angeschlossen. Diese Spule hat noch weitere 64 Windungen. Ihre Induktivität ist $L = 640\,\mu H$, die Kreiskapazität beträgt $C = 470$ pF. Der Transistor hat einen Eingangswiderstand von $r_e = 2\,k\Omega$, die Spule einen Verlustwiderstand von $30\,\Omega$. Die gesamte Schwingkreisspannung beträgt bei angeschlossenem Transistor 12 mV. Berechnen Sie: a) den Resonanzwiderstand mit und ohne Belastung; b) die Steuerspannung des Transistors; c) die Bandbreite mit und ohne Belastung **(Bild 18.17)**.

Lösung:

Zunächst muß das Übersetzungsverhältnis bestimmt werden:

$$\underline{\ddot{u}} = \frac{N_{ges}}{N_2} = \frac{64\,\text{Wdg} + 16\,\text{Wdg}}{16\,\text{Wdg}} = \frac{80\,\text{Wdg}}{16\,\text{Wdg}} = \underline{5:1}$$

a) $Z_0 = \dfrac{L}{C \cdot R_v} = \dfrac{640\,\mu\text{H}}{470\,\text{pF} \cdot 30\,\Omega}$

$$Z_0 = \frac{6,4 \cdot 10^{-4}\,\text{H}}{4,7 \cdot 10^{-10}\,\text{F} \cdot 3 \cdot 10^1\,\Omega} = \underline{45,4\,\text{k}\Omega}$$

Der Resonanzwiderstand des Schwingkreises mit Belastung ergibt sich aus der Parallelschaltung von Z_0 mit dem herauftransformierten Eingangswiderstand des Transistors.

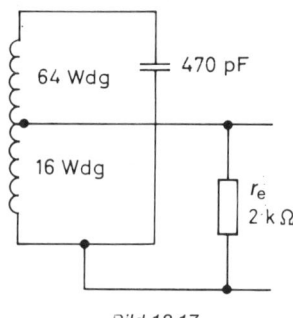

64 Wdg   470 pF

16 Wdg

r_e
2 kΩ

Bild 18.17
Schaltung zum Rechenbeispiel

$$Z_{0\,eff} = \frac{Z_0 \cdot (r_e \cdot \ddot{u}^2)}{Z_0 + (r_e \cdot \ddot{u}^2)} = \frac{45,4\,\text{k}\Omega \cdot (2\,\text{k}\Omega \cdot 5^2)}{45,4\,\text{k}\Omega + (2\,\text{k}\Omega \cdot 5^2)}$$

$$Z_{0\,eff} = \underline{23,8\,\text{k}\Omega}$$

b) Die Steuerspannung des Transistors ergibt sich zu:

$$U_{steuer} = \frac{U_{ges}}{\ddot{u}} = \frac{12\,\text{mV}}{5} = \underline{2,4\,\text{mV}}$$

c) Um die Bandbreite mit und ohne Belastung zu errechnen, muß zuerst die Kreisgüte bestimmt werden:

$$Q = \omega \cdot C \cdot Z_0$$

In ω ist die Resonanzfrequenz enthalten, die sich ergibt zu:

$$f_0 = \frac{1}{2\pi\sqrt{LC}} = \frac{1}{2\pi\sqrt{640\,\mu\text{H} \cdot 470\,\text{pF}}} = \frac{1}{2\pi\sqrt{6,4 \cdot 10^{-4}\,\text{H} \cdot 4,7 \cdot 10^{-10}\,\text{F}}}$$

$$f_0 = \underline{290\,\text{kHz}}$$

$$Q = \omega \cdot C \cdot Z_0 = 2\pi \cdot 290\,\text{kHz} \cdot 470\,\text{pF} \cdot 45,4\,\text{k}\Omega = 38,8$$

Die Bandbreite ohne Belastung ist:

Mit Belastung durch den Transistor wird die Güte:

$$Q_{eff} = \omega \cdot C \cdot Z_{0\,eff}$$

$$Q_{eff} = 2\pi \cdot 290\,\text{kHz} \cdot 470\,\text{pF} \cdot 23,8\,\text{k}\Omega = 20,4$$

$$b_{eff} = \frac{f_0}{Q_{eff}} = \frac{290\,\text{kHz}}{20,4} = \underline{14,2\,\text{kHz}}$$

Der Index (= tiefgestellte Zahl oder Bezeichnung) „eff" bedeutet effektiv oder wirksam, d. h. den wirksamen Resonanzwiderstand erhält man, wenn der herauftransformierte Eingangswiderstand des Transistors parallel zum Schwingkreis gerechnet wurde. Damit erkennt man auch, daß die Güte des Schwingkreises kleiner und die Bandbreite entsprechend größer wird.

Aufgaben:

1. Der gesamte Eingangswiderstand eines Zf-Transistors beträgt $r_e = 2,5\,\text{k}\Omega$. Dieser Transistor wird an 24 Windungen des Schwingkreises angekoppelt, während der Kreis noch weitere 96 Windungen aufweist. Am gesamten Schwingkreis steht eine Spannung von 20 mV, wenn der Transistor angeschlossen ist. Der Resonanzwiderstand des Schwingkreises beträgt ohne angeschlossenen Transistor $Z_0 = 62,5\,\text{k}\Omega$. Die Güte des unbelasteten Schwingkreises beträgt 36. Berechnen Sie: a) den Resonanzwiderstand und b) die Güte des Schwingkreises beim Anschließen des Transistors; c) die Steuerspannung des Transistors!

2. Bei welcher Windungszahl liegt die Anzapfung bei einem Schwingkreis, an den ein Transistor angeschlossen wird, wenn $ü = 7 : 1$, die Resonanzfrequenz 470 kHz, die Kreiskapazität $C = 390\,\text{pF}$ sind und die Kernkonstante mit $A_L = 6,96 \cdot 10^{-8}\,\text{H}$ ermittelt wurde?

3. Ein Zf-Transistor hat einen Eingangswiderstand von 2 kΩ. Dieser Transistor liegt an 16 Windungen des Schwingkreises. Die Spule hat noch weitere 64 Windungen. Die Kernkonstante wurde mit $A_L = 6,96 \cdot 10^{-8}\,\text{H}$ ermittelt. Die Kreiskapazität beträgt 470 pF, der Verlustwiderstand der Spule hat 32 Ω, und die am belasteten Schwingkreis stehende Spannung beträgt 12 mV. Berechnen Sie: a) die Steuerspannung des Transistors; b) die effektive Kreisgüte; c) die effektive Bandbreite und d) den effektiven Resonanzwiderstand.

4. Ein Zf-Transistor mit einem Eingangswiderstand von 8 kΩ liegt an einer Teilkapazität des Schwingkreises. Die Resonanzfrequenz beträgt 450 kHz, die Induktivität der Spule hat 360 μH. Berechnen Sie den erforderlichen kapazitiven Spannungsteiler am Schwingkreis, wenn $ü = 6 : 1$ sein soll. Wie groß werden die effektive Güte, die effektive Bandbreite und der effektive Resonanzwiderstand, wenn der Verlustwiderstand der Spule 16 Ω hat?

5. Der Eingangswiderstand eines Transistors beträgt 1,5 kΩ. Er liegt an 24 Windungen des Schwingkreises. Der Kreis hat noch weitere 120 Windungen. Die Kernkonstante wurde mit $A_L = 6,96 \cdot 10^{-8}\,\text{H}$ ermittelt. Die Kreiskapazität beträgt $C = 390\,\text{pF}$. Der Verlustwiderstand der Spule hat $R_v = 26\,\Omega$. Berechnen Sie die effektive Bandbreite dieses belasteten Kreises.

6. Berechnen Sie den kapazitiven Spannungsteiler eines Schwingkreises, an den ein Transistor angeschlossen wird. Das Übersetzungsverhältnis soll 6 : 1 betragen. Der Schwingkreis ist auf 468 kHz abgestimmt und hat eine Kreisinduktivität von $L = 260\,\mu\text{H}$.

7. Wird an einen Schwingkreis mit einer induktiven Anzapfung ein Transistor mit einem Eingangswiderstand von 1,2 kΩ angeschlossen, so wird der effektive Resonanzwiderstand des Kreises nur 8,5 kΩ groß. Dieser Kreis ist auf 470 kHz abgestimmt und besitzt eine Kreiskapazität von 470 pF. Der Verlustwiderstand der Spule beträgt 30 Ω. Diese Spule ist auf einen Kern mit einer Kernkonstanten von $A_L = 1 \cdot 10^{-7}\,\text{H}$ gewickelt. Berechnen Sie die Windungszahl der Anzapfungsspule und die effektive Bandbreite des Schwingkreises.

8. Ein Transistor mit einem Eingangswiderstand von 3 kΩ liegt an einer induktiven Anzapfung von 20 Windungen am Schwingkreis. Diese Spule hat noch weitere 80 Windungen. Die Spannung am Schwingkreis beträgt bei angeschlossenem Transistor 30 mV. Der Resonanzwiderstand des Kreises beträgt ohne Transistor $Z_0 = 80\,\text{k}\Omega$, und die Kreisgüte ist ohne Transistor $Q = 40$. Berechnen Sie: a) den effektiven Resonanzwiderstand $Z_{0\,\text{eff}}$; b) die effektive Güte Q_{eff}; c) die Eingangsspannung des Transistors U_{ein}.

19. Operationsverstärker

19.1 Kennwerte

Wird ein unbeschalteter Operationsverstärker zwischen dem invertierenden und nicht invertierenden Eingang angesteuert **(Bild 19.1)**, so erhält man die Leerlaufspannungsverstärkung oder Leerlauf-Differenzverstärkung (open-loop-gain). Diese Verstärkung sollte im Idealfall unendlich sein.

Leerlaufverstärkung

$$V_0 = \frac{U_a}{U_e}$$

bei Angabe in dB:

$$\frac{V_0}{dB} = 20 \lg \frac{U_a}{U_e}$$

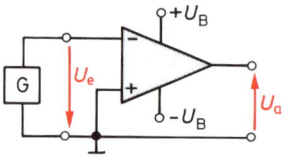

Bild 19.1
Unbeschalteter Operationsverstärker

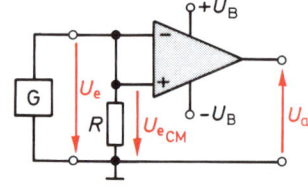

Bild 19.2
Messung der Gleichtaktverstärkung

Verbindet man beide Eingänge **(Bild 19.2)**, so erfolgt eine gleichphasige Steuerung, und man erhält die Gleichtaktverstärkung (common-mode-gain). Diese Verstärkung sollte möglichst klein sein.

Gleichtaktverstärkung

$$V_{GI} = V_{CM} = \frac{U_a}{U_{eCM}}$$

bei Angabe in dB:

$$\frac{V_{CM}}{dB} = 20 \lg \frac{U_a}{U_{eCM}}$$

Die Gleichtaktunterdrückung G oder U_{CMRR} (common mode rejection ratio) ist das Verhältnis von Leerlauf-Differenzverstärkung zur Gleichtaktverstärkung. Diese sollte möglichst groß sein.

Gleichtaktunterdrückung

$$G = V_{CMMR} = \frac{V_0}{V_{CM}}$$

bei Angabe in dB:

$$\frac{G}{dB} = V_{CMMR} = V_0 - V_{CM}$$

Der Eingangs- und Ausgangswiderstand **(Bild 19.3)** eines unbeschalteten Operationsverstärkers ergibt sich zu:

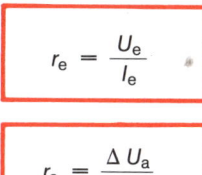

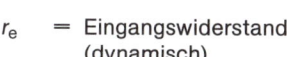

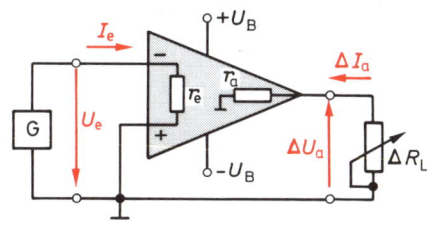

Bild 19.3
Eingangs- und Ausgangswiderstand des unbeschalteten Operationsverstärkers

r_e = Eingangswiderstand (dynamisch)

r_a = Ausgangswiderstand (dynamisch)

U_e = Eingangswechselspannung

I_e = Eingangswechselstrom

ΔU_a = Änderung der Ausgangsspannung

ΔI_a = Änderung des Ausgangsstromes

Beispiel:

Der unbeschaltete Operationsverstärker 741 hat laut Datenblatt folgende Werte: Leerlaufspannungsverstärkung $V_0 = 200\,000$; Gleichtaktunterdrückung $G = 90$ dB, Eingangswidersand $r_e = 1$ MΩ. Berechnen Sie: a) die Gleichtaktverstärkung; b) den Eingangsstrom bei $U_{ein} = 25$ mV.

Lösung:

$V_{CM} = V_0 - G = 106$ dB $- 90$ dB

$\underline{V_{CM} = 16\ dB}$

$V_{CM} = 10^{16/20} = 10^{0,8} = \lg x = 0,8 \rightarrow x = 6,31$

$\underline{V_{CM} = 6,31}$

$I_{ein} = \dfrac{U_{ein}}{r_e} = \dfrac{25\,mV}{1\,M\Omega} = \dfrac{25 \cdot 10^{-3}}{1 \cdot 10^{6}}\,A$

$\underline{I_{ein} = 25\,nA}$

$\dfrac{V_0}{dB} = 20\lg 200\,000 = 20 \cdot 5,301$

$\underline{V_0 = 106\ dB}$

Aufgaben:

1. Für den Operationsverstärker TAA 861 entnimmt man aus dem Datenblatt: $V_0 = 90$ dB und $G = 86$ dB. Berechnen Sie: a) die Gleichtaktverstärkung in dB und b) die Gleichtaktverstärkung.

2. Ein unbeschalteter Operationsverstärker soll am Ausgang einen Spannungshub von 14 V bei einer Eingangsspannung von 200 µV haben. Wie groß ist die Leerlaufspannungsverstärkung in dB?

3. Wird ein unbeschalteter Operationsverstärker mit 10 mV angesteuert, so fließt ein Eingangsstrom von 0,1 µA. Berechnen Sie den Eingangswiderstand!

4. Belastet man einen Operationsverstärker mit verschiedenen Lasten, so stellt man fest: bei $U_{a1} = 4\,V$ ist $I_{a1} = 25\,mA$ und bei $U_{a2} = 8\,V$ ist $I_{a2} = 4\,mA$. Berechnen Sie den Ausgangswiderstand.

● 5. Der Operationsverstärker 709 hat eine Leerlaufspannungsverstärkung von 45 000, eine Gleichtaktunterdrückung von 90 dB und eine Temperaturdrift der Eingangsspannung von $\dfrac{\Delta U_{eCM}}{\Delta T} = 3\,\mu V/K$.

Die Ausgangsspannungsänderung infolge einer Temperaturerhöhung $\Delta T = 60\,K$ ist zu bestimmen!

● 6. Der Operationsverstärker TAA 761 hat eine Gleichtaktunterdrückung von 80 dB, eine Gleichtaktverstärkung von 10 dB und gibt im Leerlauf eine Ausgangsspannung von 6,4 V ab. Bei Belastung des Ausganges mit 8 mA geht die Ausgangsspannung auf 5,2 V zurück. Berechnen Sie: a) die Eingangswechselspannung; b) den Ausgangswiderstand; c) die Ausgangsspannung bei einem Belastungswiderstand von 220 Ω.

19.2 Invertierender Verstärker

Bei einem gegengekoppelten Operationsverstärker nach **(Bild 19.4)** wird die tatsächliche Verstärkung durch das Widerstandsverhältnis R_2 und R_1 bestimmt. Durch diese Gegenkopplung ändern sich auch alle anderen Werte des Verstärkers mit. So steigen, wie **Bild 19.5** zeigt, die Grenzfrequenz und der Eingangswiderstand an, der Ausgangswiderstand sinkt ab.

Verstärkung:
$$V = \frac{R_2}{R_1}$$

Grenzfrequenz:
$$f_g = \frac{f_D}{V}$$

Eingangswiderstand:
$$r'_e = R_1 + \frac{R_2}{V_0}$$

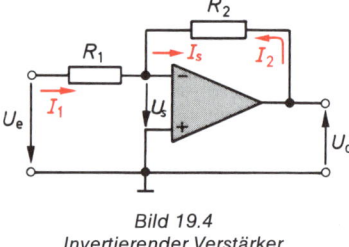

Bild 19.4
Invertierender Verstärker

da V_0 sehr groß ist, kann man vereinfachen:

$$r'_e \approx R_1$$

Ausgangswiderstand:
$$r'_a = \frac{r_a \cdot V}{V_0}$$

V = Verstärkung mit Gegenkopplung (closed-loop-gain)
V_0 = Leerlaufverstärkung (open-loop-gain)
R_1 = Vorwiderstand
R_2 = Gegenkopplungswiderstand
f_D = Durchtrittsfrequenz (hier ist $V = 1 \triangleq 0\,dB$)

f_g = Grenzfrequenz, hier ist die Verstärkung um 3 dB kleiner gegenüber der Verstärkung bei Gleichspannung

r_a = Ausgangs- oder Innenwiderstand des Operationsverstärkers

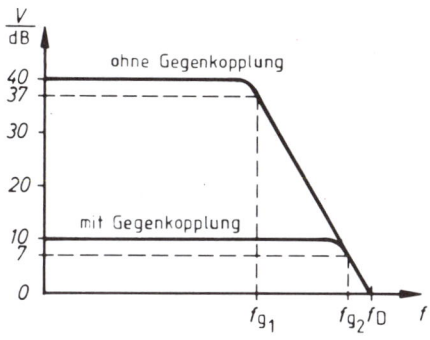

Bild 19.5
Frequenzgang (Darstellung
der Verstärkung in
Abhängigkeit von der
Frequenz)

Beispiel:

Der Operationsverstärker 741 C hat eine Leerlaufverstärkung von 100 dB, eine Durchtrittsfrequenz von 1 MHz und einen Innenwiderstand von 800 Ω. Dieser Verstärker soll eine Grenzfrequenz von 25 kHz bei einem Vorwiderstand von $R_1 = 10$ kΩ haben. Berechnen Sie: a) die Verstärkung des gegengekoppelten Verstärkers; b) den Gegenkopplungswiderstand; c) den Ausgangswiderstand.

Lösung:

a) $V = \dfrac{f_D}{f_g} = \dfrac{1\,\text{MHz}}{25\,\text{kHz}}$

$\underline{V = 40}$

b) $R_2 = R_1 \cdot V = 10\,\text{kΩ} \cdot 40$

$\underline{R_2 = 400\,\text{kΩ}}$

c) $r'_e = R_1 + \dfrac{R_2}{V_0} = 10\,\text{kΩ} + \dfrac{400\,\text{kΩ}}{100\,000} = 10\,\text{kΩ} + 4\,\text{Ω}$ $(V_0 = 100\,\text{dB} = 100\,000)$

$\underline{r'_e \approx 10\,\text{kΩ}}$

d) $r'_a = \dfrac{r_a \cdot V}{V_0} = \dfrac{800\,\text{Ω} \cdot 40}{100\,000}$

$\underline{r'_a = 0{,}32\,\text{Ω}}$

Aufgaben:

1. Bei einem Operationsverstärker wird die Ausgangsspanung über einen Widerstand $R_2 = 0{,}2$ MΩ auf den Eingang gegengekoppelt. Der Widerstand R_1 hat einen Wert von $R_1 = 5$ kΩ. Wie groß ist die Ausgangsspannung, wenn an den Eingang eine Spannung von $U_{ein} = 1{,}5$ mV gelegt wird?

2. Ein Operationsverstärker hat eine Durchtrittsfrequenz von 5 MHz. Welchen Wert muß der Gegenkopplungswiderstand R_2 haben, wenn $R_1 = 5{,}6$ kΩ beträgt und eine Grenzfrequenz von 100 kHz gefordert wird?

● 3. Die Beschaltung eines Operationsverstärkers ist $R_2 = 180$ kΩ; $R_1 = 6,8$ kΩ, dabei erreicht man eine Grenzfrequenz von $f_g = 500$ kHz. Wie groß ist die Grenzfrequenz, wenn der Eingangsspannungshub von 0,3 V am Ausgang 15 V Hub verursacht?

4. Ein Operationsverstärker mit $V_0 = 80$ dB soll eine Verstärkung von $V = 100$ haben. R_1 wird mit 10 kΩ gewählt. Bestimmen Sie den Eingangswiderstand.

5. Die Leerlaufverstärkung eines Operationsverstärkers ist $V_0 = 80$ dB. Er hat einen Innenwiderstand von $r_a = 1$ kΩ. Wie groß wird der Ausgangswiderstand dieses Verstärkers, wenn er mit den Widerständen $R_1 = 10$ kΩ und $R_2 = 100$ kΩ beschaltet wird?

● 6. Ein Operationsverstärker mit einer Leerlaufverstärkung von $V_0 = 90$ dB und einem Innenwiderstand von $r_a = 1$ kΩ hat eine Durchtrittsfrequenz von $f_D = 5$ MHz. Dieser Verstärker soll eine Grenzfrequenz von 25 kHz haben bei einem Vorwiderstand von $R_1 = 1$ kΩ. Berechnen Sie: a) die Verstärkung des gegengekoppelten Verstärkers; b) den Gegenkopplungswiderstand; c) den Eingangswiderstand; d) den Ausgangswiderstand.

● 7. Der Operationsverstärker TAA 861 hat eine Leerlaufverstärkung von $V_0 = 84$ dB, einen Innenwiderstand $r_a = 2$ kΩ und eine Durchtrittsfrequenz von $f_D = 10$ MHz. Er soll beschaltet einen Ausgangswiderstand von $r'_a = 10$ Ω haben. Berechnen Sie: a) die erforderliche Verstärkung; b) den Vorwiderstand R_1 bei $R_2 = 100$ kΩ; c) die Grenzfrequenz; d) den Eingangswiderstand!

● 8. Ein Operationsverstärker mit einer Leerlaufverstärkung von $V_0 = 86$ dB und einem Innenwiderstand von $r_a = 1,5$ kΩ soll bei einer Eingangsspannung von $U_e = 0,3$ V und einem Eingangsstrom von $I_e = 30$ µA eine Ausgangsspannung von 15 V haben. Es ist zu bestimmen: a) der Vorwiderstand R_1, der Gegenkopplungswiderstand R_2, der Ausgangswiderstand r'_a, und die Grenzfrequenz dieser Stufe, wenn $f_D = 10$ MHz beträgt. b) Wie ändern sich die Verstärkung, der Ausgangswiderstand und die Grenzfrequenz, wenn R_2 auf 100 kΩ geändert wird?

● 9. Der Operationsverstärker TAA 761 hat eine Leerlaufverstärkung von $V_0 = 84$ dB und eine Durchtrittsfrequenz von 6 MHz. Dieser Verstärker soll so beschaltet werden, daß mit ihm eine Grenzfrequenz von 250 kHz erreicht wird. Ein Eingangswechselstrom von 50 µA soll am Ausgang einen Spannungshub von 9 V erzeugen. Berechnen Sie die erforderlichen Beschaltungswiderstände R_1 und R_2!

10. Der Operationsverstärker TAA 765 hat eine Leerlaufverstärkung von $V_0 = 85$ dB und eine Durchtrittsfrequenz von $f_D = 7$ MHz. Dieser Operationsverstärker ist mit $R_1 = 12$ kΩ so beschaltet, daß sich ein Eingangswiderstand von $r'_e = 12,8$ kΩ ergibt. Berechnen Sie: a) R_2 und b) die Grenzfrequenz.

11. Der Operationsverstärker TL 1709 hat laut Datenbuch eine Leerlaufverstärkung von $V_0 = 45\,000$ und einen Ausgangswiderstand von $r_a = 150$ Ω. Seine Durchtrittsfrequenz liegt bei $f_D = 4$ MHz. Dieser Operationsverstärker soll so beschaltet werden, daß die Grenzfrequenz bei 50 kHz liegt. Wie groß ist dann der Ausgangswiderstand dieser Stufe?

12. Der Operationsverstärker TL 1741 hat laut Datenbuch eine Leerlaufverstärkung von $V_0 = 106,021$ dB. Dieser Operationsverstärker soll so beschaltet werden, daß man eine Verstärkung von $V = 40$ dB und einen Eingangswiderstand von $r'_e = 4,702$ kΩ erhält. Berechnen Sie die Beschaltungswiderstände R_1 und R_2!

19.3 Nicht invertierender Verstärker

Bei einem nicht invertierenden Verstärker **(Bild 19.6)** wird die Gegenkopplung auf den invertierenden Eingang vorgenommen. Es ergeben sich damit folgende Größen:

$$V = 1 + \frac{R_2}{R_1}$$

$$U_a = U_e \left(1 + \frac{R_2}{R_1}\right)$$

$$r'_e = \frac{V_0 \cdot r_e}{V}$$

$$r'_a = \frac{r_a \cdot V}{V_0}$$

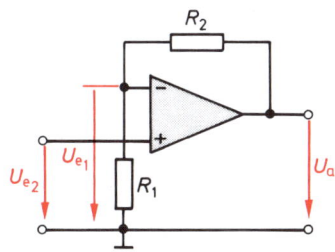

Bild 19.6
Nicht invertierender Verstärker

V_0 = Leerlaufverstärkung
V = Verstärkung mit Gegenkopplung
R_2 = Gegenkopplungswiderstand
R_1 = Eingangsquerwiderstand
r'_e = Eingangswiderstand

r'_a = Ausgangswiderstand
r_e = Eingangswiderstand des Operations-
verstärkers
r_a = Innenwiderstand

Beispiel:

Ein Operationsverstärker hat laut Datenbuch: $V_0 = 80$ dB; $r_e = 15\,\text{k}\Omega$; $r_a = 1{,}2\,\text{k}\Omega$. Er wird als nicht invertierender Verstärker nach Bild 19.6 betrieben. Der Gegenkopplungswiderstand hat 150 kΩ, der Ausgangswiderstand soll $r'_a = 5\,\Omega$ haben. Berechnen Sie: a) die Verstärkung; b) den Eingangsquerwiderstand; c) den Eingangswiderstand der Schaltung.

Lösung:

a) $V_0 = 80$ dB $= 10\,000$

$$V = \frac{r'_a \cdot V_0}{r_a} = \frac{5\,\Omega \cdot 10\,000}{1{,}2\,\text{k}\Omega}$$

$$\underline{V = 41{,}67}$$

b) $V = 1 + \dfrac{R_2}{R_1}$

$$R_1 = \frac{R_2}{V-1} = \frac{150\,\text{k}\Omega}{41{,}67 - 1} = \frac{150\,\text{k}\Omega}{40{,}67}$$

$$\underline{R_1 = 3{,}69\,\text{k}\Omega}$$

c) $r'_e = \dfrac{V_0 \cdot r_e}{V} = \dfrac{10\,000 \cdot 15\,\text{k}\Omega}{41{,}67}$

$$\underline{r'_e = 3{,}6\,\text{M}\Omega}$$

Aufgaben:

1. Ein Operationsverstärker hat laut Datenblatt folgende Werte: $r_e = 20\ k\Omega$; $r_a = 1\ k\Omega$; $V_0 = 70\ dB$. Er wird als nicht invertierender Verstärker nach **Bild 19.6** betrieben mit einem Eingangsquerwiderstand von $R_1 = 5\ k\Omega$. Der Ausgangswiderstand dieser Schaltung soll $r'_a = 10\ \Omega$ betragen. Berechnen Sie: a) die Spannungsverstärkung; b) den Gegenkopplungswiderstand; c) den Eingangswiderstand der Schaltung.

2. Ein Operationsverstärker mit den Daten: $V_0 = 70\ dB$; $r_e = 10\ k\Omega$; $r_a = 100\ \Omega$ wird als nicht invertierender Verstärker mit $R_1 = 1\ k\Omega$ betrieben. Diese Schaltung soll einen Eingangswiderstand von $r'_e = 500\ k\Omega$ haben. Berechnen Sie: a) die Spannungsverstärkung; b) den Gegenkopplungswiderstand; c) den Ausgangswiderstand der Schaltung.

3. Ein Operationsverstärker ist als nicht invertierender Verstärker mit einem Gegenkopplungswiderstand von $R_2 = 470\ k\Omega$ aufgebaut. Diese Schaltung soll einen Ausgangswiderstand von $r'_a = 10\ \Omega$ haben. Der Operationsverstärker hat laut Datenbuch die Werte: $V_0 = 84\ dB$; $r_e = 10\ k\Omega$; $r_a = 70\ \Omega$. Berechnen Sie: a) die Spannungsverstärkung; b) den Eingangsquerwiderstand; c) den Eingangswiderstand.

4. Wird bei einem nicht invertierenden Verstärker mit $R_2 = 220\ k\Omega$ die Eingangsspannung zwischen $-1,5\ V$ und $+1,5\ V$ geändert, so erhält man am Ausgang eine Spannungsänderung von $-9\ V$ und $+9\ V$. Berechnen Sie den Eingangsquerwiderstand.

19.4 Differenzverstärker

Einen Differenzverstärker, auch **Subtrahierer** genannt, erhält man, wenn man beide Eingänge eines Operationsverstärkers getrennt ansteuert, wie es das **Bild 19.7** zeigt.

$$U_{aus} = U_{e2} \cdot V_2 - U_{e1} \cdot V_1$$

$$V_1 = \frac{R_2}{R_1}$$

$$V_2 = \frac{1 + \dfrac{R_2}{R_1}}{1 + \dfrac{R_3}{R_4}}$$

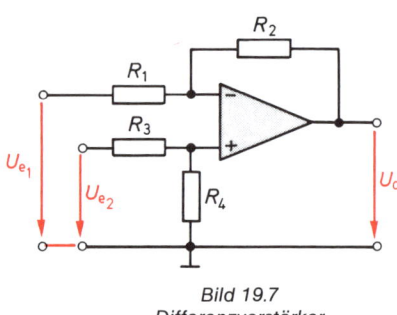

Bild 19.7
Differenzverstärker

U_a	= Ausgangsspannung
U_{e1}	= Eingangsspannung am invertierenden Eingang
U_{e2}	= Eingangsspannung am nicht invertierenden Eingang
V_1, V_2	= Verstärkung
R_1, R_2, R_3, R_4	= Beschaltungswiderstände

Beispiel:

Ein Differenzverstärker nach **Bild 19.7** hat folgende Beschaltung: $R_2 = 100\,\text{k}\Omega$; $R_1 = 10\,\text{k}\Omega$; $R_3 = 82\,\text{k}\Omega$, $R_4 = 8,2\,\text{k}\Omega$. Berechnen Sie die Ausgangsspannung, wenn $U_{e1} = 200\,\text{mV}$ und $U_{e2} = 0,8\,\text{V}$ sind.

Lösung:

$$V_1 = \frac{R_2}{R_1} = \frac{100\,\text{k}\Omega}{10\,\text{k}\Omega} \Rightarrow \underline{V_1 = 10,}$$

$$V_2 = \frac{1 + (R_2/R_1)}{1 + (R_3/R_4)} = \frac{1 + (100\,\text{k}\Omega/10\,\text{k}\Omega)}{1 + (82\,\text{k}\Omega/8,2\,\text{k}\Omega)} = \frac{11}{11} \Rightarrow \underline{V_2 = 1}$$

$$U_a = 0,8\,\text{V} \cdot 1 - 0,2\,\text{V} \cdot 10 = 0,8\,\text{V} - 2\,\text{V} \qquad \Rightarrow \underline{U_a = -1,2\,\text{V}}$$

Aufgaben:

1. Ein Operationsverstärker wird als Differenzverstärker wie folgt beschaltet: $R_2 = 100\,\text{k}\Omega$; $R_1 = 10\,\text{k}\Omega$; $R_3 = 68\,\text{k}\Omega$; $R_4 = 150\,\text{k}\Omega$. Die Eingangsspannungen betragen $U_{e1} = +0,6\,\text{V}$; $U_{e2} = +0,8\,\text{V}$. Wie groß ist die Ausgangsspannung?

2. Bei einem Differenzverstärker nach **Bild 19.7** stehen die Beschaltungswiderstände in folgenden Verhältnissen zueinander: $R_1/R_2 = 1/5$ und $R_3/R_4 = 1/5$. Berechnen Sie die Größe der Ausgangsspannung!

●3. Ein Operationsverstärker soll als Differenzverstärker eine Ausgangsspannung liefern, die zweimal so groß ist wie die Eingangsdifferenz. Zur Beschaltung verwendet man $R_1 = R_4 = 120\,\text{k}\Omega$. Berechnen Sie die Werte für R_2 und R_3!

4. Ein Differenzverstärker nach **Bild 19.7** ist wie folgt beschaltet: $R_2 = 220\,\text{k}\Omega$; $R_1 = 12\,\text{k}\Omega$; $R_3 = 560\,\text{k}\Omega$; $R_4 = 18\,\text{k}\Omega$. Wie groß ist die Ausgangsspannung, wenn $U_{e1} = -0,8\,\text{V}$ und $U_{e2} = -1,2\,\text{V}$ betragen?

19.5 Summierverstärker

Beschaltet man einen Operationsverstärker entsprechend dem **Bild 19.8**, so erhält man einen Summierverstärker, auch **Addierer** genannt. Mit ihm können mehrere Spannungen addiert werden, was man gerade in der Rechentechnik anwendet.

$$-U_a = \frac{R_2}{R_{11}} U_{e1} + \frac{R_2}{R_{12}} U_{e2} + \frac{R_2}{R_{10}} U_{e3} + \ldots + \frac{R_2}{R_{1n}} U_{en}$$

U_a = Ausgangsspannung
U_{e1}, U_{e2} = Eingangsspannungen
R_2 = Gegenkopplungswiderstand
R_{11}, R_{12} = Vorwiderstände

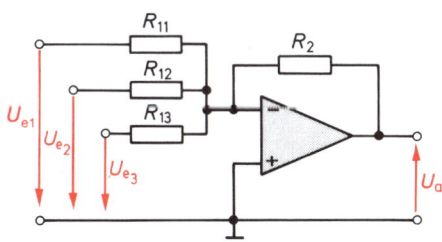

Bild 19.8
Summierverstärker

Beispiel:

Ein Operationsverstärker ist als Summierverstärker nach Bild 19.8 mit folgenden Widerständen beschaltet: $R_2 = 120\text{ k}\Omega$; $R_{11} = 100\text{ k}\Omega$; $R_{12} = 12\text{ k}\Omega$; $R_{13} = 20\text{ k}\Omega$. Berechnen Sie die Ausgangsspannung, wenn $U_{e1} = -3\text{ V}$; $U_{e2} = +0,5\text{ V}$; $U_{e3} = -2\text{ V}$ betragen!

Lösung:

$$-U_a = \frac{R_2}{R_{11}}\, U_{e1} + \frac{R_2}{R_{12}}\, U_{e2} + \frac{R_2}{R_{13}}\, U_{e3}$$

$$-U_a = \frac{120\text{ k}\Omega}{100\text{ k}\Omega} \cdot (-3\text{ V}) + \frac{120\text{ k}\Omega}{12\text{ k}\Omega}\, 0,5\text{ V} + \frac{120\text{ k}\Omega}{20\text{ k}\Omega} \cdot (-2\text{ V})$$

$$-U_a = -3,6\text{ V} + 5\text{ V} + (-12\text{ V}) = -10,6\text{ V}$$

$$\underline{U_a = 10,6\text{ V}}$$

Aufgaben:

1. Ein Operationsverstärker wird als Summierverstärker mit $R_2 = 220\text{ k}\Omega$; $R_{11} = 56\text{ k}\Omega$; $R_{12} = 33\text{ k}\Omega$ beschaltet. $U_{e1} = -8\text{ V}$ und $U_{e2} = +6\text{ V}$. Wie groß ist die Ausgangsspannung?

2. Ein Summierverstärker mit $R_{11} = 39\text{ k}\Omega$ arbeitet in einem Mischpult als Verstärker für drei Eingangsspannungen U_{e1}, U_{e2} und U_{e3}. Die drei Verstärkerfaktoren sollen alle gleich sein mit $V = 150$. Dieser Operationsverstärker hat eine Durchtrittsfrequenz $f_D = 3,6\text{ MHz}$. Der maximale Ausgangsspannungshub ist $\pm 15\text{ V}$. Berechnen Sie: a) den Gegenkopplungswiderstand; b) die Vorwiderstände; c) den Höchstwert der Eingangsspannungen für verzerrungsfreie Verstärkung.

3. Ein Funktionsgenerator soll eine periodische Treppenspannung abgeben. Man entnimmt dazu aus einem Ringzähler vier Spannungen, die in einem Summierverstärker nach der Gleichung $-U_a = 0,1\, U_{e1} + 0,2\, U_{e2} + 0,4\, U_{e3} + 0,8\, U_{e4}$ addiert werden sollen. Zum Zeitpunkt $t = 0$ kippen alle vier Eingangsspannungen von 0 V auf $+10\text{ V}$. Der vierte Eingang wird mit $R_{14} = 10\text{ k}\Omega$ beschaltet. Berechnen Sie: a) den Gegenkopplungswiderstand; b) die Vorwiderstände R_{11}, R_{12} und R_{13}; c) die Stufenhöhe der Ausgangsspannung; d) die maximale Ausgangsspannung.

4. Ein Summierverstärker in einem Analogrechner soll eine Ausgangsspannung liefern, die nach der Gleichung $-U_a = U_{e1} + 1,5\, U_{e2} + 3\, U_{e3}$ verläuft. Die maximale Ausgangsspannung des Operationsverstärkers kann $\pm 14\text{ V}$ sein. Die zur Verfügung stehenden drei Eingangsspannungen können zwischen 0 und $+2\text{ V}$ schwanken. Berechnen Sie für $R_{11} = 56\text{ k}\Omega$: a) den Gegenkopplungswiderstand; b) die Eingangswiderstände R_{12} und R_{13}; c) den Höchstwert der Eingangsspannung U_{e3}.

5. Ein Summierverstärker hat die folgende Beschaltung: $R_2 = 100\text{ k}\Omega$, $R_{11} = 100\text{ k}\Omega$, $R_{12} = 47\text{ k}\Omega$, $R_{13} = 10\text{ k}\Omega$. Die anliegenden Eingangsspannungen betragen: $U_{e1} = 0,2\text{ V}$; $U_{e2} = 0,376\text{ V}$; $U_{e3} = 60\text{ mV}$. Berechnen Sie die Ausgangsspannung U_a!

6. Ein Operationsverstärker ist als Addierer mit folgenden Widerständen beschaltet: $R_2 = 10\text{ k}\Omega$; $R_{11} = 22\text{ k}\Omega$; $R_{12} = 33\text{ k}\Omega$ und $R_{13} = 47\text{ k}\Omega$. Welchen Wert muß die Eingangsspannung U_{e3} haben, wenn am Ausgang eine Spannung von $U_a = 3\text{ V}$ stehen soll und $U_{e1} = +2\text{ V}$; $U_{e2} = -3\text{ V}$ sind?

19.6 Integrierer

Beschaltet man einen Operationsverstärker entsprechend **Bild 19.9**, so ergibt sich bei sinusförmiger Ansteuerung eine Verstärkung, die sich umgekehrt proportional zur Frequenz verhält. Man erreicht ein Tiefpaß-Verhalten **(Bild 19.10)**. Bei rechteckförmiger Ansteuerung ist die Änderungsgeschwindigkeit der Ausgangsspannung der Eingangsspannung proportional, wenn die Zeitkonstante $T_0 = R_1 \cdot C_2$ gleich bleibt **(Bild 19.11)**.

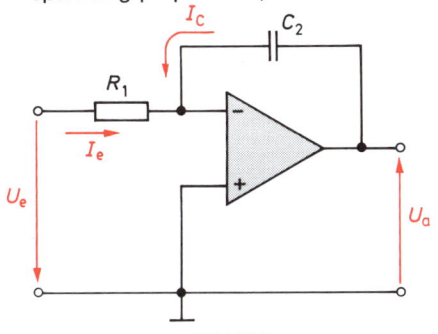

Bild 19.9
Operationsverstärker als Integrierer

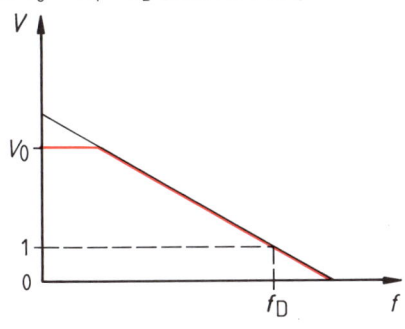

Bild 19.10
Tiefpaßverhalten

Sinusförmige Ansteuerung:

$$V = - \frac{U_a}{U_e} = \frac{X_{C2}}{R_1}$$

$$V = \frac{1}{2\pi \cdot f \cdot C_2 \cdot R_1}$$

bei f_D ist $V = 1 \gg R_1 = X_{C2}$

$$f_D = \frac{1}{2\pi \cdot R_1 \cdot C_2}$$

Rechteckförmige Ansteuerung:

$$U_e = - R_1 \cdot C_2 \frac{\Delta U_a}{\Delta t}$$

$$T_0 = R_1 \cdot C_2$$

V = Verstärkung
C_2 = Gegenkopplungskondensator

Beispiel:

R_1 = Vorwiderstand
ΔU_a = Ausgangsspannungsänderung
Δt = Zeitdifferenz
f_D = Durchtrittsfrequenz
f = Frequenz
T_0 = Integrationszeitkonstante

Legt man eine Sinusspannung von 15 V mit der Frequenz von $f = 500$ Hz an den Eingang eines Integrierers mit $R_2 = 33$ kΩ, so soll die Ausgangsspannung noch 5 V betragen. Berechnen Sie: a) den Gegenkopplungskondensator; b) die Zeitdauer, nach der die Ausgangsspannung die Grenze des linearen Aussteuerbereiches von -14 V erreicht hat, wenn am Eingang dieser Schaltung zum Zeitpunkt $t = 0$ eine konstante Spannung von $+3$ V am Ausgang $+5$ V erzeugt.

Lösung:

a) $V = \dfrac{U_a}{U_e} = \dfrac{1}{2\,\pi \cdot f \cdot C_2 \cdot R_1}$

$C_2 = \dfrac{U_e}{U_a \cdot 2\,\pi \cdot f \cdot R_1} = \dfrac{15\,\text{V}}{5\,\text{V} \cdot 2\,\pi \cdot 500\,\text{Hz} \cdot 33\,\text{k}\Omega}$ $\Rightarrow C_2 = 28{,}95\,\text{nF}$

b) $U_e = -R_1 \cdot C_2 \dfrac{\Delta U_a}{\Delta t}$

$\Delta t = -\dfrac{R_1 \cdot C_2 \cdot \Delta U_a}{U_e} = -\dfrac{33\,\text{k}\Omega \cdot 28{,}95\,\text{nF} \cdot (-14\,\text{V} - 5\,\text{V})}{3\,\text{V}}$

$\Delta t = \dfrac{3{,}3 \cdot 10^4\,\Omega \cdot 2{,}895 \cdot 10^{-8}\,\text{F} \cdot 19\,\text{V}}{3\,\text{V}}$ $\Rightarrow \Delta t = 6{,}051\,\text{ms}$

Aufgaben:

1. Eine Sinusspannung von 20 V mit einer Frequenz von 800 Hz wird an den Eingang eines Integrierers mit $C_2 = 22\,\text{nF}$ gelegt. Bei welchem Vorwiderstand ist die Ausgangsspannung 4 V?

2. Ein Operationsverstärker ist mit $R_1 = 100\,\text{k}\Omega$ und $C_2 = 10\,\mu\text{F}$ als Integrierer geschaltet. Wird zur Zeit t_0 an den Eingang eine konstante Spannung von $U_e = +6\,\text{V}$ gelegt, ist die Ausgangsspannung $U_a = +5\,\text{V}$. Nach welcher Zeitdauer Δt erreicht die Ausgangsspannung die Grenze der linearen Aussteuerung von $-12\,\text{V}$?

3. Ein Operationsverstärker ist mit $R_1 = 56\,\text{k}\Omega$; $C_2 = 10\,\text{nF}$ als Integrierer geschaltet. An den Eingang legt man eine sinusförmige Spannung von $U_{ss} = 12\,\text{V}$. Der lineare Aussteuerungsbereich der Ausgangsspannung geht bis $U = \pm 8\,\text{V}$. Welches ist die tiefste Frequenz, die noch verzerrungsfrei übertragen wird?

4. Wie groß ist die Änderung der Ausgangsspannung ΔU_a eines Integrierers, der mit $R_1 = 470\,\text{k}\Omega$ und $C_2 = 1\,\mu\text{F}$ beschaltet ist, wenn für die Dauer von $t = 0{,}8\,\text{s}$ eine konstante Eingangsspannung von $U_e = -8\,\text{V}$ gelegt wird?

5. Ein Operationsverstärker ist als Integrierer beschaltet mit $R_1 = 5{,}6\,\text{k}\Omega$; $C_2 = 680\,\text{pF}$. Berechnen Sie die Frequenz dieser Schaltung, wenn die Verstärkung bei 50 liegt.

6. Wird auf den Eingang eines Integrierers eine sinusförmige Eingangsspannung von $U_{eSS} = 2{,}4\,\text{V}$ mit einer Frequenz von $f = 1\,\text{kHz}$ gegeben, so sollen bei einem Vorwiderstand von $R_1 = 82\,\text{k}\Omega$ am Ausgang $U_{aeff} = 2{,}4\,\text{V}$ stehen. Berechnen Sie den erforderlichen Gegenkopplungskondensator C_2!

7. Bei einem Integrierer soll sich die Ausgangsspannung während einer Zeitdauer von $0{,}6\,\text{s}$ von $-U_a = 2\,\text{V}$ auf $-U_a = 15\,\text{V}$ ändern. Welche Spannung muß am Eingang liegen, wenn $R_1 = 100\,\text{k}\Omega$ und $C_2 = 2{,}2\,\mu\text{F}$ haben?

8. Ein Integrierer ist so beschaltet, daß er eine Zeitkonstante von $T_0 = 0{,}22\,\text{s}$ erhält. Um welchen Wert ändert sich die Ausgangsspannung, wenn am Eingang für 5 ms $U_e = 4\,\text{V}$ liegen?

9. Liegt am Eingang eines Integrierers eine sinusförmige Spannung von $U_{eSS} = 8\,\text{V}$, $f = 5\,\text{kHz}$, so soll bei einem Vorwiderstand von $R_1 = 33\,\text{k}\Omega$ das Ausgangssignal $U_{aeff} = 5\,\text{V}$ betragen. Um wieviel Volt ändert sich die Ausgangsspannung, wenn man bei gleicher Beschaltung jetzt auf den Eingang ein Rechtecksignal mit $U_e = 1\,\text{V}$ und einer Impulsdauer von $t_i = 0{,}2\,\text{ms}$ gibt?

19.7 Differenzierer

Beschaltet man einen Operationsverstärker entsprechend **Bild 19.12,** so ergibt sich bei sinusförmiger Ansteuerung eine Verstärkung, die sich proportional zur Frequenz verhält.

Man erreicht ein Hochpaß-Verhalten **(Bild 19.13)**. Bei rechteckförmiger Ansteuerung ist die Ausgangsspannung der Änderungsgeschwindigkeit $U_e/\triangle t$ der Eingangsspannung proportional, wenn die Zeitkonstante $T_0 = R_2 \cdot C_1$ gleichbleibt **(Bild 19.14)**

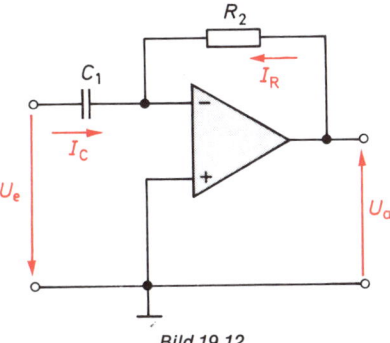

Bild 19.12
Operationsverstärker als Differenzierer

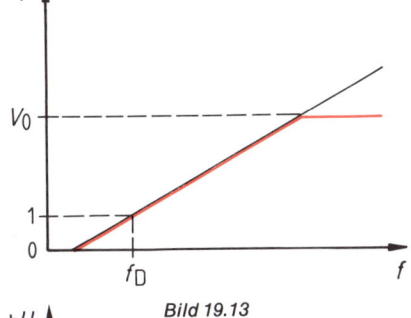

Bild 19.13
Hochpaß-Verhalten

Sinusförmige Ansteuerung:

$$V = -\frac{U_a}{U_e} = \frac{R_2}{X_{C1}}$$

$$V = 2\pi \cdot f \cdot R_2 \cdot C_1$$

bei f_D ist $V = 1 \gg R_2 = X_{C1}$

$$f_D = \frac{1}{2\pi \cdot R_2 \cdot C_1}$$

Rechteckförmige Ansteuerung:

$$U_a = -R_2 \cdot C_1 \cdot \frac{\triangle U_e}{\triangle t}$$

$$T_0 = R_2 \ C_1$$

V = Verstärkung
C_1 = Vorkondensator

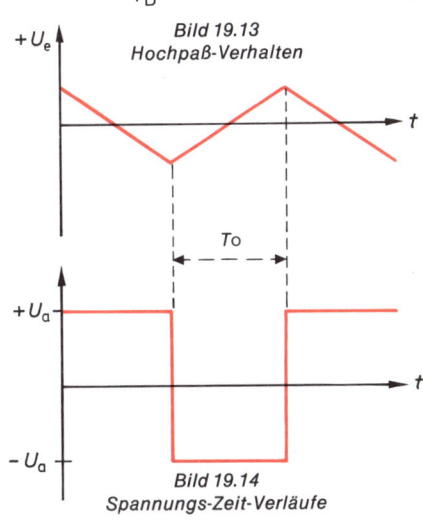

Bild 19.14
Spannungs-Zeit-Verläufe

R_2 = Gegenkopplungswiderstand
$\triangle U_e$ = Eingangsspannungsänderung
$\triangle t$ = Zeitdifferenz
f_D = Durchtrittsfrequenz
f = Frequenz
T_0 = Differenzierzeitkonstante

Beispiel:

Ein Operationsverstärker wird mit $R_2 = 47$ kΩ und $C_1 = 47$ nF als Differenzierer beschaltet. Das Ausgangssignal beginnt ab 8 V nicht mehr sinusförmig zu verlaufen. Berechnen Sie:

a) bis zu welcher Frequenz arbeitet dieser Differenzierer verzerrungsfrei, wenn die sinusförmige Eingangsspannung 25 V groß ist?

b) wie groß wird U_a, wenn man an den Eingang dieser Schaltung eine Spannung legt, die innerhalb der Zeit $\Delta t = 2$ ms linear von -3 V auf $+5$ V ansteigt.

Lösung:

a) $V = \dfrac{U_a}{U_e} = 2\pi \cdot f_g \cdot R_2 \cdot C_1$

$f_g = \dfrac{U_a}{U_e \cdot 2\pi \cdot R_2 \cdot C_1} = \dfrac{8\,\text{V}}{25\,\text{V} \cdot 2\pi \cdot 47\,\text{k}\Omega \cdot 47\,\text{nF}}$

$f_g = \dfrac{8\,\text{V}}{2,5 \cdot 10^1\,\text{V} \cdot 2\pi \cdot 4,7 \cdot 10^4\,\Omega \cdot 4,7 \cdot 10^{-8}\,\text{F}}$

$\underline{f_g = 23\,\text{Hz}}$

b) $U_a = -R_2 \cdot C_1 \dfrac{\Delta U_e}{\Delta t} = -47\,\text{k}\Omega \cdot 47\,\text{nF} \dfrac{+5\,\text{V} - (-3\,\text{V})}{2\,\text{ms}}$

$\underline{U_a = 8{,}836\,\text{V}}$

Aufgaben:

1. Beschaltet man einen Operationsverstärker mit einem Vorkondensator $C_1 = 1,2$ nF als Differenzierer, so überträgt er bei einer Frequenz von 820 Hz ein sinusförmiges Eingangssignal von 18 V noch verzerrungsfrei, so daß am Ausgang 6 V stehen. Berechnen Sie den Gegenkopplungswiderstand!

2. Die Eingangsspannung eines Differenzierers steigt innerhalb der Zeit $\Delta t = 12$ µs linear von -4 V auf $+8$ V an. Berechnen Sie den Gegenkopplungswiderstand R_2, wenn $U_a = -6$ V und $C_1 = 180$ nF groß sind!

3. Am Ausgang eines Operationsverstärkers, der mit $R_2 = 12$ kΩ und $C_1 = 4,7$ nF als Differenzierer geschaltet ist, wird eine Ausgangsspannung von 7,09 V mit einer Frequenz $f = 10$ kHz gemessen. Wie groß ist die sinusförmige Eingangswechselspannung?

4. Ein Differenzierer ist mit $R_2 = 3,3$ kΩ und $C_1 = 390$ nF beschaltet. Innerhalb welcher Zeit muß sich die Eingangsspannung gleichförmig von 6 V auf 1 V ändern, damit die Ausgangsspannung während dieses Vorgangs konstant auf $+8$ V bleibt?

5. Ein Operationsverstärker ist mit $C_1 = 0,1$ µF und $R_2 = 22$ kΩ als Differenzierer beschaltet. Berechnen Sie die Frequenz dieser Schaltung, wenn die Verstärkung einen Wert von 80 hat.

6. Wird auf den Eingang eines Differenzierers eine sinusförmige Eingangsspannung von $U_{eSS} = 10$ V mit einer Frequenz von $f = 500$ Hz gegeben, so sollen bei einem Gegenkopplungswiderstand von $R_2 = 100$ kΩ am Ausgang $U_{aeff} = 1$ V stehen. Berechnen Sie den erforderlichen Vorkondensator!

7. Bei einem Differenzierer soll während einer Zeitdauer von 1 s die Ausgangsspannung auf $-U_a = 10$ V konstant bleiben. Um welchen Wert muß sich die Eingangsspannung ändern, wenn $R_2 = 180$ kΩ und $C_1 = 4,7$ µF haben?

8. Wird die Eingangsspannung bei einem Differenzierer von $+U_e = 4$ V auf $-U_e = 4$ V innerhalb von 10 ms geändert, so hat die Ausgangsspannung einen konstanten Wert von $+U_a = 8$ V. Berechnen Sie die Zeitkonstante.

9. Bei sinusförmiger Ansteuerung von $U_{eSS} = 26$ V, $f = 10$ kHz soll ein als Differenzierer beschalteter Operationsverstärker noch ein unverzerrtes Ausgangssignal von $U_{aeff} = 4$ V bringen bei einem Gegenkopplungswiderstand von $R_2 = 56$ kΩ. In welcher Zeit muß das impulsförmige Eingangssignal von $\Delta U_e = 8$ V bei gleicher Beschaltung geändert werden, damit am Ausgang eine konstante Spannung von $-U_a = 4$ V steht?

20. Elektronische Schalter

20.1 Elektronischer Schalter mit Transistor

Nach der Schaltung im **Bild 20.1** wird ein Transistor als Schalter betrieben. Der Transistor kann dabei nur zwei Zustände einnehmen:

$U_E \approx U_B$ Transistor leitend $\quad U_A = U_{CE\,Rest} < 0{,}5\,V$
$U_E = 0\,V$ Transistor gesperrt $\quad U_A = U_B$

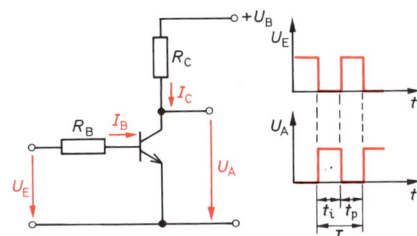

Bild 20.1
Transistor als Schalter

Zur Berechnung gelten folgende Formeln:

Kollektorwiderstand

$$R_C = \frac{U_B - U_{CE\,Rest}}{I_C}$$

$$R_C \approx \frac{U_B}{I_C}$$

Basisvorwiderstand

$$R_B = \frac{U_E - U_{BE}}{I_{B\,ist}}$$

$$I_{B\,soll} = \frac{I_C}{B}$$

$$I_{B\,ist} = \ddot{u} \cdot I_{B\,soll}$$

für $U_E = U_B$ gilt

$$R_B \approx \frac{1}{\ddot{u}} \cdot B \cdot R_C$$

Durchlaßwiderstand

$$R_F = \frac{U_{CE\,Rest}}{I_C}$$

Sperrwiderstand

$$R_R = \frac{U_B}{I_C}$$

Verlustleistung des Lastwiderstandes

$$P_{Rm} = \frac{U^2}{R} \cdot \frac{t_i}{T}$$

U_B = Betriebsspannung
$U_{CE\,Rest}$ = U_{CEsat} = Rest- oder Sättigungsspannung
I_C = Kollektorstrom
U_{BE} ≈ 0,7 V Basisvorspannung
$I_{B\,ist}$ = tatsächlich fließender Basisstrom bei Übersteuerung
$I_{B\,soll}$ = erforderlicher Basisstrom ohne Übersteuerung
$\ddot{u}$ = Übersteuerungsfaktor ≈ 2 bis 10
B = Gleichstromverstärkung
I_{Co} = Kollektorreststrom
ϑ_j = Sperrschichttemperatur
ϑ_u = Umgebungstemperatur
R_{thJU} = Wärmewiderstand
P_{vm} = mittlere Verlustleistung bei Impulsbetrieb
t_i = Impulsdauer
t_p = Impulspausendauer
T = Periodendauer
g = Impulstastgrad
P_{Rm} = mittlere Verlustleistung bei Impulsbetrieb

Verlustleistung

$$P_v = U_{CE\,Rest} \cdot I_C$$

$$P_v = \frac{\vartheta_j - \vartheta_u}{R_{thJU}}$$

$$P_{vm} = P_v \cdot \frac{t_i}{T}$$

$$g = \frac{t_i}{T}$$

$$T = t_i + t_p$$

Beispiel:

Der Transistor BC107A hat einen Kollektorstrom von $I_C = 10$ mA und eine Gleichstromverstärkung von $B = 120$. Die Betriebsspannung beträgt $U_B = 10$ V. Dieser Schalttransistor wird mit $U_E = U_B$ angesteuert. Der Übersteuerungsfaktor wird mit $ü = 4$ gewählt.

Berechnen Sie: a) den Kollektor- und Basisvorwiderstand; b) die Kollektorverlustleistung bei $U_{CE\,Rest} = 0{,}2$ V; c) den Durchlaß- und Sperrwiderstand bei $I_{CO} = 100$ µA; d) die höchst zulässige Umgebungstemperatur bei einer Sperrschichttemperatur von 175 °C und einem Wärmewiderstand von $R_{thJU} = 500$ K/W; e) die Verlustleistung des Transistors und des Kollektorwiderstandes, wenn die Schaltfrequenz $f = 1$ kHz und die Impulsdauer 0,2 ms betragen.

Lösung:

a) $R_C \approx \dfrac{U_B}{I_C} = \dfrac{10\ \text{V}}{10\ \text{mA}}$

$R_C = 1\ \text{k}\Omega$

$I_{B\,soll} = \dfrac{I_C}{B} = \dfrac{10\ \text{mA}}{120} = 83{,}3\ \mu\text{A}$

$I_{B\,ist} = I_{B\,soll} \cdot ü = 83{,}3\ \mu\text{A} \cdot 4 = 333\ \mu\text{A}$

$R_B = \dfrac{U_E - 0{,}7\ \text{V}}{I_{Bist}} = \dfrac{10\ \text{V} - 0{,}7\ \text{V}}{333\ \mu\text{A}}$

$R_B = 27{,}93\ \text{k}\Omega$

b) $P_v = U_{CE\,Rest} \cdot I_C = 0{,}2\ \text{V} \cdot 10\ \text{mA}$

$P_v = 2\ \text{mW}$

c) $R_F = \dfrac{U_{CE\,Rest}}{I_C} = \dfrac{0{,}2\ \text{V}}{10\ \text{mA}}$

$R_F = 20\ \Omega$

$R_R = \dfrac{U_B}{I_{CO}} = \dfrac{10\ \text{V}}{100\ \mu\text{A}}$

$R_R = 100\ \text{k}\Omega$

d) $P_v = \dfrac{\vartheta_j - \vartheta_u}{R_{th}}$

$\vartheta_u = \vartheta_j - P_v \cdot R_{th} = 175\ °\text{C} - 2\ \text{mW} \cdot 500\ \text{K/W}$

$\vartheta_u = 174\ °\text{C}$

e) $T = \dfrac{1}{f} = \dfrac{1}{1\ \text{kHz}} = 1\ \text{ms}$

$P_m = P_v \cdot \dfrac{t_i}{T} = 2\ \text{mW} \cdot \dfrac{0{,}2\ \text{ms}}{1\ \text{ms}}$

$P_m = 400\ \mu\text{W}$

$P_{RC} = \dfrac{U^2}{R_C} \cdot \dfrac{t_i}{T} = \dfrac{(10\ \text{V})^2}{1\ \text{k}\Omega} \cdot \dfrac{0{,}2\ \text{ms}}{1\ \text{ms}}$

$P_{RC} = 20\ \text{mW}$

Aufgaben:

1. Der Schalttransistor BSY59 hat die Daten: $B = 160$, $I_C = 100$ mA. Berechnen Sie bei einer Betriebsspannung von $U_B = 10$ V und einer Eingangsspannung von $U_E = 6$ V: a) den Kollektor- und Basisvorwiderstand, wenn der Übersteuerungsfaktor $ü = 5$ ist; b) die Gleichstromverlustleistung des Transistors, wenn die Restspannung $U_{CE\,Rest} = 0{,}2$ V beträgt; c) die mittlere Verlustleistung des Transistors und des Kollektorwiderstandes bei impulsförmiger Ansteuerung, wenn die Schaltfrequenz 500 Hz und die Impulsdauer $t_i = 0{,}5$ ms betragen.

2. Bei einem Transistorschalter wird der Transistor BC107A mit den Daten: $I_C = 10$ mA, $B = 120$ verwendet. Bei einer Betriebsspannung von 12 V wird ein Kollektorwiderstand von $R_C = 1,2$ kΩ verwendet. Der Basisvorwiderstand hat $R_B = 15$ kΩ bei einer Eingangsspannung $U_E = 6$ V. Berechnen Sie: a) den Übersteuerungsfaktor; b) das Verhältnis des Sperr- zum Durchlaßwiderstand, wenn $U_{CE\,Rest} = 80$ mV; $I_{CO} = 0,2$ nA sind.

● 3. Der Transistor BSX45 wird als Transistorschalter an $U_B = 12$ V betrieben. Bei einem Kollektorstrom von $I_C = 100$ mA hat er eine Gleichstromverstärkung von $B = 150$. Berechnen Sie: a) den Kollektor- und Basisvorwiderstand für $ü = 5,454$; b) den Übersteuerungsfaktor, wenn er mit $U_E = 6$ V angesteuert wird; c) wie groß darf ein Lastwiderstand sein, der vom Kollektor gegen Masse geschaltet wird, wenn die Ausgangsspannung auf 8 V höchstens absinken darf?

4. Ein Schalttransistor wird über $R_C = 1,5$ kΩ an $U_B = 18$ V gelegt. Am durchgesteuerten Transistor liegen $U_{CEsat} = 0,2$ V. Wie groß sind I_C und P_v?

● 5. Ein Schalttransistor liegt über 2 kΩ an 15 V Betriebsspannung. Der Transistor hat im leitenden Zustand einen Widerstand zwischen Kollektor und Emitter von 20 Ω. Im gesperrten Zustand fließt durch diesen Transistor ein Reststrom $I_{CO} = 0,10$ mA. Berechnen Sie: a) die Restspannung $U_{CE\,Rest}$; b) die Verlustleistung im leitenden und im gesperrten Zustand; c) das Verhältnis zwischen Sperr- und Durchlaßwiderstand!

6. Der Transistor BSX48 soll als Schalttransistor eingesetzt werden. Er hat laut Tabelle: $I_C = 100$ mA, $B = 42$. Die Betriebsspannung beträgt $U_B = 15$ V. Kann der Transistor mit $U_E = 1$ V sicher leitend werden?

● 7. Der Schalttransistor BSY55 wird in einem Transistorschalter nach **Bild A 20.1/7** eingesetzt. Er hat eine Gleichstromverstärkung von $B = 135$. Berechnen Sie den zulässigen Laststrom und den zulässigen Lastwiderstand (Normreihe E12) für den Fall, daß der Transistor noch mindestens mit einem Übersteuerungsfaktor $ü = 2$ übersteuert bleibt.

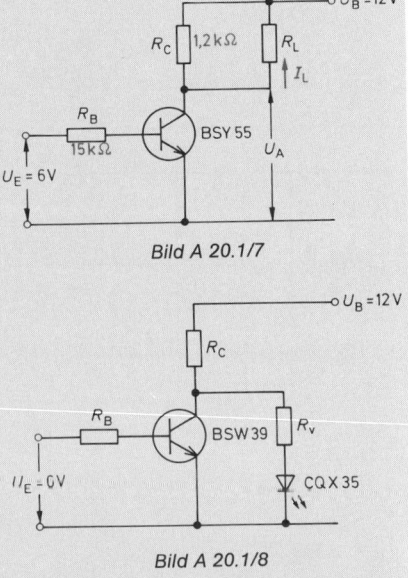

Bild A 20.1/7

● 8. Zur Anzeige des Schaltzustandes eines Transistorschalters wird eine Leuchtdiode entsprechend der Schaltung im **Bild A 20.1/8** angeschlossen. Die Leuchtdiode hat folgende Daten: $U_F = 1,6$ V; $I_F = 10$ mA. Der Schalttransistor BSW39 hat die Daten: $B = 50$; $I_C = 20$ mA. Berechnen Sie alle Widerstandswerte (Normreihe E12), wenn der Übersteuerungsfaktor $ü = 5$ gewählt wird. Welchen Schaltzustand zeigt die Leuchtdiode an? (Wählen Sie den nächst höheren Normwert und rechnen Sie mit diesem Wert weiter!)

Bild A 20.1/8

9. Der Transistor BSX46 wird als Schalttransistor eingesetzt. Er hat folgende Daten: $I_C = 1$ A; $B = 20$; $U_{CE\,Rest} = 0,7$ V; $\vartheta_i = 200$ °C; $R_{thJU} = 200$ K/W; $I_{CO} = 30$ nA. Berechnen Sie für $U_B = 60$ V: a) den Kollektorwiderstand; b) den Basisvorwiderstand; c) den Durchlaß- und Sperrwiderstand; d) die Umgebungstemperatur.

10. An einem gesperrten Schalttransistor liegen 25 V, und es fließt ein Reststrom von 0,8 µA. Wie groß sind Sperrwiderstand und Verlustleistung?

20.2 Elektronischer Schalter mit TTL-Serie 74xx

Elektronische Schalter mit diskreten Bauelementen lassen sich durch eine entsprechende Dimensionierung den unterschiedlichsten Anforderungen optimal anpassen. Bei elektronischen Schaltern in integrierter Schaltungstechnik sind jedoch alle wesentlichen Daten fest vorgegeben. Bei der Lösung eines Schaltungsproblems muß daher immer auf die vorgegebenen Daten Rücksicht genommen werden. Von großer Bedeutung sind dabei die Ein- und Ausgangspegel **(Bild 20.2)**.

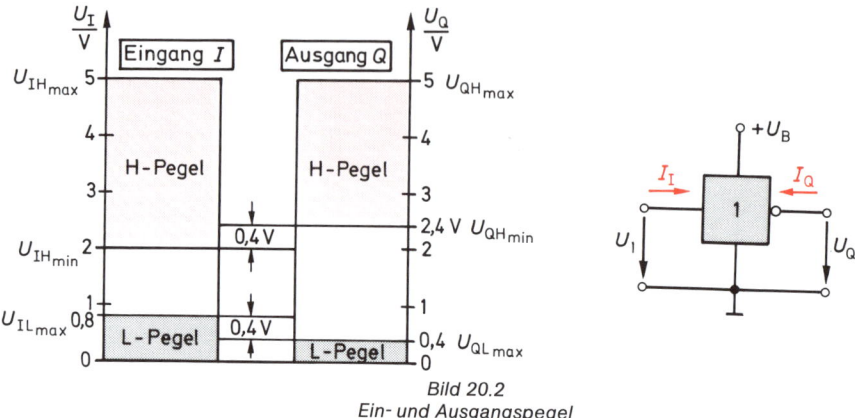

Bild 20.2
Ein- und Ausgangspegel

Die Garantiewerte der Standard-TTL-Technik sind in der **Tabelle 20.1** wiedergegeben.

Tabelle 20.1: Garantiewerte TTL-Technik

	Pegel	Spannung	Strom
Eingang	High	$U_{IH} = +2{,}4$ V	$I_{IH} \leqq 0{,}04$ mA
	Low	$U_{IL} = +0{,}4$ V	$-I_{IL} \leqq 1{,}6$ mA
Ausgang	High	$U_{QH} > 2{,}4$ V	$-I_{QH} \leqq 0{,}4$ mA
	Low	$U_{QL} < +0{,}4$ V	$I_{QL} \leqq 16$ mA

Aufgaben:

1. Mit der im **Bild A 20.2/1** gezeigten Schaltung soll der Ausgangszustand des UND-Bausteins angezeigt werden. Die Leuchtdiode hat eine Durchlaßspannung von $U_F = 1{,}6$ V. Welchen Wert muß der Pull-up-Widerstand R haben, damit die Leuchtdiode einen Durchlaßstrom von $I_F = 10{,}3$ mA erhält? Wie groß ist der Ausgangsstrom des UND-Bausteins bei $U_{QL} = +0{,}2$ V?

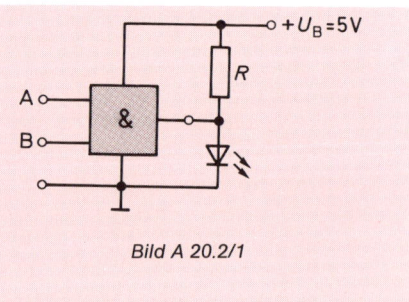

Bild A 20.2/1

264

2. Mit der im **Bild A 20.2/2** wiedergegebenen Schaltung soll der Ausgangszustand des NOR-Bausteins angezeigt werden. Ist die Dimensionierung des Vorwiderstandes richtig, wenn $U_{QL} = + 0,2$ V und $U_F = 1,6$ V sind?

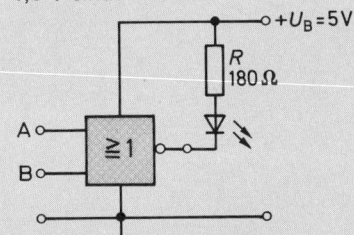

Bild A 20.2/2

●3. Welche Stromverstärkung muß der Transistor in **Bild A 20.2/3** haben, und welchen Wert muß der Widerstand R_1 bekommen, wenn die Leuchtdiode bei $U_F = 1,6$ V einen Strom von $I_F = 22$ mA zieht? Der Transistor hat eine Restspannung von $U_{CE\,Rest} = 0,1$ V. Der NAND-Baustein gibt $U_{QH} = 2,4$ V ab, die Basisvorspannung beträgt $U_{BE} = 0,7$ V. Es soll mit einem Übersteuerungsfaktor $ü = 4$ gerechnet werden.

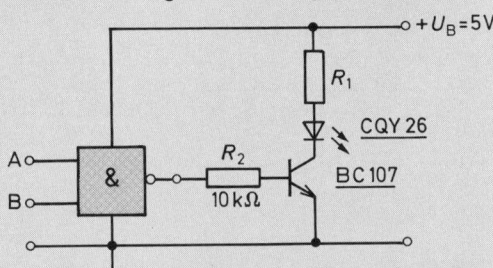

Bild A 20.2/3

●4. In der Schaltung nach **Bild A 20.2/3** wird eine Leuchtdiode CQX35 mit einer Durchlaßspannung $U_F = 1,6$ V verwendet. Die Restspannung des Transistors wird mit $U_{CE\,Rest} = 0,1$ V angesetzt. Der Widerstand $R_1 = 220$ Ω liegt mit der Leuchtdiode in Reihe. Der Transistor hat die Daten $U_{BE} = 0,7$ V, $B = 200$.
a) Welchen Wert muß der Widerstand R_2 haben, wenn der Logikbaustein eine Ausgangsspannung zwischen $U_{QH\,max} = 3,3$ V und $U_{QH\,min} = 2,4$ V abgeben kann und der Garantiewert des Stromes nicht überschritten werden darf?
b) Wie groß ist der jeweilige Übersteuerungsfaktor des Transistors?

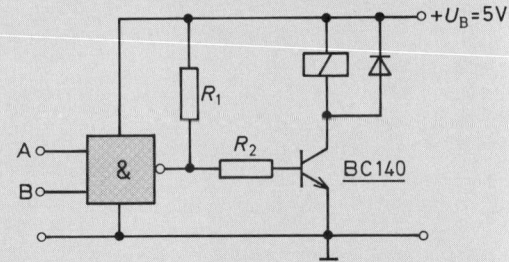

Bild A 20.2/5

●5. Mit der Schaltung in **Bild A 20.2/5** soll ein Relais (5 V/60 Ω) angesteuert werden. Der Transistor hat eine Basisvorspannung von $U_{BE} = 0,7$ V und eine Gleichstromverstärkung von $B = 70$. Berechnen Sie die Werte des Pull-up-Widerstandes R_1 und des Vorwiderstandes R_2 (wählen Sie Normwerte der E12-Reihe), wenn der Logik-Baustein die Garantiewerte abgibt und der Übersteuerungsfaktor $ü = 3,2$ gewählt wird.

20.3 Interface-Schaltungen

Die verschiedensten Arten von Anpaß- und Übergangsschaltungen werden ganz allgemein als Interface-Schaltungen bezeichnet. Sie sind z. B. erforderlich, wenn ein Übergang von TTL-Technik auf die CMOS-Technik oder umgekehrt erfolgt und dabei die unterschiedlichen L- und H-Pegel berücksichtigt werden müssen (**Bild 20.3**).

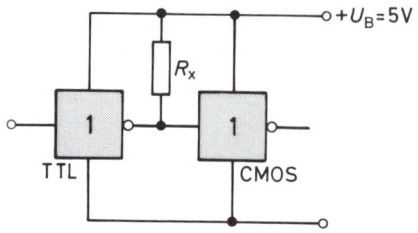
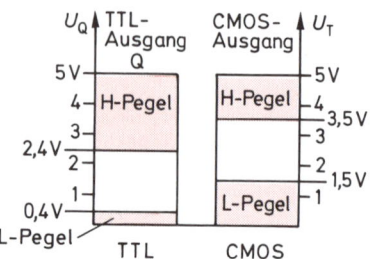

Bild 20.3
Interface-Schaltung und Pegelfelder

$$R_{X\,min} = \frac{U_B - U_{QL\,max}}{I_{QL\,max}}$$

$R_{X\,min}$ = minimaler Pull-up-Widerstand
U_B = Betriebsspannung
$U_{QL\,max}$ = max. Ausgangsspannung bei L-Pegel
$I_{QL\,max}$ = max. Ausgangsstrom bei L-Pegel

Aufgaben:

1. Bei einer Betriebsspannung von $U_B = 5$ V soll ein CMOS-Baustein an einen TTL-Baustein angeschlossen werden. Der TTL-Baustein hat die Werte $U_{QL\,max} = 0,4$ V und $I_{QL\,max} = 16$ mA. Berechnen Sie den erforderlichen Pull-up-Widerstand.

2. An einen TTL-Baustein wird ein an $U_B = 12$ V liegender CMOS-Baustein angeschlossen. Der TTL-Baustein gibt bei $U_{QL\,max} = 0,4$ V einen Strom von $I_{QL\,max} = 16$ mA ab. Berechnen Sie den Pull-up-Widerstand.

3. Der Pull-up-Widerstand einer Interface-Schaltung hat $R_X = 1,2$ kΩ. Der TTL-Baustein hat eine Ausgangsspannung bei LOW von $U_{QL} = 0,2$ V, und es fließt ein Strom von $I_{QL} = 15$ mA. Berechnen Sie die Betriebsspannung.

4. Mit der Schaltung im **Bild A 20.3/4** soll die 24 V-Logik einer Industriesteuerung durch einen CMOS-Baustein angesteuert werden. Der CMOS-Baustein gibt einen Strom von $I_{QH} = 1,6$ mA höchstens ab. Der Transistor hat eine Stromverstärkung von $B = 150$. Welche Werte müssen der Kollektor- und der Basiswiderstand haben, wenn der Übersteuerungsfaktor $ü = 5$ und $U_{BE} = 0,6$ V betragen?

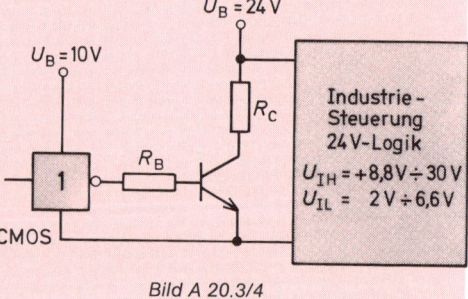

Bild A 20.3/4

5. Eine Interface-Schaltung nach **Bild A 20.3/4** hat einen Kollektorwiderstand. $R_C = 3,3$ kΩ und einen Basiswiderstand $R_B = 22$ kΩ. Der Transistor liegt an $U_B = 24$ V und hat eine Stromverstärkung von $B = 180$. Wird bei dieser Beschaltung der CMOS-Baustein überlastet, wenn $I_{QH} = 1,6$ mA bei $U_B = 5$ V und $U_{BE} = 0,6$ V betragen, und wie groß ist der Übersteuerungsfaktor des Transistors?

6. Mit der im **Bild A 20.3/4** dargestellten Interface-Schaltung soll eine Anpassung zwischen einem TTL-Baustein und einer 24 V-Logik hergestellt werden. Der TTL-Baustein gibt bei $U_{QH} = 3$ V einen Strom $I_{QH} = 3$ mA ab. Die Industrie-Steuerung mit der 24 V-Logik benötigt einen Eingangssteuerstrom von $I = 20$ mA. a) Welche Stromverstärkung muß der Transistor haben, wenn mit einem Übersteuerungsfaktor $ü = 2$ und $U_{BE} = 0,6$ V gerechnet wird?
b) Welche Werte müssen R_B und R_C haben?

7. Von einer Industrie-Steuerung mit einer 24 V-Logik soll ein CMOS-Baustein nach **Bild A 20.3/7** angesteuert werden. Der Eingangsstrom des CMOS-Bausteins, der an $U_B = 10$ V liegt, beträgt $I_I \leq 1$ µA. Durch die Z-Diode soll ein Strom $I_Z = 1$ mA fließen. Welchen Wert muß R_V haben?

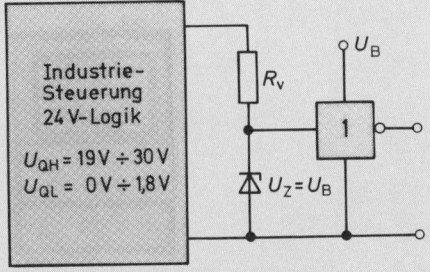

Bild A 20.3/7

8. Eine Interface-Schaltung nach **Bild A 20.3/7** soll die Anpassung zwischen einer 24 V-Logik und einem TTL-Baustein vornehmen. Der TTL-Baustein liegt an $U_B = 5$ V und zieht bei High-Signal einen Strom von $I_{IH} \leq 40$ µA. Welcher Strom fließt durch die Z-Diode, wenn der Vorwiderstand $R_V = 18$ kΩ hat?

9. Mit der im **Bild A 20.3/9** gezeigten Schaltung soll der Schaltzustand des TTL-Logikbausteins durch eine Leuchtdiode vom Typ CQY26 ($U_F = 1,6$ V; $I_F = 15$ mA) angezeigt werden.
a) Berechnen Sie den erforderlichen Widerstand R.
b) Leuchtet die Leuchtdiode auch noch bei $U_{QH\,min} = 2,4$ V?

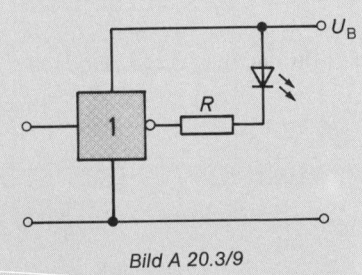

Bild A 20.3/9

10. Der Schaltzustand des CMOS-Logikbausteins im **Bild A 20.3/9** wird mit einer Leuchtdiode ($U_F = 1,6$ V; $I_F = 15$ mA) angezeigt. Bei CMOS-Bausteinen gelten folgende Daten:

$U_B = 5$ V $I_{QL} = 6$ mA
$U_B = 10$ V $I_{QL} = 16$ mA
$U_B = 15$ V $I_{QL} = 40$ mA.

Berechnen Sie die erforderlichen Werte des Widerstandes für die verschiedenen Betriebsspannungen.

21. Kippschaltungen

21.1 Schaltzeiten

Werden Transistoren im Schaltbetrieb eingesetzt, dann müssen die Schaltzeiten beachtet werden. Sie geben Auskunft über den zeitlichen Zusammenhang zwischen Eingangs- und Ausgangsstrom **(Bild 21.1).**

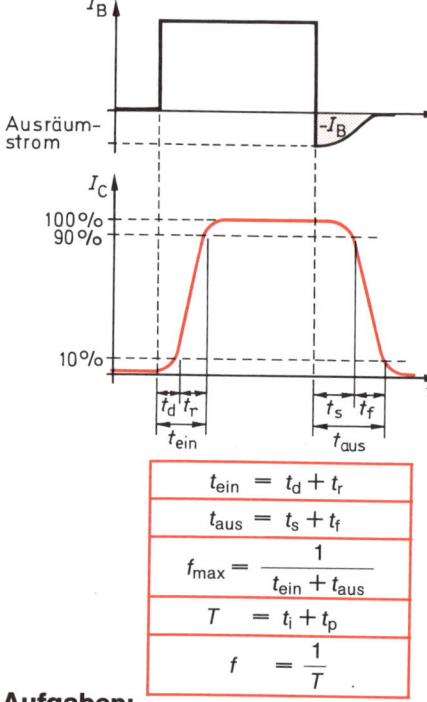

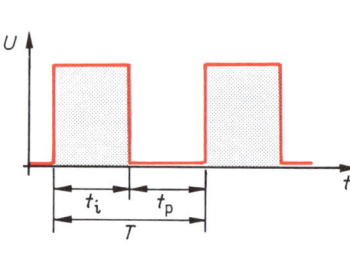

Bild 21.1
Schaltzeiten

$$t_{ein} = t_d + t_r$$

$$t_{aus} = t_s + t_f$$

$$f_{max} = \frac{1}{t_{ein} + t_{aus}}$$

$$T = t_i + t_p$$

$$f = \frac{1}{T}$$

t_d = Verzögerungszeiten (delay time)
t_r = Anstiegszeit (rise time)
t_s = Speicherzeit (storage time)
t_f = Abfallzeit (fall time)
f_{max} = max. Schaltfrequenz
t_i = Impulsdauer
t_p = Pausendauer
T = Schwingungsdauer

Aufgaben:

1. Ein Schalttransistor hat folgende Schaltzeiten: t_d = 10 ns; t_r = 8 ns; t_s = 200 ns; t_f = 50 ns. Wie groß sind die Ein- und Ausschaltzeiten, und wie groß ist die höchste Schaltfrequenz dieses Transistors?

2. Ein Rechtecksignal hat eine Frequenz von f = 4 kHz und ein Impuls-Pausenverhältnis 4 : 1. Berechnen Sie die Impulsdauer!

3. Mit einem Schalttransistor soll eine Frequenz f = 5 MHz geschaltet werden. Für die Einschaltzeit dürfen t_{ein} = 80 ns verstreichen. Welche Speicherzeit darf ein Transistor besitzen, wenn die Abfallzeit t_f = 20 ns beträgt?

4. Ein Rechtecksignal hat eine Schwingungsdauer von T = 100 µs und eine Pausendauer von t_p = 75 µs. Berechnen Sie das Impuls-Pausen-Verhältnis dieses Signals und die Frequenz.

5. Mit einem Differenzierglied soll eine Impulsformung vorgenommen werden. Es wird ein Verhältnis t_i/τ = 10 gewählt. Das rechteckförmige Eingangssignal hat eine Frequenz von f = 5 kHz mit einem Impuls-Pausen-Verhältnis t_i/t_p = 3. Berechnen Sie den erforderlichen Kondensator des Differenziergliedes, wenn der Widerstand R = 4,7 kΩ hat.

21.2 Astabile Kippstufe

21.2.1 Astabile Kippstufe mit Transistoren

Eine astabile Kippstufe erzeugt eine periodische Rechteckspannung **(Bild 21.2).** Werden beide RC-Glieder gleich ausgelegt, so sind Impulsdauer und Impulspausendauer gleich.

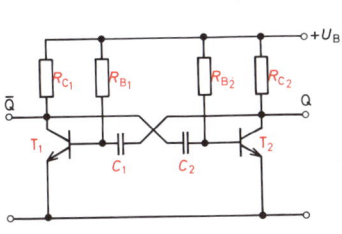

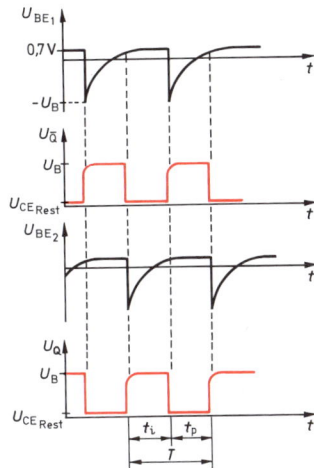

Bild 21.2
Astabile Kippstufe mit Transistoren

Kollektorwiderstand

$$R_C = \frac{U_B - U_{CE\,Rest}}{I_C}$$

$$R_C \approx \frac{U_B}{I_C}$$

Basisvorwiderstand

$$R_B \leqq 0.8 \cdot B \cdot R_C$$

$$R_B = \frac{1}{\ddot{u}} \cdot B \cdot R_C$$

$$R_B = \frac{(U_B - U_{BE}) \cdot B}{\ddot{u} \cdot I_C}$$

Impulsdauer von U_Q

$$t_i \approx 0.7 \cdot R_{B2} \cdot C_2$$

Impulspause von U_Q

$$t_p \approx 0.7 \cdot R_{B1} \cdot C_1$$

Periodendauer

$$T \approx 0.7 \, (R_{B1} \cdot C_1 + R_{B2} \cdot C_2)$$

$$T = t_i + t_p \qquad T = \frac{1}{f}$$

U_B = Betriebsspannung
$U_{CE\,Rest}$ = Rest- oder Sättigungsspannung
I_C = Kollektorstrom
B = Gleichstromverstärkung
$\ddot{u}$ = Übersteuerungsfaktor $\ddot{u} \approx 2$ bis 10
f = Frequenz
t_i = Impulsdauer
t_p = Impulspausendauer
U_{BE} = 0,7 V Basisvorspannung

Tastgrad

$$g = \frac{t_i}{T}$$

Beispiel:

Berechnen Sie alle Widerstandswerte einer astabilen Kippstufe, wenn bei 10 V Betriebsspannung ein Strom von 10 mA fließen soll und die Transistoren eine Stromverstärkung von $B = 90$ haben. Wie groß müssen die Koppelkondensatoren gemacht werden, wenn diese Kippstufe eine symmetrische Pulsfrequenz von 10 Hz abgeben soll?

Lösung:

$$R_{C1} = R_{C2} = \frac{U_B}{I_C} = \frac{10\,V}{10\,mA}$$

$$\underline{R_{C1} = R_{C2} = 1\,k\Omega}$$

$$R_{B1} = R_{B2} = 0.8 \cdot B \cdot R_C = 0.8 \cdot 90 \cdot 1\,k\Omega$$

$$\underline{R_{B1} = R_{B2} = 72\,k\Omega}$$

$$T = \frac{1}{f} = \frac{1}{10\,\text{Hz}} = 100\,\text{ms}$$

bei symmetrischem Ausgangssignal ist $t_i = t_p$

$$C_1 = C_2 = \frac{t_i}{0,7 \cdot R_{B2}} = \frac{50\,\text{ms}}{0,7 \cdot 72\,\text{k}\Omega} \qquad t_i = \frac{T}{2} = 50\,\text{ms}$$

$$\underline{C_1 = C_2 = 1\,\mu\text{F}}$$

Aufgaben:

1. Eine Blinkschaltung soll bei einem Tastgrad von 0,56 eine Periodendauer von 0,5 s haben. Wie groß sind die Impulsdauer und die Pausendauer?

2. Der Taktgeber für eine Zählschaltung soll symmetrische Impulse mit der Pulsfrequenz von 15 kHz erzeugen. Die Basisvorwiderstände haben je 22 kΩ. Berechnen Sie die Koppelkondensatoren!

3. Eine astabile Kippstufe ist mit den Basisvorwiderständen $R_{B1} = 27\,\text{k}\Omega$; $R_{B2} = 18\,\text{k}\Omega$ und den Koppelkondensatoren $C_1 = 470\,\text{pF}$; $C_2 = 1000\,\text{pF}$ aufgebaut. Berechnen Sie: a) die Impulsdauer; b) die Pausendauer; c) die Pulsfrequenz; d) den Tastgrad am Ausgang Q.

4. Ein Taktgenerator soll Rechteckimpulse am Ausgang Q mit einer Frequenz von 10 kHz mit einem Tastgrad von $g = 0,25$ abgeben. In der Schaltung sollen die Kondensatoren $C_1 = 0,1\,\mu\text{F}$ und $C_2 = 10\,\text{nF}$ verwendet werden. Die Größen der erforderlichen Basisvorwiderstände sind zu berechnen!

●5. Eine astabile Kippstufe soll mit den Transistoren BSX62 aufgebaut werden. Dieser Transistortyp hat eine Stromverstärkung von $B = 80$. Die Schaltung soll so ausgelegt werden, daß bei $U_B = 12\,\text{V}$ ein Strom von 8 mA fließt. Berechnen Sie alle Widerstände und Kondensatoren für eine symmetrische Rechteckspannung von 10 kHz.

●6. Für einen Taktgeber benötigt man eine Rechteckschwingung am Ausgang Q mit $t_i = 0,2\,\text{ms}$ und $t_p = 1,8\,\text{ms}$. Man verwendet den Transistortyp 2 N 3440 mit $B = 100$. Die Schaltung soll so ausgelegt werden, daß bei $U_B = 15\,\text{V}$ der leitende Transistor 10 mA zieht. Berechnen Sie: a) die Kollektorwiderstände; b) die Basisvorwiderstände; c) die Koppelkondensatoren; d) die Pulsfrequenz; e) den Tastgrad.

●7. Ein Kippgenerator soll eine Ausgangsspannung U_Q von mindestens 10 V abgeben. Die Rechteckspannung soll bei einer Pulsfrequenz von 15,625 kHz einen Tastgrad von $g = 0,188$ haben. Verwendet werden soll der Transistor BSY21 mit den Daten: $B = 80$; $U_{CE\,Rest} = 0,2\,\text{V}$. Der Transistor T 2 nach der Schaltung in **Bild 21.2** soll einen Strom von 8 mA, der Transistor T 1 einen Strom von 5 mA ziehen. Berechnen Sie: a) die Kollektorwiderstände; b) die Basisvorwiderstände; c) die Koppelkondensatoren.

●8. Eine astabile Kippstufe ist mit den Kondensatoren $C_1 = 56\,\text{nF}$ und $C_2 = 22\,\text{nF}$ aufgebaut. Sie soll eine Pulsfrequenz von 1 kHz mit einem Tastgrad von $g = 0,25$ am Ausgang Q abgeben. Berechnen Sie: a) die Basisvorwiderstände R_{B1} und R_{B2}; b) die Kollektorwiderstände bei einer Stromverstärkung von $B = 100$. Wählen Sie die Widerstände nach der E 12-Reihe aus.

●9. Die Ausgangsspannung U_Q einer astabilen Kippstufe mit Transistoren soll eine Impulsdauer von 52 µs und eine Pausendauer von 12 µs haben. Der jeweils stromleitende Transistor BSW19 mit einer Stromverstärkung von $B = 40$ soll bei einer Betriebsspannung von $U_B = 24\,\text{V}$ einen Kollektorstrom von $I_C = 20\,\text{mA}$ ziehen. Berechnen Sie: a) die Periodendauer; b) die Pulsfrequenz; c) den Tastgrad; d) die Kollektorwiderstände; e) die Basisvorwiderstände; f) die Koppelkondensatoren. Bestimmen Sie die Widerstände aus der Reihe E 12!

21.2.2 Astabile Kippstufe mit Operationsverstärker

Eine astabile Kippstufe mit Operationsverstärker zeigt **Bild 21.3.** Hat der über den Gegen-kopplungswiderstand R_0 aufgeladene Kondensator C den Spannungswert U_S erreicht, so ist die Spannungsdifferenz zwischen den beiden Eingängen des Operationsverstärkers Null, und der Operationsverstärker schaltet um. Am Ausgang ergeben sich symmetrische Rechteckimpulse.

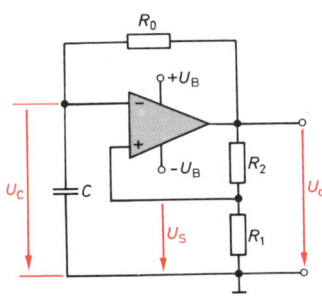

Bild 21.3
Astabile Kippstufe mit Operationsverstärker

Für symmetrische Impulse gilt:

$$t_i = t_p = R_0 \cdot C \cdot \ln\left(1 + 2\frac{R_1}{R_2}\right)$$

$$f = \frac{1}{2\,t_i}$$

Eine astabile Kippstufe mit beliebig einstellbarem Tastverhältnis zeigt **Bild 21.4.**

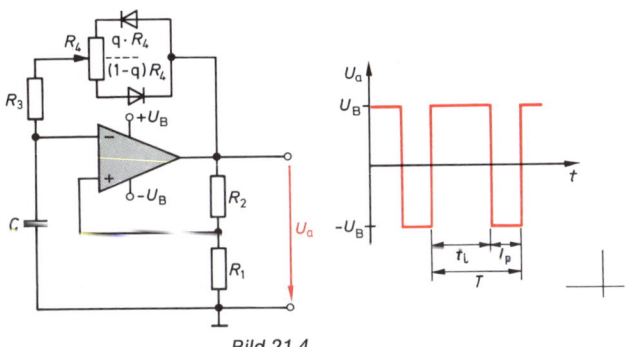

Bild 21.4
Astabile Kippstufe mit einstellbarem Tastverhältnis

$$t_i = [R_3 + q \cdot R_4]\, C \ln\left(1 + 2\frac{R_1}{R_2}\right)$$

$$t_p = [R_3 + (1 - q)\, R_4]\, C \ln\left(1 + 2\frac{R_1}{R_2}\right)$$

$q = $ Teilerstellung zwischen 0 und 1

Beispiel:

Eine astabile Kippstufe mit symmetrischem Ausgangssignal hat die Beschaltung $R_0 = 27\ \text{k}\Omega$; $C = 100\ \text{nF}$; $R_1 = 56\ \text{k}\Omega$ und $R_2 = 100\ \text{k}\Omega$. Berechnen Sie: a) die Impulsdauer; b) die Periodendauer; c) die Pulsfrequenz!

Lösung:

a) $\quad t_\text{i} = R_0 \cdot C \cdot \ln\left(1 + 2\,\dfrac{R_1}{R_2}\right) = 27\ \text{k}\Omega \cdot 100\ \text{nF} \cdot \ln\left(1 + 2\,\dfrac{56\ \text{k}\Omega}{100\ \text{k}\Omega}\right)$

$\quad$ *Eingabe:*

$\quad$ 56 $\boxed{\text{EE}}$ 3 $\boxed{\div}$ 100 $\boxed{\text{EE}}$ 3 $\boxed{\text{x}}$ 2 $\boxed{+}$ 1 $\boxed{=}$ $\boxed{\ln}$ $\boxed{\text{x}}$

$\quad$ 100 $\boxed{\text{EE}}$ 9 $\boxed{+/-}$ $\boxed{\text{x}}$ 27 $\boxed{\text{EE}}$ 3 $\boxed{=}$

$\quad$ *Anzeige:* $2.02882 - 03$

$\quad$ $\underline{t_\text{i} = 2{,}03\ \text{ms}}$

b) $\quad T = t_\text{i} + t_\text{p} = 2 \cdot t_\text{i} = \underline{4{,}06\ \text{ms}}$

c) $\quad f = \dfrac{1}{T} = \dfrac{1}{4{,}06\ \text{ms}}$

$\quad \underline{f = 246\ \text{Hz}}$

Aufgaben:

1. Ein Operationsverstärker wird als astabile Kippstufe beschaltet mit $R_0 = 18\ \text{k}\Omega$; $C = 10\ \text{nF}$; $R_1 = 47\ \text{k}\Omega$ und $R_2 = 82\ \text{k}\Omega$. Berechnen Sie: a) die Impulsdauer; b) die Periodendauer; c) die Pulsfrequenz.

2. Eine Blinkschaltung wird mit einem Operationsverstärker aufgebaut. Die Pulsfrequenz soll 1,25 Hz betragen. Die Schaltung enthält $R_1 = 220\ \text{k}\Omega$; $R_2 = 100\ \text{k}\Omega$ und $C = 2{,}37\ \mu\text{F}$. Wie groß ist R_0?

● 3. Ein Taktgenerator mit Operationsverstärker soll eine Pulsfrequenz von 10 kHz abgeben. Die Beschaltung ist: $R_1 = 56\ \text{k}\Omega$; $R_2 = 100\ \text{k}\Omega$; $R_0 = 27\ \text{k}\Omega$. Berechnen Sie: a) den Wert des Kondensators; b) die Ausgangsspannung, wenn die Schaltspannung $U_\text{S} = 3\ \text{V}$ beträgt (siehe Oszillogramme im Bild 21.3).

4. Eine astabile Kippstufe mit einstellbarem Tastverhältnis nach **Bild 21.4** hat die Beschaltung: $R_1 = 27\ \text{k}\Omega$; $R_2 = 56\ \text{k}\Omega$; $R_3 = 82\ \text{k}\Omega$; $R_4 = 50\ \text{k}\Omega$ und $C = 2{,}7\ \text{nF}$. Berechnen Sie die Impulsdauer und die Impulspausendauer, wenn $q = 0{,}6$ beträgt.

● 5. a) Auf welchen Wert muß das Potentiometer $R_4 = 100\ \text{k}\Omega$ eingestellt werden, wenn mit der Schaltung nach **Bild 21.4** bei einer Schaltfrequenz $f = 5\ \text{kHz}$ ein Tastgrad von $g = 0{,}4$ erreicht werden soll? b) Welchen Wert muß der Kondensator haben? Folgende Beschaltung liegt vor: $R_1 = 68\ \text{k}\Omega$; $R_2 = 22\ \text{k}\Omega$; $R_3 = 47\ \text{k}\Omega$.

● 6. Ein Impulsgenerator mit einstellbarem Tastverhältnis gibt eine Impulsfrequenz $f = 1\ \text{kHz}$ mit einem Tastgrad $g = 0{,}5$ ab. a) Welchen Wert muß der Kondensator nach der E 12-Normreihe (abrunden) haben, bei einer Beschaltung $R_1 = 82\ \text{k}\Omega$; $R_2 = 18\ \text{k}\Omega$; $R_3 = 39\ \text{k}\Omega$; $R_4 = 47\ \text{k}\Omega$ und einer Teilerstellung $q = 0{,}5$? b) Zwischen welchen Werten lassen sich die Impulsdauer und der Tastgrad einstellen (mit Normwert des Kondensators rechnen)?

21.3 Monostabile Kippstufe

21.3.1 Monostabile Kippstufe mit Transistoren

Eine monostabile Kippstufe liefert an den Ausgang beim einmaligen Ansteuern nur einen Rechteckimpuls. Danach muß der Kondensator C_2 über R_{C1} auf die Betriebsspannung wieder aufgeladen werden, ehe diese Kippschaltung erneut durch einen Eingangsimpuls wieder zum Kippen gebracht werden kann (**Bild 21.5**).

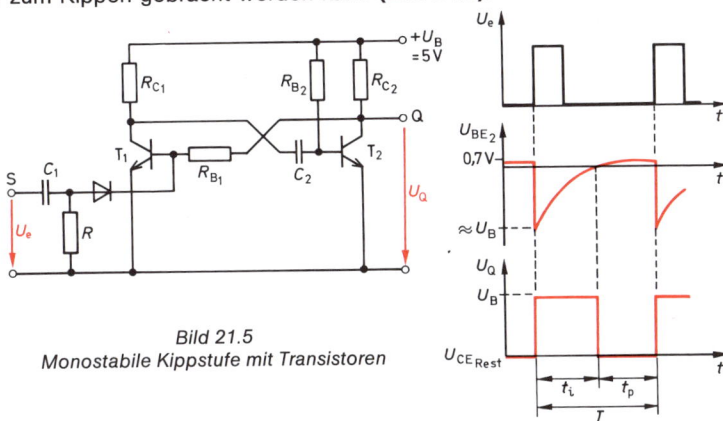

Bild 21.5
Monostabile Kippstufe mit Transistoren

Kollektorwiderstand

$$R_C = \frac{U_B - U_{CE\,Rest}}{I_C}$$

$$R_C \approx \frac{U_B}{I_C}$$

Basisvorwiderstand

$$R_B = \frac{1}{\ddot{u}} \cdot B \cdot R_C$$

$$R_{B1} \leqq 0{,}6 \cdot B_1 \cdot R_{C1}$$

$$R_{B2} \leqq 0{,}8 \cdot B_2 \cdot R_{C2}$$

Impulsdauer von U_Q

$$t_i \approx 0{,}7 \cdot R_{B2} \cdot C_2$$

Impulspausendauer von U_Q

$$t_p \geqq 5 \cdot C_2 \cdot R_{C1}$$

U_B = Betriebsspannung
$U_{CE\,Rest}$ = Rest- oder Sättigungsspannung
I_C = Kollektorstrom
B = Gleichstromverstärkung
$\ddot{u}$ = Übersteuerungsfaktor $\ddot{u} \approx 2$ bis 10

Beispiel:

Eine monostabile Kippstufe hat $R_{B2} = 27\ \text{k}\Omega$; $R_{C1} = 1\ \text{k}\Omega$ und $C_2 = 10\ \text{nF}$. Wie groß sind Impulsdauer und Pausendauer?

Lösung:

$$t_i = 0{,}7 \cdot R_{B2} \cdot C_2 = 0{,}7 \cdot 27\ \text{k}\Omega \cdot 10\ \text{nF} = \underline{189\ \mu s}$$

$$t_p = 5 \cdot R_{C1} \cdot C_2 = 5 \cdot 1\ \text{k}\Omega \cdot 10\ \text{nF} = \underline{50\ \mu s}$$

21.3.2 Monostabile Kippstufe mit Operationsverstärker

Die Schaltung einer monostabilen Kippstufe mit einem Operationsverstärker zeigt **Bild 21.6**.

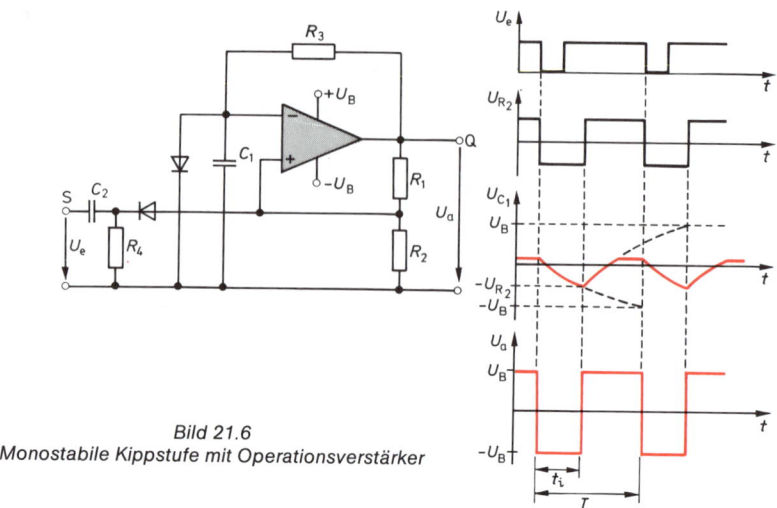

Bild 21.6
Monostabile Kippstufe mit Operationsverstärker

Die Aufladezeit des Kondensators entspricht etwa der Entladezeit, so daß gilt:

Impulsdauer

$$t_i = R_3 \cdot C_1 \cdot \ln\left(1 + \frac{R_2}{R_1}\right)$$

Periodendauer

$$T \approx 2\,R_3 \cdot C_1 \ln\left(1 + \frac{R_2}{R_1}\right)$$

21.3.3 Monostabile Kippstufe mit TTL-Serie 74xx

Bei einer nicht nachtriggerbaren monostabilen Kippstufe z. B. vom Typ 74121 **(Bild 21.7)** beträgt die Dauer des Ausgangsimpulses

Impulsdauer

$$t_Q = 0{,}7 \cdot R \cdot C$$

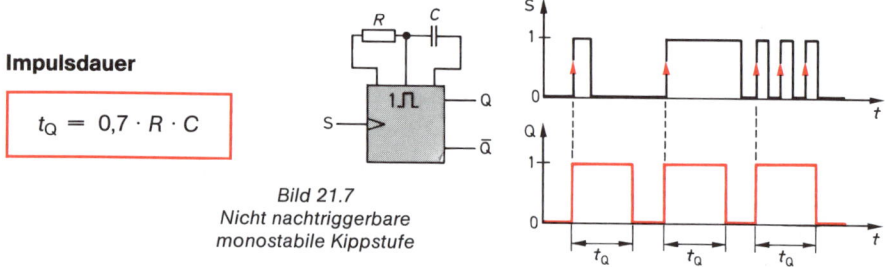

Bild 21.7
*Nicht nachtriggerbare
monostabile Kippstufe*

Für ein neuerliches Triggern muß die sogenannte „Erholzeit" abgewartet werden, die etwa 75 % der Impulsdauer beträgt. Bei einer nachtriggerbaren monostabilen Kippstufe z. B. vom Typ 74122 **(Bild 21.8)** beträgt die Dauer des Ausgangsimpulses

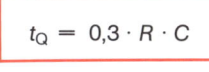

Impulsdauer

$$t_Q = 0{,}3 \cdot R \cdot C$$

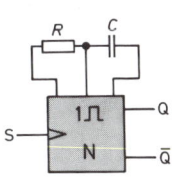

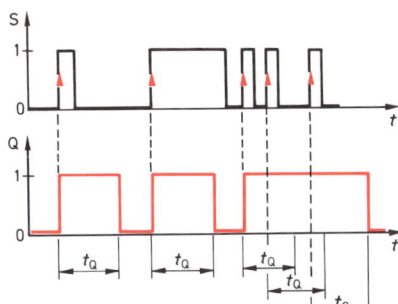

Bild 21.8
Nachtriggerbare monostabile Kippstufe

Aufgaben:

1. Die Beschaltung einer monostabilen Kippstufe mit Transistoren besteht aus: $R_{C1} = 1{,}2\ \text{k}\Omega$; $R_{B2} = 18\ \text{k}\Omega$; $C_2 = 100\ \text{pF}$. Berechnen Sie: a) die Impulsdauer; b) die Mindestpausendauer; c) den minimalen Zeitabstand zwischen zwei Eingangsimpulsen!

2. Eine monostabile Kippstufe wird mit den Transistoren BSY19 ($B \geqq 40$) aufgebaut und an 10 V Betriebsspannung gelegt. Es fließt dann ein Kollektorstrom von 10 mA. Diese Schaltung soll eine Impulsdauer von 18 ms haben. Wie groß sind die erforderlichen Widerstände R_{C1}; R_{C2}; R_{B2}; der Kondensator C_2 und die höchste Frequenz der Eingangsimpulse?

3. Eine elektronische Drehzahlmessung enthält einen monostabilen Multivibrator. Der zeitliche Mittelwert des Kollektorstromes von Transistor T 2 im **Bild 21.5** ist ein Maß für die Drehzahl. Diese Kippstufe wird mit den Transistoren BSV52 ($B \geqq 40$) aufgebaut und an $U_B = 15$ V gelegt. Es fließt ein Kollektorstrom von 12,5 mA. Die Impulsdauer soll 6 ms betragen. Wie groß sind: a) die Kollektorwiderstände; b) der Basisvorwiderstand R_{B2}; c) der Koppelkondensator C_2; d) die höchste Pulsfrequenz der Eingangsimpulse?

4. Eine monostabile Kippstufe wird in einer Impulsverzögerungsschaltung eingesetzt. Die Beschaltung soll sein: $R_{C1} = 2{,}2\ \text{k}\Omega$; $R_{B2} = 82\ \text{k}\Omega$. Berechnen Sie für eine Impulsdauer von 5 s den Kondensator C_2 und die höchste Pulsfrequenz des Eingangssignals!

5. Für eine Impulsverzögerungsschaltung wird eine Kippstufe nach dem **Bild 21.6** benutzt mit einer Beschaltung von $R_3 = 27\ \text{k}\Omega$. Welcher Kondensator ist erforderlich, wenn die Impulsdauer $t_i = 0{,}6$ s betragen soll und die Widerstände in einem Verhältnis $R_2/R_1 = 3$ stehen?

6. Ein elektronischer Zeitschalter nach dem **Bild 21.6** liefert ein Ausgangssignal mit einer Impulsdauer von $t_i = 0{,}8$ ms. Der Widerstand R_3 hat einen Wert von 100 kΩ, und der Kondensator hat $C = 4{,}7$ nF. In welchem Verhältnis stehen die Widerstände R_2 und R_1?

7. Eine nicht nachtriggerbare Kippstufe nach **Bild 21.7** ist mit $R = 33\ \text{k}\Omega$ und $C = 47$ nF beschaltet. Wie lang ist der Ausgangsimpuls?

8. Eine nachtriggerbare Kippstufe nach **Bild 21.8** soll eine Impulsdauer von $t_Q = 3$ ms besitzen. Bestimmen Sie den erforderlichen Kondensator, wenn $R = 18\ \text{k}\Omega$ hat! Wählen Sie einen Kondensator aus der E12-Normreihe aus, und bestimmen Sie die tatsächliche Impulsdauer.

9. Zur Impulsverzögerung wird eine nachtriggerbare Kippstufe nach **Bild 21.8** mit der Beschaltung $C = 220$ nF, $R = 120\ \text{k}\Omega$ verwendet.
   a) Wieviel Impulse müssen auf die Kippstufe gegeben werden, damit $t_Q = 32{,}9$ ms beträgt?
   b) Welchen gleichmäßigen Abstand müssen sie haben?

21.4 Bistabile Kippstufe

Eine bistabile Kippstufe ist ein Speicher für digitale Signale und wird deshalb in Zählschaltungen, Schieberegistern usw. eingesetzt. Die Grundschaltung eines RS-Kippgliedes zeigt das **Bild 21.9.**

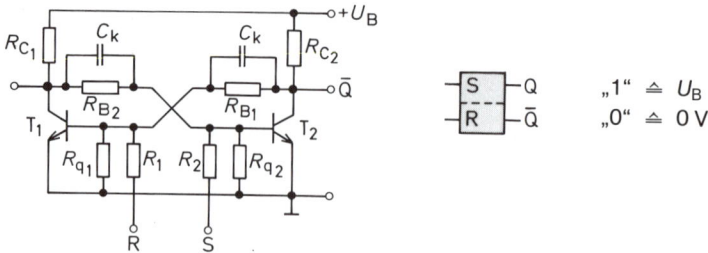

R	S	Q	$\overline{Q}$	$Q_{t\,n+1}$	Bemerkung
0	0	0/1	1/0	$Q_{t\,n}$	Zustand bleibt
0	1	1	0	1	Setzen
1	0	0	1	0	Rücksetzen
1	1	0	0	*	keine Information

$Q_{t\,n}$ = Zustand vor einer neuen Wertekombination der Eingangssignale
$Q_{t\,n+1}$ = Zustand nach einer neuen Wertekombination der Eingangssignale

Bild 21.9
Grundschaltung, Schaltzeichen und Wahrheitstabelle eines RS-Kippgliedes

Kollektorwiderstand

$$R_C = \frac{U_B - U_{CE\,Rest}}{I_C}$$

$$R_C \approx \frac{U_B}{I_C}$$

Basisvorwiderstand

$$R_B = \frac{U_B - U_{BE}}{I_{B\,ist} + I_q}$$

$$I_{B\,ist} = ü \cdot \frac{I_C}{B}$$

$$I_q \approx 2 \text{ bis } 5 \cdot I_{B\,ist}$$

Querwiderstand

$$R_q = \frac{U_{BE}}{I_q}$$

U_B = Betriebsspannung
$U_{CE\,Rest}$ = Rest- oder Sättigungsspannung
I_C = Kollektorstrom
U_{BE} = 0,7 V Basisvorspannung
I_q = Querstrom ($\approx$ 2 bis 5 I_B)
B = Gleichstromverstärkung
$ü$ = Übersteuerungsfaktor (2 bis 10)
f = Schaltfrequenz
f_e = Eingangsfrequenz

Vorwiderstand

$$R = \frac{(U_B - U_{BE}) \cdot B}{ü \cdot I_C}$$

Impulsversteilerungskondensator

$$C_K \leq \frac{R_B + R_q}{4,6 \cdot f \cdot R_B \cdot R_q}$$

$$f = \frac{f_e}{2}$$

Aufgaben:

1. Eine bistabile Kippstufe nach **Bild 21.9** wird mit den Transistoren BSX 72 ($B = 60$; $U_{CE\,Rest} = 0,2\,V$; $U_{BE} = 0,7\,V$) aufgebaut. Bei einer Betriebsspannung von $U_B = 10\,V$ fließt ein Kollektorstrom von $I_C = 10\,mA$. Es wird mit einem Übersteuerungsfaktor $\ddot{u} = 3$ und $I_q = 5 \cdot I_B$ gerechnet. Es sind alle Widerstände und die Koppelkondensatoren bei $f_e = 10\,kHz$ zu berechnen und nach der E12-Normreihe auszuwählen.

2. Eine bistabile Kippstufe wird mit den Transistoren BSX 19 aufgebaut. Transistor-Daten: $B = 50$; $U_{CE\,Rest} = 0,6\,V$. Bei $U_B = 12\,V$ sollen $I_C = 8\,mA$ fließen. Weiter setzt man voraus, $I_q = 3 \cdot I_B$; $\ddot{u} = 5$ und $f_e = 1\,MHz$. Alle Widerstände und Kondensatoren nach der Schaltung in **Bild 21.9** sind zu berechnen!

3. Die bistabile Kippstufe im **Bild A 21.4/3** ist mit den Transistoren BSW 89 aufgebaut. Dieser Transistor hat folgende Daten: bei $U_{BE} = 0,6\,V$ und $I_C = 10\,mA$ ist $U_{CE\,Rest} = 0,2\,V$ und $B = 30$! Berechnen Sie alle Widerstände und die Impulsversteilerungskondensatoren C_K, wenn die Ausgangsfrequenz 10 kHz betragen soll. Weiterhin wählt man $I_B = 2 \cdot I_C/B$ und $I_q = 5 \cdot I_B$. Geben Sie alle Widerstände in der E12-Reihe an.

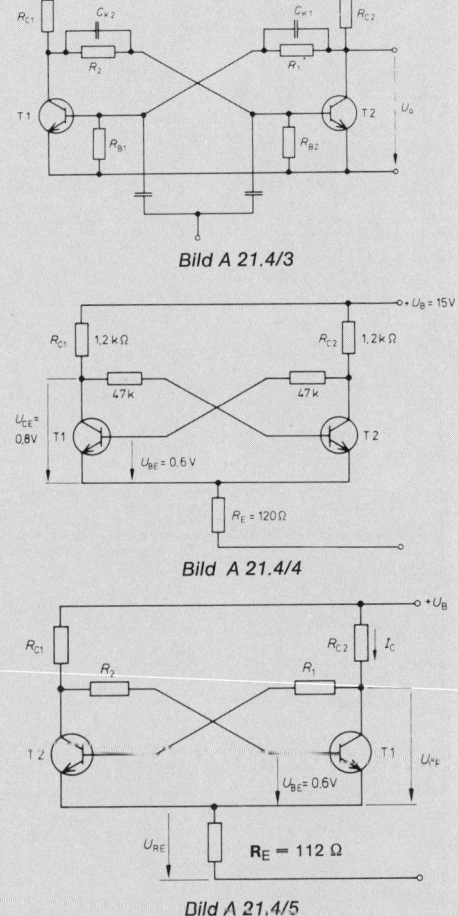

Bild A 21.4/3

Bild A 21.4/4

4. Eine vereinfacht dargestellte bistabile Kippstufe zeigt das **Bild A 21.4/4**. Für den Schaltzustand „T 1 leitend", sind die Spannungswerte in das Schaltbild eingetragen. Berechnen Sie: a) die Größe von I_C und I_B, wenn man $I_C = I_E$ setzt; b) die Größen von I_C und I_B, wenn man nach der Formel

$$U_{RE} \approx \frac{R_E}{R_E + R_C} \cdot U_B$$

rechnet; c) den prozentualen Fehler, der sich ergibt, wenn man den Stromverstärkungsfaktor nach a) und b) berechnet!

5. In der vereinfacht dargestellten bistabilen Kippstufe nach dem **Bild A 21.4/5** ist der Transistor T 1 leitend. Es fließt ein Kollektorstrom von $I_C = 8,5\,mA$ bei $U_B = 10\,V$. Berechnen Sie, wenn $U_{CE} = 0,5\,V$ und $U_{RE} = 1\,V$ sind: a) den Kollektorwiderstand; b) den Stromverstärkungsfaktor des leitenden Transistors.

Bild A 21.4/5

6. In der vereinfacht dargestellten bistabilen Kippstufe nach dem **Bild A 21.4/5** ist der Transistor T 1 leitend. Es fließt bei $U_B = 12\,V$ ein Kollektorstrom von $I_C = 10,6\,mA$. Weiterhin hat man folgende Werte gemessen: $U_{CE} = 0,2\,V$ und $U_{RE} = 1,2\,V$. Welchen Wert haben die Widerstände R_1 und R_2?

21.5 Schmitt-Trigger

21.5.1 Schmitt-Trigger mit Transistoren

Der Schmitt-Trigger ist eine unselbständige Kippschaltung, die zwei stabile Lagen hat, bei der jeweils der eine Transistor leitend und der andere gesperrt ist. Er ist eine Schaltung, die durch die Eingangsspannung getriggert wird (potentialgesteuerte Kippstufe). In der Urform war sie ein zweistufiger Gleichspannungsverstärker mit gemeinsamem Emitterwiderstand **(Bild 21.10)**.

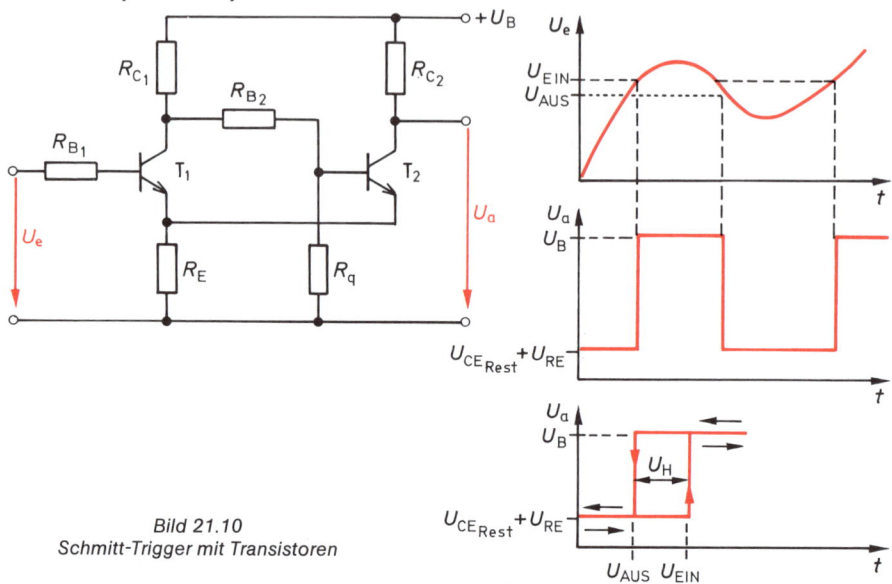

Bild 21.10
Schmitt-Trigger mit Transistoren

Tabelle 21.1: Schmitt-Trigger mit Transistoren		
Ruhelage 1	T1 gesperrt	$I_{C2} = \dfrac{U_B - U_{CE\,Rest\,T2}}{R_{C2} + R_E}$
	T2 leitend	$U_{RE} = I_{C2} \cdot R_E$
		$U_a = U_{RE} + U_{CE\,Rest\,T2}$
Einschaltspannung	T1 wird leitend	$U_{EIN} \geqq U_{RE} + U_{BE\,T1}$
	T2 wird gesperrt	$U_{EIN} \geqq (I_{C2} \cdot R_E) + U_{BE\,T1}$
Ruhelage 2	T1 leitend	$I_{C1} = \dfrac{U_B - U_{CE\,Rest\,T1}}{R_{C1} + R_E}$
	T2 gesperrt	$U_{RE} = I_{C1} \cdot R_E$
		$U_a = U_B$
Ausschaltspannung	T1 wird gesperrt T2 wird leitend	$U_{AUS} \leqq U_{RE} + U_{BE\,T1}$

278

Hysteresespannung

$$U_H = U_{EIN} - U_{AUS}$$

Kollektorwiderstand

$$R_C = \frac{U_B - U_{CE\,Rest} - U_{RE}}{I_C}$$

Basisvorwiderstand

$$R_{B1} = \frac{(U_e - U_{RE} - U_{BE})\,B}{\ddot{u} \cdot I_{C1}}$$

$$R_{B2} = \frac{U_B - U_{RE} - U_{BE} - U_{RC1}}{I_{Bist} + I_q}$$

$$I_{Bist} = \ddot{u} \cdot \frac{I_C}{B}$$

$$I_q \approx 2 \text{ bis } 5 \cdot I_{Bist}$$

$$U_{RC1} = (I_{Bist} + I_q)\,R_{C1}$$

U_e = Eingangsspannung
B = Gleichstromverstärkung
$\ddot{u}$ = Übersteuerungsfaktor
  ($\ddot{u} = 2$ bis 10)
I_C = Kollektorstrom
U_{RE} = Spannungsabfall an R_E
U_{BE} = 0,7 V Basisvorspannung
U_{RC1} = Spannungsabfall an R_{C1}
U_B = Betriebsspannung
$U_{CE\,Rest}$ = Rest- oder Sättigungsspannung

Querwiderstand

$$R_{q2} = \frac{U_{BE} + U_{RE}}{I_q}$$

Beispiel:

Ein Schmitt-Trigger wird an 12 V Betriebsspannung betrieben. Die Kollektorwiderstände haben $R_{C1} = R_{C2} = 1\,k\Omega$, der Emitterwiderstand hat $R_E = 270\,\Omega$. Der Transistor T1 hat bei $U_{BE} = 0,6\,V$ einen Kollektorstrom von $I_C = 10\,mA$. Der Transistor T2 hat bei $U_{CE\,Rest} = 0,2\,V$ einen Kollektorstrom von $I_C = 11\,mA$. Berechnen Sie: a) die Ein- und Ausgangsspannung; b) die Hysteresespannung; c) das Ausgangssignal in Ruhelage 1 und 2.

Lösung:

a) $U_{EIN} = (I_{C2} \cdot R_E) + U_{BE1}$
   $U_{EIN} = 11\,mA \cdot 270\,\Omega + 0,6\,V = 2,97\,V + 0,6\,V = 3,57\,V$ $\Rightarrow \underline{U_{EIN} = 3,57\,V}$

   $U_{AUS} = U_{RE1} + U_{BE1} = I_{C1} \cdot R_E + U_{BE1}$
   $U_{AUS} = 10\,mA \cdot 270\,\Omega + 0,6\,V = 2,7\,V + 0,6\,V = 3,3\,V$ $\Rightarrow \underline{U_{AUS} = 3,3\,V}$

b) $U_H = U_{EIN} - U_{AUS} = 3,57\,V - 3,3\,V = 0,27\,V$ $\Rightarrow \underline{U_H = 0,27\,V}$

c) Ruhelage 1
   $U_a = U_{RE2} + U_{CE\,Rest\,T_2} = I_{C2} \cdot R_E + U_{CE\,Rest\,T_2}$
   $U_a = 11\,mA \cdot 270\,V + 0,2\,V = 3,17\,V$ $\Rightarrow \underline{U_a = 3,17\,V}$

   Ruhelage 2
   $U_a = U_B$ $\Rightarrow \underline{U_a = 12\,V}$

21.5.2 Schmitt-Trigger mit Operationsverstärker

Die Schaltung eines Schmitt-Triggers mit Operationsverstärker zeigt das **Bild 21.11**. Da sich die Ausgangsspannung eines Schmitt-Triggers nur sprunghaft zwischen zwei konstanten Werten U_a+ und U_a- ändern kann, verursacht eine Eingangsspannung beliebiger Kurvenform stets eine rechteckförmige Ausgangsspannung mit definierter Amplitude und Flankensteilheit. Liegt am invertierenden Verstärkereingang (−) eine hohe negative Spannung, so ist der Verstärker übersteuert, und die Ausgangsspannung besitzt ihren höchsten Wert U_a+. Über die Widerstände R_1 und R_2 wird auf den nicht invertierenden Eingang (+) die Teilspannung

$$U_P = \frac{R_1}{R_1 + R_2} \cdot U_a+ = k \cdot U_a+$$

zurückgekoppelt. Variiert man nun die Eingangsspannung U_e von negativen zu positiven Werten, so ändert sich U_a zunächst überhaupt nicht. Erst wenn U_e den Wert $k \cdot U_a+$ erreicht, nimmt die Ausgangsspannung ab. Dadurch verringert sich aber auch gleichzeitig die zurückgekoppelte Spannung und unterstützt somit die Ausgangsspannungsabnahme, so daß U_a sehr schnell auf den unteren Grenzwert U_a- springt. Der erste Schaltpegel liegt bei:

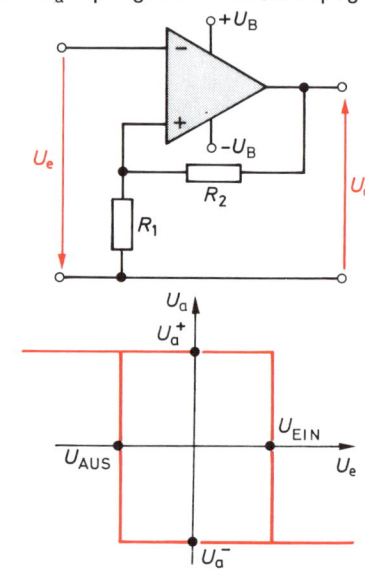

$$U_{EIN} = \frac{R_1}{R_1 + R_2} \cdot U_a+$$

Die rückgekoppelte Spannung beträgt jetzt $U_P = \dfrac{R_1}{R_1 + R_2} \cdot U_a- = k \cdot U_a-$

Verringert man nun wieder die Eingangsspannung, so erfolgt das Zurückspringen der Ausgangsspannung auf U_a- erst, wenn U_e den Wert $k \cdot U_a-$ erreicht oder unterschritten hat. Der zweite Schaltpegel liegt somit bei:

$$U_{AUS} = \frac{R_1}{R_1 + R_2} \cdot U_a-$$

Die Differenz zwischen den beiden Schaltpegeln ist die sogenannte Schalthysterese U_H. Sie beträgt:

$$U_H = \frac{R_1}{R_1 + R_2} (U_a+ - U_a-)$$

Übertragungskennlinie

Bei erdsymmetrischer Betriebsspannungsversorgung ergibt sich für U_a+ ein positiver und für U_a- ein betragsmäßig etwa gleich großer negativer Spannungswert. Das Entsprechende gilt dann natürlich auch für die Schaltpegel U_{EIN} und U_{AUS}. Die daraus resultierende Übertragungskennlinie und der Ausgangsspannungsverlauf bei sinusförmiger Eingangsspannung gehen aus dem Bild 21.11 hervor.

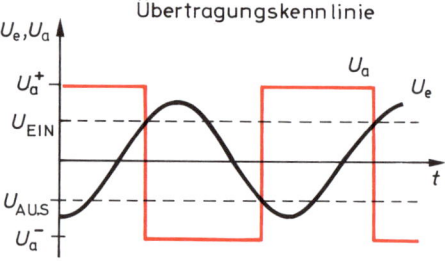

Ausgangsspannungsverlauf bei sinusförmiger Eingangsspannung
Bild 21.11
Schmitt-Trigger mit Operationsverstärker

Beispiel:

Ein Schmitt-Trigger mit Operationsverstärker hat die Beschaltung: $R_1 = 18$ kΩ und $R_2 = 12$ kΩ. Die Ausgangsspannungen liegen bei $U_a+ = 5{,}9$ V und $U_a- = -6{,}1$ V. Wie groß sind die Ein- und Ausschaltspannungen sowie die Schalthysterese?

Lösung:

$$U_{EIN} = \frac{R_1}{R_1 + R_2} \cdot U_{a^+} = \frac{18\,\text{k}\Omega}{18\,\text{k}\Omega + 12\,\text{k}\Omega} \cdot 5{,}9\,\text{V} = 0{,}6 \cdot 5{,}9\,\text{V} \quad \Rightarrow \underline{U_{EIN} = 3{,}54\,\text{V}}$$

$$U_{AUS} = \frac{R_1}{R_1 + R_2} \cdot U_{a^-} = \frac{18\,\text{k}\Omega}{18\,\text{k}\Omega + 12\,\text{k}\Omega} \cdot -6{,}1\,\text{V} \qquad \Rightarrow \underline{U_{AUS} = -3{,}66\,\text{V}}$$

$$U_H = \frac{R_1}{R_1 + R_2} (U_{a^+} - U_{a^-}) = \frac{18\,\text{k}\Omega}{18\,\text{k}\Omega + 12\,\text{k}\Omega} [5{,}9\,\text{V} - (-6{,}1\,\text{V})] \quad \Rightarrow \underline{U_H = 7{,}2\,\text{V}}$$

Aufgaben:

1. Ein Schmitt-Trigger soll an 10 V Betriebsspannung betrieben werden. Er hat folgende Beschaltung: $R_{C1} = R_{C2} = 1{,}5$ kΩ; $R_E = 330$ Ω. Der Transistor T1 in der Schaltung nach **Bild 21.10** hat bei $U_{BE} = 0{,}6$ V einen Kollektorstrom von $I_C = 10$ mA. Der Transistor T2 hat bei $U_{CE\,Rest} = 0{,}2$ V einen Kollektorstrom von $I_C = 10$ mA. Berechnen Sie: a) die Ein- und Ausschaltspannung; b) die Hysteresespannung; c) das Ausgangssignal in der Ruhelage 1 und 2.

● 2. Ein Schmitt-Trigger soll mit dem Transistortyp BSW19 aufgebaut werden. Dieser Transistor hat folgende Daten: $U_{CE\,Rest} = 0{,}18$ V bei $I_C = 10$ mA und $U_{BE} = 0{,}6$ V. Die Schaltung soll mit 15 V Betriebsspannung arbeiten. Die Einschaltspannung soll bei 3,8 V und die Ausschaltspannung bei 3,4 V liegen. Berechnen Sie: a) den Emitterwiderstand; b) den Kollektorwiderstand von T2; c) den Kollektorstrom von T1; d) den Kollektorwiderstand von T1; e) den Ausgangsspannungshub.

3. Bei einer Schmitt-Trigger-Schaltung mißt man eine Einschaltspannung von 3,2 V, einen Ausgangsspannungshub von 9 V und eine Ausschaltspannung von 3,1 V. Diese Schaltung hat $R_{C1} = R_{C2} = 800$ Ω, $R_E = 220$ Ω und liegt an $U_B = 12$ V. Berechnen Sie: a) $U_{CE\,Rest\,T2}$; b) I_{C2}; c) $U_{CE\,Rest\,T1}$; d) I_{C1}.

4. Bei einem Schmitt-Trigger mit Operationsverstärker liegt die Ausgangsspannung zwischen den Werten $U_a+ = 8$ V und $U_a- = -8$ V. Man will eine Schalthysterese von $U_H = 6{,}4$ V erreichen. Wie groß muß R_2 ausgelegt werden, wenn $R_1 = 33$ kΩ hat? Wie groß sind die Ein- und Ausschaltspannung?

● 5. Ein Schmitt-Trigger mit Operationsverstärker hat eine Einschaltspannung von 3,5 V und eine Ausschaltspannung von −3,8 V. Die Beschaltungswiderstände stehen in einem Verhältnis $R_1/R_2 = 2 : 1$. Berechnen Sie die beiden Ausgangsspannungswerte und den Wert der Schalthysterese!

● 6. Für eine Digitaluhr, die aus der Netzfrequenz ihren Takt bezieht, ist die Taktaufbereitung zu berechnen. Die Impulsformung soll mittels eines Schmitt-Triggers mit Transistoren erfolgen. Es werden Transistoren vom Typ BC107B mit den Daten: $I_C = 10$ mA; $B = 290$; $U_{BE} = 0{,}62$ V; $U_{CE\,Rest} = 0{,}2$ V verwendet. Die Betriebsspannung soll $U_B = 12$ V und $U_{RE} = 0{,}4$ V betragen. Der Übertragungsfaktor wird mit $\ddot{u} = 3$ und der Querstrom mit $I_q = 5$ gewählt. Als Eingangsspannung steht eine sinusförmige Wechselspannung von $U_{e\,eff} = 5$ V zur Verfügung. Berechnen Sie: a) alle Widerstände der Schaltung nach **Bild 21.10**. Wählen Sie die Widerstände nach der E12-Normreihe. b) die Ausgangsspannung; c) die Ein- und Ausschaltspannung.

22. Signalgeneratoren

22.1 Rechteckgeneratoren

Periodische Rechtecksignale lassen sich mit verschiedenen Schaltungen erzeugen.

22.1.1 Rechteckgenerator mit Transistoren

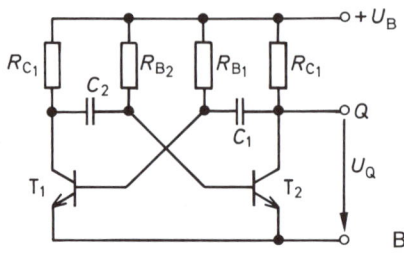

Bild 22.1
Rechteckgenerator mit Transistoren

$$T \approx 0,7 \, (R_{B1} \cdot C_1 + R_{B2} \cdot C_2)$$

$$t_i \approx 0,7 \, R_{B2} \cdot C_2$$

$$\frac{t_i}{t_p} \approx \frac{R_{B2} \cdot C_2}{R_{B1} \cdot C_1}$$

Berechnung der Widerstände siehe 21.2.1.

22.1.2 Rechteckgenerator mit Operationsverstärker

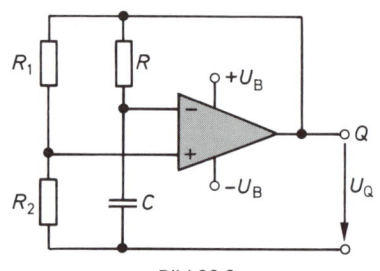

Bild 22.2
Rechteckgenerator mit Operationsverstärker

$$t_i = t_p = -RC \ln\left(\frac{U_Q - U_S}{U_Q + U_S}\right)$$

$$U_S = U_Q \, \frac{R_2}{R_1 + R_2}$$

$$t_i = t_p = RC \ln\left(1 + 2\frac{R_2}{R_1}\right)$$

$$f = \frac{1}{2 \, t_i}$$

22.1.3 Rechteckgenerator mit monostabilen Kippstufen

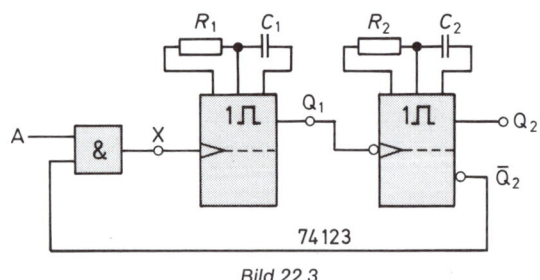

Bild 22.3
Rechteckgenerator mit monostabilen Kippstufen

$$t_i \approx 0,3 \, R_2 \cdot C_2$$

$$t_p \approx 0,3 \, R_1 \cdot C_1$$

$$T \approx 0,3 \, (R_1 \cdot C_1 + R_2 \cdot C_2)$$

$$\frac{t_i}{t_p} \approx \frac{R_2 \cdot C_2}{R_1 \cdot C_1}$$

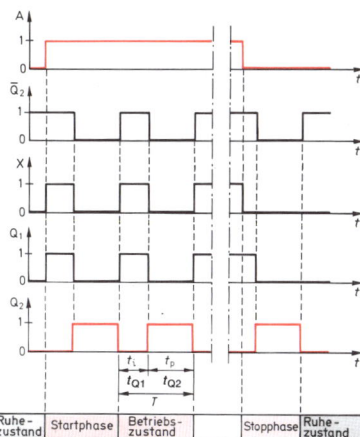

Bild 22.4
Signal-Zeit-Plan
der monostabilen
Kippstufe nach Bild 22.3

Aufgaben:

1. Ein Rechteckgenerator mit Transistoren hat die Beschaltung $R_{B1} = R_{B2} = 68\ k\Omega$; $C_1 = 4{,}7\ nF$; $C_2 = 1\ nF$. Berechnen Sie: a) die Impulsdauer; b) die Pausendauer; c) das Impuls-Pausen-Verhältnis; d) die Frequenz der Rechteckschwingung.

2. Ein Rechteckgenerator mit Transistoren soll eine Frequenz von $f = 2\ kHz$ mit einem Impuls-Pausen-Verhältnis $t_i/t_p = 2$ abgeben. Es werden Kondensatoren mit $C_1 = C_2 = 5{,}6\ nF$ verwendet. Berechnen Sie die Widerstände R_{B1} und R_{B2}.

3. Berechnen Sie die Frequenz eines Rechteckgenerators mit Operationsverstärker, wenn $R_1 = 2{,}2\ k\Omega$; $R_2 = 4{,}7\ k\Omega$; $R = 22\ k\Omega$ und $C = 0{,}1\ \mu F$ sind.

4. Ein Rechteckgenerator mit Operationsverstärker gibt eine Ausgangsspannung von $U_Q = \pm 10\ V$ ab. Die Widerstände R_1 und R_2 haben die Werte $R_1 = 12\ k\Omega$, $R_2 = 39\ k\Omega$. Berechnen Sie: a) die Schaltspannung U_S; b) die Impulsdauer, wenn $f = 1\ kHz$ betragen soll; c) den erforderlichen Wert des Widerstands R, wenn $C = 100\ nF$ und $f = 1\ kHz$ betragen soll; d) welche Frequenz ergibt sich, wenn der kleinere Widerstand nach der E12-Normreihe gewählt wird?

5. Ein Rechteckgenerator mit zwei monostabilen Kippstufen soll eine Frequenz von $f = 500\ Hz$ mit einem Impuls-Pausen-Verhältnis $t_i/t_p = 0{,}4$ abgeben. a) Welche Werte müssen die Kondensatoren haben, wenn $R_1 = 8{,}2\ k\Omega$ und $R_2 = 4{,}7\ k\Omega$ gewählt werden? b) Welche Frequenz und welches Impuls-Pausen-Verhältnis ergibt sich, wenn die Kondensatoren nach der E12-Normreihe ausgewählt werden? (kleinere Werte wählen)

6. Ein Rechteckgenerator mit zwei monostabilen Kippstufen hat die Beschaltung $R_1 = 18\ k\Omega$, $C_1 = 68\ nF$, $R_2 = 27\ k\Omega$, $C_2 = 10\ nF$. Berechnen Sie: a) die Impulsdauer; b) die Pausendauer; c) das Impuls-Pausen-Verhältnis; d) die Frequenz.

7. Es wird eine periodische Rechteckspannung mit einer Frequenz $f = 4\ kHz$ und einem Tastgrad $g = 0{,}2$ benötigt. Das Ausgangssignal soll $U_Q = 15\ V$ betragen. Der Rechteckgenerator soll mit Transistoren vom Typ 2N2219 aufgebaut werden. Bei einem Kollektorstrom $I_C = 10\ mA$ haben diese Transistoren eine Gleichstromverstärkung $B = 75$. Es soll mit einem Übersteuerungsfaktor $ü = 3$ gerechnet werden. Berechnen Sie: a) alle Widerstände und Kondensatoren; b) wählen Sie die Werte für die Widerstände und Kondensatoren nach der E12-Normreihe aus und berechnen Sie damit die tatsächliche Frequenz und den Tastgrad.

8. Ein Rechteckgenerator mit Operationsverstärker soll ein symmetrisches Rechtecksignal mit $f = 2{,}5\ kHz$ abgeben. In welchem Verhältnis müssen die Spannungsteilerwiderstände R_1 und R_2 stehen, wenn $R = 33\ k\Omega$ und $C = 82\ nF$ gewählt werden?

22.2 Sägezahngeneratoren

Periodische Sägezahnsignale lassen sich mit verschiedenen Schaltungen erzeugen.

22.2.1 Sägezahngenerator mit Einrichtungs-Thyristordiode

Ein einfacher Sägezahngenerator läßt sich mit einer Einrichtungs-Thyristordiode (Vier-schichtdiode) nach **Bild 22.4** aufbauen. Zur Linearisierung der Sägezahnspannung wird der Kondensator über eine Konstantstromquelle aufgeladen **(Bild 22.5)**.

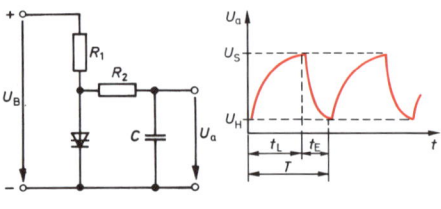

Bild 22.4
Sägezahngenerator mit Vierschichtdiode

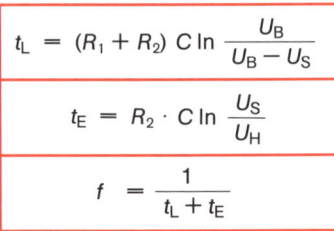

$$t_L = (R_1 + R_2) \, C \ln \frac{U_B}{U_B - U_S}$$

$$t_E = R_2 \cdot C \ln \frac{U_S}{U_H}$$

$$f = \frac{1}{t_L + t_E}$$

U_S = Schaltspannung
U_H = Haltespannung

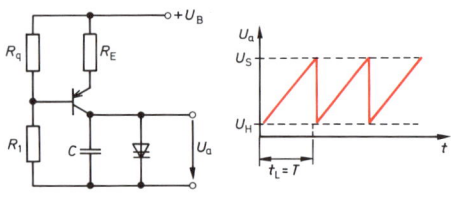

Bild 22.5
Sägezahngenerator mit Vierschichtdiode
und Konstantstromquelle

$$t_L = \frac{C \cdot U_S}{I_C}$$

$$f \approx \frac{1}{t_L}$$

22.2.2 Sägezahngenerator mit Unijunction-Transistor

Mit einem Unijunction-Transistor (UJT) lassen sich einfache Sägezahngeneratoren auf-bauen **(Bild 22.6)**. Zur Linearisierung der Sägezahnspannung wird der Kondensator über eine Konstantstromquelle aufgeladen **(Bild 22.7)**. Die Konstantstromquelle kann dabei mit einem Feldeffekt-Transistor oder mit einem bipolaren Transistor aufgebaut sein.

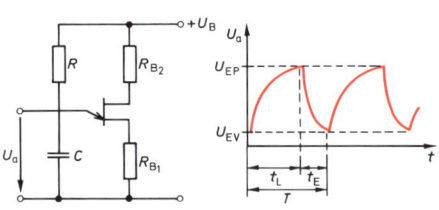

Bild 22.6
Sägezahngenerator mit UJT

$$t_L = R \cdot C \ln \frac{U_B}{U_B - U_{EP}}$$

$$t_E = R_{B1} \cdot C \ln \frac{U_{EP}}{U_{EV}}$$

$$f = \frac{1}{t_L + t_E}$$

(Berechnung der Widerstände Abschnitt 16.1)

$$t_L = \frac{(U_{EP} - U_{EV}) \cdot C}{I}$$

$$t_E = R_{B1} \cdot C \cdot \ln \frac{U_{EP}}{U_{EV}}$$

$$f = \frac{1}{t_L + t_E}$$

$$f \approx \frac{I_C}{(U_{EP} - U_{EV}) \cdot C}$$

$$I_C = I_D = \frac{-U_{GS}}{R}$$

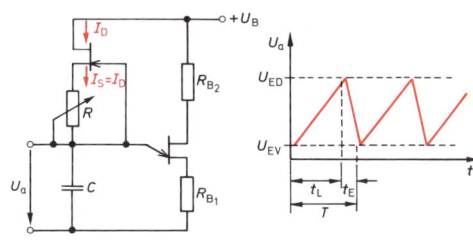

Bild 22.7
Sägezahngenerator mit UJT und Konstantstromquelle

U_{EP} = Höckerspannung
U_{EV} = Talspannung

22.2.3 Sägezahngenerator mit Operationsverstärker

Ein Rechteckgenerator mit Operationsverstärker erzeugt gleichzeitig eine symmetrische Sägezahnspannung **(Bild 22.8)**. Wird einem Rechteckgenerator ein Integrator nachgeschaltet **(Bild 22.9),** so ergibt sich eine symmetrische, linear verlaufende Sägezahnspannung, die als Dreieckspannung bezeichnet wird.

$$t_i = R\, C \ln\left(1 + \frac{2\,R_2}{R_1}\right)$$

$$f = \frac{1}{2\, t_i}$$

(siehe auch Abschnitt 22.1.2)

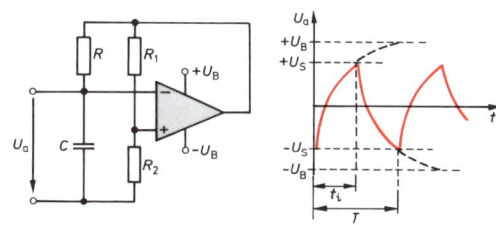

Bild 22.8
Sägezahngenerator mit Operationsverstärker

$$\Delta U_a = -\frac{U_e}{R \cdot C} \cdot \Delta t$$

$$f = \frac{1}{4 \cdot t}$$

Die Frequenz wird vom Rechteckgenerator bestimmt.

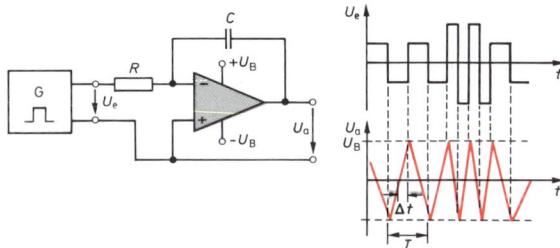

Bild 22.9
Sägezahngenerator mit Integrator

Aufgaben:

1. Ein Sägezahngenerator wird mit einer Vierschichtdiode aufgebaut. Diese Einrichtungs-Thyristordiode hat eine Schaltspannung U_S = 28 V und eine Haltespannung U_H = 1 V. In dieser Schaltung werden ein Widerstand R_1 = 33 kΩ, R_2 = 100 Ω und ein Kondensator C = 560 pF verwendet. Berechnen Sie: a) den Spitzen-Spitzen-Wert der Sägezahnspannung; b) die Frequenz bei U_B = 40 V.

2. Ein Sägezahngenerator mit Vierschichtdiode und Konstantstromquelle liegt an einer Betriebsspannung $U_B = 36$ V. Die Vierschichtdiode hat die Daten: $U_S = 20$ V; $U_H = 1$ V. Der Emitterwiderstand des Transistors wird mit $R_E = 1$ kΩ gewählt. Der Transistor hat die Daten: $U_{BE} = 0,6$ V; $I_C = 8$ mA; $B = 100$. Der Querstrom soll $I_q = 5 \cdot I_B$ betragen. Berechnen Sie: a) die Frequenz der Sägezahnspannung bei $C = 10$ nF; b) die Werte des Spannungsteilers.

3. Ein Sägezahngenerator mit Unijunction-Transistor liegt an $U_B = 12$ V. Der UJT hat die Daten $U_{EP} = 8$ V; $U_{EV} = 2$ V. Der Kondensator $C = 12$ nF wird über einen Widerstand $R = 27$ kΩ aufgeladen. Berechnen Sie die Frequenz der Sägezahnspannung, wenn t_E vernachlässigt wird.

4. Ein Sägezahngenerator mit Unijunction-Transistor und Konstantstromquelle soll eine Frequenz von $f = 5$ kHz abgeben. Der UJT hat die Daten: $U_{EP} = 8$ V; $U_{EV} = 1,2$ V, $I_{E\,max} = 2$ A. Auf welchen Wert muß der Strom der Konstantstromquelle eingestellt werden, wenn der Kondensator $C = 120$ nF hat?

5. Ein UJT-Sägezahngenerator wird mit einer Transistor-Konstantstromquelle entsprechend dem **Bild A 22.2/5** betrieben. Der UJT hat die Daten: $U_{EP} = 12$ V, $U_{EV} = 1,4$ V. Der Transistor hat die Daten: $B = 80$; $U_{BE} = 0,7$ V bei $I_C = 10$ mA. Der Emitterwiderstand hat $R_E = 470$ Ω. Der Kondensator wird mit $C = 220$ nF gewählt. Der Querstrom soll $I_q = 3 \cdot I_B$ sein. Die Betriebsspannung liegt bei $U_B = 24$ V. Berechnen Sie: a) die Größe des Ausgangssignals; b) die Frequenz, wenn t_E vernachlässigt wird; c) die Basisspannungsteilerwiderstände.

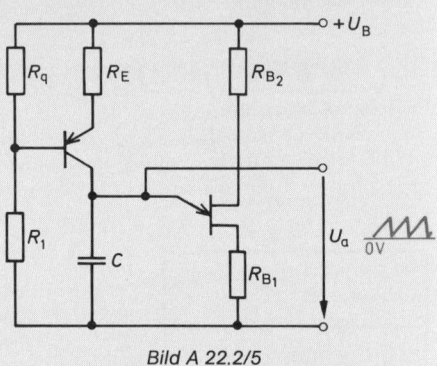

Bild A 22.2/5

● 6. Ein UJT-Sägezahngenerator mit Transistorkonstantstromquelle nach **Bild A 22.2/5** liegt an einer Betriebsspannung $U_B = 20$ V. Der Basisspannungsteiler besteht aus $R_1 = 68$ kΩ; $R_q = 15$ kΩ. Es wird mit einem Querstrom von $I_q = 4 \cdot I_B$ gerechnet. Der Transistor hat bei einer Basisvorspannung von $U_{BE} = 0,6$ V eine Gleichstromverstärkung von $B = 150$. Der verwendete UJT vom Typ 2N2646 hat die Daten $U_{EP} = 7,7$ V; $U_{EV} = 1,1$ V; $I_{E\,max} = 2$ A. Der Kondensator hat eine Kapazität $C = 150$ nF. Berechnen Sie: a) den Emitterwiderstand; b) den konstanten Aufladestrom; c) die Ladezeit t_L; d) die Entladezeit t_E; e) die Frequenz f.

7. Ein UJT-Sägezahngenerator mit einer FET-Konstantstromquelle wird in einer Meßschaltung eingesetzt. Der UJT hat eine Spannung $U_{EP} = 8$ V, U_{EV} wird mit Null angenommen. Die Konstantstromquelle liefert einen Strom $I = 2$ mA. Wie groß ist der erforderliche Kapazitätswert des Kondensators, wenn eine Sägezahnspannung mit der Frequenz von $f = 2,5$ kHz erzeugt werden soll?

8. Ein Sägezahngenerator mit UJT und Transistorkonstantstromquelle soll auf der Frequenz $f = 15,625$ kHz arbeiten. Der UJT hat die Daten $U_{EP} = 9$ V; $U_{EV} = 1,8$ V. Der Kondensator hat eine Kapazität von $C = 15$ nF. Berechnen Sie den erforderlichen Kollektorstrom, der fließen muß, wenn t_E vernachlässigt wird!

● 9. Für einen Analog-Digital-Wandler wird eine Dreieckspannung von $U_{ss} = \pm U_B = \pm 10$ V gefordert. Die rechteckförmige Eingangsspannung hat $U_e = \pm 5$ V. Welchen Wert muß der Kondensator des Integrierers haben, wenn $R = 56$ kΩ und eine Frequenz von $f = 2$ kHz gefordert wird?

22.3 Sinusgeneratoren

Sinusförmige Spannungen werden grundsätzlich in einem rückgekoppelten Verstärker erzeugt, der im Mitkopplungszweig ein frequenzbestimmendes Glied enthält **(Bild 22.10)**. Zur Selbsterregung müssen die Amplituden- und Phasenbedingung erfüllt sein:

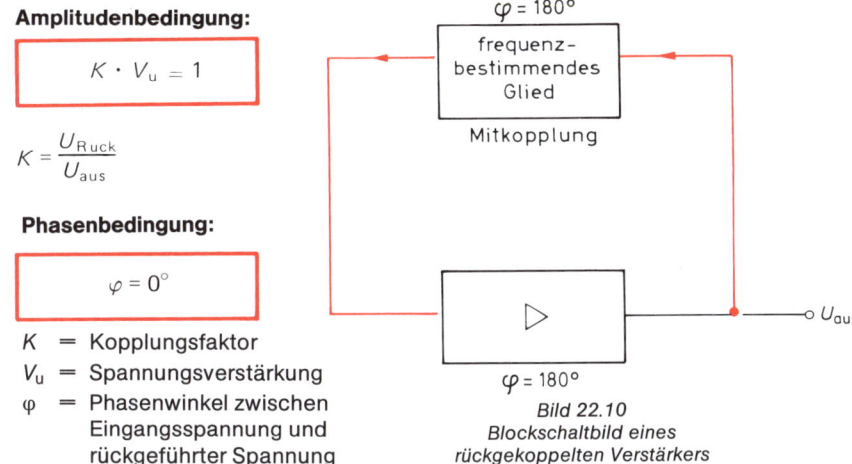

Amplitudenbedingung:

$$K \cdot V_u = 1$$

$$K = \frac{U_{Rück}}{U_{aus}}$$

Phasenbedingung:

$$\varphi = 0°$$

K = Kopplungsfaktor
V_u = Spannungsverstärkung
φ = Phasenwinkel zwischen Eingangsspannung und rückgeführter Spannung

$\varphi = 180°$

$\varphi = 180°$

Bild 22.10
Blockschaltbild eines
rückgekoppelten Verstärkers

Die Frequenz eines Sinusgenerators wird von dem im Mitkopplungszweig liegenden Filter bestimmt. Es läßt nur die Frequenz der gewünschten Grundwelle auf den Eingang gelangen und unterdrückt alle anderen Frequenzen. Solche Filter bestehen entweder aus RC-Gliedern, LC-Gliedern, aus Stimmgabeln oder aus einem Quarz. In der Praxis unterscheidet man:

RC-Generatoren vorwiegend für tiefe Frequenzen (bis 1 MHz)
LC- oder Quarz-Generatoren vorwiegend für hohe Frequenzen (über 100 kHz).

22.3.1 LC-Generator

Die von einem in **Bild 22.11** gezeigten LC-Generator erzeugte sinusförmige Spannung hat eine Frequenz von:

$$f_0 = \frac{1}{2\pi \sqrt{L_1 C}}$$

$$K = \frac{U_{L2}}{U_{L1}} = \frac{N_2}{N_1}$$

$$V_u = \frac{1}{K}$$

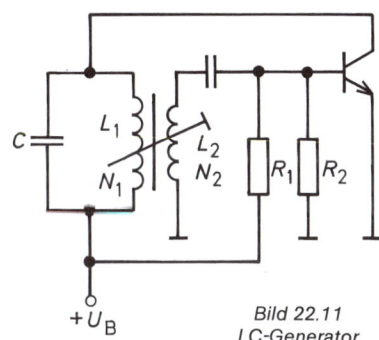

Bild 22.11
LC-Generator

Beispiel:

Ein LC-Generator schwingt auf 1 MHz. Die Schwingkreisspule hat $L = 60\ \mu H$ mit $N = 80$ Windungen. Der Transistor hat eine Verstärkung von $V_u = 90$. Es sind zu berechnen:
a) die Schwingkreiskapazität; b) der zur Erfüllung der Schwingbedingung nötige Kopplungsfaktor; c) die Windungszahl N_R der Rückkopplungsspule.

Lösung:

a) $C = \dfrac{1}{(2\pi \cdot f)^2 \cdot L} = \dfrac{1}{4 \cdot \pi^2 \cdot (1\,\text{MHz})^2 \cdot 60\mu\text{H}}$ $\Rightarrow$ $\underline{C = 422\,\text{pF}}$

b) $K \cdot V_\text{u} \geqq 1$; $\quad K = \dfrac{1}{V_\text{u}} = \dfrac{1}{90} = 0{,}011$ $\qquad \Rightarrow$ $\underline{K = 1{,}11\%}$

c) $K = \dfrac{U_\text{Rück}}{U_\text{aus}} = \dfrac{N_\text{R}}{N}$

$N_\text{R} = K \cdot N = 0{,}011 \cdot 80 = 0{,}88$ $\qquad \Rightarrow$ $\underline{N_\text{R} = 1\,\text{Wdg gewählt}}$

22.3.2 RC-Generator

Im Niederfrequenzbereich eignen sich LC-Generatoren weniger, weil die Induktivitäten und Kapazitäten unhandlich groß werden. Deshalb verwendet man in diesem Bereich vorzugsweise Generatoren, bei denen RC-Netzwerke die Frequenz bestimmen.

22.3.2.1 Phasenschiebergeneratoren

Die Generatoren in der **Tabelle 22.1** schwingen auf einer Frequenz, bei der jedes einzelne RC-Glied gerade eine Phasenverschiebung von 60° bewirkt. Damit ergibt sich für die gesamte Phasenschieberkette 3 x 60° = 180° Phasenverschiebung, und mit der Phasendrehung von 180° durch den Transistor oder Operationsverstärker wird die Phasenbedingung $\varphi = 0°$ erfüllt. Die Schwingfrequenz hat den Wert:

$$f_\text{o} = \dfrac{1}{k \cdot R \cdot C}$$

$f_0 =$ Schwingfrequenz
$k =$ schaltungsabhängige Konstante
(siehe Tabelle 22.1)

Tabelle 22.1: Phasenschiebergeneratoren		
Schaltung		
Schwingfrequenz $f_0 = \dfrac{1}{2\pi\sqrt{6}\,RC}$	$f_0 = \dfrac{\sqrt{6}}{2\pi RC}$	$f_0 = \dfrac{1}{2\pi \cdot \sqrt{6}\,R \cdot C}$
Konstante k $k = 15{,}4$	$k = 2{,}56$	$k = 15{,}4$

Beispiel:

Ein RC-Generator soll auf 15 kHz schwingen. Es stehen Kondensatoren mit einer Kapazität von $C = 3,3$ nF zur Verfügung. Es wird die Phasenschieberschaltung mit $k = 15,4$ benutzt. Wie groß sind die Widerstände?

Lösung:

$$f_0 = \frac{1}{15,4 \cdot R \cdot C}$$

$$R = \frac{1}{15,4 \cdot f_0 \cdot C} = \frac{1}{15,4 \cdot 15\,\text{kHz} \cdot 3,3\,\text{nF}} = \frac{1}{1,54 \cdot 10^1 \cdot 1,5 \cdot 10^4\,\text{Hz} \cdot 3,3 \cdot 10^{-9}\,\text{F}}$$

$$\underline{R = 1,31\,\text{k}\Omega}$$

22.3.2.2 Wien-Brückengenerator

Soll bei einem RC-Generator die Frequenz in weiten Grenzen geändert werden, so verwendet man einen Wien-Brückengenerator, wie ihn **Bild 22.12** zeigt. Hier ist der frequenzbestimmende Teil ein Wien-Glied. Es handelt sich dabei um einen frequenzabhängigen Spannungsteiler, bei dem der Querzweig aus einer Parallelschaltung eines Widerstandes und eines Kondensators und der Längszweig aus einer Reihenschaltung eines Widerstandes mit einem Kondensator besteht. Bei der Grenzfrequenz verursacht dieses Wien-Glied gerade keine Phasenverschiebung. Die Schaltung schwingt mit dieser Frequenz. Allerdings benötigt man für diesen Generator eine zweite Verstärkerstufe, die die Phasendrehung der einen Stufe wieder aufhebt und damit die Mitkopplungsbedingung erfüllt.

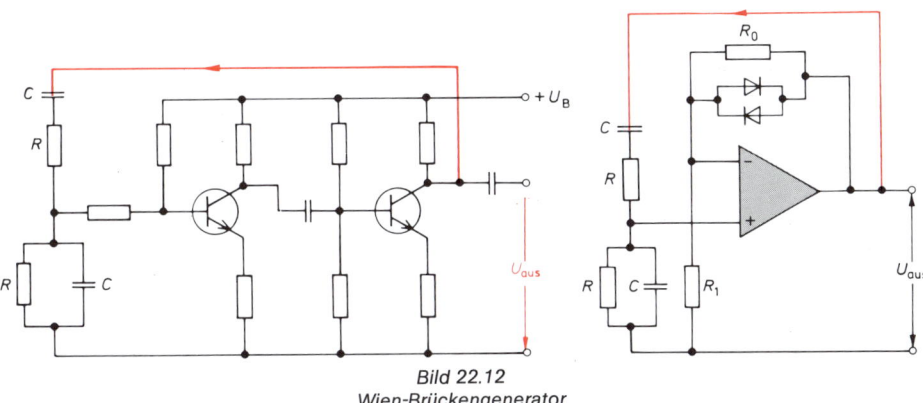

Bild 22.12
Wien-Brückengenerator

Die Schwingfrequenz ergibt sich demnach zu:

$$f_0 = \frac{1}{2\pi \cdot R \cdot C}$$

Beispiel:

Mit einem Wien-Brückengenerator mit Operationsverstärker soll eine Schwingfrequenz von $f_0 = 10$ kHz erzeugt werden. Der Kopplungsfaktor beträgt $k = 0,33$, der Widerstand R_1 des Operationsverstärkers hat 27 kΩ, und die Widerstände des Wien-Gliedes haben jeweils $R = 10$ kΩ. Berechnen Sie: a) die untere Grenze des Verstärkungsfaktors; b) den Mindestwert des Gegenkopplungswiderstandes R_0; c) den Kapazitätswert der Kondensatoren des Wien-Brückenzweiges!

289

Lösung:

a) $K \cdot V_u \gtreqless 1$; $V_u = \dfrac{1}{K} = \dfrac{1}{0,33} = 3$ $\Rightarrow \underline{V_u = 3}$

b) bei einem nicht invertierenden Operationsverstärker ist $V = 1 + \dfrac{R_0}{R_1}$; damit wird:

$R_0 = R_1 (V - 1) = 27\,k\Omega\ (3 - 1)$ $\Rightarrow \underline{R_0 = 54\,k\Omega}$

c) $f_0 = \dfrac{1}{2\pi \cdot R \cdot C}$

$C = \dfrac{1}{2\pi \cdot f_0 \cdot R} = \dfrac{1}{2\pi \cdot 10\,kHz \cdot 10\,k\Omega} = \dfrac{1}{2\pi \cdot 10^4\,Hz \cdot 10^4\,\Omega}$ $\Rightarrow \underline{C = 1,59\,nF}$

Aufgaben:

1. Ein LC-Generator hat eine Schwingkreiskapazität von $C = 220\,pF$ und eine Induktivität von $L = 50\,\mu H$. Die Schwingkreisspule hat 75 Windungen, die Rückkopplungsspule hat 2 Windungen. Wie groß sind die Schwingfrequenz und die erforderliche Spannungsverstärkung des Transistors?

2. Ein LC-Oszillator hat eine Schwingkreisinduktivität von $L = 0,1\,mH$. Durch einen Drehkondensator soll die Frequenz zwischen 1 MHz und 2 MHz variiert werden. Berechnen Sie den Anfangs- und Endwert des Drehkondensators!

3. Von einem LC-Generator sind bekannt: $L = 150\,\mu H$; $C = 150\,pF$; $K = 5\,\%$. Für die Selbsterregung muß der Transistor mit $U_e = 25\,mV$ angesteuert werden. Berechnen Sie: a) die Schwingfrequenz; b) die notwendige Ausgangsspannung am Schwingkreis.

4. Auf welcher Frequenz schwingt ein Phasenschiebergenerator mit $R = 10\,k\Omega$; $C = 10\,nF$ und der Schaltungskonstanten $k = 2,56$?

5. Ein RC-Generator soll auf einer Frequenz von 2,4 kHz arbeiten. Er wird mit einem Operationsverstärker nach der Schaltung c in der Tabelle 22.1 mit $R = 18\,k\Omega$ aufgebaut. Wie groß sind die erforderlichen Kondensatoren?

6. Ein RC-Generator soll auf 15 kHz schwingen. Es stehen Kondensatoren mit einer Kapazität von $C = 3,3\,nF$ zur Verfügung. Es wird die Phasenschieberschaltung mit $k = 15,4$ benutzt. Die erforderlichen Widerstände sind zu ermitteln!

7. Die Widerstände eines Wien-Brückengenerators haben je 27 kΩ. Der Zweifach-Drehkondensator hat $C = 50\,pF\ \ldots\ 500\,pF$. Berechnen Sie: a) die untere und obere Schwingfrequenz; b) das Frequenzverhältnis des Generators.

8. Bei einem Wien-Brückengenerator soll die Frequenz von 15 kHz auf 100 kHz variiert werden können. Der verwendete Zweifach-Drehkondensator hat eine Endkapazität von 450 pF und ein Kapazitätsvariationsverhältnis von 10 : 1. Berechnen Sie: a) die Widerstände R; b) den erforderlichen Parallelkondensator zur Einengung des Kapazitätsverhältnisses.

9. Bei einem Wien-Brückengenerator mit Operationsverstärker soll der Kopplungsfaktor $K = 0,21$ sein. Man will mit diesem Generator eine Frequenz von 500 Hz erzeugen. Der Gegenkopplungswiderstand hat $R_0 = 150\,k\Omega$. Im Wien-Brückenzweig liegen Kondensatoren mit $C = 33\,nF$. Berechnen Sie: a) die Widerstände im Wien-Brückenzweig; b) den Verstärkungsfaktor des Operationsverstärkers; c) den Widerstand R_1.

10. Mit einem Wien-Brückengenerator mit Operationsverstärker soll eine Frequenz von 20 kHz erzeugt werden. Der Kopplungsfaktor ist $K = 0,2$, der Widerstand R_0 hat 47 kΩ, und die Kondensatoren in der Wien-Brücke haben $C = 2,2\,nF$. Zu bestimmen sind: a) die Widerstände in der Wien-Brücke; b) der Widerstand R_1; c) die Ausgangsspannung bei $U_e = 1\,V$.

22.4 Funktionsgeneratoren

Als Funktionsgeneratoren werden Generatorschaltungen bezeichnet, die mindestens zwei verschiedene Ausgangsspannungsformen einstellbarer Frequenz und Amplitude liefern. Gebräuchlich sind die Spannungsformen Rechteck, Dreieck und Sinus.

Die Schaltung in **Bild 22.13** zeigt einen Funktionsgenerator, der eine Dreieckspannung an Q_1 und eine Rechteckspannung an Q_2 und Q_3 abgibt.

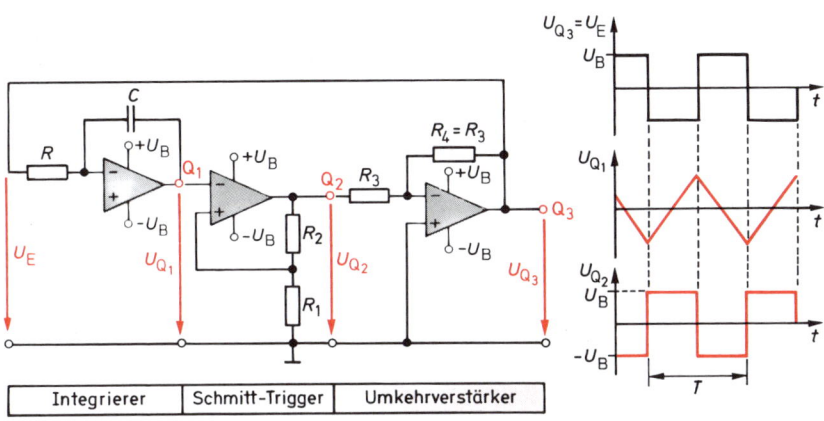

Integrierer	Schmitt-Trigger	Umkehrverstärker

Bild 22.13
Dreieck-Rechteck-Funktionsgenerator

Mit $U_E = U_{Q3}$ gilt:

$$T = 4 \cdot R \cdot C \, \frac{R_1}{R_1 + R_2}$$

Einen integrierten Baustein, der gleichzeitig Sinus-, Dreieck- und Rechteckspannungen erzeugt, zeigen die **Bilder 22.14** und **22.15**. Die Amplituden der Ausgangssignale ergeben sich zu:

Rechteck: $U_{Q1} = 0,9 \cdot U_B$
Dreieck: $U_{Q2} = 0,3 \cdot U_R$
Sinus: $U_{Q3} = 0,2 \cdot U_B$

Bild 22.14:

$$f_0 \approx \frac{0,3}{R \cdot C} \qquad R_1 = R_2 = R$$

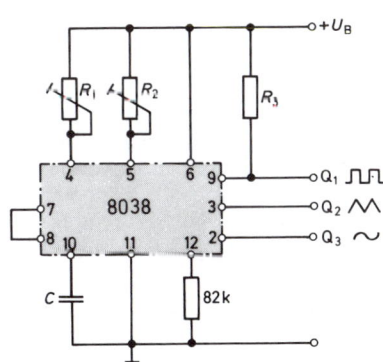

Bild 22.14
Funktionsgenerator

291

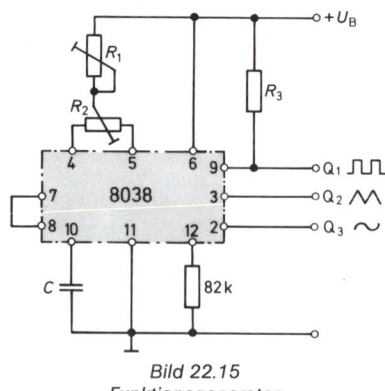

Bild 22.15:

$$f_0 \approx \frac{0,15}{R_1 \cdot C}$$

für $R_2 \leqq R_1$

Bild 22.15
Funktionsgenerator

Aufgaben:

1. Berechnen Sie die Frequenz eines Dreieck-Rechteck-Funktionsgenerators mit folgender Beschaltung: $R = 47$ kΩ; $C = 47$ nF; $R_1 = 4,7$ kΩ; $R_2 = 1$ kΩ.

2. Ein Dreieck-Rechteck-Funktionsgenerator soll eine Frequenz von $f = 1$ kHz abgeben. Die Widerstandsbeschaltung besteht aus: $R = 12$ kΩ; $R_1 = 18$ kΩ und $R_2 = 8,2$ kΩ. Berechnen Sie: a) die Kapazität des erforderlichen Kondensators; b) welche Frequenz ergibt sich, wenn der Kondensator nach der E12-Normreihe ausgewählt wird? (höherer Wert gewählt)

3. Ein integrierter Funktionsgenerator nach **Bild 22.14** liegt an $U_B = 20$ V und hat die Beschaltung $R_1 = R_2 = 15$ kΩ, $C = 47$ nF. Welche Frequenz und welche Amplituden gibt dieser Generator ab?

4. Bei einem integrierten Funktionsgenerator nach **Bild 22.15** ist der Widerstand R_1 als 25 kΩ-, der Widerstand R_2 als 1 kΩ-Potentiometer ausgelegt. Zwischen welchen Frequenzen kann die Ausgangsspannung eingestellt werden, wenn das lineare Potentiometer R_2 auf Mittelstellung eingestellt ist, und der Kondensator eine Kapazität $C = 10$ nF hat?

● 5. Ein Dreieck-Rechteckgenerator soll eine Frequenz von $f = 5$ kHz abgeben. Der Widerstand hat $R = 10$ kΩ. Der Teilerwiderstand des Schmitt-Triggers hat $R_2 = 15$ kΩ, und der Kondensator hat $C = 8,2$ nF. Welchen Wert muß der Teilerwiderstand R_1 haben?

6. Mit einem integrierten Funktionsgenerator nach **Bild 22.14** soll eine Frequenz von $f = 1,5$ kHz erzeugt werden. Es wird ein Widerstand $R_1 = 27$ kΩ verwendet. Welchen Wert muß der erforderliche Kondensator haben, und welche Frequenz stellt sich ein, wenn der Kondensator aus der E12-Normreihe gewählt wird?

● 7. Ein Dreieck-Rechteck-Funktionsgenerator soll eine Frequenz $f = 2,5$ kHz erzeugen. Die Schaltung ist folgendermaßen bestückt: $R = 15$ kΩ; $C = 10$ nF und $R_2 = 1$ kΩ. Welchen Wert muß der Widerstand R_1 haben, und auf welcher Frequenz schwingt diese Schaltung, wenn der Widerstand nach der E12-Normreihe ausgewählt wird (es wird der nächst höhere Wert gewählt)?

23. Logische Schaltungen

23.1 Allgemeines

Bei der digitalen Steuerungstechnik müssen einzelne Steuersignale zusammengeführt und durch feste Gesetzmäßigkeiten, d. h. durch logische Zusammenhänge zu einem Ausgangssignal verarbeitet werden. Solche logischen Zusammenhänge werden als **logische Verknüpfungen** bezeichnet. Die praktische Realisierung von logischen Verknüpfungen erfolgt durch **logische Schaltungen.**

In der Digitaltechnik gibt es nur Binärsignale, d. h. zweiwertige Signale. Es wird unterschieden zwischen:

	Spannungen	Pegel	Logikzustände
EIN	z. B. 5 V	H (High)	1
AUS	0 V	L (Low)	0

damit ergibt sich jeweils eine

Spannungstabelle:

Eingänge		Ausgang
A	B	x
0 V	0 V	0 V
0 V	5 V	5 V
5 V	0 V	5 V
5 V	5 V	5 V

Pegeltabelle:

Eingänge		Ausgang
A	B	x
L	L	L
L	H	H
H	L	H
H	H	H

Wahrheitstabelle:

Eingänge		Ausgang
A	B	x
0	0	0
0	1	1
1	0	1
1	1	1

Logische Verknüpfungen lassen sich auf fünf verschiedene Arten jeweils eindeutig beschreiben oder darstellen **(Tabelle 23.1):**

1. durch Worte,

2. durch ein Schaltzeichen,

3. durch eine Wahrheitstabelle (Wertetabelle, Funktionstabelle),

4. durch eine Funktionsgleichung,

5. durch einen Signal-Zeit-Plan.

Jede beliebige logische Verknüpfung läßt sich stets auf Kombinationen von nur drei einfachen logischen Verknüpfungen, die Grundfunktionen, zurückführen. Es sind die:

UND-Funktion (Konjunktion)

ODER-Funktion (Disjunktion)

NICHT-Funktion (Negation)

Für die Praxis sind außer diesen drei Grundfunktionen noch zwei zusammengesetzte Funktionen von großer Bedeutung, und zwar die

NICHT-UND = NAND-Funktion

NICHT-ODER = NOR-Funktion.

Tabelle 23.1: Logische Grundfunktionen

Name	Schaltzeichen	Wahrheits-tabelle	Funktions-gleichung	Signal-Zeit-Plan
UND	A & B → x	A B x / 0 0 0 / 0 1 0 / 1 0 0 / 1 1 1	$x = A \wedge B$	
ODER	A ≧1 B → x	A B x / 0 0 0 / 0 1 1 / 1 0 1 / 1 1 1	$x = A \vee B$	
NICHT	A 1 → x	A x / 0 1 / 1 0	$x = \overline{A}$	
NAND	A & B → x	A B x / 0 0 1 / 0 1 1 / 1 0 1 / 1 1 0	$x = \overline{A \wedge B}$	
NOR	A ≧1 B → x	A B x / 0 0 1 / 0 1 0 / 1 0 0 / 1 1 0	$x = \overline{A \vee B}$	

NAND- und NOR-Glieder können als universelle Bausteine eingesetzt werden und damit alle fünf Grundglieder ersetzen **(Tabelle 23.2).**

Tabelle 23.2: NAND- und NOR-Glieder als universelle Bausteine

Name		Grundfunktion	ersetzt durch NAND-Gatter	ersetzt durch NOR-Gatter

NICHT

Schaltzeichen: (Symbole: A–1–x / A–&–x / A–≥ 1–x)

Fkt-Gleichung:
- Grundfunktion: $x = \overline{A}$
- NAND: $x = \overline{A \wedge A} = \overline{A}$
- NOR: $x = \overline{A \vee A} = \overline{A}$

Wahrheitstabelle:

Grundfunktion / NAND / NOR (jeweils gleich):

A	x
0	1
1	0

UND

Fkt-Gleichung:
- Grundfunktion: $x = A \wedge A$
- NAND: $x = \overline{\overline{A \wedge B}} = A \wedge B$
- NOR: $x = \overline{\overline{A} \vee \overline{B}} = A \wedge B$

Wahrheitstabelle — Grundfunktion:

A	B	x
0	0	0
0	1	0
1	0	0
1	1	1

Wahrheitstabelle — NAND:

A	B	$\overline{A \wedge B}$	x
0	0	1	0
0	1	1	0
1	0	1	0
1	1	0	1

Wahrheitstabelle — NOR:

A	B	$\overline{A}$	$\overline{B}$	$\overline{A} \vee \overline{B}$	x
0	0	1	1	1	0
0	1	1	0	1	0
1	0	0	1	1	0
1	1	0	0	0	1

ODER

Fkt-Gleichung:
- Grundfunktion: $x = A \vee B$
- NAND: $x = \overline{\overline{A} \wedge \overline{B}} = A \vee B$
- NOR: $x = \overline{\overline{A \vee B}} = A \vee B$

Wahrheitstabelle — Grundfunktion:

A	B	x
0	0	0
0	1	1
1	0	1
1	1	1

Wahrheitstabelle — NAND:

A	B	$\overline{A}$	$\overline{B}$	$\overline{A} \wedge \overline{B}$	x
0	0	1	1	1	0
0	1	1	0	0	1
1	0	0	1	0	1
1	1	0	0	0	1

Wahrheitstabelle — NOR:

A	B	$\overline{A \vee B}$	x
0	0	1	0
0	1	0	1
1	0	0	1
1	1	0	1

NAND

Fkt-Gleichung:
- Grundfunktion: $x = \overline{A \wedge B}$
- NAND: $x = \overline{A \wedge B}$
- NOR: $x = \overline{\overline{A} \vee \overline{B}} = \overline{A \wedge B}$

Wahrheitstabelle — Grundfunktion:

A	B	x
0	0	1
0	1	1
1	0	1
1	1	0

Wahrheitstabelle — NAND:

A	B	x
0	0	1
0	1	1
1	0	1
1	1	0

Wahrheitstabelle — NOR:

A	B	$\overline{A}$	$\overline{B}$	$\overline{A} \vee \overline{B}$	x
0	0	1	1	1	1
0	1	1	0	1	1
1	0	0	1	1	1
1	1	0	0	0	0

NOR

Fkt-Gleichung:
- Grundfunktion: $x = \overline{A \vee B}$
- NAND: $x = \overline{\overline{\overline{A} \wedge \overline{B}}} = \overline{A \vee B}$
- NOR: $x = \overline{A \vee B}$

Wahrheitstabelle — Grundfunktion:

A	B	x
0	0	1
0	1	0
1	0	0
1	1	0

Wahrheitstabelle — NAND:

A	B	$\overline{A}$	$\overline{B}$	$\overline{A} \wedge \overline{B}$	x
0	0	1	1	1	1
0	1	1	0	0	0
1	0	0	1	0	0
1	1	0	0	0	0

Wahrheitstabelle — NOR:

A	B	x
0	0	1
0	1	0
1	0	0
1	1	0

23.2 Analyse logischer Schaltnetze

Bei der Analyse (= Auflösung, Zergliederung) eines logischen Schaltnetzes wird von einer gegebenen, funktionsfähigen Schaltung

die Funktionsgleichung
die Wahrheitstabelle
der Signal-Zeit-Plan

gesucht, um so die Fehlersuche bei einer defekten Schaltung sinnvoll ausführen zu können.

Beispiel:

Gegeben: Schaltnetz
Gesucht: a) Funktionsgleichung; b) Wahrheitstabelle; c) Signal-Zeit-Plan

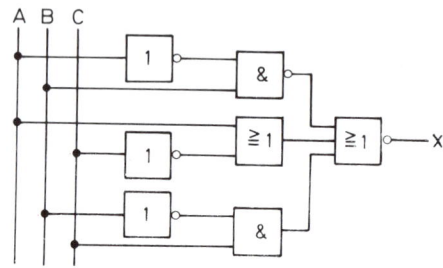

Lösung:

a) Funktionsgleichung

1. Schritt: Zwischenausgänge kennzeichnen

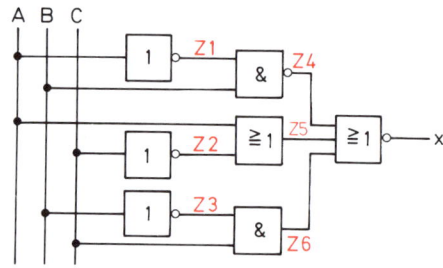

2. Schritt: Gleichungen der Zwischenfunktionen aufstellen

$Z1 = \overline{A}$ $Z4 = \overline{Z1 \wedge B}$

$Z2 = \overline{C}$ $Z5 = A \vee Z2$

$Z3 = \overline{B}$ $Z6 = Z3 \wedge C$

3. Schritt: Zwischenfunktionen ersetzen

$x = \overline{Z4 \vee Z5 \vee Z6}$

$x = \overline{(\overline{Z1 \wedge B}) \vee (A \vee Z2) \vee (Z3 \wedge C)}$

$x = \overline{(\overline{A} \wedge B) \vee (A \vee \overline{C}) \vee (\overline{B} \wedge C)}$

b) Wahrheitstabelle

1. Schritt: Zwischenausgänge kennzeichnen

2. Schritt: Alle möglichen Wertekombinationen der Eingangsvariablen in die Wahrheitstabelle eintragen.

Beachte: bei 2 Eingangsvariablen $\Rrightarrow 2^2 = $ 4 Wertekombinationen
bei 3 Eingangsvariablen $\Rrightarrow 2^3 = $ 8 Wertekombinationen
bei 4 Eingangsvariablen $\Rrightarrow 2^4 = $ 16 Wertekombinationen

3. Schritt: sämtliche Werte der Zwischenfunktionen ermitteln und daraus die Werte der Ausgangsvariablen ermitteln.

A B C	$Z1 = \overline{A}$	$Z2 = \overline{C}$	$Z3 = \overline{B}$	$Z4 = \overline{Z1} \wedge B$	$Z5 = A \vee Z2$	$Z6 = Z3 \wedge C$	$x = \overline{Z4 \vee Z5 \vee Z6}$
0 0 0	1	1	1	1	1	0	0
0 0 1	1	0	1	1	0	1	0
0 1 0	1	1	0	0	1	0	0
0 1 1	1	0	0	0	0	0	1
1 0 0	0	1	1	1	1	0	0
1 0 1	0	0	1	1	1	1	0
1 1 0	0	1	0	1	1	0	0
1 1 1	0	0	0	1	1	0	0

c) Signal-Zeit-Plan

1. Schritt: Aufstellen der vollständigen Wahrheitstabelle.

2. Schritt: Übertragen aller Spalten der Wahrheitstabelle als Signalfolge in den Signal-Zeit-Plan.

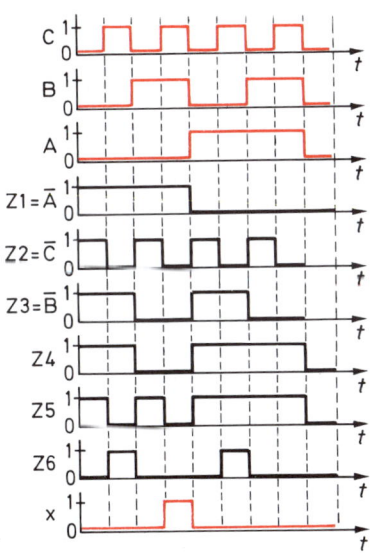

Aufgaben:

1. Ermitteln Sie die Funktionsgleichung der nebenstehenden Schaltung.

2. Ermitteln Sie von der Schaltung aus Aufgabe 1 die Wahrheitstabelle und den Signal-Zeit-Plan.

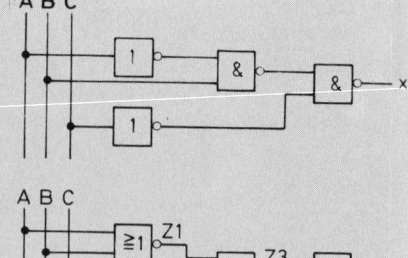

3. Gegeben ist das logische Schaltnetz. Ermitteln Sie die Wahrheitstabelle.

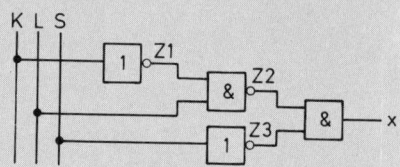

4. Ermitteln Sie vom logischen Schaltnetz die Funktionsgleichung.

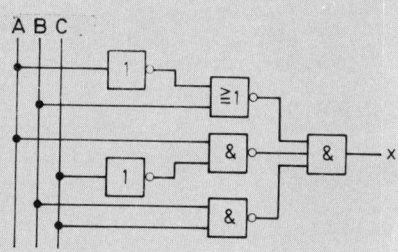

5. Gegeben ist das logische Schaltnetz. Geben Sie die Wahrheitstabelle und die Funktionsgleichung an.

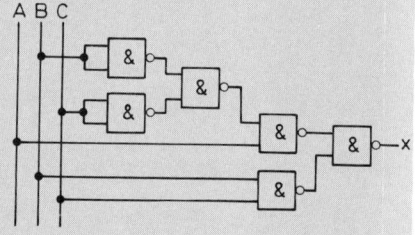

6. Geben Sie vom logischen Schaltnetz die Funktionsgleichung an.

7. Vom logischen Schaltnetz sind die Wahrheitstabelle, der Signal-Zeit-Plan und die Funktionsgleichung zu ermitteln. Wie nennt man eine solche Schaltung?

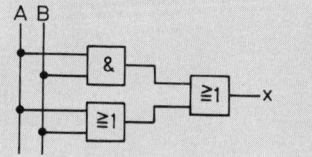

8. Bei dem gegebenen logischen Schaltnetz liegt beim Zwischensignal Z1 ein Fehler vor, so daß sich die angegebene Wahrheitstabelle ergibt.

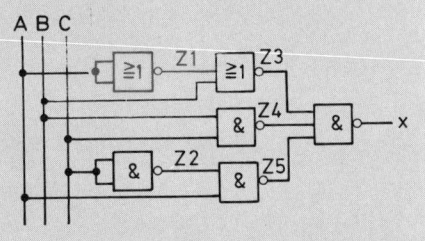

A	B	C	x
0	0	0	0
0	0	1	0
0	1	0	1
0	1	1	1
1	0	0	1
1	0	1	0
1	1	0	1
1	1	1	1

a) Ermitteln Sie die richtige Wahrheitstabelle.
b) Welcher Fehler liegt vor?

9. Gegeben ist das logische Schaltnetz.
a) Ermitteln Sie die Funktionsgleichung.
b) Ermitteln Sie die Wahrheitstabelle.
c) Wie lautet die Wahrheitstabelle, wenn der Baustein G1 ständig „1" abgibt?

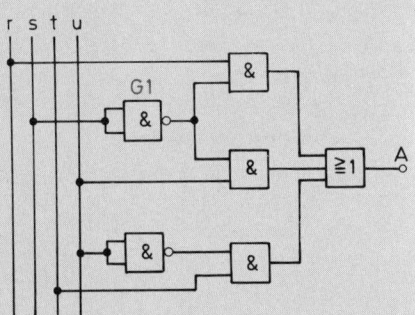

10. Gegeben ist das logische Schaltnetz.
a) Stellen Sie die Wahrheitstabelle auf.
b) Geben Sie die Funktionsgleichung an.
c) Wie nennt man eine solche Schaltung?
d) Welcher Logikbaustein ist defekt und gibt nur „0" ab, wenn sich die angegebene Wahrheitstabelle ergibt?

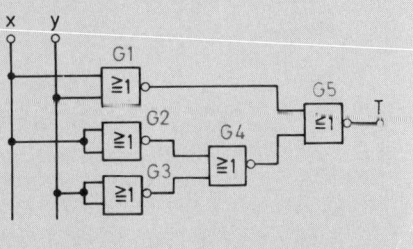

x	y	T
0	0	0
0	1	0
1	0	1
1	1	0

23.3 Synthese logischer Schaltznetze

In der digitalen Steuerungstechnik wird als Synthese (= Aufbau; Verbindung) das Entwerfen von logischen Schaltnetzen aufgrund einer vorgegebenen Aufgabenstellung, die in der Regel in einer:

vorliegt, verstanden.

Beschreibung mit Worten
einer Wahrheitstabelle
einer Funktionsgleichung

Beispiel:

In einer Mischanlage soll eine Signallampe anzeigen, wenn von drei Mischventilen wenigstens zwei gleichzeitig geöffnet sind.

Gesucht ist die logische Schaltung in NAND-Technik.

Lösung:

1. Schritt: Festlegungen

Laut Aufgabenstellung treten drei Eingangsvariable auf, die mit A, B und C bezeichnet werden.

Eingangsvariable
Mischventil geöffnet   ≙ 1-Signal
Mischventil geschlossen   ≙ 0-Signal
Ausgangsvariable x
Signallampe leuchtet: x ≙ 1
Signallampe leuchtet nicht: x ≙ 0

2. Schritt: Aufstellung der Wahrheitstabelle

A	B	C	x
0	0	0	0
0	0	1	0
0	1	0	0
0	1	1	1
1	0	0	0
1	0	1	1
1	1	0	1
1	1	1	1

3. Schritt: Ermittlung der Funktionsgleichung

Bei der **ODER-Normalform** (Disjunktive Normalform = DNF) werden aus der Wahrheitstabelle alle Zeilen ausgewählt, bei denen die Ausgangsvariable „1" zeigt. Die einzelnen Zeilen werden mit „ODER" verknüpft. Die Eingangsvariablen, die in der jeweiligen Zeile „0" haben, werden negiert geschrieben. Die Eingangsvariablen werden mit „UND" verknüpft.

Bei der **UND-Normalform** (Konjunktive Normalform = KNF) werden aus der Wahrheitstabelle alle Zeilen ausgewählt, bei denen die Ausgangsvariable „0" zeigt. Die einzelnen Zeilen werden mit „UND" verknüpft. Die Eingangsvariablen, die in der jeweiligen Zeile „1" haben, werden negiert geschrieben. Die Eingangsvariablen werden mit ODER verknüpft.

A	B	C	x	ODER-Normalform	UND-Normalform
0	0	0	0		$Z1 = A \vee B \vee C$
0	0	1	0		$Z2 = A \vee B \vee \overline{C}$
0	1	0	0		$Z3 = A \vee \overline{B} \vee C$
0	1	1	1	$Z1 = \overline{A} \wedge B \wedge C$	
1	0	0	0		$Z4 = \overline{A} \vee B \vee C$
1	0	1	1	$Z2 = A \wedge \overline{B} \wedge C$	
1	1	0	1	$Z3 = A \wedge B \wedge \overline{C}$	
1	1	1	1	$Z4 = A \wedge B \wedge C$	

DNF: $x = (\overline{A} \wedge B \wedge C) \vee (A \wedge \overline{B} \wedge C) \vee (A \wedge B \wedge \overline{C}) \vee (A \wedge B \wedge C)$

KNF: $x = (A \vee B \vee C) \wedge (A \wedge B \vee \overline{C}) \wedge (A \vee \overline{B} \vee C) \wedge (\overline{A} \vee B \vee C)$

4. Schritt: Aufzeichnen des logischen Schaltnetzes.

für die DNF: *für die KNF:*

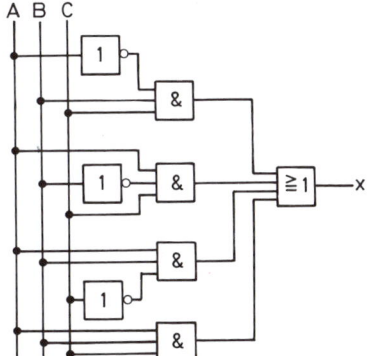 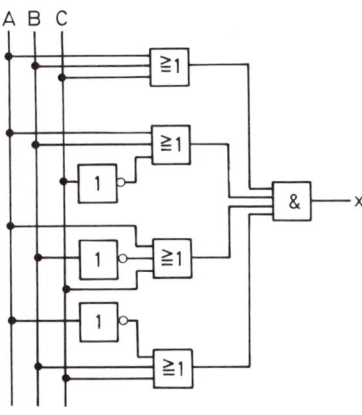

5. Schritt: Umwandlung in NAND-Technik siehe dazu **Tabelle 23.2.**

für die DNF: *für die KNF:*

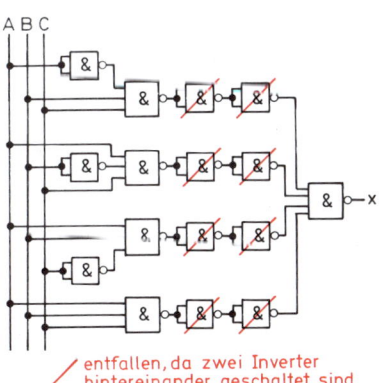 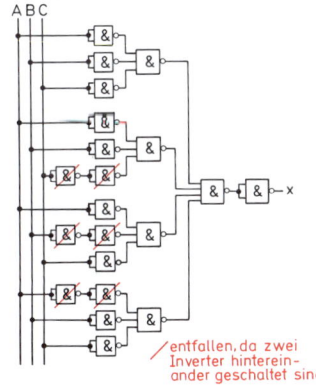

entfallen, da zwei Inverter hintereinander geschaltet sind

entfallen, da zwei Inverter hintereinander geschaltet sind

Aufgaben:

1. Gegeben ist folgende Funktionsgleichung: $x = \overline{(\overline{A} \vee \overline{B})} \wedge \overline{(\overline{A} \wedge B)}$
   Geben Sie die Schaltung an.

2. Gegeben ist folgende Funktionsgleichung: $x = (\overline{A} \wedge C) \vee (\overline{C} \wedge B)$.
   Gesucht ist die dazugehörige Schaltung in NAND-Technik.

3. Gegeben ist die Funktionsgleichung: $x = (A \vee \overline{B}) \wedge (B \wedge \overline{D}) \wedge (A \vee C)$
   Gesucht ist die Schaltung in NOR-Technik.

4. Es ist die disjunktive und die konjunktive Normalform von folgenden Wahrheitstabellen anzugeben.

a)

A	B	x
0	0	1
0	1	0
1	0	0
1	1	1

b)

A	B	C	x
0	0	0	0
0	0	1	1
0	1	0	0
0	1	1	1
1	0	0	0
1	0	1	1
1	1	0	0
1	1	1	1

c)

A	B	C	x
0	0	0	0
0	0	1	0
0	1	0	0
0	1	1	1
1	0	0	0
1	0	1	1
1	1	0	1
1	1	1	1

5. Gegeben ist folgende Wahrheitstabelle

A	B	C	X
0	0	0	0
0	0	1	1
0	1	0	0
0	1	1	1
1	0	0	1
1	0	1	1
1	1	0	0
1	1	1	0

Gesucht wird:
a) die ODER-Normalform
b) die Schaltung des zugehörigen Schaltnetzes
c) ein gleichwertiges Schaltnetz, das nur mit NAND-Gliedern aufgebaut ist.

6. Von einem logischen Schaltnetz ist folgende Wahrheitstabelle bekannt:

A	B	C	X
0	0	0	1
0	0	1	0
0	1	0	0
0	1	1	0
1	0	0	1
1	0	1	0
1	1	0	1
1	1	1	0

Gesucht werden:
a) die Funktionsgleichungen in ODER- und UND-Normalform
b) die Schaltung der ODER-Normalform
c) die Schaltung der ODER-Normalform mit NOR-Bausteinen.

7. Von einem logischen Schaltnetz ist folgende Wahrheitstabelle bekannt:

A	B	C	D	x
0	0	0	0	1
0	0	0	1	0
0	0	1	0	1
0	0	1	1	1
0	1	0	0	0
0	1	0	1	0
0	1	1	0	0
0	1	1	1	0
1	0	0	0	1
1	0	0	1	0
1	0	1	0	1
1	0	1	1	0
1	1	0	0	1
1	1	0	1	1
1	1	1	0	1
1	1	1	1	1

Gesucht werden:
a) die Funktionsgleichung der UND-Normalform
b) die Schaltung der UND-Normalform
c) die Schaltung der UND-Normalform in NOR-Technik.

● 8. Bei einer Alarmanlage soll von drei verschiedenen Stellen aus Alarm ausgelöst werden können, und zwar durch Schließen des Infrarotsensors (A), durch Öffnen eines Türkontaktes (B) sowie durch Öffnen eines Fensterkontaktes (C). Die zugehörige Alarmhupe wird in Betrieb gesetzt, wenn am Ausgang T des logischen Schaltnetzes 1-Signal liegt.

Festlegung: Schalter bzw. Kontakt offen $\triangleq$ 0-Signal
                 Schalter bzw. Kontakt geschlossen $\triangleq$ 1-Signal

Gesucht werden: a) die Wahrheitstabelle
                 b) die UND-Normalform
                 c) die Schaltung in NAND-Technik

● 9. Bei einer Gasheizungssteuerung soll der Brenner nur dann in Betrieb sein, wenn die Umwälzpumpe (Variable A) läuft und bei einem Raumtemperaturfühler (Variable B) oder einem Wassertemperaturfühler (Variable C) die eingestellten Sollwerte unterschritten werden. Der Brenner läuft, wenn am Ausgang X des logischen Schaltnetzes 0-Signal liegt.

Festlegung: Pumpe läuft nicht $\triangleq$ 0;
                 Pumpe läuft $\triangleq$ 1
                 Solltemperatur überschritten $\triangleq$ 0
                 Solltemperatur unterschritten $\triangleq$ 1

Gesucht werden: a) die Wahrheitstabelle
                 b) die UND-Normalform
                 c) die Schaltung in NOR-Technik

23.4 Vereinfachung logischer Schaltnetze

Die Methoden zur Ermittlung eines logischen Schaltnetzes mit einer möglichst geringen Zahl an Logikbausteinen nennt man: Vereinfachung, Minimierung oder Optimierung von logischen Schaltnetzen.

Es gibt zwei Möglichkeiten, ein logisches Schaltnetz zu minimieren:

1. das rechnerische Verfahren:
   die Funktionsgleichung wird mit Hilfe der Schaltalgebra vereinfacht.

2. das grafische Verfahren:
   die Wahrheitstabelle wird in eine geeignete Form, in die KV-Tafel, umgewandelt. Durch sogenannte Schleifen wird die umgewandelte Wahrheitstabelle vereinfacht, so daß sich hieraus eine vereinfachte Funktionsgleichung ergibt.

23.4.1 Vereinfachung mit Hilfe der Schaltalgebra

Rechenregeln der Schaltalgebra:

Die Verknüpfungszeichen sind der allgemeinen Algebra entlehnt **(Tabelle 23.3)**.

Tabelle 23.3: Verknüpfungszeichen			
Operation	UND	ODER	NICHT
Schaltalgebra	$A \cdot B$	$A + B$	$\overline{A}$
Aussagelogik	$A \wedge B$	$A \vee B$	$\neg A$

Die rot gekennzeichneten Schreibweisen werden hier verwendet.

Bei der Vereinfachung einer Funktionsgleichung mit Hilfe der Schaltalgebra muß beachtet werden, daß folgende Verknüpfungen in der Reihenfolge stärker binden:

Negation stärker als **UND** stärker als **ODER**

Rechenregeln für eine Variable

d. h. die Variable kann natürlich auch die Werte „1" oder „0" annehmen.

UND

$A \wedge 0 = 0$
$A \wedge 1 = A$
$A \wedge A = A$
$A \wedge \overline{A} = 0$

ODER

$A \vee 0 = A$
$A \vee 1 = 1$
$A \vee A = A$
$A \vee \overline{A} = 1$

NICHT

$\overline{A} = x$
$\overline{\overline{A}} = A = \overline{x}$
$\overline{\overline{\overline{A}}} = \overline{A} = x$
$\overline{\overline{\overline{\overline{A}}}} = A = \overline{\overline{x}}$

Rechenregeln für zwei und mehr Variable

Kommutativ-Gesetz
(Vertauschungsgesetz)

$A \vee B = B \vee A$
$A \wedge B = B \wedge A$

Assoziativ-Gesetz
(Zusammenfassungsgesetz)

$A \vee B \vee C = A \vee (B \vee C) = (A \vee B) \vee C = B \vee (A \vee C)$
$A \wedge B \wedge C = A \wedge (B \wedge C) = (A \wedge B) \wedge C = B \wedge (A \wedge C)$

Distributiv-Gesetz
(Verteilungsgesetz)

$(A \vee B) \wedge (A \vee C) = A \vee (B \wedge C)$
$(A \wedge B) \vee (A \wedge C) = A \wedge (B \vee C)$

De Morgansches Gesetz
(Regel für die Negation ganzer Ausdrücke)

$\overline{A \vee B} = \overline{A} \wedge \overline{B}$ $A \vee B = \overline{\overline{A} \wedge \overline{B}}$
$\overline{A \wedge B} = \overline{A} \vee \overline{B}$ $A \wedge B = \overline{\overline{A} \vee \overline{B}}$

Beispiel:

Gegeben ist die Funktionsgleichung eines logischen Schaltnetzes

$x = (A \wedge \overline{B} \wedge \overline{C}) \vee (A \wedge B \wedge \overline{C}) \vee (\overline{A} \wedge B \wedge C) \vee (A \wedge B \wedge C)$

Gesucht werden:

a) die vereinfachte Funktionsgleichung

b) die in NAND-Technik umgewandelte vereinfachte Funktionsgleichung.

Lösungen:

a) $x = (A \wedge \overline{B} \wedge \overline{C}) \vee (A \wedge B \wedge \overline{C}) \vee (\overline{A} \wedge B \wedge C) \vee (A \wedge B \wedge C)$

Regel: $(A \wedge B) \vee (A \wedge C) = A \wedge (B \vee C)$ (Distributiv-Gesetz)

$x = [A \wedge \overline{C} \wedge (\overline{B} \vee B)] \vee [B \wedge C \wedge (\overline{A} \vee A)]$

Regel: $A \vee \overline{A} = 1$

$x = (A \wedge \overline{C} \wedge 1) \vee (B \wedge C \wedge 1)$

Regel: $A \wedge 1 = A$

$x = (A \wedge \overline{C}) \vee (B \wedge C)$

b) $x = (A \wedge \overline{C}) \vee (B \wedge C)$

Regel: $A \vee B = \overline{A} \wedge \overline{B}$ (De Morgansches Gesetz)

$x = \overline{\overline{(A \wedge \overline{C})} \wedge \overline{(B \wedge C)}}$

Aufgaben:

1. Die jeweilige Funktionsgleichung ist so zu vereinfachen, daß zum Aufbau der logischen Schaltung möglichst wenige Logikbausteine benötigt werden

   a) $x = (\overline{A} \wedge \overline{B} \wedge \overline{C}) \vee (\overline{A} \wedge \overline{B} \wedge C) \vee (\overline{A} \wedge \overline{C} \wedge D) \vee (A \wedge \overline{B} \wedge \overline{C}) \vee$
   $(A \wedge \overline{B} \wedge D) \vee (A \wedge \overline{C} \wedge D)$

   b) $T = (\overline{K} \wedge L \wedge M) \vee (K \wedge L \wedge M)$

   c) $P = (\overline{A} \wedge \overline{B}) \vee (\overline{A} \wedge B)$

   d) $x = (A \wedge B \wedge \overline{C}) \vee (\overline{A} \wedge B \wedge \overline{C}) \vee (\overline{A} \wedge B \wedge C)$

   e) $x = (A \wedge B) \vee (A \wedge \overline{B}) \vee (A \wedge C) \vee (A \wedge \overline{C})$

2. Vereinfachen Sie folgende Funktionsgleichungen

   a) $T = \overline{(A \wedge A \wedge \overline{B})} \vee \overline{(C \wedge D)}$

   b) $y = \overline{(\overline{A} \wedge B)} \vee \overline{(A \wedge \overline{B})}$

   c) $T = [(A \wedge B) \vee (C \vee D)] \vee [B \wedge (C \vee D)]$

3. Die Funktionsgleichung für die Übertragsbildung eines 1-Bit-Volladdierers soll vereinfacht werden:
   $\ddot{U} = (A \wedge B \wedge C) \vee (A \wedge \overline{B} \wedge C) \vee (A \wedge B \wedge \overline{C}) \vee (A \wedge B \wedge C)$

4. Gegeben ist die Funktionsgleichung eines logischen Schaltnetzes, das vereinfacht und in NAND-Technik umgewandelt werden soll.
   $x = (A \wedge B \wedge \overline{C}) \vee (A \wedge \overline{B} \wedge C) \vee (\overline{A} \wedge B \wedge C) \vee (A \wedge B \wedge C)$

5. Gegeben ist die Funktionsgleichung:
   $x = \overline{(\overline{A} \vee \overline{B})} \wedge \overline{(\overline{A} \wedge B)}$
   Gesucht werden:
   a) die Schaltung
   b) die vereinfachte Funktionsgleichung (mit Hilfe der Schaltalgebra)
   c) die Schaltung der vereinfachten Funktionsgleichung

6. Die gegebene Funktionsgleichung

$x = (A \vee B \vee C) \wedge (\overline{A} \vee B \vee C) \wedge (A \vee \overline{B} \vee C) \wedge (A \vee B \vee \overline{C})$

soll vereinfacht und dann in NAND-Technik umgewandelt werden.

7. Für ein logisches Schaltnetz ergibt sich folgende Wahrheitstabelle

A	B	C	T
0	0	0	1
0	0	1	1
0	1	0	1
0	1	1	1
1	0	0	0
1	0	1	0
1	1	0	1
1	1	1	1

a) Erstellen Sie die ODER-Normalform und vereinfachen Sie die Funktionsgleichung

b) Erstellen Sie die UND-Normalform und vereinfachen Sie die Funktionsgleichung

8. In der verkürzten Wahrheitstabelle sind bei den aufgeführten Zeilen die Ausgangssignale „1"

A	B	C	D	x
0	1	0	0	1
0	1	0	1	1
0	1	1	1	1
0	1	1	0	1

a) Ermitteln Sie die ODER-Normalform.

b) Vereinfachen Sie die Funktionsgleichung.

c) Wandeln Sie die Funktionsgleichung in NAND-Technik um.

d) Geben Sie die Schaltung an.

9. Gegeben ist folgende Funktionsgleichung

$x = (\overline{A} \wedge \overline{B} \wedge C) \vee (\overline{A} \wedge B \wedge C) \vee (A \wedge B \wedge \overline{C}) \vee (A \wedge \overline{B} \wedge \overline{C})$

a) Vereinfachen Sie diese Funktionsgleichung mit Hilfe der Schaltalgebra.

b) Formen Sie die vereinfachte Funktionsgleichung in NOR-Technik um.

c) Zeichnen Sie die Schaltung mit NOR-Bausteinen.

● 10. Gegeben ist das folgende logische Schaltnetz.

a) Geben Sie die Funktionsgleichung des logischen Schaltnetzes an.

b) Vereinfachen Sie die Funktionsgleichung.

c) Wandeln Sie die vereinfachte Funktionsgleichung in NAND-Technik um.

d) Geben Sie die Schaltung in NAND-Technik an.

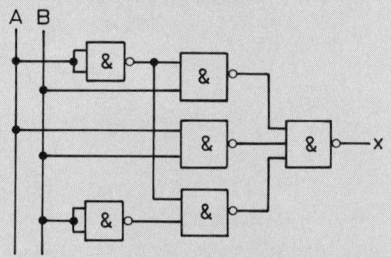

● 11. a) Stellen Sie von folgender logischen Schaltung die Funktionsgleichung auf.

b) Vereinfachen Sie die Funktionsgleichung.

c) Geben Sie die vereinfachte Schaltung an.

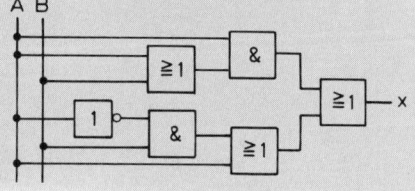

12. Gegeben ist folgende logische Schaltung

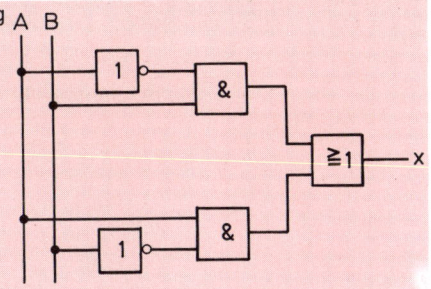

a) Stellen Sie von dieser Schaltung die Wahrheitstabelle auf.
b) Geben Sie die Funktionsgleichung der ODER-Normalform an.
c) Geben Sie die Funktionsgleichung der UND-Normalform an.
d) Formen Sie mit Hilfe der Schaltalgebra die ODER-Normalform in die UND-Normalform um.

23.4.2 Vereinfachung mit Hilfe von KV-Tafeln

Die Vereinfachung eines logischen Schaltnetzes mit Hilfe einer Karnaugh-Veitch-Tafel (KV-Tafel) läßt sich in drei Schritte aufteilen.

1. Schritt: Übertragung der Wahrheitstabelle in eine KV-Tafel.

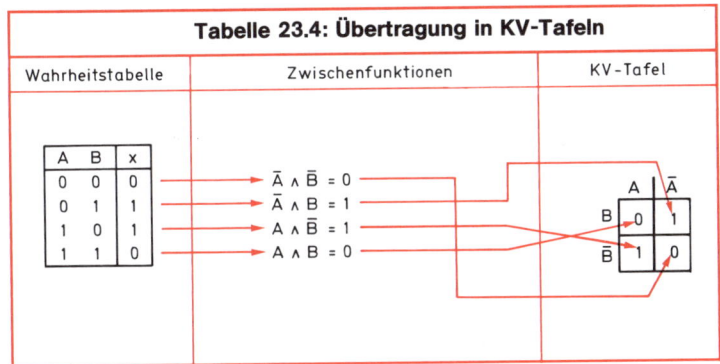

Tabelle 23.4: Übertragung in KV-Tafeln

KV-Tafeln für 3, 4 und 5 Variable

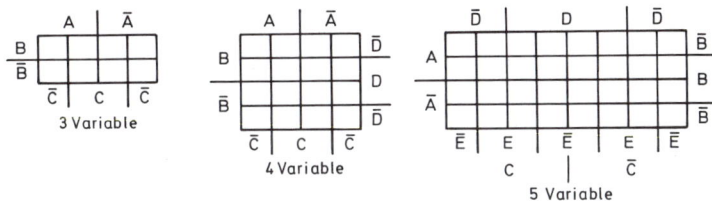

2. Schritt: Schleifenbildung.

Waagerecht und senkrecht benachbarte Felder, die die Ausgangsvariable $x = 1$ enthalten, lassen sich durch „Bilden von Schleifen" oder „Bilden von Elementarblöcken" zusammenfassen. Durch die entsprechend gewählte Randbeschriftung an den KV-Tafeln fallen bei einer

Schleife über zwei Blöcken $\triangleq$ 2er Schleife   1 Variable
Schleife über vier Blöcken $\triangleq$ 4er Schleife   2 Variable
Schleife über acht Blöcken $\triangleq$ 8er Schleife   3 Variable
Schleife über 16   Blöcken $\triangleq$ 16er Schleife 4 Variable
usw. fort.

3. *Schritt:* Aufstellung der vereinfachten Funktionsgleichung.

Von allen mit Schleifen überdeckten Feldern, sowie von allen mit „1" belegten Feldern werden die Zwischenfunktionen herausgeschrieben und durch ODER verbunden **(Tabelle 23.5).**

Tabelle 23.5: Bildung von Schleifen		
Schleifen	KV-Tafel	vereinfachte Funktionsgleichung
2er - Schleife		$x = \bar{A}$
		$x = A \vee B$
		$x = B \vee (A \wedge \bar{B} \wedge \bar{C})$
		$x = (A \wedge B \wedge C) \vee (\bar{B} \wedge \bar{C} \wedge D) \vee (\bar{A} \wedge \bar{B} \wedge C \wedge \bar{D})$
4er - Schleife		$x = C$
		$x = (A \wedge C) \vee (\bar{C} \wedge \bar{D})$
8er - Schleife		$x = C$

A	B	C	D	x
0	0	0	0	0
0	0	0	1	0
0	0	1	0	0
0	0	1	1	1
0	1	0	0	1
0	1	0	1	0
0	1	1	0	1
0	1	1	1	1
1	0	0	0	1
1	0	0	1	1
1	0	1	0	0
1	0	1	1	1
1	1	0	0	1
1	1	0	1	1
1	1	1	0	0
1	1	1	1	1

Beispiel:

Bei der Lösung eines logischen Problems ergab sich folgende Wahrheitstabelle:

a) Erstellen Sie von dieser Wahrheitstabelle die ODER-Normalform.

b) Minimieren Sie mit Hilfe der KV-Tafel.

c) Wandeln Sie die minimierte Funktionsgleichung in NAND-Technik um.

d) Zeichnen Sie die Schaltung des logischen Schaltnetzes.

Lösung:

a) $x = (\overline{A} \wedge \overline{B} \wedge C \wedge D) \vee (\overline{A} \wedge B \wedge \overline{C} \wedge \overline{D}) \vee (\overline{A} \wedge B \wedge C \wedge \overline{D}) \vee (\overline{A} \wedge B \wedge C \wedge D)$
$\vee (A \wedge \overline{B} \wedge \overline{C} \wedge \overline{D}) \vee (A \wedge \overline{B} \wedge \overline{C} \wedge D) \vee (A \wedge \overline{B} \wedge C \wedge D) \vee (A \wedge B \wedge \overline{C} \wedge \overline{D})$
$\vee (A \wedge B \wedge \overline{C} \wedge D) \vee (A \wedge B \wedge C \wedge D)$

b) $x = \textcolor{red}{(A \wedge \overline{C})} \vee (C \wedge D) \vee (\overline{A} \wedge B \wedge \overline{D})$

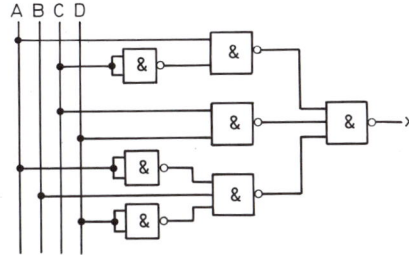

c) $x = \overline{\overline{(A \wedge \overline{C})} \wedge \overline{(C \wedge D)} \wedge \overline{(\overline{A} \wedge B \wedge \overline{D})}}$

d)

Aufgaben:

1. Die gegebenen Wahrheitstabellen sollen in KV-Tafeln übertragen werden.

a)

A	B	C	x
0	0	0	0
0	0	1	0
0	1	0	1
0	1	1	1
1	0	0	0
1	0	1	1
1	1	0	0
1	1	1	1

b)

A	B	C	D	x
0	0	0	0	0
0	0	0	1	1
0	0	1	0	1
0	0	1	1	0
0	1	0	0	1
0	1	0	1	0
0	1	1	0	0
0	1	1	1	1
1	0	0	0	1
1	0	0	1	0
1	0	1	0	0
1	0	1	1	1
1	1	0	0	0
1	1	0	1	1
1	1	1	0	1
1	1	1	1	1

2. Durch Schleifenbildung soll die jeweilige Minimalform der Funktionsgleichung angegeben werden.

a)

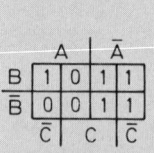

b)

	A		Ā		
B	1	1	1	1	D̄
B	1	1	1	1	D
B̄	1	1	1	1	D
B̄	1	1	1	0	D̄
	C̄	C	C̄		

c)

	A		Ā		
B	0	0	0	0	D̄
B	1	0	0	1	D
B̄	1	1	1	1	D
B̄	0	1	1	0	D̄
	C̄	C	C̄		

3. Gegeben ist die nebenstehende KV-Tafel. Bestimmen Sie:
   a) die minimierte Funktionsgleichung,
   b) die Schaltung in NAND-Technik.

	A		Ā		
B	1	0	0	1	D̄
B	0	0	1	1	D
B̄	0	0	1	1	D
B̄	1	0	0	1	D̄
	C̄	C	C̄		

4. Gegeben ist folgende Wahrheitstabelle:

A	B	C	x
0	0	0	0
0	0	1	1
0	1	0	1
0	1	1	0
1	0	0	0
1	0	1	1
1	1	0	1
1	1	1	0

a) Zeichnen Sie die dazugehörige KV-Tafel.
b) Geben Sie die vereinfachte Funktionsgleichung an.
c) Zeichnen Sie das vereinfachte Schaltnetz.

5. Folgendes logische Schaltnetz soll minimiert werden.
   Gesucht werden:
   a) die Wahrheitstabelle
   b) die zugehörige KV-Tafel
   c) die minimierte Funktionsgleichung
   d) die minimierte Schaltung

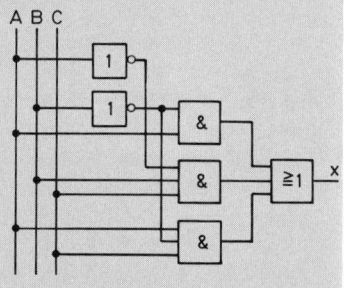

6. Vereinfachen Sie nebenstehende KV-Tafel, wandeln Sie die so erhaltene Funktionsgleichung in NAND-Technik um und geben Sie ihre Schaltung an.

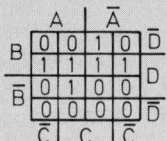

A	B	C	D	x
0	0	0	0	0
0	0	0	1	0
0	0	1	0	0
0	0	1	1	0
0	1	0	0	1
0	1	0	1	1
0	1	1	0	1
0	1	1	1	1
1	0	0	0	0
1	0	0	1	0
1	0	1	0	0
1	0	1	1	0
1	1	0	0	0
1	1	0	1	0
1	1	1	0	0
1	1	1	1	0

7. Bei der Problemanalyse eines logischen Sachverhaltes ergibt sich nebenstehende Wahrheitstabelle:

Gesucht werden:

a) die Funktionsgleichung der ODER-Normalform

b) die Vereinfachung mittels KV-Tafel

c) die vereinfachte Funktionsgleichung

d) die vereinfachte Schaltung in NAND-Technik.

8. Gegeben ist die Funktionsgleichung:

$x = (A \wedge B \wedge \overline{C} \wedge D) \vee (\overline{A} \wedge B \wedge C \wedge \overline{D}) \vee (A \wedge \overline{B} \wedge \overline{C} \wedge D) \vee (A \wedge B \wedge C \wedge \overline{D})$

Gesucht werden:

a) die Schaltung dieses logischen Schaltnetzes; b) die zugehörige Wahrheitstabelle; c) die vereinfachte Funktionsgleichung (Vereinfachung mittels KV-Tafel); d) die minimierte Schaltung; e) die minimierte Schaltung in NAND-Technik.

9. Es soll der Druck eines Hochdruckkessels überwacht werden. Aus Sicherheitsgründen sind für diese Überwachung drei Überdruckschalter eingebaut. Alarm soll ausgelöst werden, wenn mindestens noch zwei Schalter eingeschaltet sind.

a) Geben Sie die Wahrheitstabelle an. b) Minimieren Sie mittels KV-Tafel. c) Geben Sie die minimierte Funktionsgleichung an. d) Wandeln Sie die minimierte Funktionsgleichung in NOR-Technik um. e) Geben Sie die Schaltung in NOR-Technik an.

10. Für ein Haus soll eine Einbruchsicherung mit Logikbausteinen entworfen und aufgebaut werden. Folgende Schutzeinrichtungen sollen eingebaut werden:

Fensterscheibenfühler A, die bei zerbrochener Scheibe durch ein „0"-Signal Alarm auslösen.

Türfühler B, die bei aufgebrochener Tür durch ein „1"-Signal Alarm auslösen.

Ultraschall-Raumüberwachung C, die bei einer Bewegung im Raum durch ein „1"-Signal Alarm gibt.

Infrarot-Lichtschranke D, die bei einer Unterbrechung durch ein „0"-Signal Alarm auslöst.

Alarm mit x = 1 soll ausgelöst werden, wenn jeweils zwei Schutzeinrichtungen Alarm geben.

a) Stellen Sie die Wahrheitstabelle auf. b) Geben Sie die UND-Normalform an. c) Minimieren Sie mittels einer KV-Tafel. d) Zeichnen Sie die minimierte Schaltung. e) Wandeln Sie die Funktionsgleichung in NAND-Technik um. f) Zeichnen Sie die Schaltung mit NAND-Bausteinen.

24. Zahlensysteme

24.1 Aufbau der Zahlensysteme

Das Dezimalsystem ist das bekannteste Zahlensystem, dessen Aufbau und Gesetzmäßigkeiten leicht verständlich und durchschaubar sind. Es gibt jedoch noch viele andere Zahlensysteme, deren Rechenregeln sehr viel einfacher sind als die des Dezimalsystems. Aus diesem Grunde verwendet man in der Datenverarbeitung und in der Elektronik das **Dualsystem** und das **Hexadezimalsystem** statt des **Dezimalsystems**.

24.1.1 Dezimalsystem

Beim Dezimalsystem (lat.: decum = 10) ist die

Basis: 10

Zeichen: 0; 1; 2; 3; 4; 5; 6; 7; 8; 9;

Aufbau:

In der üblichen Kurzform:

$25034 = 2 \cdot 10^4 + 5 \cdot 10^3 + 0 \cdot 10^2 + 3 \cdot 10^1 + 4 \cdot 10^0 = 25034$

Schreibweise:

$25034_{(10)}$ oder $Z_{(10)} = 25034$

24.1.2 Dualsystem

Das Dualsystem (lat.: duo = 2) ist für die elektronische Signal- und Datenverarbeitung besonders wichtig:

Basis: 2

Zeichen: 0; 1

Aufbau:

Kurzform:

$11011 = 1 \cdot 2^4 + 1 \cdot 2^3 + 0 \cdot 2^2 + 1 \cdot 2^1 + 1 \cdot 2^0 = 27$
(Dual)   (Dezimal)

Schreibweise:

$11011_{(2)}$ oder $Z_{(2)} = 11011$

24.1.3 Hexadezimalsystem

Das Hexadezimalsystem wird auch oft Sedezimalsystem genannt und ist in der Computertechnik besonders wichtig.

Basis: 16

Zeichen: 0; 1; 2; 3; 4; 5; 6; 7; 8; 9; A; B; C; D; E; F;

A $\triangleq$ 10; B $\triangleq$ 11; C $\triangleq$ 12; D $\triangleq$ 13; E $\triangleq$ 14; F $\triangleq$ 15.

Aufbau:

2 B F 3

$\qquad$ 1. Stelle $\triangleq$ $\;\;3 \cdot 16^0 = \;\;3 \cdot \quad\;\; 1 = + \quad\;\; 3$

$\qquad$ 2. Stelle $\triangleq$ $15 \cdot 16^1 = 15 \cdot \quad 16 = + \quad 240$

$\qquad$ 3. Stelle $\triangleq$ $11 \cdot 16^2 = 11 \cdot \quad 256 = + \;2816$

$\qquad$ 4. Stelle $\triangleq$ $\;\;2 \cdot 16^3 = \;\;2 \cdot 4096 = + \;8192$

Kurzform: $\qquad\qquad\qquad\qquad\qquad\qquad\qquad\qquad\qquad$ $\overline{\qquad 11252}$

$2BF3 = 2 \cdot 16^3 + 11 \cdot 16^2 + 15 \cdot 16^1 + 3 \cdot 16^0 = 11249$

(Hexadezimal) $\qquad\qquad\qquad\qquad\qquad\qquad\qquad\qquad$ (Dezimal)

Schreibweise:

$2BF3_{(16)}$ oder $Z_{(16)} = 2BF3$

24.1.4 Gegenüberstellung

Die **Tabelle 24.1** zeigt die Gegenüberstellung der drei gebräuchlichen Zahlensysteme.

Tabelle 24.1: Zahlensysteme		
Dezimalsystem $Z_{(10)}$	Dualsystem $Z_{(2)}$	Hexadezimalsystem $Z_{(16)}$
0	0	0
1	1	1
2	10	2
3	11	3
4	100	4
5	101	5
6	110	6
7	111	7
8	1000	8
9	1001	9
10	1010	A
11	1011	B
12	1100	C
13	1101	D
14	1110	E
15	1111	F
16	10000	10
17	10001	11
18	10010	12
19	10011	13
20	10100	14
21	10101	15
22	10110	16
23	10111	17
24	11000	18

Aus der **Tabelle 24.1** ist zu erkennen, wie wichtig die Angabe des Zahlensystems bei einer Ziffernfolge sein kann. So kennzeichnet z. B. die Ziffernfolge 11 in jedem Zahlensystem eine völlig andere Zahl:

$$11_{(10)} = 11_{(10)}$$
$$11_{(2)} = 3_{(10)}$$
$$11_{(16)} = 17_{(10)}$$

24.2 Umwandlung von Zahlen

24.2.1 Umwandlung: Dezimal- in Dualzahl

Rest-Verfahren:

Dezimalzahlen werden durch fortlaufende Division durch 2 in Dualzahlen umgewandelt.

Beispiel: Die Dezimalzahl $Z_{(10)} = 37$ ist in eine Dualzahl $Z_{(2)}$ umzuwandeln!

Lösung:

	2^5	2^4	2^3	2^2	2^1	2^0
$37 : 2 = 18$ Rest 1						1
$18 : 2 = 9$ Rest 0					0	
$9 : 2 = 4$ Rest 1				1		
$4 : 2 = 2$ Rest 0			0			
$2 : 2 = 1$ Rest 0		0				
$1 : 2 = 0$ Rest 1	1					
$37_{(10)} \triangleq$	1	0	0	1	0	$1_{(2)}$

Zerlegungsverfahren:

Dezimalzahlen zerlegt man in Potenzen von Zwei.

Beispiel: Die Dezimalzahl 37 ist in eine Dualzahl umzuwandeln!

Lösung:

$37 = 2^5 + \text{Rest}$

$\underline{2^5 = 32}$

$\qquad 5 = 2^2 + \text{Rest}$

$\underline{2^2 = 4}$

$\qquad 1 = 2^0$

$37_{(10)} \triangleq$	2^5	2^4	2^3	2^2	2^1	2^0
	1	0	0	1	0	$1_{(2)}$

$37_{(10)} \triangleq 100101_{(2)}$

24.2.2 Umwandlung: Dual- in Dezimalzahl

Dualzahlen wandelt man in Dezimalzahlen um, indem man an die „1-Stellen" die entsprechende Zweierpotenz einsetzt und die Potenzwerte addiert.

Die Potenzen von zwei sind in der **Tabelle 24.2** aufgeführt.

Tabelle 24.2: Zweierpotenzen

Potenz		Potenzwert	Potenz		Potenzwert
2^0	=	1	2^0	=	1
2^1	=	2	2^{-1}	=	1/2 = 0,5
2^2	=	4	2^{-2}	=	1/4 = 0,25
2^3	=	8	2^{-3}	=	1/8 = 0,125
2^4	=	16	2^{-4}	=	1/16 = 0,0625
2^5	=	32	2^{-5}	=	1/32 = 0,03125
2^6	=	64			
2^7	=	128			
2^8	=	256			
2^9	=	512			
2^{10}	=	1024			

Beispiel: Wandeln Sie die Dualzahl 1011,1011 in eine Dezimalzahl um.

Lösung:

1011,1011

$1 \cdot 2^3 + 0 \cdot 2^2 + 1 \cdot 2^1 + 1 \cdot 2^0 + 1 \cdot 2^{-1} + 0 \cdot 2^{-2} + 1 \cdot 2^{-3} + 1 \cdot 2^{-4} =$

$\quad 8 + \qquad\qquad 2 + \quad 1 + \quad 0,5 + \qquad\qquad 0,125 + 0,0625$

$\underline{1011,1011_{(2)} \triangleq 11,6875_{(10)}}$

24.2.3 Umwandlung: Dezimal- in Hexadezimalzahl

Dezimalzahlen werden durch fortlaufende Division durch 16 in eine Hexadezimalzahl umgewandelt.

Beispiel:

Die Dezimalzahl $Z_{(10)} = 12843$ ist in eine Hexadezimalzahl $Z_{(16)}$ umzuwandeln.

Lösung:

12843 : 16 =   802 Rest 11
 802 : 16 =   50 Rest 2
  50 : 16 =   3 Rest 2
   3 : 16 =   0 Rest 3

$\qquad 12843_{(10)} \triangleq 322\,B_{(16)}$

Um die Restbestimmung vorzunehmen, können mit dem Taschenrechner folgende Operationen ausgeführt werden:

Eingabe:

12843 | ÷ | 16 | = |

Anzeige: 802,6875

Eingabe:

802 | x | 16 | +/− | + | 12843 | = |

Anzeige: 11

24.2.4 Umwandlung: Hexadezimal- in Dezimalzahl

Hexadezimalzahlen werden in Dezimalzahlen umgewandelt, indem man die entsprechenden Potenzen zur Basis 16 einsetzt und die Potenzwerte addiert.

Beispiel:

Wandeln Sie die Hexadezimalzahl $Z_{(16)}$ = B4D8 in eine Dezimalzahl um.

Lösung:

$11 \cdot 16^3 + 4 \cdot 16^2 + 13 \cdot 16^1 + 8 \cdot 16^0 =$
$45056 + 1024 + 208 + 8 =$

$$B4D8_{(16)} \triangleq 46296_{(10)}$$

24.2.5 Umwandlung: Dualzahl in Hexadezimalzahl

Die Umwandlung einer Dualzahl in eine Hexadezimalzahl muß in zwei Schritten vorgenommen werden. Zunächst wird die Umwandlung in eine Dezimalzahl vorgenommen und diese dann in das Hexadezimalsystem umgewandelt.

Beispiel:

Es ist die Dualzahl $Z_{(2)}$ = 1011011 in eine Hexadezimalzahl $Z_{(16)}$ umzuwandeln.

Lösung:

1. Schritt: 1 0 1 1 0 1 1

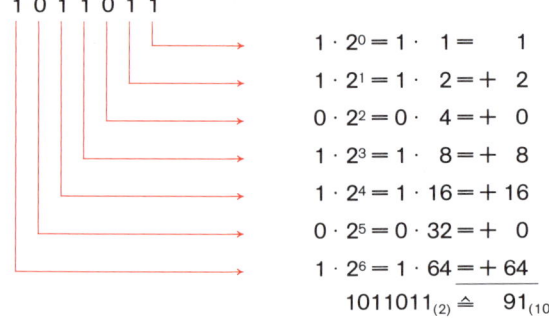

$1 \cdot 2^0 = 1 \cdot \quad 1 = \quad\quad 1$
$1 \cdot 2^1 = 1 \cdot \quad 2 = + \quad 2$
$0 \cdot 2^2 = 0 \cdot \quad 4 = + \quad 0$
$1 \cdot 2^3 = 1 \cdot \quad 8 = + \quad 8$
$1 \cdot 2^4 = 1 \cdot 16 = + 16$
$0 \cdot 2^5 = 0 \cdot 32 = + \quad 0$
$1 \cdot 2^6 = 1 \cdot 64 = + 64$

$$1011011_{(2)} \triangleq 91_{(10)}$$

2. Schritt

91 : 16 = 5 Rest 11

Eingabe:

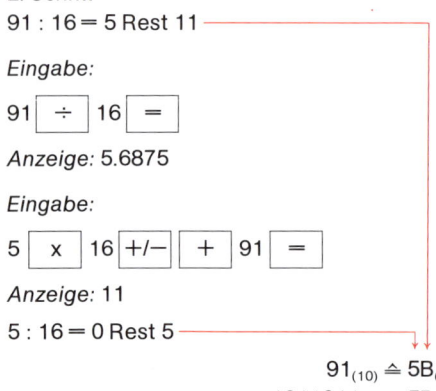

91 ÷ 16 =

Anzeige: 5.6875

Eingabe:

5 x 16 +/− + 91 =

Anzeige: 11

5 : 16 = 0 Rest 5

$$91_{(10)} \triangleq 5B_{(16)}$$
$$1011011_{(2)} \triangleq 5B_{(16)}$$

Aufgaben:

1. Die folgenden Dezimalzahlen sind in Dualzahlen umzuwandeln!
   a) 28;   d) 92;   g) 14,0625
   b) 43;   e) 309;
   c) 54;   f) 34,625;

2. Die folgenden Dualzahlen sind in Dezimalzahlen umzuwandeln!
   a) 1010;   d) 11000011;   g) 1100110,0011
   b) 101100;   e) 101010;
   c) 1000111;   f) 1001,011;

3. Folgende Dezimalzahlen sind in Hexadezimalzahlen umzuwandeln:
   a) 19; b) 10995; c) 46025; d) 50328; e) 764

4. Folgende Hexadezimalzahlen sind in Dezimalzahlen umzuwandeln:
   a) $12_{(16)}$; b) $2FC_{(16)}$; c) $AFFE_{(16)}$; d) $CD_{(16)}$; e) $ADF4_{(16)}$

5. Es sind folgende Dualzahlen in Hexadezimalzahlen umzuwandeln:
   a) $10110_{(2)}$; b) $10101010_{(2)}$; c) $101101_{(2)}$; d) $1011111100_{(2)}$

6. Es sind folgende Hexadezimalzahlen in Dualzahlen umzuwandeln:
   a) $19_{(16)}$; b) $B3C9_{(16)}$; c) $2D_{(16)}$; d) $2A5E_{(16)}$

24.3 Rechnen mit Dualzahlen

Mit Dualzahlen läßt sich genauso rechnen wie mit Dezimalzahlen. Da das Dualsystem nur zwei Ziffern hat, werden die Rechenregeln sehr einfach.

24.3.1 Addition von Dualzahlen

Rechenregel:

	Summe	Übertrag auf die nächsthöhere Stelle
$0 + 0$	$= 0$	0
$0 + 1$	$= 1$	0
$1 + 0$	$= 1$	0
$1 + 1$	$- 0$	1
$1 + 1 + 1$	$= 1$	1

Beispiel: Es sind die Dualzahlen 1000011 und 110111 zu addieren. Das Ergebnis ist durch die Dezimalrechnung zu kontrollieren.

Lösung:
```
    1000011
+    110111
_____
       111  Übertrag
    1111010  Summe
```

Probe:
$$1000011_{(2)} \triangleq 67_{(10)}$$
$$\underline{110111_{(2)} \triangleq 55_{(10)}}$$
$$1111010_{(2)} \triangleq \underline{122_{(10)}}$$

24.3.2 Subtraktion von Dualzahlen

Rechenregel:

	Differenz	Übertrag auf die nächsthöhere Stelle
$0 - 0$	$= 0$	0
$0 - 1$	$= 1$	$- 1$
$1 - 0$	$= 1$	0
$1 - 1$	$= 0$	0
$0 - 1 - 1$	$= 0$	$- 1$
$1 - 1 - 1$	$= 1$	$- 1$

Beispiel: Es sind die Dualzahlen 10110 und 1010 zu subtrahieren. Das Ergebnis ist durch die Dezimalrechnung zu kontrollieren.

Lösung:

$$
\begin{array}{r}
10110 \\
- \quad 1010 \\
\hline
- \quad 1 \quad\text{— Überträge} \\
\hline
01100 \quad \text{Ergebnis}
\end{array}
$$

Probe:

$$
\begin{array}{r}
10110_{(2)} \triangleq 22_{(10)} \\
- \quad 1010_{(2)} \triangleq 10_{(10)} \\
\hline
1100_{(2)} \triangleq 12_{(10)}
\end{array}
$$

24.3.3 Multiplikation von Dualzahlen

	Produkt
$0 \cdot 0$	$= 0$
$0 \cdot 1$	$= 0$
$1 \cdot 0$	$= 0$
$1 \cdot 1$	$= 1$

Beispiel:

Die Duahlzahlen 10110 und 10110 sind zu multiplizieren. Das Ergebnis ist durch die Dezimalrechnung zu kontrollieren.

Lösung:

$$
\begin{array}{r}
10110 \cdot 10110 \\
00000 \\
10110 \\
10110 \\
00000 \\
10110 \\
\hline
111100100
\end{array}
$$

Probe:

$$
\begin{array}{r}
22 \cdot 22 \\
\hline
484 \quad \triangleq 111100100
\end{array}
$$

24.3.4 Division von Dualzahlen

Rechenregel

0 : 1	= 0
1 : 1	= 1

Die Division erfolgt wie im Dezimalsystem.

Beispiel:

Berechnen Sie 10110 : 1011 und kontrollieren Sie mit der Dezimalrechnung.

Lösung:

10110 : 1011 = 10,0
1011
‾‾‾‾
  000

Probe:

22 : 11 = 2 ≙ 10

Aufgaben:

1. Es sind folgende Dualzahlen zu addieren, und das Ergebnis ist durch die Dezimalrechnung zu kontrollieren:
    a) 10101 + 1010;
    b) 110011 + 11011;
    c) 10101 + 110,11;
    d) 111111 + 1010,111;
    e) 100011,1101 + 1001,001

2. Folgende Dualzahlen sind zu subtrahieren, und das Ergebnis ist durch eine Dezimalrechnung zu kontrollieren:
    a) 10101 − 10100;
    b) 11101 − 10011;
    c) 101101,101 − 10011,11;
    d) 1010,01 − 0,11;
    e) 1110,11 − 1101,011

3. Es sind folgende Dualzahlen zu multiplizieren, und das Ergebnis ist durch eine Dezimalrechnung zu kontrollieren:
    a) 1110 · 1010;
    b) 101 · 1011;
    c) 10011 · 11001

4. Folgende Dualzahlen sind zu dividieren, und das Ergebnis ist durch eine Dezimalrechnung zu kontrollieren!
    a) 10111 : 111;
    b) 11001 : 1001;
    c) 100111 : 1000

25. Anhang

25.1 Rechnen mit dem Übertragungsmaß Dezibel und Neper

25.1.1 Relativer Pegel

Zur leichteren Berechnung von Verstärkungen, Dämpfungen und Verlusten bedient man sich in der Nf- und Hf-Technik Übertragungsmaßen die als Dezibel- und in der drahtgebundenen Fernmeldetechnik als Neper-Werte angegeben werden. Diese Werte sind auf dem logarithmischen Maßstab aufgebaut. Die Dezibel-Skala ist auf den dekadischen (Briggschen) Logarithmus mit der Basis 10, die Neper-Skala auf den natürlichen Logarithmus mit der Basis $e = 2,13$ bezogen. Vorteilhaft ist, daß bei Logarithmen-Rechnungen aus einer Multiplikation oder Division eine Addition oder Subtraktion wird.

Der Logarithmus eines Zahlenverhältnisses erhält die Grundeinheit **Bel** (nach Graham Bell). Ist die Ausgangsleistung P_2 größer als die Eingangsleistung P_1 ergibt sich eine Verstärkung v zu:

v in Bel $\qquad v = \lg \dfrac{P_2}{P_1}$

bei einem umgekehrten Verhältnis erhält man eine Dämpfung a

a in Bel $\qquad a = \lg \dfrac{P_1}{P_2}$

Weil man bei den Logarithmen stets nur eine Stelle vor dem Komma hat, multipliziert man diese mit 10, wobei aus dem Bel nun der zehnte Teil, nämlich das Dezibel (dB) wird.

Damit ergibt sich die

Verstärkung in dB

$$v = 10 \lg \frac{P_2}{P_1}$$

Dämpfung in dB

$$a = 10 \lg \frac{P_1}{P_2}$$

Da den Techniker meistens nur das Spannungs- bzw. Stromverhältnis interessiert und $P = \dfrac{U^2}{R}$ bzw. $P = I^2 \cdot R$ ist und da R meistens konstant gehalten wird **(Bild 25.1)**, gilt:

$$v = 10 \lg \left(\frac{U_2}{U_1}\right)^2 \quad \text{bzw.} \quad a = 10 \lg \left(\frac{U_1}{U_2}\right)^2$$

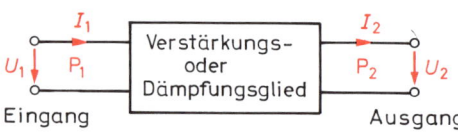

Bild 25.1
Vierpol

320

und damit wird

$$v = 20 \lg \frac{U_2}{U_1} = 20 \lg \frac{I_2}{I_1}$$

v = Verstärkungsfaktor in dB

a = Dämpfungsfaktor in dB

P_1, I_1, U_1 = Eingangsgrößen

$$a = 20 \lg \frac{U_1}{U_2} = 20 \lg \frac{I_1}{I_2}$$

P_2, I_2, U_2 = Ausgangsgrößen

In der Fernmeldetechnik benutzt man vorwiegend als Dämpfungsmaß „Neper".

$$a = \ln \frac{U_1}{U_2} = - \ln \frac{U_2}{U_1}$$

a = Dämpfungsfaktor in Neper

$1\,\text{dB} = 0,1151\,\text{Np}\,;\quad 1\,\text{Np} = 8,686\,\text{dB}$

Durch die Umrechnung in den logarithmischen Maßstab kann man ein Übertragungsmaß in beliebige Summanden zerlegen. Dadurch wird das Umrechnen der dB-Werte in entsprechende Verhältnisse sehr einfach. Man muß nur beachten, daß die Verhältniszahlen dann multipliziert werden müssen.

Um einen groben Überblick zu bekommen, ohne gleich zu rechnen, sollte man sich folgende Spannungs- und Stromverhältnisse merken **(Tabell 25.1)** oder das Nomogramm **(Bild 25.2)** benutzen.

Tabelle 25.1: Spannungs- und Stromwerte in dB		
dB	Faktor für v.	für a
3	1,414	0,707
6	2	0,5
10	3,13	0,33
12	4	0,25
20	10	0,1
26	20	0,05
40	100	0,01
60	1000	0,001
80	10000	0,0001

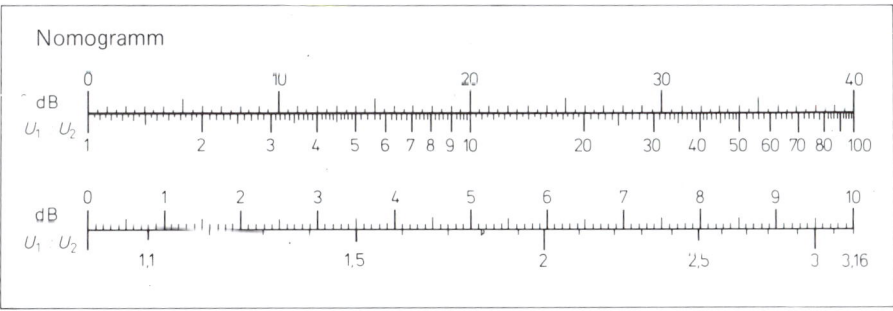

Bild 25.2
dB-Nomogramm

Beispiel:

Wie groß ist der Faktor für 46 dB?

Lösung:

Man kann entweder über die Formel das Ergebnis errechnen oder einfacher:

$$46\ dB = 40\ dB + 6\ dB$$
$$40\ dB = 100$$
$$6\ dB = 2$$

so rechnet man: $100 \cdot 2 = 200$

der Faktor ist: $46\ dB = 200$

also bei Verstärkung: 200fach

bei Dämpfung: 1/200

Beispiele:

1. Wird ein Verstärker mit 23 mV angesteuert, so steht am Ausgang ein Signal von 4,7 V. Berechnen Sie die Verstärkung in dB.

Lösung:

$$v = 20\ \lg\ \frac{U_2}{U_1} = 20\ \lg\ \frac{4{,}7\ V}{23\ mV} = 46{,}207\ dB$$

Eingabe:

| 4.7 | ÷ | 23 | EE | 3 | +/− | = | log | x | 20 | = |

Anzeige: 4.6207 01

2. Ein Verstärker hat eine Verstärkung von 38 dB. Wie groß muß das Eingangssignal sein, wenn am Ausgang 2 V stehen soll?

Lösung:

$$\frac{38}{20} = 1{,}9 \rightarrow 10^{1,9} = 79{,}432823;\ U_1 = \frac{2\ V}{79{,}432823} = 0{,}0251785\ V$$

Eingabe:

| 38 | ÷ | 20 | = | 10^x | STO | 2 | ÷ | RCL | = |

Anzeige: 0.025 1785

Merke: Die Umkehrung vom log ist 10^x

3. Am Eingang einer Leitung steht eine Spannung von 260 mV, am Ende der Leitung ist diese Spannung auf 86 mV abgesunken. Berechnen Sie die Dämpfung in Neper!

Lösung: *Eingabe:*

$$a = \ln\ \frac{U_1}{U_2} = \ln\ \frac{260\ mV}{86\ mV}$$

| 260 | EE | 3 | +/− | ÷ | 86 | EE | 3 | +/− | = | ln x |

$$a = 1{,}1063\ Np$$

Anzeige: 1.1063

4. Ein Kabel hat eine Dämpfung von 2,7 Np. Wie groß ist das Ausgangssignal, wenn am Eingang 2,7 V stehen?

Lösung: *Eingabe:*

$$U_2 = \frac{U_1}{e^a} = \frac{2{,}7\ V}{e^{2,7}} = 0{,}1814549$$

| 2.7 | ÷ | 2.7 | e^x | = |

Anzeige: 0.1814549

25.1.2 Absoluter Pegel

In der Antennen-, Nf- und Fernsprechtechnik bezieht man die Dezibel-Rechnung auf eine Bezugsspannung. Damit gilt dann:

$$n_u = 20 \lg \frac{U}{U_0}$$

n_u = Spannungspegel in dB
U = Meßspannung in V
U_0 = Bezugsspannung in V

So wird der **absolute Pegel** auf $P = 1$ mW an $R = 600\ \Omega$ bezogen, also auf $U_0 = 0{,}775$ V.

Absoluter Pegel:

$$p_a = 20 \lg \frac{U}{0{,}775\ V}$$

In der **Antennentechnik** bezieht man sich dagegen auf $U_0 = 1\ \mu V$ an $75\ \Omega$

$$p \text{ in } dB\ \mu V = 20 \lg \frac{U}{1\ \mu V}$$

Aufgaben:

1. Am Eingang eines Siebgliedes liegt eine Eingangsspannung von 3,2 V, am Ausgang steht eine Spannung von 0,7 V zur Verfügung. Wie groß ist die Dämpfung in dB?

2. Mit einem Dipol empfängt man eine Spannung von 200 µV. Benutzt man eine Yagi-Antenne, so erhöht sich die Empfangsspannung auf 2 mV. Wie groß sind a) die Pegel; b) der Antennengewinn?

3. Ein Kabel hat eine Dämpfung von 7 dB pro 100 m bei 100 MHz. 28 m von diesem Kabel werden als Antennenableitung benutzt. An der Antenne liegt eine Spannung von 800 µV. Wie groß ist das Ausgangssignal am Ende des Kabels, wenn keine weiteren Dämpfungsglieder vorhanden sind?

4. Ein Verstärker liefert 52 V Ausgangsspannung bei 20 µV Eingangsspannung. Wie hoch sind a) die absoluten Pegel, b) die Verstärkung?

5. An einem Dämpfungsglied ist die Eingangsspannung 83 V und die Ausgangsspannung 0,3 V. Welche Dämpfung in dB hat dieses Glied?

6. Ein Verstärker hat 36 dB Verstärkung. Wie groß muß das Eingangssignal gemacht werden, um ein Ausgangssignal von 18 V zu erreichen?

7. Ein Meßsender erzeugt 1 V Ausgangsspannung und soll um 106 dB abgeschwächt werden. Wie groß ist das Ausgangssignal?

8. Auf ein 80 m langes Kabel werden 0,6 V gegeben. Dieses Kabel hat eine Dämpfung von 15 Np/km. Wie groß ist das Ausgangssignal?

9. Auf ein 130 m langes Kabel werden 0,8 V gegeben, und am Ausgang wird eine Spannung von 0,1 V gemessen. Welche Dämpfung in Np/km hat dieses Kabel?

10. Eine Antenne hat einen Gewinn von 9 dB. Das angeschlossene Kabel hat eine Dämpfung von 5 dB. Wie groß ist das Ausgangssignal am Ende des Kabels, wenn mit einem Dipol 53,979 dB µV auf dem Dach gemessen wurde?

Mathematische Zeichen (DIN 1302/8.80)

Zeichen	Bedeutung	Beispiel	Zeichen	Bedeutung	Beispiel
	Gleichungen			**Logarithmen**	
$=$	gleich	$x = a$	log	allgemeiner Logarithmus	
$\neq$	ungleich, nicht gleich	$x \neq b$			
$>$	größer als	$x > c$	$\log_a$	Logarithmus zur Basis a	$\log_3 81 = 4$
$\gg$	groß gegen	$x \gg d$			
$<$	kleiner als	$x < e$	lg	Zehnerlogarithmus (dekadischer Logarithmus)	$\lg x = \log_{10} x$
$\ll$	klein gegen	$x \ll f$			$\lg 2 = 0{,}30103\ldots$
$\geqq$	größer oder gleich mindestens gleich	$x \geqq g$	ln	natürlicher Logarithmus	$\ln x = \log_e x$
$\leqq$	kleiner oder gleich höchstens gleich	$x \leqq h$			$\ln 2 = 0{,}693\ldots$
$\triangleq$	entspricht	$1\,\text{cm} \triangleq 5\,\text{N}$	lb	Zweierlogarithmus	$\text{lb}\,x = \log_2 x$
$\sim$	proportional	$U \sim R$			$\text{lb}\,8 = 3$
$\approx$	angenähert gleich, etwa, rund	$2{,}98 \approx 3$			
	Rechenoperationen			**Geometrie**	
$+$	plus	$x + a$	$\parallel$	parallel	$g \parallel b$
$-$	minus	$x - a$	$\perp$	rechtwinkelig zu; senkrecht auf	$a \perp b$
$\cdot$ (x)	mal [bei Taschenrechnern $\boxed{\text{x}}$]	$x \cdot a$ oder xa	$\sphericalangle$	Winkel	$\sphericalangle (a, b)$
$-/:$	durch, geteilt durch [bei Taschenrechnern $\boxed{\div}$]	$\dfrac{x}{a}$ oder x/a oder $x : a$	$\overline{PA}$	Strecke PA	$\overline{PA}$
			$\triangle$	Dreieck	$\triangle\,(ABC)$
%	Prozent, vom Hundert	$5\,\% = \dfrac{5}{100} = 5 \cdot 10^{-2}$	$\odot$	Kreis	$\odot\,(P, r)$
‰	Promille, vom Tausend	$3\,‰ = \dfrac{3}{1000} = 3 \cdot 10^{-3}$	$\cong$	Kongruent (deckungsgleich)	$\triangle\,ABC \cong \triangle\,EFG$
( ); [ ]; { }	runde, eckige, geschweifte Klammern	$\{b - [a\,(x - y)]\}$		**Logik, Schaltalgebra**	
Σ	Summe	$\displaystyle\sum_{i=1}^{n} x_i$	$\neg A;\ \overline{A}$	Negation NICHT A (not A)	$\overline{A \wedge B} = \overline{A} \vee \overline{B}$
	Summe über x; von i gleich 1 bis n		$\wedge$	Konjunktion, UND (AND)	$A \wedge B$
	$\displaystyle\sum_{i=1}^{n} x_i = x_1 + x_2 + \ldots + x_n$		$\vee$	Disjunktion, ODER (OR)	$A \vee B$
			$\overline{\wedge}$	NICHT UND (NAND)	$\overline{A \wedge B} = \overline{A \wedge B}$
π	Produkt 1 bis n	$\displaystyle\prod_{i=1}^{n} x_i$	$\overline{\vee}$	NICHT ODER (NOR)	$\overline{A \vee B} = \overline{A \vee B}$
	Produkt über x; von i gleich 1 bis n			**Mengenlehre**	
	$\displaystyle\prod_{i=1}^{n} x_i = x_1 \cdot x_2 \cdot \ldots \cdot x_n$		$\in$	Element von	$a \in M$; a ist Element von M
Δ	Differenz	$\Delta R = R_1 - R_2$	$\notin$	kein Element von	$4 \notin \{1,2,3\}$, $a \notin M = - a \in M$
$\vert a \vert$	Betrag von a	$\vert 3 \vert = 3; \vert -5 \vert = 5$	$\subset$	Teilmenge	$M_1 \subset M_2$
n!	n Fakultät	$n! = 1 \cdot 2 \cdot 3 \cdot \ldots \cdot n$ $4! = 24$	$\cup$	Vereinigungsmenge	$\{1,2\} \cup \{3,4\} = \{1,2,3,4\}$
a^x	allgemeine Exponentialfunktion	a^b (a hoch b)	$\cap$	Schnittmenge, Durchschnitt	$\{1,2,3\} \cap \{2,3,4,5\} = \{2,3\}$
e^x	Exponentialfunktion	$e^x = \exp x$	$\setminus$	Differenzmenge	$a \setminus b$: a ohne b
$\sqrt{}$	Quadratwurzel	$\sqrt{9} = 3$	$\Rightarrow$	daraus folgt	$a \cdot b = c \Rightarrow a = c/b$
$\sqrt[n]{}$	n-te Wurzel aus	$\sqrt[4]{16} = 2$			

25.3 Griechisches Alphabet

Benennung	Groß-buchstabe	Klein-buchstabe	Benennung	Groß-buchstabe	Klein-buchstabe
Alpha	A	α	Ny	N	ν
Beta	B	β	Xi	Ξ	ξ
Gamma	Γ	γ	Omikron	O	o
Delta	Δ	δ	Pi	Π	π
Epsilon	E	ε	Rho	P	ρ
Zeta	Z	ζ	Sigma	Σ	$\sigma \varsigma$
Eta	H	η	Tau	T	τ
Theta	Θ	ϑ	Ypsilon	Y	υ
Jota	I	ι	Phi	Φ	φ
Kappa	K	$\varkappa$	Chi	X	χ
Lambda	Λ	λ	Psi	Ψ	ψ
My	M	μ	Omega	Ω	ω

25.4 Einige wichtige Konstanten

	Symbol	Zahlenwerte
Boltzmann-Konstante	k	$1{,}38 \cdot 10^{-23}$ Ws/K
Lichtgeschwindigkeit	c_0	$2{,}998 \cdot 10^{8}$ m/s
abs. Dielektrizitätskonstante	ϵ_0	$8{,}859 \cdot 10^{-12}$ As/Vm
Permeabilität des Vakuums	μ_0	$1{,}257 \cdot 10^{-6}$ Vs/Am
Elektronenladung	e	$1{,}602 \cdot 10^{-19}$ As
Ruhemasse des Elektrons	m_0	$9{,}106 \cdot 10^{-28}$ g
Ruhemasse des Protons	M_0	$1{,}672 \cdot 10^{-24}$ g
Erdbeschleunigung	g	$9{,}81$ m/s^2

25.5 Gesetzliche Einheiten

25.5.1 Basisgrößen und Basiseinheiten

Basisgröße	Formelzeichen	SI-Basis-einheit	Einheiten-kurzzeichen
Länge	l	Meter	m
Masse	m	Kilogramm	kg
Zeit	T	Sekunde	s
elektrische Stromstärke	I	Ampere	A
thermodynamische Temperatur	T	Kelvin	A
Stoffmenge	n	Mol	mol
Lichtstärke	I	Candela	cd

25.5.2 Abgeleitete MKSA-Einheiten aus der Elektrotechnik

Größe	Formel-zeichen	Einheit	Einheiten-kurzzeichen	Beziehung zur Grundeinheit
Spannung	U	Volt	V	$1\,\text{V} = 1\,\dfrac{\text{m}^2 \cdot \text{kg}}{\text{A} \cdot \text{s}^3} =$ $= 1\,\dfrac{\text{Nm}}{\text{As}}$
Widerstand	R	Ohm	Ω	$1\,\Omega = 1\,\text{V/A}$
Leitwert	G	Siemens	S	$1\,\text{S} = 1\,\text{A/V} = 1/\Omega$
Leistung	P	Watt	W	$1\,\text{W} = 1\,\text{VA} = 1\,\text{Nm/s}$
Arbeit	W	Wattsekunde	Ws	$1\,\text{Ws} = 1\,\text{VAs} = 1\,\text{Nm}$ $= 1\,\text{Nm/s}$
elektr. Ladung	Q	Coulomb	C	$1\,\text{C} = 1\,\text{A} \cdot \text{s}$
Kapazität	C	Farad	F	$1\,\text{F} = 1\,\dfrac{\text{A} \cdot \text{s}}{\text{V}}$
Induktivität	L	Henry	H	$1\,\text{H} = 1\,\dfrac{\text{V} \cdot \text{s}}{\text{A}}$
magn. Flußdichte	B	Tesla	T	$1\,\text{T} = 1\,\dfrac{\text{V} \cdot \text{s}}{\text{m}^2}$
magn. Fluß	Φ	Weber	Wb	$1\,\text{Wb} = 1\,\text{V} \cdot \text{s}$
Frequenz	f	Hertz	Hz	$1\,\text{Hz} = 1/\text{s}$
Geschwindigkeit	v	Meter durch Sekunde	m/s	
Winkel-geschwindigkeit	ω	Radiant durch Sekunde	rad/s	
Beschleunigung	a	Meter durch Sekunde-quadrat	m/s^2	
Kraft	F	Newton	N	$1\,\text{N} = 1\,\text{kg} \cdot \text{m/s}^2$
Druck	P	Pascal Bar	Pa bar	$1\,\text{Pa} = 1\,\text{N/m}^2$ $1\,\text{bar} = 10^5\,\text{N/m}^2$
Arbeit	W	Joule	J	$1\,\text{J} = 1\,\text{Nm} =$ $= 1\,\dfrac{\text{m}^2 \cdot \text{kg}}{\text{s}^2}$ $1\,\text{J} = 1\,\text{W} \cdot \text{s}$
Leistung	P	Watt	W	$1\,\text{W} = 1\,\dfrac{\text{Nm}}{\text{s}} =$ $= 1\,\dfrac{\text{m}^2 \cdot \text{kg}}{\text{s}^3}$

25.6 Werkstoffwerte

Werkstoff	Symbol	Dichte ρ in $\frac{kg}{dm^3}$	Leitfähigkeit κ_{20} in $\frac{m}{\Omega \cdot mm^2}$ (bei 20 °C)	Temperaturbeiwert α in 1/K	spezifische Wärmekapazität C in $\frac{kJ}{kg \cdot K}$	elektrolytische Spannung gegen Wasserstoff in V	elektrochemisches Äquivalent a in mg/As	Schmelzpunkt δ in °C
Aluminium (n. VDE)	Al	2,7	35	$3,9 \cdot 10^{-3}$	0,89	−1,28	$9,34 \cdot 10^{-2}$	660
Blei	Pb	11,3	5	$3,7 \cdot 10^{-3}$	0,13	−0,13	1,07	327
Chrom	Cr	7,1	6,2	$4 \cdot 10^{-3}$	0,46	−0,56	0,178	1920
Eisen	Fe	7,8	10	$4,8 \cdot 10^{-3}$	0,48	−0,44	0,279	1530
Gold	Au	19,3	45	$3,5 \cdot 10^{-3}$	0,13	+ 1,38	0,681	1063
Graphit- u. Retortenkohle	C	1,2÷1,9	0,16÷0,012	$-3 \cdot 10^{-4}$	1,0	+ 0,74		≈3900
Kobalt	Co	8,8	14,3	—	0,43	−0,29	0,204	1490
Kupfer (nach VDE)	Cu	8,9	56	$3,9 \cdot 10^{-3}$	0,385	+ 0,35	0,329	1083
Magnesium	Mg	1,7	22,1	$3,8 \cdot 10^{-3}$	1,02	−1,55	0,125	650
Nickel	Ni	8,8	14,3	$4,2 \cdot 10^{-3}$	0,45	−0,25	0,304	1452
Platin	Pt	21,5	9,5	$2,3 \cdot 10^{-3}$	0,13	+ 0,87	0,506	1770
Quecksilber	Hg	13,6	1,04	$9 \cdot 10^{-4}$	0,14	+ 0,86	1,03	− 38,9
Silber	Ag	10,5	62,5	$3,8 \cdot 10^{-3}$	0,24	+ 0,8	1,118	960
Stahl	St	7,85	7	$5,2 \cdot 10^{-3}$	0,48	—	—	≈ 1400
Zink	Zn	7,2	16,5	$3,9 \cdot 10^{-3}$	0,42	−0,76	0,339	419
Zinn	Sn	7,3	8,3	$4,5 \cdot 10^{-3}$	0,23	−0,15	0,309	230
Selen, metallisch	Se	4,8	$\approx 1 \cdot 10^{-11}$	—	0,377	—	—	220
Silizium	Si	2,33	$\approx 1 \cdot 10^{-15}$	$4,2 \cdot 10^{-6}$	0,71	—	—	1420
Germanium	Ge	5,35	$\approx 1 \cdot 10^{-15}$	$6,1 \cdot 10^{-6}$	0,305	—	—	940
Wasser	H$_2$O	1	—	—	4,1868	≈ 0	0,01045	0
Aldrey (nach VDE)	—	2,7	30	$3,6 \cdot 10^{-3}$	—	—	—	650
Bronzedraht II (n. VDE)	Bz	8,6	36	$4 \cdot 10^{-3}$	0,355	—	—	≈ 900
Hydronalium	—	2,6	12−20	$\sim 3 \cdot 10^{-3}$	—	—	—	—
Elektron (über 90 % Mg)	—	1,8	16	$2,2 \cdot 10^{-3}$	1,0	—	—	—
Messing	Ms	8,3÷8,6	12÷15,6	$1,5 \cdot 10^{-3}$	0,388	—	—	≈ 900
Chromnickel, eisenfrei	WM 100	8,39	0,91	$9 \cdot 10^{-5}$	0,46	—	—	≈ 1400
Chromnickel, mit Eisen	WM 100	8,27	0,92	$1,1 \cdot 10^{-4}$	0,46	—	—	≈ 1390
Konstantan	WM 50	8,89	2	$-3 \cdot 10^{-5}$	0,41	—	—	1270
Manganin	WM 43	8,45	2,32	$\pm 1 \cdot 10^{-5}$	0,405	—	—	960
Nickelin	WM 43	8,8	2,5	$2,3 \cdot 10^{-3}$	0,40	—	—	1180
Neusilber	WM 30	8,71	2,7	$7 \cdot 10^{-3}$	0,40	—	—	1120

Farbkennzeichnung von Widerständen und Kondensatoren

Farbe der Punkte oder Ringe	1. Ring	2. Ring	3. Ring	4. Ring	5. Ring Temperaturbeiwert bei Widerständen	Betriebsspannung bei Kondensatoren
schwarz	0	0	keine Ziffer	–	–	–
braun	1	1	0	$\pm 1\,\%$	$\pm 100 \cdot 10^{-6}/K$	100 V
rot	2	2	00	$\pm 2\,\%$	$\pm 50 \cdot 10^{-6}/K$	200 V
orange	3	3	000	–	–	300 V
gelb	4	4	0000	–	$\pm 25 \cdot 10^{-6}/K$	400 V
grün	5	5	00000	–	–	500 V
blau	6	6	000000	–	–	600 V
violett	7	7	000000	–	–	700 V
grau	8	8	000000	–	–	800 V
weiß	9	9	000000	–	–	900 V
gold	–	–	–	$\pm 5\,\%$	–	1000 V
silber	–	–	–	$\pm 10\,\%$	–	2000 V
ohne Farbe	–	–	–	$\pm 20\,\%$	–	500 V

Die Farbangabe erfolgt in Form von Ringen oder Farbpunkten. Bei Farbpunkten wird die 1. Ziffer durch einen größeren Punkt gekennzeichnet. Bei Farbpunkten in einem Pfeil ist die 1. Ziffer am Pfeilschaftanfang. Die Farbringe bei Kondensatoren für stehenden Einbau werden in Richtung der Anschlüsse gezählt.

25.8 Internationale und DIN-Normreihen

Die internationalen Reihen wie auch die DIN-Reihen sind nach abgerundeten Werten dezimal-geometrischer Reihen abgestuft.
Durch entsprechend festgelegte Toleranz wird bei den internationalen Reihen die ganze Dekade lückenlos überstrichen.

DIN-Reihen

R 5	R 10	R 20
Abstufung: $\sqrt[5]{10}$	$\sqrt[10]{10}$	$\sqrt[20]{10}$
1,00	1,00	1,00 / 1,12
	1,25	1,25 / 1,40
1,60	1,60	1,60 / 1,80
	2,00	2,00 / 2,24
2,50	2,50	2,50 / 2,80
	3,15	3,15 / 3,55
4,00	4,00	4,00 / 4,50
	5,00	5,00 / 5,60
6,30	6,30	6,30 / 7,10
	8,00	8,00 / 9,00
Toleranz: beliebig		

Internationale Reihen

E 6	E 12	E 24
Abstufung: $\sqrt[6]{10}$	$\sqrt[12]{10}$	$\sqrt[24]{10}$
1,0	1,0	1,0 / 1,1
	1,2	1,2 / 1,3
1,5	1,5	1,5 / 1,6
	1,8	1,8 / 2,0
2,2	2,2	2,2 / 2,4
	2,7	2,7 / 3,0
3,3	3,3	3,3 / 3,6
	3,9	3,9 / 4,3
4,7	4,7	4,7 / 5,1
	5,6	5,6 / 6,2
6,8	6,8	6,8 / 7,5
	8,2	8,2 / 9,1
Toleranz: $\pm 20\%$	$\pm 10\%$	$\pm 5\%$

Bezeichnungsschema für Halbleiterbauelemente

1. Für Typen, die vorwiegend in Rundfunk-, Fernseh- und Magnettongeräten verwendet werden, besteht die Typenbezeichnung aus:

2 Buchstaben und 3 Ziffern

2. Für Typen, die vorwiegend für andere Aufgaben als unter 1. angegeben, also vornehmlich für kommerzielle Zwecke, eingesetzt werden, besteht die Typenbezeichnung aus:

3 Buchstaben und 2 Ziffern

Bedeutung des ersten Buchstabens: Halbleiterwerkstoff

A . . . Ausgangsmaterial Germanium
B . . . Ausgangsmaterial Silizium
C . . . III-V-Material, z. B. Gallium-Arsenid

D . . . Indium-Antimonid u. a.
R . . . Halbleitermaterial für Fotohalbleiter und Hallgeneratoren

Bedeutung des zweiten Buchstabens: Anwendungsgebiet

A . . . Diode
B . . . Diode mit veränderbarer Sperrschichtkapazität
C . . . Nf-Transistor ($R_{thJG} > 15$ K/W)
D . . . Nf-Leistungstransistor ($R_{thJG} < 15$ K/W)
E . . . Tunneldiode
F . . . Hf-Transistor ($R_{thJG} > 15$ K/W)
G . . . Multichips etc.
H . . . Hall-Feldsonde
K . . . Hallgenerator im magnetisch offenen Kreis
L . . . Hf-Leistungstransistor ($R_{thJG} < 15$ K/W)

M . . . Hallgenerator im magnetisch geschlossenen Kreis
N . . . Optokoppler
P . . . Strahlungsempfindliches Bauelement (z. B. Fotoelement)
Q . . . Strahlungserzeugendes Bauelement (z. B. Lumineszensdiode)
R . . . Steuerbarer Gleichrichter
S . . . Schalttransistor ($R_{thJG} > 15$ K/W)
T . . . Steuerbarer Leistungsgleichrichter
U . . . Leistungs-Schalttransistor ($R_{thJG} < 15$ K/W)
X . . . Vervielfacher-Diode
Y . . . Leistungsdiode
Z . . . Z-Diode

Bedeutung des dritten Buchstabens

Die Buchstaben (z. B. W, X, Y, Z) kennzeichnen nur sogenannte Industrie-Typen. Sie haben keine weitere Bedeutung.

Bedeutung der Ziffern

Die den Buchstaben folgenden Ziffern haben nur die Bedeutung einer laufenden Kennzeichnung. Sie beinhalten also keine technische Aussage.

In den Datenbüchern der Hersteller findet man zu den Halbleiter-Bauelementen Grenzdaten und Kenndaten.

Grenzdaten

Die in den Datenblättern angegebenen Grenzdaten sind absolute Grenzwerte. Wird einer dieser Grenzwerte überschritten, so kann dies zur Zerstörung des Halbleiter-Bauelementes führen. Grenzdaten gelten, wenn nicht anders angegeben, für 25 °C.

Kenndaten

Kenndaten sind Eigenschaften des Halbleiter-Bauelementes, die das Verhalten bei bestimmten Arbeitspunkten kennzeichnen.

Statische Kenndaten beschreiben das Gleichstromverhalten, dynamische Kenndaten das Verhalten bei Wechselstrom- oder Impulsbetrieb.

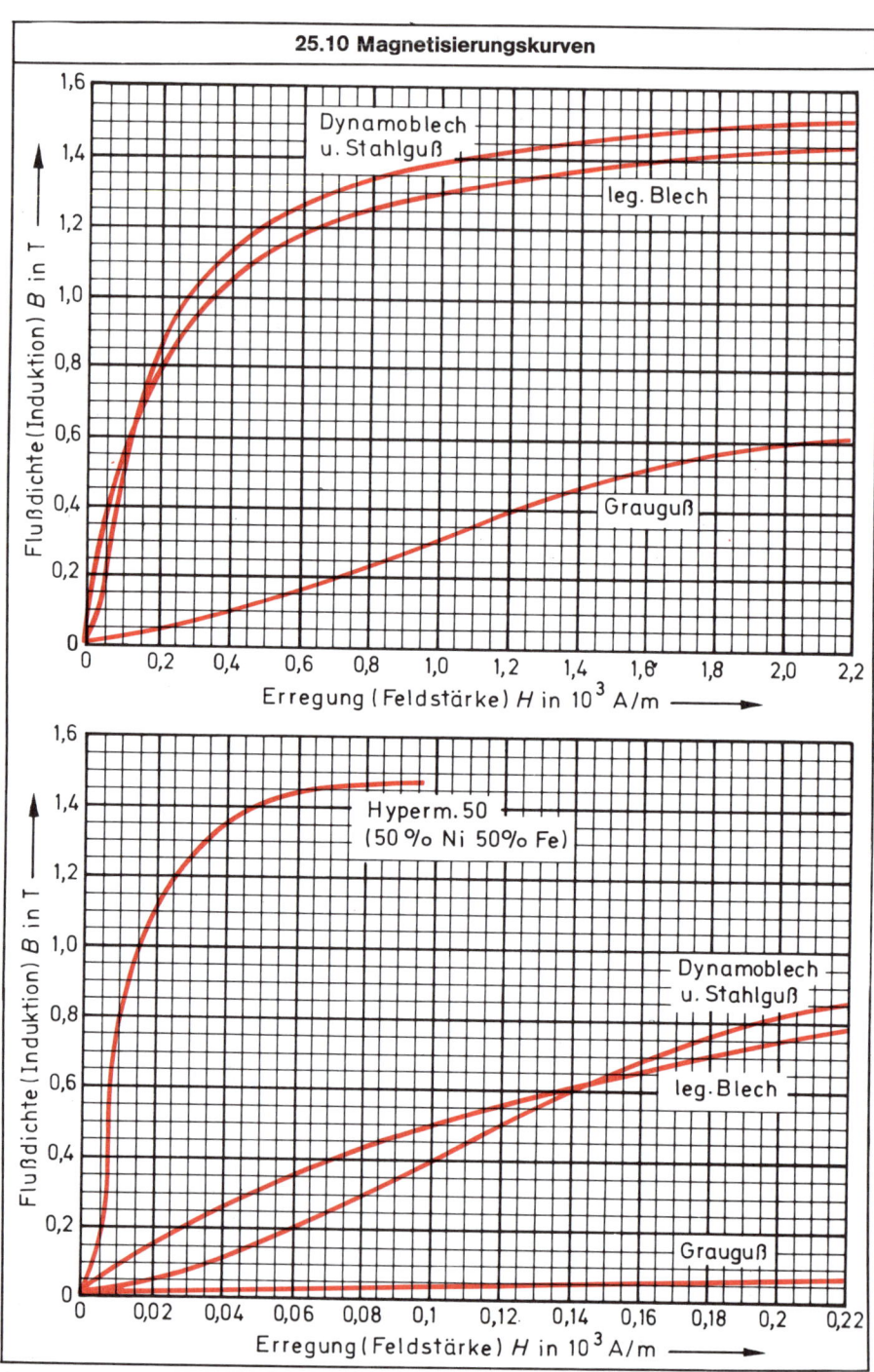

25.10 Magnetisierungskurven

(Oberes Diagramm) Flußdichte (Induktion) B in T — Erregung (Feldstärke) H in 10^3 A/m

- Dynamoblech u. Stahlguß
- leg. Blech
- Grauguß

(Unteres Diagramm) Flußdichte (Induktion) B in T — Erregung (Feldstärke) H in 10^3 A/m

- Hyperm. 50 (50 % Ni 50 % Fe)
- Dynamoblech u. Stahlguß
- leg. Blech
- Grauguß

Germanium-Spitzendiode AA 116

Grenzdaten

für eine Umgebungstemperatur von	T_U	25	60	°C
Sperrspannung	U_R	20	20	V
Spitzensperrspannung	U_{RM}	30	30	V
Richtstrom ($U_R = 0$ V)	I_0	30	16	mA
Richtstrom (bei U_{RM})	I_0	24	12	mA
Spitzenstrom	i_{FM}	45	45	mA
Stoßstrom	i_{FS}	200	200	mA
Umgebungstemperatur	T_U	− 55 bis + 75	− 55 bis + 75	°C

Dynamische Kenndaten ($T_U = 25°C$)

f	40	40	40	30	MHz
U_{HFM}	0,5	1,4	5	5	V
R_L	3	3	3	4	kΩ
C_L	10	10	10	10	pF
ηu	34	54	63	≧ 63	%
R_d	3,5	2,8	2,4	≧ 2,9	kΩ

Statische Kenndaten ($T_U = 25°C$)

Durchlaßspannung ($I_F = 0,1$ mA)	U_F	0,18	V
Durchlaßspannung ($I_F = 10$ mA)	U_F	1,0	V
Sperrstrom ($U_R = 1,5$ V)	I_R	2,4	µA
Sperrstrom ($U_R = 10$ V)	I_R	20	µA

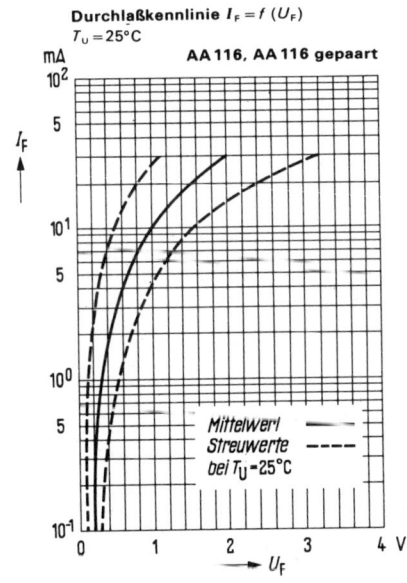

Durchlaßkennlinie $I_F = f(U_F)$
$T_U = 25°C$
AA 116, AA 116 gepaart
Mittelwert ——
Streuwerte ----
bei $T_U = 25°C$

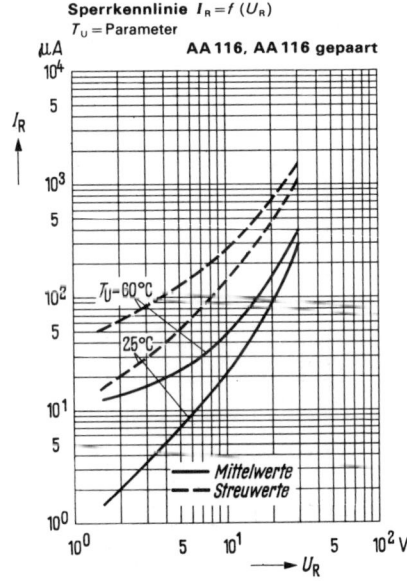

Sperrkennlinie $I_R = f(U_R)$
T_U = Parameter
AA 116, AA 116 gepaart
$T_U = 60°C$
$25°C$
Mittelwerte ——
Streuwerte ----

Silizium-Schaltdioden

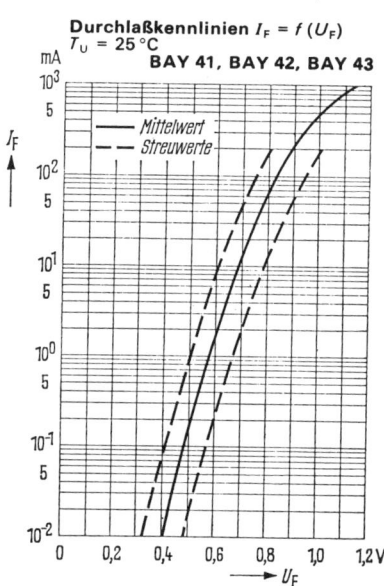

Kathode   mind. Lötabstand
ϕ 0,55
30$_{-1}$ — 7,3 max.
64±1,5
2,6 max.

Grenzdaten ($T_U = 25\,°C$)		BAY 41	BAY 42	BAY 43	
Sperrspannung	U_R	40	60	80	V
Spitzensperrspannung	U_{RM}	40	60	80	V
Durchlaßstrom	I_F		225		mA
Spitzenstrom	i_{FM}		600		mA
Spitzenstrom ($T_U = 60\,°C$)	i_{FM}		300		mA
Stoßstrom	i_{FS}		1000		mA
Stoßstrom ($T_U = 60\,°C$)	i_{FS}		500		mA
Sperrschichttemperatur	T_J		175		°C
Umgebungstemperatur	T_U		-65 bis $+175$		°C
Verlustleistung ($T_U = 25\,°C$; $L = 30$ mm)	P_{tot}		250		mW
Wärmewiderstand ($L = 4$ mm)[2]	R_{thJU}		<380		K/W

Statische Kenndaten ($T_U = 25\,°C$)			
Durchlaßspannung ($I_F = 200$ mA)	U_F	$0,93\ (<1)°$	V
Durchlaßspannung			
($I_F = 200$ mA; $T_U = 100\,°C$)	U_F	0,85	V
Sperrstrom bei $U_R/2$	I_R	<50	nA
Sperrstrom bei U_R	I_R	$0,1\ (<5)$	µA
Sperrstrom bei U_R ($T_U = 100\,°C$)	I_R	$6\ (<30)$	µA

Dynamische Kenndaten			
Kapazität ($U_R = 0$ V)	C_0	$2\ (<5)$	pF
Schaltzeit [1]	t_{rr}	$10\ (<15)$	ns

Sperrstrom $I_R = f(T_U)$
µA U_R = Parameter   **BAY 43**
I_R
$U_R = 80$ V
$U_R = 80$ V $U_R = 40$ V
—— Mittelwert
--- Streuwert
0   50   100   150°C
$\longrightarrow T_U$

Durchlaßkennlinien $I_F = f(U_F)$
$T_U = 25\,°C$
mA   **BAY 41, BAY 42, BAY 43**
I_F
—— Mittelwert
--- Streuwerte
0   0,2   0,4   0,6   0,8   1,0   1,2 V
$\longrightarrow U_F$

Silizium-Schaltdioden

Sperrkennlinien $I_R = f(U_R)$
T_U = Parameter **BAY 43**

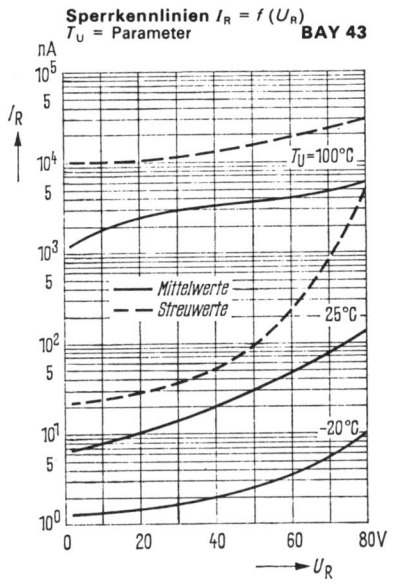

Zulässige Impulsbelastbarkeit
$I_F = f(t)$; ν = Parameter; $T_U = 25\,°C$

BAY 41, BAY 42, BAY 43

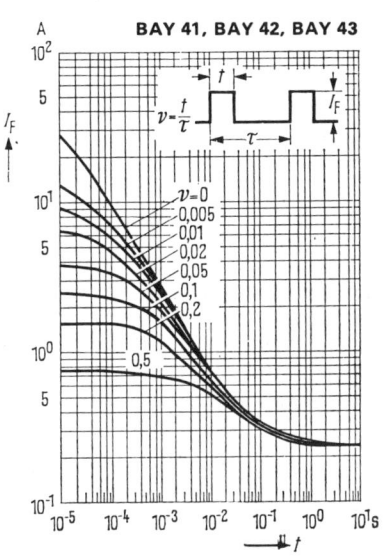

Sperrschichtkapazität $C_j = f(U_R)$
BAY 41, BAY 42, BAY 43

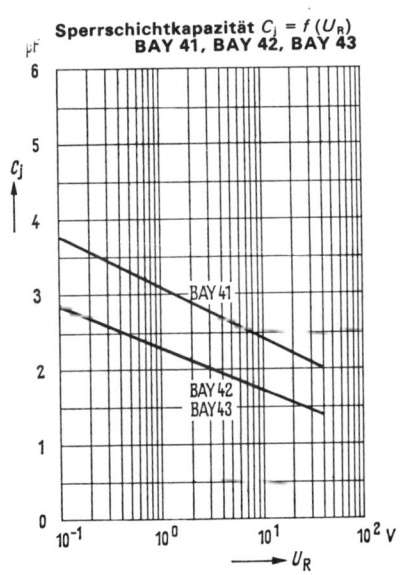

Max. zulässiger Durchlaßstrom
$I_F = f(T_L)$
L = Lötabstand vom Gehäuse
T_L = Lötstellentemperatur
BAY 41, BAY 42, BAY 43

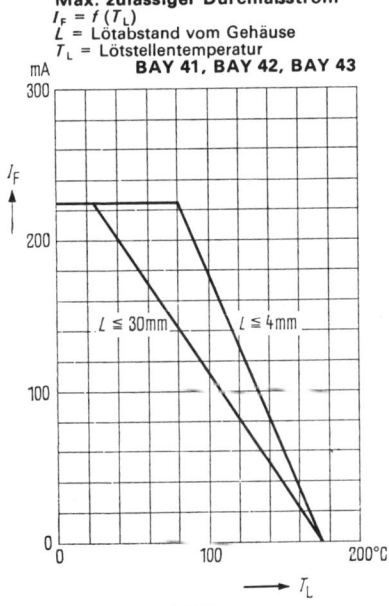

1) gemessen beim Schalten von $I_F = 200$ mA auf $I_R = 200$ mA bis zur Erholung auf 10% von I_R
2) Dieser Wert gilt bei einem 4-mm-Lötabstand vom Gehäuse
* AQL = 0,65%

Silizium-Epitaxial-Planar-Z-Dioden BZX 55/C...

Absolute Grenzdaten bei $T_U = 25\,°C$

Verlustleistung	P_v	$= 500\,mW$
Z-Strom	I_z	$= \frac{P_v}{U_z}\,mA$
Sperrschichttemperatur	T_j	$= 175\,°C$
Wärmewiderstand	R_{thJU}	$= 300\,K/W$

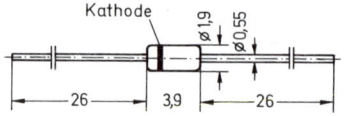

Typ	U_z bei $I_z=5mA$ [V]	TK [10^{-4}/K max]	r_z Ω	I_R bei U_R $T_j = 175\,°C$ [µA]	U_R [V]
BZX 55/C 2 V 4	2,4	– 9	< 85	< 50	1
BZX 55/C 2 V 7	2,7	– 9	< 85	< 50	1
BZX 55/C 3 V 0	3,0	– 8	< 85	< 40	1
BZX 55/C 3 V 3	3,3	– 8	< 85	< 40	1
BZX 55/C 3 V 6	3,6	– 8	< 85	< 40	1
BZX 55/C 3 V 9	3,9	– 8	< 85	< 40	1
BZX 55/C 4 V 3	4,3	– 6	< 75	< 20	1
BZX 55/C 4 V 7	4,7	– 5	< 60	< 10	1
BZX 55/C 5 V 1	5,1	– 2	< 35	< 2	1
BZX 55/C 5 V 6	5,6	– 0,5	< 25	< 2	1
BZX 55/C 6 V 2	6,2	6	< 10	< 2	2
BZX 55/C 6 V 8	6,8	7	< 8	< 2	3
BZX 55/C 7 V 5	7,5	7	< 7	< 2	5
BZX 55/C 8 V 2	8,2	8	< 7	< 2	6
BZX 55/C 9 V 1	9,1	9	< 10	< 2	7
BZX 55/C 10	10	10	< 15	< 2	7,5
BZX 55/C 11	11	11	< 20	< 2	8,5
BZX 55/C 12	12	11	< 20	< 2	9
BZX 55/C 13	13	11	< 26	< 2	10
BZX 55/C 15	15	11	< 30	< 2	11
BZX 55/C 16	16	11	< 40	< 2	12
BZX 55/C 18	18	11	< 50	< 2	14
BZX 55/C 20	20	11	< 55	< 2	15
BZX 55/C 22	22	12	< 55	< 2	17
BZX 55/C 24	24	12	< 80	< 2	18
BZX 55/C 27	27	12	< 80	< 2	20
BZX 55/C 30	30	12	< 80	< 2	22
BZX 55/C 33	33	12	< 80	< 2	24
BZX 55/C 36	36	12	< 80	< 2	27
BZX 55/C 39	39	12	< 90	< 2	28
BZX 55/C 43	43	12	< 90 ⎫	< 2	32
BZX 55/C 47	47	12	< 110	< 2	35
BZX 55/C 51	51	12	< 125 ⎬ bei I_z	< 2	38
BZX 55/C 56	56	12	< 135 ⎪ 2,5	< 2	48
BZX 55/C 62	62	12	< 150 ⎭ mA	< 2	47
BZX 55/C 68	68	12	< 170 ⎫	< 2	51
BZX 55/C 75	75	12	< 200 ⎭	< 2	56

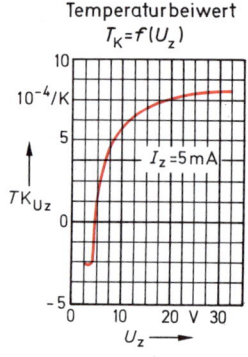

Temperaturbeiwert
$T_K = f(U_z)$

Z-Bereich-Kennlinien

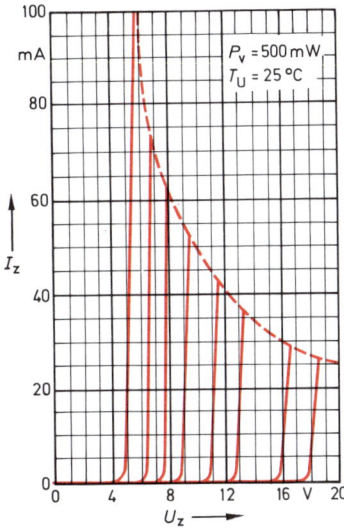

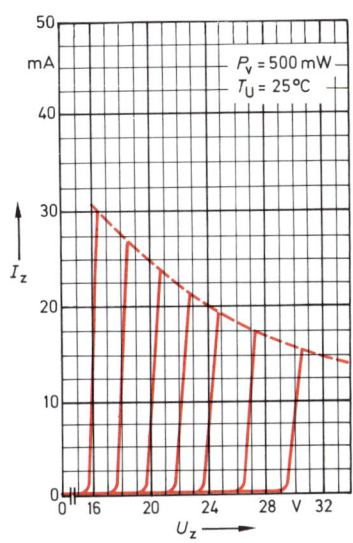

Durchlaßkennlinie $I_F = f(U_F)$

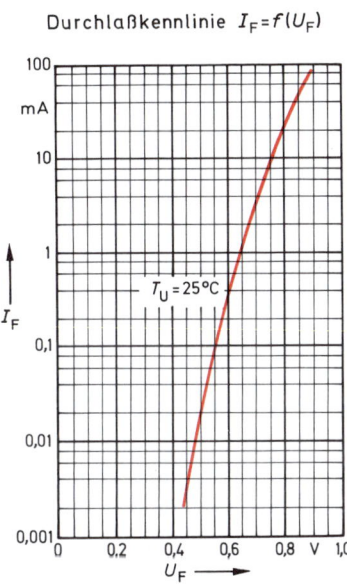

Differentieller Widerstand $r_z = f(U_z)$

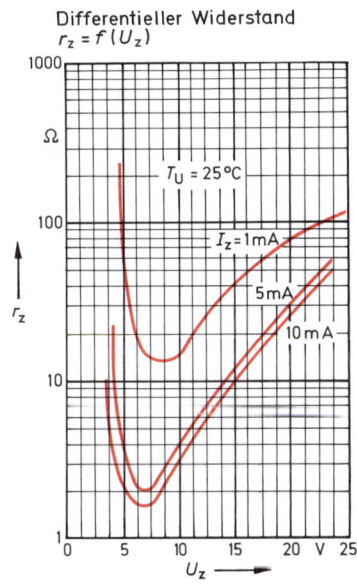

Silizium - Kapazitätsdioden BB 105 A, BB 105 B, BB 105 G

BB 105 A BB 105 B und BB 105 G sind doppeldiffundierte epitaktische Silizium-Kapazitätsdioden in Planartechnik mit Kunststoffumhüllung (SOD-23). Sie eignen sich besonders zur Verwendung als Abstimmdioden in Fernseh-Kanalwählern.
Die Kathode ist durch einen weißen Farbstrich gekennzeichnet.

BB 105 A für UHF-Kanalwähler bis 790 MHz
BB 105 B für UHF-Kanalwähler bis 860 MHz
BB 105 G für VHF-Kanalwähler, ist durch einen zusätzlichen grünen Farbstrich gekennzeichnet.

Grenzdaten

		BB 105 A	BB 105 B	BB 105 G	
Sperrspannung	U_R	28	28	28	V
Sperrspannung Scheitelwert	U_{RM}	30	30	30	V
Umgebungstemperatur	T_U		-55 bis +100		°C

Kenndaten (T_U = 25 °C)

		BB 105 A	BB 105 B	BB 105 G	
Sperrstrom (U_R = 28V; T_U = 25 °C)	I_R	≦ 50	≦ 50	≦ 50	nA
Sperrstrom (U_R = 28 V; T_U = 60°C)	I_R	≦ 0,5	≦ 0,5	≦ 0,5	µA
Kapazität (U_R = 1 V; f = 500 kHz)	C_D	17	17,5	17,5	pF
Kapazität (U_R = 3 V; f = 500 kHz)	C_D	11,5	11,5	11,5	pF
Kapazität (U_R = 25V; f = 500 kHz)	C_D	2,3 bis 2,8	2,0 bis 2,3	1,8 bis 2,8	pF
Kapazitätsverhältnis (f = 500 kHz)	$\dfrac{C_{D3V}}{C_{D25V}}$	4 bis 5	4,5 bis 6	4 bis 6	-
Serienwiderstand (f = 470 MHz; C_D = 9 pF)	R_s	0,6 (≦0,8)	0,7 (≦0,8)	0,9 (≦1,2)	Ω

Temperaturabhängigkeit der Sperrschichtkapazität
$$\frac{C_D(T_U)}{C_D(25°C)} = f(T_U)$$

Spannungsabhängigkeit der Sperrschichtkapazität $C_D = f(U_R)$
f = 500 kHz ; T_U = 25°C

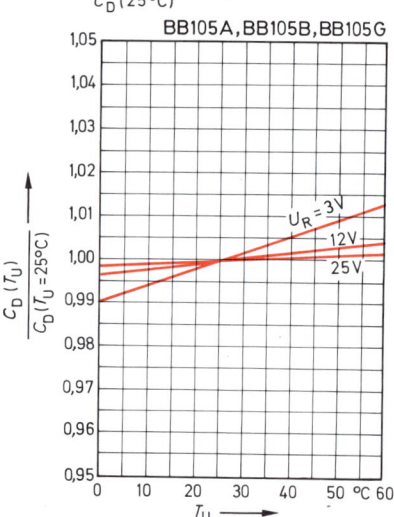

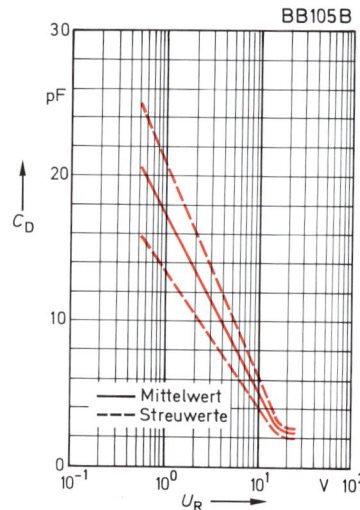

Lumineszenzdioden (LED) CQX 35, CQX 39, CQX 36, CQX 37

CQX 35 : rotleuchtend aus GaAsP
CQX 39 : orangerotleuchtend aus GaAsP auf GaP
CQX 36 : grünleuchtend aus GaP
CQX 37 : gelbleuchtend aus GaAsP

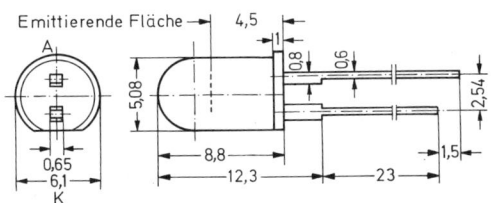

Absolute Grenzdaten

Sperrspannung		U_R =	5 V
Durchlaßstrom	CQX 35	I_F	50 mA
	CQX39 CQX36 CQX 37	I_F	30 mA
Verlustleistung		P_V =	100 mW
Sperrschichttemperatur		T_j =	100 °C

Wärmewiderstand

Sperrschicht - Umgebung	R_{thJU} =	350 K/W

Optische und elektrische Kenngrößen (T_U = 25 °C)

Lichtstärke

I_F = 10 mA	Gruppe A	CQX 39	I_v	6,0	mcd
	Gruppe B	CQX 39	I_v	16	mcd
I_F = 20 mA	Gruppe A CQX 35, CQX 36, CQX 37		I_v	5,0	mcd
		CQX 39	I_v	15	mcd
	Gruppe B	CQX 35	I_v	8,0	mcd
		CQX 39			
		CQX 36			
		CQX 37	I_v	30	mcd

Durchlaßspannung

I_F = 10 mA	CQX 39	U_F	2,0	V
I_F = 20 mA	CQX 35	U_F	1,6	V
	CQX 39	U_F	2,2	V
	CQX 36	U_F	2,7	V
	CQX 37	U_F	2,4	V

Relative spektrale Emission

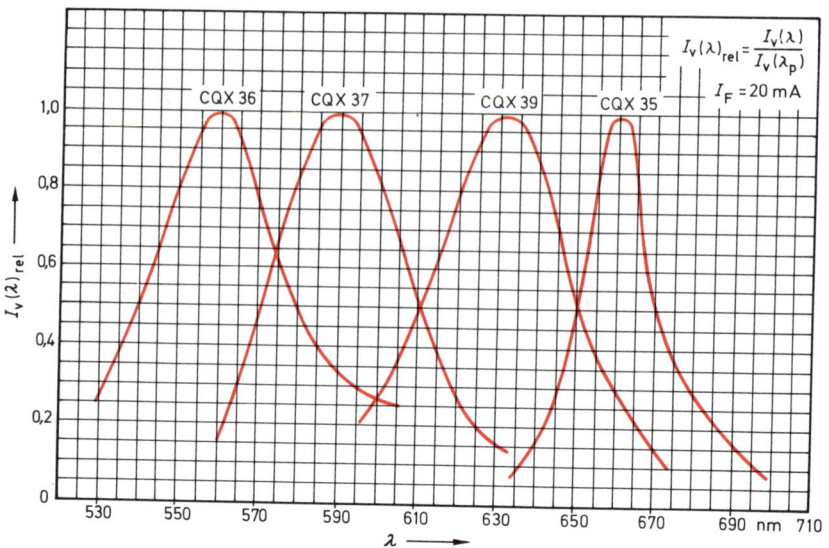

$$I_v(\lambda)_{rel} = \frac{I_v(\lambda)}{I_v(\lambda_p)}$$

$$I_F = 20\,\text{mA}$$

Abstrahlungscharakteristik

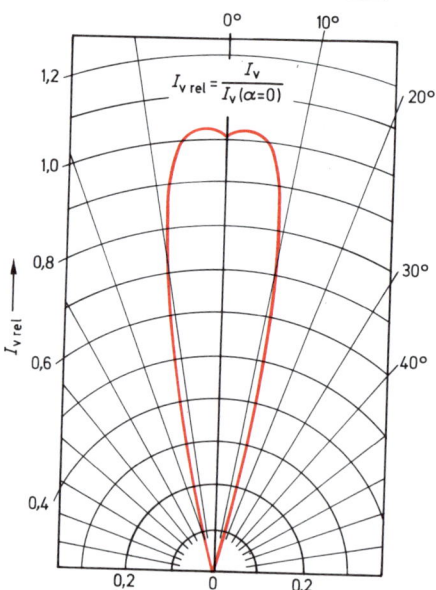

$$I_{v\,rel} = \frac{I_v}{I_v(\alpha=0)}$$

LED CQX 35 (rotleuchtend)

$I_F = f(U_F)$

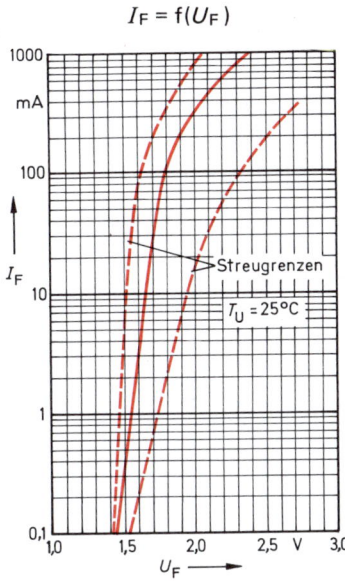

$I_{V\,rel} = f(T_U)$

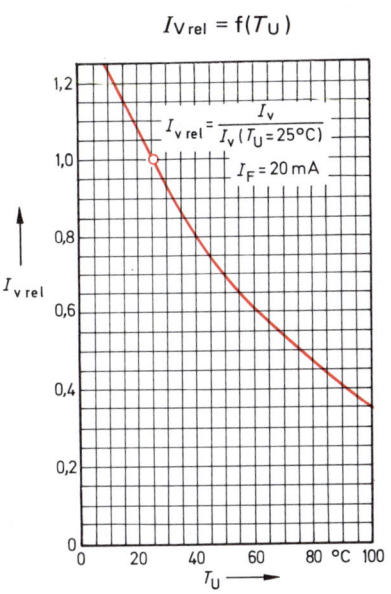

$I_V = f(I_F)$

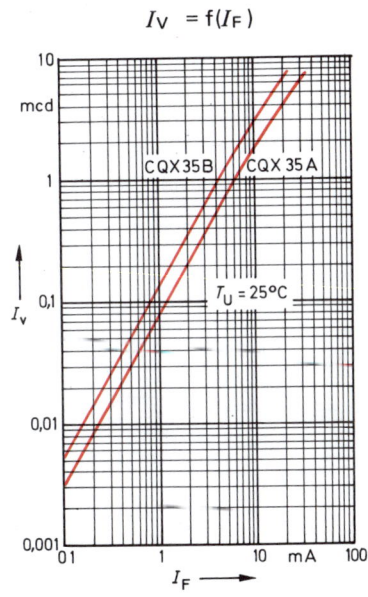

LED CQX 37 (gelbleuchtend)

$I_F = f(U_F)$

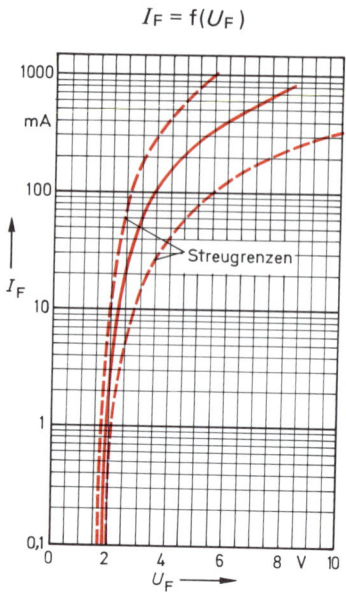

$I_{V\,rel} = f(T_U)$

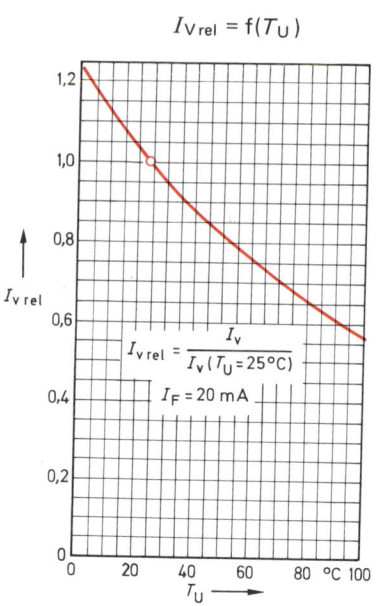

$I_V = f(I_F)$

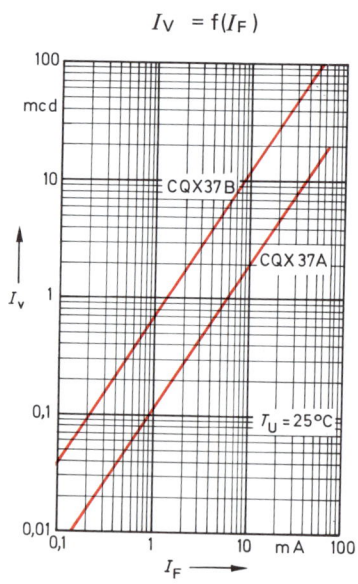

NPN - Silizium - Transistoren BC 107, BC 108, BC 109

für NF-Vor-und Treiberstufen sowie universelle Anwendung

Obige Transistoren sind epitaktische NPN-Silizium-Planar-Transistoren zur Verwendung in NF-Vor-und Treiberstufen (BC 109, für rauscharme Vorstufen).
Im Metall-Gehäuse 18 A 3 DIN 41876 (TO-18)
als Komplementär-Transistoren zu BC 177 BC 178 und BC 179.
Der Kollektor ist elektrisch mit dem Gehäuse verbunden.

Grenzdaten		BC 107	BC 108	BC 109	
Kollektor-Emitter-Spannung	U_{CES}	50	30	30	V
Kollektor-Basis-Spannung	U_{CBO}	45	20	20	V
Emitter-Basis-Spannung	U_{EBO}	6	5	5	V
Kollektorstrom	I_C	100	100	50	mA
Kollektor-Spitzenstrom	I_{CM}	200	200	–	mA
Basisstrom	I_B	50	50	5	mA
Sperrschichttemperatur	T_j	175	175	175	°C
Lagertemperatur	T_s		–55 bis +175		°C
Gesamtverlustleistung	P_{tot}	300	300	300	mW
Wärmewiderstand					
Kollektorsperrschicht–Luft	R_{thJU}	≦ 500	≦ 500	≦ 500	K/W
Kollektorsperrschicht–Transistorgehäuse	R_{thJG}	≦ 200	≦ 200	≦ 200	K/W

Statische Kenndaten (T_U = 25°C). Die Transistoren werden nach der statischen Stromverstärkung B gruppiert und mit A,B,C gekennzeichnet. Bei U_{CE} = 5V und untenstehenden Kollektorströmen gelten die nachstehenden statischen Werte :

B-Gruppe	A	B	C
Typ	BC 107 BC 108 –	BC 107 BC 108 BC 109	– BC 108 BC 109
I_C mA	B I_C / I_B	B I_C / I_B	B I_C / I_B
0,01	90	150	270
2	170 (120 bis 220)	290 (180 bis 460)	500 (380 bis 800)
100	120	200	400

Typ	BC 107		ПC 108		BC 109	
I_C mA	U_{BE} V	I_C mA	I_B mA	U_{CEsat} V	U_{BEsat} V
0,1	0,55	10	0,5	0,07 (< 0,2)	0,73 (< 0,83)
2	0,62(0,55 bis 0,7)				
100	0,83	100	5	0,2 (< 0,8)	0,87 (< 1,05)

NPN - Silizium - Transistoren BC 107, BC 108, BC 109

Statische Kenndaten
($T_U = 25\,°C$)

		BC 107	BC 108	BC 109	
Kollektor - Emitter - Reststrom ($U_{CES} = 50\,V$)	I_{CES}	0,2 (< 15)	–	–	nA
Kollektor - Emitter - Reststrom ($U_{CES} = 30\,V$)	I_{CES}	–	0,2 (<15)	0,2 (<15)	nA
Kollektor - Emitter - Reststrom ($U_{CES} = 50\,V; T_U = 125\,°C$)	I_{CES}	0,2 (<4)	–	–	µA
Kollektor - Emitter - Reststrom ($U_{CES} = 30\,V; T_U = 125\,°C$)	I_{CES}	–	0,2 (<4)	0,2 (<4)	µA
Emitter - Basis - Durchbruchspannung ($I_{EBO} = 1\,µA$)	$U_{(BR)EBO}$	> 6	> 5	> 5	V
Kollektor - Emitter - Durchbruchspannung ($I_{CEO} = 2\,mA$)	$U_{(BR)CEO}$	>45	> 20	> 20	V

Dynamische Kenndaten
($T_U = 25\,°C$)

		BC 107	BC 108	BC 109	
Transitfrequenz ($I_C = 0,5\,mA; U_{CE} = 3\,V$)	f_T	85	85	85	MHz
Transitfrequenz ($I_C = 10\,mA; U_{CE} = 5\,V$)	f_T	250(>150)	250(>150)	300(>150)	MHz
Kollektor - Basis - Kapazität ($U_{CBO} = 10\,V; f = 1\,MHz$)	C_{CBO}	3,5 (< 6)	3,5 (< 6)	3,5 (<6)	pF
Emitter - Basis - Kapazität ($U_{EBO} = 0,5\,V; f = 1\,MHz$)	C_{EBO}	8	8	8	pF
Rauschmaß ($I_C = 0,2\,mA; U_{CE} = 5\,V; R_G = 2\,k\Omega; \Delta f = 30\,Hz$ bis $15\,kHz$)	F	–	–	< 4	dB
Rauschmaß ($I_C = 0,2\,mA; U_{CE} = 5\,V; R_G = 2\,k\Omega; f = 1\,kHz\ \Delta f = 200\,Hz$)	F	2 (<10)	2 (<10)	< 4	dB

Dynamische Kenndaten
($I_C = 2\,mA; U_{CE} = 5\,V; f = 1\,kHz$)

B- Gruppe	A	B	C	
Typ	BC 107 BC 108 –	BC 107 BC 108 BC 109	– BC 108 BC 109	
h_{11e}	2,7 (1,6 bis 4,5)	4,5 (3,2 bis 8,5)	8,7 (6 bis 16)	$k\Omega$
h_{12e}	1,5	2	3	10^{-4}
h_{21e}	220 (125 bis 260)	330 (240 bis 500)	600 (450 bis 900)	–
h_{22e}	18 (<30)	30 (<60)	60 (< 110)	µS

NPN - Silizium - Transistoren BC 107, BC 108, BC 109

Eingangskennlinie $I_B = f(U_{BE})$
$U_{CE} = 5\,V$
(Emitterschaltung)

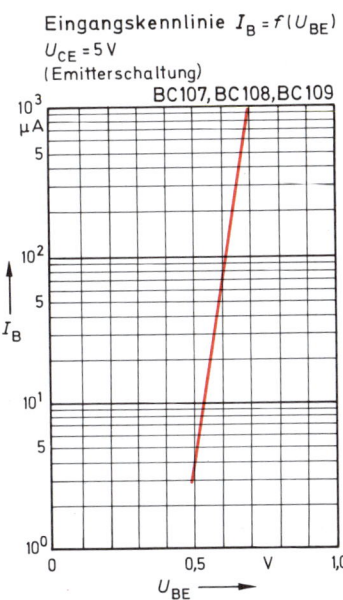

Stromverstärkung $B = f(I_C)$
$U_{CE} = 5\,V$; $T_U = $ Parameter
(Emitterschaltung)

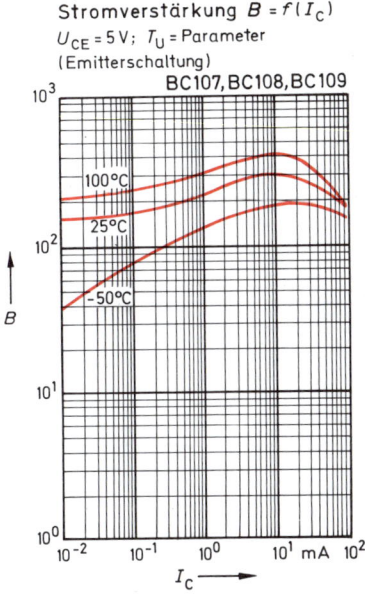

Ausgangskennlinien $I_C = f(U_{CE})$
$I_B = $ Parameter (Emitterschaltung)

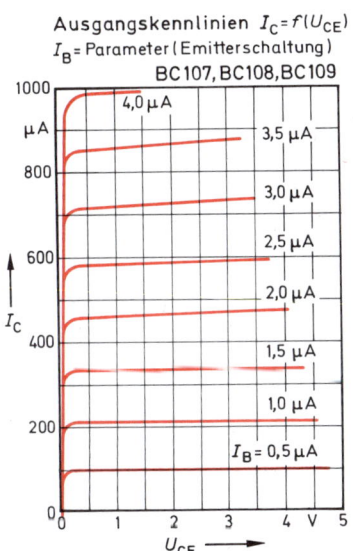

Ausgangskennlinien $I_C = f(U_{CE})$
$U_{BE} = $ Parameter (Emitterschaltung)

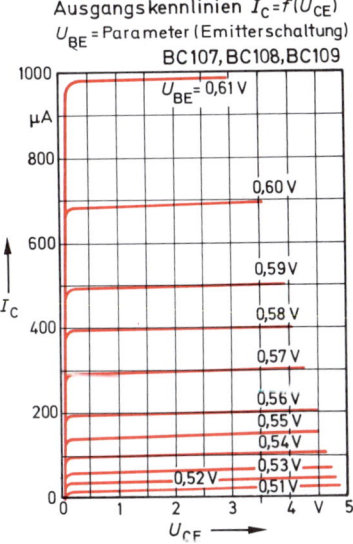

Leistungstransistor BD 130 ≙ 2 N 3055

Grenzdaten

Kollektor - Basis - Spannung	U_{CBO}	100	V
Kollektor - Emitter - Spannung	U_{CEO}	60	V
Emitter - Basis - Spannung	U_{EBO}	7	V
Kollektorstrom	I_C	15	A
Basisstrom	I_B	7	A
Emitterstrom	I_E	20	A
Sperrschichttemperatur	T_j	200	°C
Gesamtverlustleistung ($T_G \leqq 45\,°C$)	P_{tot}	100	W

Wärmewiderstand

Kollektorsperrschicht - Transistorgehäuse	R_{thJG}	$\leqq 1,5$	K/W

Statische Kenndaten ($T_G = 25\,°C$)

Kollektor - Emitter - Reststrom ($U_{CES} = 100\,V$)	I_{CES}	< 5	mA
Kollektor - Emitter - Reststrom ($U_{CEV} = 100\,V$; $U_{BE} = -1,5\,V$; $T_G = 150\,°C$)	I_{CEV}	< 30	mA
Emitter - Basis - Reststrom ($U_{EBO} = 7\,V$)	I_{EBO}	$\leqq 5$	mA
Kollektor - Emitter - Durchbruchspannung ($I_{CEO} = 0,2\,A$)	$U_{(BR)CEO}$	> 60	V
Basis - Emitterspannung ($I_C = 4\,A$; $U_{CE} = 4\,V$)	U_{BE}	< 1,8	V
Kollektor - Emitter - Sättigungsspannung ($I_C = 4\,A$; $I_B = 0,4\,A$)	U_{CEsat}	< 1,1	V
Statische Stromverstärkung ($I_C = 4\,A$; $U_{CE} = 4\,V$)	B	20 bis 70	–
Paarungsbedingung ($I_C = 500\,mA$; $U_{CE} = 4\,V$)	$\dfrac{B_1}{B_2}$	$\leqq 1,41$	–

Dynamische Kenndaten ($T_G = 25\,°C$)

Transitfrequenz ($I_C = 300\,mA$; $U_{CE} = 2\,V$)	f_T	1,1	MHz
Grenzfrequenz in Emitterschaltung ($I_C = 1\,A$; $U_{CE} = 4\,V$)	f_B	20	kHz

Eingangskennlinie $I_B = f(U_{BE})$
$U_{CE} = 4\,V$

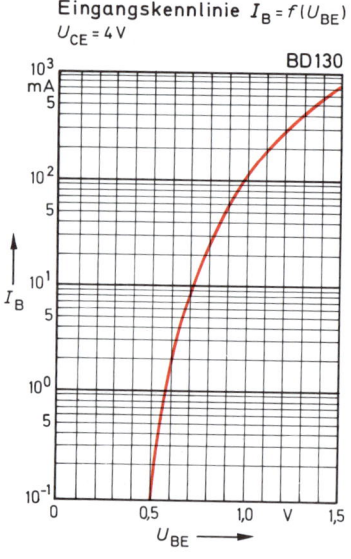

Ausgangskennlinie $I_C = f(U_{CE})$
I_B = Parameter (Emitterschaltung)

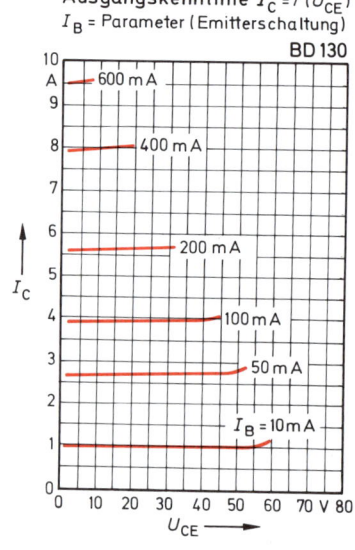

Leistungstransistor BD 130 ≙ 2N 3055

Temperaturabhängigkeit der
zulässigen Gesamtverlustleistung
$P_{tot} = f(T_G)$

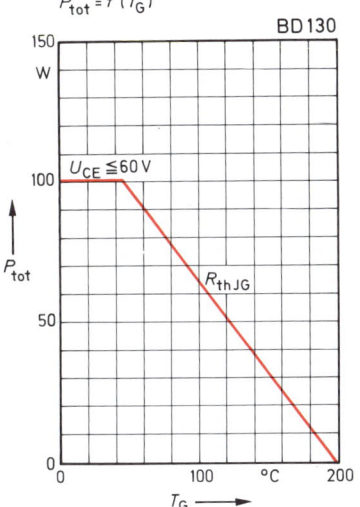

Stromverstärkung $B = f(I_C)$
$U_{CE} = 4\,V$; T_G = Parameter

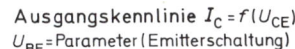

Ausgangskennlinie $I_C = f(U_{CE})$
I_B = Parameter (Emitterschaltung)

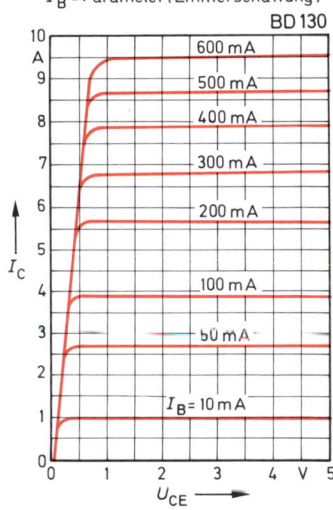

Ausgangskennlinie $I_C = f(U_{CE})$
U_{BE} = Parameter (Emitterschaltung)

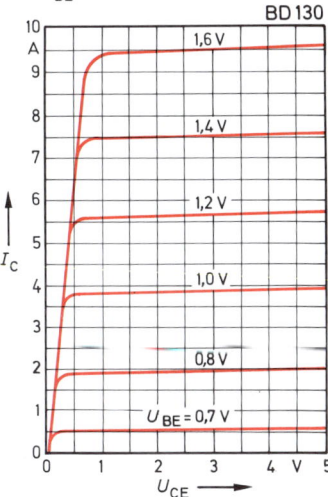

P-Kanal-Planar MOS-FET 3N 160

Absolute Grenzwerte bei $T_U = +25°C$

Drain-Gate-Spannung	- 25 V
Drain-Source-Spannung	- 25 V
Gate-Source-Spannung in Durchlaßrichtung	- 25 V
Gate-Source-Spannung in Sperrichtung	25 V
Drainstrom, Dauer	- 125 mA
Gesamtverlustleistung bei $T_U \leq 25°C$	360 mW

Elektrische Kennwerte bei $T_U = +25°C$

Parameter		Prüfbedingungen	min	typ	max
$U_{GS(S)}$	Gate-Source-Schwellspannung	$U_{DS} = -15\,V$, $I_D = -10\,\mu A$	-1,5		- 5,0 V
U_{GS}	Gate-Source-Spannung	$U_{DS} = -15\,V$, $I_D = -8\,mA$	-4,5		-8,0 V
$I_{GSS(F)}$	Gate-Reststrom in Durchlaßrichtung	$U_{GS} = -25\,V$, $U_{DS} = 0$		> -1,0	- 10 pA
		$U_{GS} = -25\,V$, $U_{DS} = 0$, $T_U = 100°C$		- 10	- 50 pA
$I_{GSS(R)}$	Gate-Reststrom in Sperrichtung	$U_{GS} = 25\,V$, $U_{DS} = 0$		1,0	10 pA
I_{DSS}	Drainstrom bei $U_{GS} = 0\,V$	$U_{DS} = -15\,V$, $U_{GS} = 0$		> -1,0	- 10 nA
I_D	Drainstrom	$U_{DS} = -15\,V$, $U_{GS} = -15\,V$	- 40		- 120 mA
$|y_{21s}|$	Vorwärtssteilheit	$U_{DS} = -15\,V$, $I_D = -8\,mA$, $f = 1\,kHz$	3,5		6,5 mS
$|y_{22s}|$	Ausgangsgleitwert	$U_{DS} = -15\,V$, $I_D = -8\,mA$, $f = 1\,kHz$			0,25 mS
c_{11s}	Eingangskapazität	$U_{DS} = -15\,V$, $I_D = -8\,mA$, $f = 1\,MHz$			10 pF

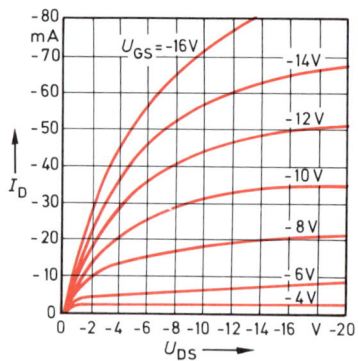

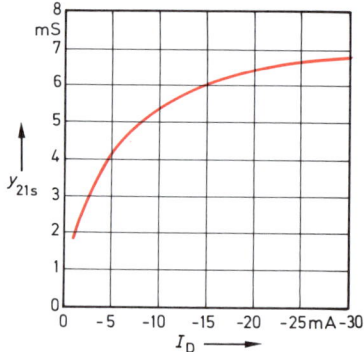

N-Kanal-Epitaxial-Planar-Sperrschicht FET BC 264

Absolute Grenzwerte

Drain-Gate-Spannung	30 V
Drain-Source-Spannung	± 30 V
Gate-Strom in Durchlaßrichtung	10 mA
Gesamtdauerverlustleistung bei $T_U \leqq 25°C$	300 mW

Elektrische Kennwerte bei 25°C Umgebungstemperatur

Parameter		Prüfbedingungen	min	typ	max	
$-U_{(BR)GSS}$	Durchbruchspannung	$-I_G = 1\,\mu A$, $U_{DS} = 0$	30			V
$-I_{GSS}$	Gate-Reststrom	$-U_{GS} = 20V$, $U_{DS} = 0\,V$			10	nA
I_{DSS}	Drainstrom	$U_{DS} = 15V$, $U_{GS} = 0V$	2		12	mA
$-U_{GS}$	Gate-Source-Spannung	$U_{DS} = 15V$, $I_D = 200\,\mu A$	0,4			V
$-U_{GS(off)}$	Pinch-Off-Spannung	$U_{DS} = 15V$, $I_D = 10\,nA$	0,5			V
$|y_{21s}|$	Vorwärtssteilheit	$U_{DS} = 15V$, $-U_{GS} = 0V$, $f = 1kHz$	2,5	3,5		mS
c_{12s}	Rückwirkungskapazität	$U_{DS} = 15V$, $-U_{GS} = 1V$, $f = 1MHz$			1,2	pF
c_{11s}	Eingangskapazität	$U_{DS} = 15V$, $-U_{GS} = 1V$, $f = 1MHz$			4,0	pF
c_{22s}	Ausgangskapazität	$U_{DS} = 15V$, $-U_{GS} = 1V$, $f = 1MHz$			1,6	pF

Rauschkennwerte bei $T_U = 25°C$

Parameter		Prüfbedingungen	min	typ	max
F	Rauschzahl	$U_{DS} = 15V$, $U_{GS} = 0$, $R_G = 1M\Omega$ $f = 1kHz$	0,5	2	dB
e_n	Äquivalente Rauschspannung	$U_{DS} = 15V$, $U_{GS} = 0$, $f = 10Hz$	40		$\dfrac{nV}{\sqrt{Hz}}$

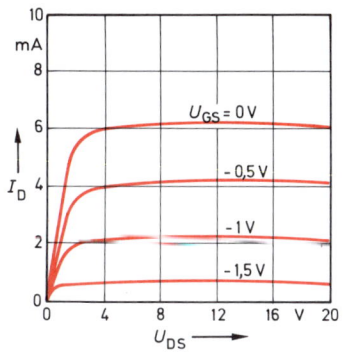

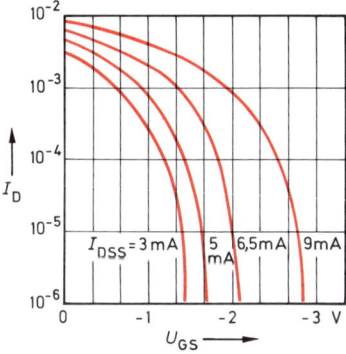

Stichwortregister